ADDITIONS

MULSANT

COURS ÉLÉMENTAIRE

DE

PHYSIOLOGIE

OUVRAGES DU MÊME AUTEUR

HISTOIRE DES COLÉOPTÈRES DE FRANCE. 22 vol. in-8.

—— Opuscules entomologiques. 14 vol. in-8.

(Chaque volume se vend séparément.)

SPECIES DES COLÉOPTÈRES TRIMÈRES SÉCURIPALPES. 1 vol. en deux parties. Grand in-8.

MONOGRAPHIE DES COCCINELLIDES. 1 vol. in-8.

HISTOIRE NATURELLE DES PUNAISES DE FRANCE. 3 vol. in-8.

CLASSIFICATION DES TROCHILIDÉS. 1 vol. in-8.

LETTRES A JULIE SUR L'ENTOMOLOGIE. 2 vol. in-8, avec fig. coloriées

LETTRES A JULIE SUR L'ORNITHOLOGIE. 1 v. grand in-8 avec fig. color.

HISTOIRE NATURELLE DES COLIBRIS OU OISEAUX-MOUCHES. 4 vol. in-4, avec 120 planches coloriées.

SOUS PRESSE :

ZOOLOGIE.

GÉOLOGIE.

BOTANIQUE.

LYON. — IMPRIMERIE PITRAT AINÉ, RUE GENTIL, 4

COURS ÉLÉMENTAIRE

DE

PHYSIOLOGIE

PAR

E. MULSANT

ANCIEN PROFESSEUR D'HISTOIRE NATURELLE AU LYCÉE DE LYON
MEMBRE CORRESPONDANT DE L'INSTITUT
ANCIEN BIBLIOTHÉCAIRE DE LA VILLE DE LYON

SIXIÈME ÉDITION

AVEC MODIFICATIONS ET ADDITIONS

PUBLIÉE PAR SON FILS

L'ABBÉ VICTOR MULSANT

Professeur d'histoire naturelle à l'Institution Sainte-Marie
près Saint-Chamond (Loire)

PARIS

LIBRAIRIE CLASSIQUE D'EUGÈNE BELIN

Vve EUGÈNE BELIN ET FILS

RUE DE VAUGIRARD, 52

1884

PRÉFACE
DE LA SIXIÈME ÉDITION

A MES CHERS ÉLÈVES,

Pendant les longues années que Dieu m'a donné de passer avec vous en enseignant les sciences physiques et naturelles, dans nos différents collèges, j'ai été vivement touché de l'estime et de l'intérêt que vous avez toujours montré pour les différents cours élémentaires d'histoire naturelle de mon vénéré père Étienne Mulsant.

La cinquième édition de sa *Physiologie élémentaire* étant épuisée, j'en faisais un nouveau tirage en conservant l'ancien texte. Cette nouvelle édition allait paraître, quand vous m'avez prié d'y introduire les questions récentes de physiologie, exigées par les nouveaux programmes du Baccalauréat. Pour répondre à vos désirs, j'ai ajouté à cette sixième édition, plusieurs chapitres supplémentaires.

Peut-être eut-il mieux valu que ces additions fussent intercalées dans le texte, mais personne ne saurait trouver mauvais que je me sois fait une loi de respecter le travail de mon digne père. D'ailleurs à l'aide d'une table méthodique très détaillée, il vous sera facile de consulter les renseignements additionnels qui se trouvent dans le supplément et de saisir l'enchaînement qui les relie au texte primitif.

Habitués comme vous l'êtes depuis longtemps à l'enseignement chrétien de nos collèges, vous ne serez pas surpris de rencontrer souvent le nom de Dieu et de l'âme humaine, dans l'explication des fonctions de l'organisme.

N'est-il pas de première nécessité de lutter contre les tendances matérialistes de notre époque, et contre les efforts de l'impiété pour supprimer le nom de Dieu dans l'enseignement.

Votre foi goûtera également les réflexions morales que mon père se plaisait à mêler à son enseignement ; et, à ce propos, je crois devoir vous citer ici la page par laquelle il terminait sa cinquième édition.

« En terminant ces feuilles dans lesquelles nous avons essayé, avec les divers secours de la science, d'expliquer, au moins en partie, les fonctions mystérieuses de la vie, de cette vie terrestre, parfois si courte et si passagère, et pourtant si souvent troublée par des rêves d'ambition et de plaisir, nous ne saurions trop répéter à la jeunesse, à qui ces lignes sont principalement destinées, [ue le mécanisme de nos fonctions dure d'autant plus [u'on en use moins les ressorts, et que la vieillesse [st d'autant plus longue, d'autant plus exempte d'infirmités et par conséquent plus heureuse, qu'on a su, en outes choses, modérer ses passions et suivre d'une oreille plus docile les leçons de la sagesse. »

Plusieurs médecins distingués ont bien voulu mettre [ma disposition leur bibliothèque et leur science, et n'aider de leurs conseils : qu'il me soit permis de leur offrir ici l'expression de ma bien sincère gratitude ; si es additions faites dans la présente édition offrent quelque intérêt et portent quelque fruit, c'est à eux qu'en revient en grande partie le mérite.

ÉLÉMENTS

DE

PHYSIOLOGIE

Comparaison sommaire de l'organisation et des fonctions des Animaux et des Végétaux

§ 1. DÉFINITION ET BUT DE LA PHYSIOLOGIE. — La physiologie[1] est cette partie des sciences naturelles qui a pour objet l'étude des lois de la vie dans l'état de santé. Elle traite des fonctions, c'est-à-dire des différentes actions organiques par lesquelles la vie se manifeste.

Elle diffère essentiellement de l'anatomie[2], dont elle emprunte le secours, en ce que cette dernière science ne s'occupe que de la structure et de la description des organes à l'état passif, abstraction faite du jeu de l'organisme.

La physiologie, au contraire, observe les diverses parties du corps pendant qu'elles sont en activité, afin d'expliquer le rôle que joue chacune d'elles sous l'influence de l'âme, le principe immatériel qui nous anime.

DIVISION DE LA PHYSIOLOGIE. — Elle se divise en physiologie végétale, animale et comparée, suivant qu'elle s'occupe des phénomènes vitaux, qui se passent dans les plantes,

[1] Ce nom, dont la signification est beaucoup trop vague, dérive de deux mots grecs : φύσις, nature, et λόγος, traité ; il serait beaucoup mieux remplacé par celui de biologie : βιός, *vie;* λόγος, traité de la vie.

[2] Anatomie, de ἀνά et τέμνω, couper à travers, est la science qui a pour objet l'étude des organes qui par leur réunion constituent les êtres organisés animaux ou végétaux.

dans les animaux ou chez les animaux comparés au roi de la création.

§ 2. DIVISION DES CORPS DE LA NATURE. — L'homme, doué d'une âme créée à l'image de Dieu, doté d'une intelligence admirable, séparé de tous les autres êtres par ces dons merveilleux, appelé seul à contempler les œuvres de la création, l'homme, depuis les temps les plus anciens, frappé des différences que présentent entre eux les *minéraux* et autres *corps bruts*, les *végétaux* et les *animaux*, avait réparti les corps de la nature en trois catégories principales. La science a donné à ces divisions le nom de RÈGNE, admis aujourd'hui dans le langage ordinaire : de là les dénominations de RÈGNE MINÉRAL, de RÈGNE VÉGÉTAL et de RÈGNE ANIMAL.

Mais les végétaux et les animaux ont des caractères communs : ils jouissent de la vie et ils présentent une certaine organisation indispensable à l'exercice de celle-ci [1]. Il est donc nécessaire d'examiner d'abord les différences qui existent entre les corps bruts et les corps vivants, avant de voir celles qui servent à distinguer les végétaux des animaux.

§ 3. DIFFÉRENCE ENTRE LES CORPS BRUTS ET LES CORPS VIVANTS. — Les caractères distinctifs entre les corps bruts et les corps vivants sont nombreux ; les principaux sont : 1° la *composition élémentaire;* 2° la *structure;* 3° le *mode d'accroissement;* 4° la *durée*, le *mode de destruction*, etc.

§ 4. COMPOSITION ÉLÉMENTAIRE. — Les corps bruts, par lesquels Dieu a commencé l'œuvre de la création, sont d'une composition beaucoup plus simple. Les molécules qui les constituent peuvent être d'une même nature. Le soufre nous en fournit un exemple. Quand ils sont formés de plusieurs éléments chimiques [2], ceux-ci s'y trouvent dans des propor-

[1] Aussi partage-t-on généralement aujourd'hui les corps de la nature en deux grandes divisions : les *corps bruts* ou *inorganisés* et les *corps vivants* ou *organisés ;* de là les noms de RÈGNE INORGANIQUE et de RÈGNE ORGANIQUE.

[2] En chimie, on donne les noms d'*éléments* aux corps qui, jusqu'à ce jour, semblent composés de molécules d'une seule sorte de matière.

ons assez faciles à constater dans nos laboratoires, pour ermettre de décomposer et souvent de recomposer ces orps. Il n'en est pas ainsi des êtres vivants; ils sont formés 'éléments plus nombreux ou en proportion tellement varia-les, qu'il est impossible de les reconstituer après avoir dés-ssocié les molécules qui entraient dans leur composition.

§ 5. STRUCTURE. — Les corps bruts sont composés de arties semblables ou homogènes[1], ayant chacune le même aractère que la masse entière. Ces parties sont unies d'une anière plus ou moins intime et ne forment pas une sorte de ssu et d'organisation particulière; ces corps ont, en con-équence, été appelés *inorganisés;* ils ne constituent pas des dividus proprement dits[2], car chacune de leurs molécules son indépendance spéciale; ils peuvent donc être divisés en agments très petits sans cesser d'exister. Leurs formes, uand ils sont solides, sont généralement anguleuses.

Les êtres vivants avaient besoin d'une certaine flexibilité. ussi sont-ils composés de parties plus ou moins solides et de rties liquides: les premières, pour assurer leur forme; les condes, pour faciliter leurs mouvements, pour faire pé-étrer dans leur intérieur les éléments nutritifs et pour leur rmettre d'expulser ceux qui doivent être rejetés. Leur ructure présente donc une sorte de tissu qui leur a valu le om d'*êtres organisés*. Ils sont toujours représentés dans le onde à l'état d'*individus*[3], c'est-à-dire d'êtres formés de rties dont la réunion est nécessaire à leur ensemble, à ur tout; ils ne peuvent, par conséquent, être mutilés au

1 Quand on brise un granit, par exemple, il présente à l'intérieur les êmes caractères qu'à l'extérieur. Le fragment est d'une composition entique à tous ceux qu'on pourrait détacher de la masse.

2 Les parties qui représentent l'espèce, dans ces corps, quand ils sont lides, prennent le nom d'échantillons. Ceux-ci, par suite de l'indé-ndance de leurs molécules, n'ont point de forme particulière dans la ème espèce.

3 Ces individus ont une forme générale qu'ils acquièrent graduelle-ent et qui sert, surtout chez les animaux, à faire reconnaître les indi-dus d'une même espèce.

delà de certaines limites [1] sans cesser d'exister. Leurs contours sont généralement en lignes courbes, c'est-à-dire moins tranchés ou plus gracieux [2].

§ 6. Mode d'accroissement. — Les corps bruts sont à l'intérieur dans un repos complet. Ils ne subissent point de développement interne. Ils augmentent de volume par *superposition* ou *juxtaposition* de molécules nouvelles, c'est-à-dire quand celles-ci viennent s'ajouter à leur surface. Leur accroissement n'a ni limites ni règles fixes.

Les corps vivants ont besoin, pour l'entretien de leur existence, de faire pénétrer dans leur intérieur les éléments nutritifs qui s'incorporent à leur propre substance. Ils croissent donc par *intussusception* [3], c'est-à-dire du dedans au dehors; mais en même temps qu'ils s'assimilent des molécules nouvelles, ils en rendent, au monde extérieur, d'autres qui avaient fait partie de leur être. Les changements de volume des corps vivants sont donc subordonnés à ces mouvements intérieurs. Quand un animal grossit, c'est que la quantité des matériaux qu'il s'est assimilée est supérieure à celle des molécules expulsées [4].

§ 7. Durée et mode de destruction. — Les corps bruts une fois formés peuvent durer jusqu'à ce qu'une cause étrangère vienne les détruire. Il n'en est pas ainsi des corps vivants;

[1] Ces limites sont variables suivant les espèces. La vie est en général d'autant plus centralisée, chez les animaux, qu'on s'élève davantage dans la série de ces êtres.

[2] Ces contours sont principalement gracieux dans le jeune âge; à mesure qu'ils arrivent à la vieillesse, les animaux supérieurs prennent des formes plus anguleuses; ils se rapprochent de celles des minéraux. Nous suivons la même loi.

[3] *Intus*, en dedans; *suscipere*, prendre : nourriture prise à l'intérieur.

[4] Ce phénomène est facile à constater chez certains êtres ayant la faculté de supporter un jeûne longtemps prolongé. Si l'on enferme une araignée pendant quelques mois, sans lui donner aucune nourriture, le volume de son corps diminue graduellement avec cette abstinence forcée et reprend rapidement quand on donne à l'animal les moyens de réparer les pertes qu'il a faites.

après un développement progressif, dont la durée varie pour chaque espèce, ils restent quelque temps stationnaires, puis ils penchent vers leur déclin et arrivent à leur terme. La mort est la conséquence inévitable de la vie, et quand celle-ci a cessé, bientôt a lieu la série des décompositions par lesquelles se dispersent les éléments dont le corps était composé.

§ 8. La vie est donc le caractère le plus spécial qui distingue les corps organisés des corps bruts. Mais qu'est-ce que la vie [1]? La vie, si l'on veut, réduite à son expression la plus simple, est la faculté de se nourrir. Mais où la vie puise-t-elle sa source? Quelle main mystérieuse allume ce flambeau qu'un souffle suffit pour éteindre? Si nous le demandons à la science, elle restera muette à cet égard. En vain a-t-elle tenté de pénétrer ce mystère, elle n'a pu trouver le mot de l'énigme [2]. Il faut donc remonter jusqu'à la Divinité pour chercher le principe caché de la vie. Les anciens, avec la fable de Prométhée, avaient sans doute voulu nous faire comprendre que dans les mains de Dieu seul réside ce feu sans lequel les corps restent inertes.

La vie, toutefois, réclame certaines conditions pour se développer. Elle a besoin de l'influence de divers agents : l'eau [3],

[1] La vie, a dit Cuvier, est un tourbillon plus ou moins rapide, plus ou moins compliqué, dont la direction est constante, et qui entraîne toujours des molécules de mêmes sortes, mais où les molécules individuelles entrent et d'où elles sortent continuellement, de manière que la *forme* du corps vivant lui est plus essentielle que sa *matière*. (CUVIER, *Règne animal*, 1817, t. I, p. 16.)

La vie est, selon M. Dugès, l'activité spéciale des corps organisés. Suivant Richerand : l'ensemble des phénomènes qui se passent dans les corps organisés, durant un temps limité.

[2] Pour faciliter l'intelligence des faits que nous ne pouvons expliquer, on donne souvent le nom de *force vitale* à la cause inconnue qui préside aux phénomènes particuliers aux êtres vivants.

[3] Tous les corps organisés ont besoin d'une certaine quantité d'eau pour manifester les phénomènes de la vie. Les lichens qui végètent sur les pierres, les rotifères cachés dans la poussière de nos toits, se dessèchent parfois, pendant l'été, au point de devenir friables ; il suffit aux uns et aux autres de la moindre pluie pour les faire sortir de cette vie

l'air[2], la lumière ou la chaleur, c'est-à-dire une certaine température[1], lui sont nécessaires. L'organisation, le sentiment et la vie, a dit Lavoisier, n'existent qu'à la surface de la terre et dans les lieux exposés à la lumière ; avant la création de cette dernière, la nature était inanimée.

§ 9. CARACTÈRES DISTINCTIFS DES VÉGÉTAUX ET DES ANIMAUX. —Après avoir étudié les caractères propres à séparer les corps bruts des corps vivants, voyons ceux qui servent à distinguer ces derniers entre eux. Les principaux sont la *sensibilité*, la *faculté de se mouvoir volontairement*, la *structure*.

§ 10. SENSIBILITÉ. — La faculté de sentir, c'est-à-dire de percevoir les impressions des corps étrangers et d'en avoir la conscience, est le privilège exclusif des êtres animés ; les végétaux n'en produisent aucune manifestation apparente. Cette faculté a pour organe la matière nerveuse, dont les plantes sont complètement dépourvues. En général, elle est d'autant plus prononcée chez les êtres animés, que chez eux se trouve plus développé ce qu'on appelle le système nerveux.

§ 11. FACULTÉ DE SE MOUVOIR VOLONTAIREMENT. — La preuve de la sensibilité réside dans la production de mouvements volontaires. Tous les animaux, au moins à quelque époque de leur vie, manifestent par des mouvements répétés en général autant de fois qu'on les provoque qu'ils ont reçu l'impression

latente et pour leur rendre leur flexibilité normale. L'humidité atmosphérique réveille souvent les propriétés végétatives chez des plantes enfermées depuis plusieurs mois dans nos herbiers.

[1] Aucun être vivant ne peut se développer complètement dans le vide. Aucune graine ne peut y germer.

[2] Le froid empêche la manifestation de la vie et en suspend l'action. Des œufs d'insectes tenus dans une glacière n'y éclosent pas. On peut ainsi retarder leur éclosion pendant un temps dont on n'a pas précisé les limites. Quand la température descend vers zéro, une foule d'animaux tombent dans un état léthargique. On voit même des chenilles entourées d'humidité acquérir la consistance d'un corps solide. Sous les zones voisines des pôles, le poisson, dans la saison froide, prend, au sortir de l'eau, la rigidité que donne la congélation ; mais si la cause qui tient ainsi la vie suspendue se prolonge au delà de certaines limites, elle devient pour les corps vivants un principe de mort.

qui leur a été communiquée. Mais, outre la *motilité* ou faculté de se mouvoir volontairement, presque tous jouissent de la *locomotion*, c'est-à-dire peuvent changer de place au gré de leurs désirs. Ils ne peuvent se nourrir que de matériaux tirés du règne organique.

Les végétaux, toujours fixés au sol ou aux corps sur lesquels ils doivent vivre, montrent en général une insensibilité complète quand on les touche. Si quelques-uns, comme la sensitive et la dionée, replient ou rapprochent leurs feuilles au moindre contact, ces mouvements, purement articulaires ou de détente, ne peuvent se reproduire immédiatement quand on les provoque de nouveau.

§ 12. Structure. — Les végétaux diffèrent encore des animaux par une structure plus simple. Leurs organes fondamentaux sont des *cellules* ou *utricules ;* ils n'ont qu'un tissu vraiment élémentaire, le tissu cellulaire (avec ses modifications en fibres et vaisseaux). Les animaux, également pourvus de ce dernier, en offrent au moins deux autres : le nerveux, d'où découle leur sensibilité, et le tissu musculaire, qui jouit de la faculté contractile, sous l'influence de certains nerfs appelés *moteurs*, différents par cette propriété de ceux qu'on a appelés *sensitifs*. Les filaments ou fibrilles, qui constituent ces tissus, circonscrivent des lacunes imparfaitement fermées, des mailles incomplètes, plus ou moins dépendantes les unes des autres.

§ 13. Enfin les végétaux ont une composition élémentaire généralement plus simple[1] que les animaux ; ils ne peuvent

[1] Pendant quelque temps, on avait cru trouver dans l'analyse chimique des caractères distinctifs entre les animaux et les végétaux. On pensait que l'azote n'entrait pas dans la composition de ces derniers, et que chez eux seuls se rencontrait la *cellulose* [1], substance qui forme la base de tous leurs tissus. Mais, depuis, l'azote a été trouvé dans quelques parties de certains végétaux, et divers mollusques infé-

[1] La cellulose est une substance solide, composée de 12 équivalents de carbone, de 10 équivalents d'oxygène et de 10 équivalents d'hydrogène. Elle est insoluble dans l'eau, dans l'alcool, dans l'éther ; mais l'acide sulfurique la dissout et la transforme successivement en *dextrine* et en *glycose* ou sucre de fécule.

se nourrir que de matières tirées du règne organique; ils ont la propriété de transformer ces matériaux en éléments organiques.

Tels sont les caractères distinctifs des corps répartis dans les trois grandes divisions ou Règnes de la Nature. Toutefois, malgré les différences servant à séparer ces êtres, il existe entre eux des rapports admirables. Les corps bruts servent au développement des végétaux; ceux-ci deviennent à leur tour la nourriture des animaux, qui restituent au Règne minéral les éléments qu'il avait fournis au corps vivants. Ainsi les végétaux demandent sans cesse au Règne inorganique les molécules gazeuses ou liquides qu'ils puisent, soit dans la terre à l'aide de leurs racines, soit dans l'air au moyen de leurs feuilles ou autres parties vertes. Les animaux sont obligés de tirer leur nourriture des corps vivants. Le plus grand nombre la demande aux plantes; d'autres, chargés de contribuer aux lois d'équilibre de la nature, déciment ces diverses espèces herbivores pour empêcher leur trop grande multiplication. Mais les êtres animés, après avoir utilisé à leur profit les éléments que leur ont fournis les corps vivants, les transforment en acide carbonique, en eau, en ammoniaque, c'est-à-dire les rendent au Règne minéral qui ne tardera pas à les fournir de nouveau aux végétaux. Quel échange admirable ne se fait-il pas encore entre les divers corps vivants? Dans l'acte de la respiration, les animaux dégagent du gaz acide carbonique dont les végétaux s'emparent, et, en retour, ils rendent l'air oxygène indispensable à la vie des êtres animés[1]. Telles sont les harmonies qui existent entre toutes

rieurs, tels que les tuniciens, offrent une substance qui ne diffère en rien de la cellulose. Toutefois on peut, en général, considérer les végétaux comme des composés ternaires, c'est-à-dire formés seulement d'hydrogène, d'oxygène et de carbone, leur élément fondamental, et les animaux comme des corps quaternaires, c'est-à-dire offrant de plus de l'azote, leur élément prédominant.

[1] Les animaux, dans l'acte de la respiration, absorbent l'oxygène de l'air et rejettent, par l'expiration, une certaine quantité de gaz acide

les œuvres de la création, et qui nous révèlent d'une manière si évidente la sagesse et la puissance de son divin Auteur.

Linné, depuis longtemps, avec ce style laconique, précis et souvent imagé qu'il a créé, avait résumé de la manière suivante les différences caractéristiques qui existent entre les corps des trois Règnes.

Il avait dit :

Les MINÉRAUX (et autres corps bruts) *croissent*, c'est-à-dire peuvent augmenter de volume.

Les VÉGÉTAUX *croissent* et *vivent*.

Les ANIMAUX[1] *croissent*, *vivent* et *sentent*.

§ 14. **DÉFINITION DE L'ÊTRE ANIMÉ.** — Les êtres animés sont donc des êtres *jouissant de la faculté de se nourrir, de croître jusqu'à un certain point, de sentir et de se mouvoir volontairement*[2].

Exposition générale des divers organes qui constituent l'homme et les êtres animés. — Relations de leurs diverses fonctions. — Description des principaux tissus qui les composent.

§ 15. Tous les corps vivants produisent des actes auxquels on a donné le nom de *fonctions*; on appelle *organes* les espèces d'instruments chargés d'accomplir ces actes. Mais souvent plusieurs organes concourent à la production d'une fonction : cet assemblage a reçu le nom d'*appareil*. Ainsi l'on dit l'*organe de l'audition*, pour désigner l'instrument à l'aide duquel nous percevons les sons, et l'*appareil de la digestion*, pour indiquer la réunion des organes qui concourent à cette fonction.

carbonique et de vapeur d'eau. Les végétaux, sous l'influence de la lumière, décomposent le gaz acide carbonique dont leur sève est chargée, s'assimilant le carbone et rejetant la majeure partie de l'oxygène.

[1] Il est inutile de répéter que l'homme, ce roi de la création, s'élève au-dessus de tous les êtres animés par ses facultés intellectuelles presque sans limites, par le don de la parole et surtout par son âme immortelle, que Dieu a daigné créer à son image. (V. la *Zoologie*, art. HOMME.)

[2] V. n° 1, p. 10.

Les actes de la vie des être animés sont, en général, d'autant plus variés et accomplis d'une manière d'autant plus parfaite qu'on s'élève davantage dans la série zoologique. Les organes chargés de remplir ces fonctions sont donc sous tous les rapports en harmonie avec ces actes. Quel que soit le nombre de ces fonctions ou leur diversité, elles peuvent être rapportées à deux catégories principales : *fonctions de nutrition*, c'est-à-dire *de la vie organique* ou *végétative*, et *fonctions de la vie animale* ou *de relation*.

§ 16. Fonctions de la vie végétative — Elles ont été nommées ainsi parce qu'elles sont communes aux végétaux aussi bien qu'aux animaux. Telle est celle qui a pour objet la conservation de l'individu ou la *fonction de nutrition*.

§ 17. Fonctions de la vie animale. — On les a nommées de la sorte parce qu'elles sont particulières aux êtres animés. Elles sont désignées sous le nom général de *fonctions de relation*. Chez l'homme, elles témoignent des rapports merveilleux qui existent entre l'âme et le corps.

§ 18. Tissus principaux qui composent le corps des êtres animés. — Les anatomistes en ont plus ou moins étendu le nombre ; on peut les réduire à trois principaux : le *tissu cellulaire*, le *tissu musculaire* et le *tissu nerveux*[2].

§ 19. Le *tissu cellulaire* a pour base la *gélatine*[3], ou cette substance organique qui, dissoute dans l'eau bouillante, forme en se refroidissant une gelée tremblante. Ce tissu est le plus

[1] Malgré ce que nous avons dit, les limites entre les végétaux et les animaux ne sont pas toujours très faciles à établir quand on arrive aux êtres placés dans les rangs les plus inférieurs des deux séries.

[2] Ces divers tissus ont pour élément histologique[1] une *cellule*.

[3] V., pour l'extraction de la gélatine des os, les travaux de feu M. Darcet. — On fait tremper les os à froid, pendant un temps donné, dans l'acide muriatique affaibli ; on les plonge ensuite dans l'eau bouillante et enfin dans un courant d'eau froide ; on les en retire pour les faire sécher. Tous les sels calcaires sont décomposés par ces opérations : s'il reste un peu d'acide muriatique libre, on s'en empare au moyen d'un peu de soude, et on finit par avoir la gélatine dans son état de pureté.

[1] Histologique de ἱστός tissus ; λογός, traité, partie de l'anatomie qui traite des tissus organiques.

répandu dans notre corps, dont il constitue pour ainsi dire la gangue[1]. Il est composé d'un assemblage de fibrilles ou filaments blanchâtres[2], laissant entre eux des intervalles

[1] Il compose presque exclusivement le corps des animaux inférieurs, dont l'organisation est la plus simple[1].

[2] Le tissu cellulaire, par sa nature molle et compressible, semble destiné à servir de coussin à nos organes. Il remplit les interstices qui existent entre eux, pénètre dans leur substance intime, dissimule les inégalités que formeraient les muscles, reçoit le dépôt des matières graisseuses, forme la peau, constitue les organes étendus sous le nom de *membranes*. Telles sont les *membranes muqueuses*, qui tapissent les cavités du corps communiquant avec l'extérieur (le tube digestif, le nez, les orbites, etc.), et qui versent des mucosités à leur surface ; les *membranes séreuses* (le péricarde, la plèvre, etc.), sans cesse lubrifiées par un liquide aqueux chargé de particules albumineuses, tissus légers chargés de préserver nos principaux viscères d'un froissement pénible et de faciliter leur jeu, à l'aide de leur lubrification continue ; les *membranes synoviales*, imprégnées d'une humeur visqueuse, appelée *synovie*, destinée à faciliter le jeu des articulations, et dans ce but, revêtant les surfaces articulaires ; les *membranes des vaisseaux*, etc. Au tissu cellulaire se rattachent les trois tissus suivants, qui semblent n'en être que des modifications :

1o Le *tissu fibreux*, composé de fibres d'un blanc nacré et très résistantes. Ce tissu constitue les *aponévroses* ou *membranes aponévrotiques*, les *tendons* ; on le retrouve dan la *sclérotique* ou *blanc de l'œil* dans la *dure mère*, etc.

2o Le *tissu cartilagineux* d'un blanc nacré, flexible, élastique formé de granulations, sans apparence de texture, paraissant intermédiaire entre les ligaments et les os ; on l'observe dans les cartilages du nez, etc. ; il constitue d'une manière parmanente le squelette des raies et autres animaux cartilagineux et d'une manière transitoire celui des êtres dont le squelette parvient à l'état osseux.

3o Le *tissu osseux*, sorte de tissu fibreux, dans les aréoles ou mailles duquel se sont déposées des molécules calcaires (phosphate et carbonate de chaux). Le tissu osseux n'est pas, comme on le croyait, un tissu cartilagineux s'incrustant peu à peu des sels calcaires : la substance osseuse proprement dite est sécrétée dans les espaces existants entre les cellules.

Les tissus cellulaires, fibreux, cartilagineux et osseux sont des tissu passifs, doués d'une vitalité puissante ; ils peuvent se régénérer ; les tissu musculaires et nerveux sont actifs, d'un ordre plus élevé ; ils meurent dès qu'ils sont déplacés.

[1] Gangue, substances minérales dans lesquelles les métaux se trouvent engagés dans la terre.

irréguliers et incomplètement clos, des sortes de cellules permettant aux fluides de passer facilement des unes aux autres.

§ 20. Le *tissu musculaire* est formé de filaments jouissant, dans l'état de vie, de la faculté de se contracter sous l'influence du système nerveux. Réunis en faisceaux, ces filaments constituent des *muscles* ou ce qu'on appelle la *chair* de l'homme et des animaux ; ils sont les organes du mouvement.

Le tissu musculaire a pour base spéciale la *fibrine*, substance naturellement filamenteuse, qu'on trouve dans le sang et qui donne à ce dernier la propriété de se coaguler [1].

§ 21. Le *tissu nerveux* est une matière molle, ordinairement blanche, quelquefois grise, paraissant constituer des fibres d'une nature particulière. Il forme le cerveau, le cervelet, la moelle épinière et les nerfs, partant de cet axe principal pour se prolonger dans les diverses parties du corps. Le tissu nerveux est l'organe de la sensibilité [2] : les nerfs sont les excitateurs et les coordinateurs des mouvements des muscles.

Fonction de nutrition

§ 22. La *nutrition* a pour but d'introduire des matières étrangères dans les corps, de les rendre propres à faire partie de sa substance, et d'expulser les matériaux inutiles pour son entretien.

[1] Le tissu musculaire, dans ses éléments les plus simples, est réduit à des fibrilles. La fibrille élémentaire varie de diamètre entre 0mm,001 et 0mm,002. Elle se compose d'un tube fibreux jouissant d'une propriété élastique, et d'une substance musculaire inerte, contractile. Cette propriété contractile du muscle est indépendante de la puissance du nerf chargé de le faire mouvoir. D'après les expériences de M. Bernard, le curare, poison américain, paralyse le nerf moteur, en laissant intacte l'irritabilité de la fibrille musculaire.

[2] Les troncs nerveux se divisent en fibrilles plus fines encore que les musculaires. Ces fibrilles nerveuses sont formées par une enveloppe hyaline et par une sorte de moelle qui remplit ce tube. Au centre de la matière médullaire existe un filament d'une grande ténuité, appelé *cylindre-axe* et qui est la partie conductrice et vraiment essentielle de l'élément nerveux.

§ 23. Chez l'homme, le travail nutritif comprend les fonctions suivantes : 1° la *digestion ;* 2° *l'absorption ;* 3° la *circulation ;* 4° la *respiration ;* 5° l'*assimilation* ou *nutrition* proprement dite; 6° les *sécrétions;* 7° les *excrétions.*

Ainsi le pain que nous mangeons est décomposé et liquéfié par la *digestion ;* le liquide est introduit dans les parties plus internes par l'*absorption ;* il arrive, par la *circulation*, d'abord aux poumons, où la *respiration* lui donne les qualités nutritives ; puis dans les diverses parties du corps ; il s'altère dans son parcours et revient se régénérer à l'organe respiratoire ; il est chargé de nourrir le corps par l'*assimilation*, de donner naissance à diverses humeurs par les *sécrétions*, et enfin de favoriser, par les *excrétions*, l'expulsion des molécules inutiles ou nuisibles qu'il contient.

Nous allons étudier chacune de ces fonctions en particulier.

§ 24. **DIGESTION.** — *La digestion a pour but de décomposer les aliments, de les transformer, d'en extraire les matériaux nutritifs.* Elle s'opère dans une cavité du corps appelée *canal digestif*, et avec le concours d'un certain nombre d'organes, qui constituent, avec le conduit alimentaire, l'*appareil digestif.*

Les phénomènes de la digestion sont de deux sortes : les uns se rapportent à la partie mécanique de cette fonction, c'est-à-dire aux mouvements chargés de faire cheminer les matières alimentaires dans le tube digestif : les autres sont d'une nature chimique, et sont destinés à faire subir aux aliments des transformations capables de les rendre propres à être absorbés.

DESCRIPTION DE L'APPAREIL DIGESTIF ET DE SES ANNEXES STRUCTURE ET DÉVELOPPEMENT DES DENTS

§ 25. DESCRIPTION DE L'APPAREIL DIGESTIF. — Cet appareil se compose, chez l'homme, d'une sorte de canal ouvert à ses deux extrémités, et ayant pour annexes diverses *glandes* dont le produit doit transformer, au moins en grande partie, les matières alimentaires en liquide (fig. 1).

§ 26. Canal digestif. — Ce canal, par suite des inégalités de son diamètre, constitue des cavités, des renflements ou des espèces de tubes plus ou moins étroits, et présente, par là, des parties ayant des noms, des fonctions et des usages particuliers. Ce sont : 1° *la bouche;* 2° le *pharinx;* ou *arrière-bouche;* 3° l'*estomac;* 5° l'*intestin grêle;* 6° le *gros intestin.*

Faisons donc connaître ces différentes parties.

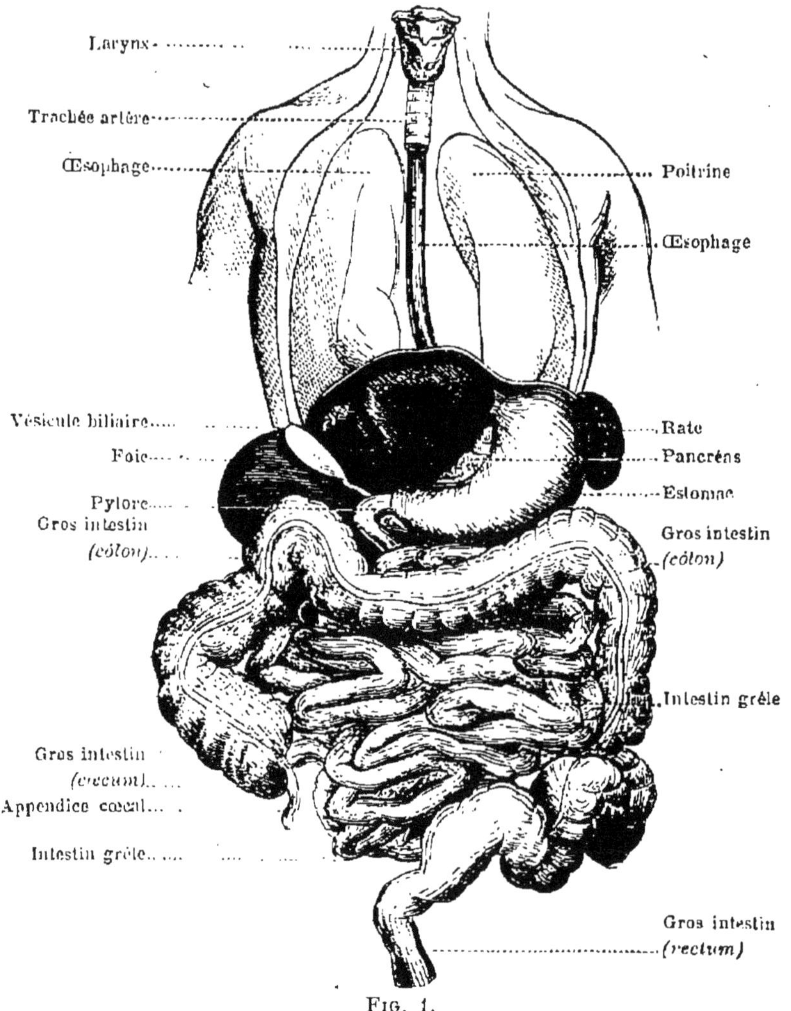

Fig. 1.

§ 27. Bouche. — La bouche, à sa partie antérieure, sert d'ouverture au canal digestif. Elle constitue une cavité comprise entre les *mâchoires* supérieure et inférieure, limitée en avant par les *lèvres*, en haut par la *voûte du palais*, sur les côtés par les *joues*, en bas par la *langue*, en arrière par une expansion charnue et mobile appelée *voile du palais*.

§ 28. Machoires. — Les mâchoires ont une forme rapprochée de celle d'un fer à cheval. La supérieure est unie solidement aux autres os de la face. L'inférieure seule est mobile et articulée directement avec le crâne. Elle peut opérer des mouvements d'abaissement et d'élévation d'une étendue très variable, et même se porter de droite à gauche ou *vice versâ* et d'arrière en avant, mais d'une manière plus restreintes.

§ 29. Dents. — Les dents se rattachent au tube digestif. Elles constituent de petites masses dures, destinées à diviser les matières alimentaires. Par leur nature, elles se rapprochent des os, mais peuvent être considérées comme des formations muqueuses. Elles sont implantées dans des cavités des os maxillaires, appelées *alvéoles*. On considère en elles deux parties principales : la *couronne*, saillante en dehors de l'alvéole : la *racine*, enchâssée dans cette cavité. On donne le nom de *collet* à une sinuosité ou espèce d'étranglement formant le point de réunion de la couronne et de la racine[1].

Les *dents* ont été distinguées, d'après la configuration de

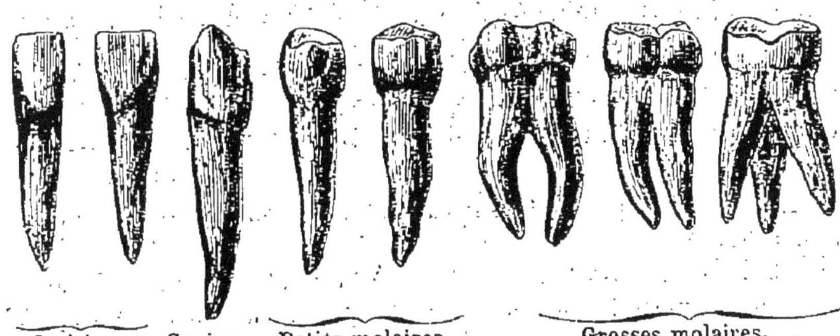

Fig. 2.

1. La *gencive* occupe l'espace qui sépare le collet du rebord osseux de l'alvéole. Dans l'état anormal, connu sous le nom de *déchaussement*, cet espace est plus ou moins dénudé.

leur couronne, en trois sortes : les *incisives*, les *canines*, et les *molaires* ou *mâchelières* (fig. 2).

§ 30. Incisives. — Les incisives sont destinées, comme l'indique leur nom, à inciser, à couper ; leur couronne est, à cet effet, tranchante et taillée en biseau. Elles occupent la partie antérieure des mâchoires. Elles n'ont qu'une racine simple et n'en réclament pas davantage, leur action tendant à s'enfoncer l'une et l'autre dans l'alvéole.

§ 31. Canines. — Les canines, très développées chez les animaux carnivores, tels que le chien, dont elles tirent leur nom, dépassent à peine, chez l'homme, le niveau des autres dents ; elles sont situées vers la partie antéro-latérale des mâchoires, à la suite des incisives, ont la couronne moins tranchante et plus large que celle de ces dernières, et semblent avoir chez nous une destination mixte, celle de couper et d'écraser ; elles n'ont aussi qu'une racine, mais profondément enfoncée dans l'os maxillaire[1].

§ 32. Molaires ou mâchelières. — Les molaires sont destinées à remplir l'office de meules, c'est-à-dire à triturer les aliments, à les mâcher. Elles sont situées après les canines, sur les côtés des mâchoires. Elles présentent des surfaces larges, un peu inégales. On les divise en *petites* et en *grosses* molaires. Les premières ont deux racines : les autres en ont trois, quatre et jusqu'à cinq. Elles avaient besoin d'être plus solidement fixées que les incisives et les canines, afin de n'être pas ébranlées par la diversité des mouvements des mâchoires dans le travail de la mastication[2].

[1] Les canines supérieures ssnt vulgairement connues sous le nom de *dents de l'œil*.

[2] Chez les mammifères, les mâchelières varient suivant le rôle auquel elles sont destinées. Ainsi chez le tigre, qui est uniquement fait pour vivre de chair, elles sont comprimées, lobées et tranchantes, et celles de la mâchoire inférieure font avec celles de la supérieuse l'office de ciseaux ; elles prennent alors le nom de *carnassières*. Chez d'autres mammifères du même ordre, moins exclusivement carnivores, derrière la grosse carnassière, se montre une ou deux *tuberculeuses*, ou dents en parties planes, en partie tranchantes.

§ 33. Structure des dents. — Les dents sont formées de deux parties distinctes : l'une *molle*, organisée, intérieure ; l'autre, produite par la précédente, dont elle forme l'écorce ou l'enveloppe ; l'autre, *dure*, inorganisée, extérieure. La première comprend le *sac dentaire* et son *bulbe* ou *noyau pulpeux;* la seconde, l'*ivoire*, l'*émail* et le *cément*[1].

§ 34. L'*ivoire* est une substance d'un blanc jaunâtre, parcourue par une foule de canalicules microscopiques dans lesquels circulent les matériaux servant à la nutrition. Il renferme plus du quart de son poids de matière animale, des substances minérales, principalement du phosphate de chaux, pour le surplus[2].

§ 35. L'*émail* est une matière d'un blanc bleuâtre, très dense, peu altérable, faisant feu au briquet, une sorte de vernis vitreux destiné à protéger l'ivoire contre les agents capables de lui nuire. Chez l'homme, il ne couvre que la couronne de la dent[3].

§ 36. Le *cément* constitue autour de la racine de la dent une très légère couche jaunâtre bien différente de la matière éburnée[4].

§ 37. Développement des dents[5]. Sur le bord alvéolaire

[1] Ces parties corticales constituent l'*ostéide dentaire*.

[2] L'*ivoire* a la cassure fibreuse ou lamelleuse. Sa partie minérale se compose, chez l'adulte, de phosphate de chaux (environ 64 à 67 %), quelques traces de fluorure de calcium, du carbonate de chaux (6 à 7 %), d'une petite quantité de phosphate de magnésie et de sels solubles : la partie animale ou cartilagineuse (environ 20 à 28 %) est réductible en gélatine par l'ébullition.

[3] L'*émail* contient quelques traces de matières animales (environ 5 %). Il est principalement formé de phosphate de chaux (environ 80 %) ; il contient, en outre, du carbonate de chaux (environ 8 %), du phosphate de magnésie (environ 2,50 %) ; quelques traces de fluorure de calcium.

[4] Le *cément* renferme 50 % de phosphate de chaux et un peu moins de matière animale. Il se développe sous la forme de couche osseuse, aux dépens du liquide fourni par la membrane fibreuse qui recouvre la racine. Il est très développé chez certains animaux, tels que les bœufs.

[5] V. Kœlliker, *Éléments d'histologie humaine*, trad. par Béclard et Sée, in-8°.

de chaque mâchoire, se montre de bonne heure un sillon dans lequel naissent peu à peu les *germes dentaires*. Ceux-ci se trouvent bientôt isolés par des cloisons transverses, et logés chacun dans les cavités appelées *alvéoles* (fig. 3), en raison de l'analogie qu'elles présentent avec les alvéoles des abeilles. Chaque alvéole est tapissée par une membrane vasculaire, constituant un *sac dentaire*[1]. Du fond de celui-ci s'élève, porté par un ou plusieurs pédicules[2], un noyau pulpeux, appelé *bulbe dentaire* ou *germe de la dent* (fig. 4)[3], auquel viennent aboutir un certain nombre de vaisseaux sanguins[4] et des filets nerveux[5].

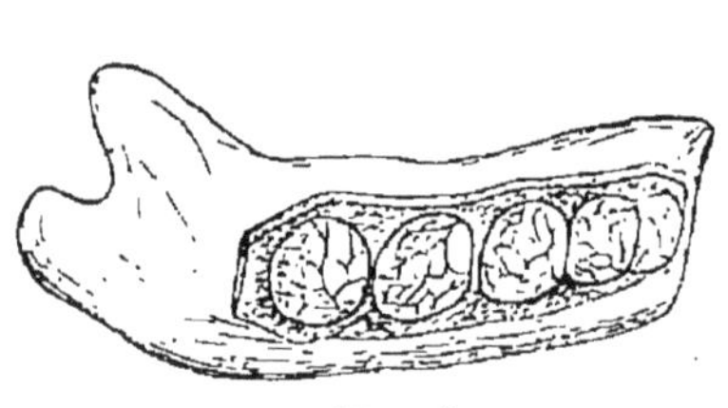

Fig. 3.
Mâchoire inférieure et alvéoles.

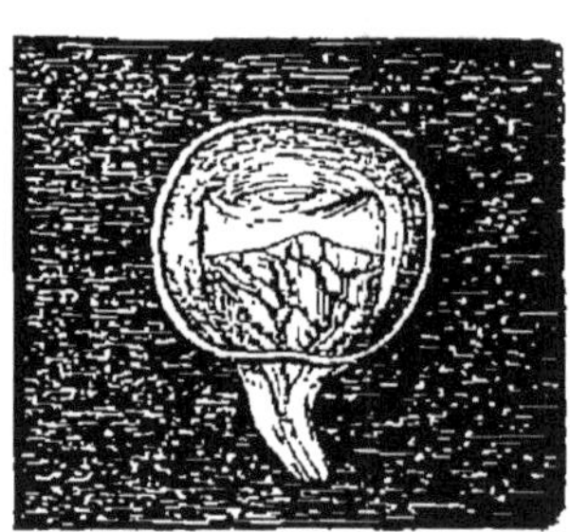

Fig. 4.
Germe dentaire

La couche la plus externe de ce bulbe dentaire se compose de cellules allongées en alènes, dont le prolongement constituera les *canalicules* dont nous avons parlé. Grâce au sang qu'il reçoit, le germe laisse suinter par ces cellules une

[1] On le nomme aussi *follicule dentaire*, *capsule dentaire*, *vésicule dentaire*.

[2] Le pédicule tapisse l'étroit canal qu'on observe plus tard dans la racine de la dent quand elle est formée.

[3] Ou *papille dentaire*.

[4] Ramifications des *artères maxillaires*.

[5] Ramifications des *nerfs maxillaires supérieurs et inférieurs*, branches des *trijumeaux* ou nerfs de la cinquième paire.

Les dents qui branlent n'étant plus emprisonnées étroitement dans l'alvéole, compriment, dans l'acte de la mastication, le noyau pulpeux, et produisent une sensation douloureuse.

substance qui forme l'*ivoire*. Le sac dentaire est tapissé par un tissu réticulé et spongieux, à la face interne duquel se montre la *membrane de l'émail*[1] qui recouvre, comme un bonnet le germe de la dent sans lui adhérer. Cette membrane est formée de cellules, desquelles exsude la substance de l'émail. L'ivoire s'en trouve ainsi naturellement revêtu. La dent continue à croître, perce la gencive, se montre dans la bouche et rétrécit de plus en plus, en grandissant, le bulbe dentaire qu'elle emprisonne, et bientôt la matière éburnée s'étant étendue jusqu'à la base du pédicule de celui-ci, pour former la racine de la dent, les vaisseaux sanguins comprimés n'apportent plus de sang au germe de cette dernière et elle cesse de croître. Ce bulbe se flétrit et ne laisse pour vestige de son existence qu'une petite cavité qui finit même souvent par disparaître.

§ 38. A l'époque de la naissance, les dents sont ordinairement contenues dans les alvéoles[2]; elles commencent communément à se montrer du cinquième au huitième mois. L'enfant, dont l'entrée à la vie s'était annoncée par des vagissements, doit encore verser bien des larmes. L'éruption des dents est toujours pour lui une époque douloureuse[3]. Elles se montrent aux époques suivantes :

Les deux incisives médiaires d'en bas, puis les incisives médiaires d'en haut, de cinq à huit mois.

Les deux incisives latérales d'en bas et d'en haut, de dix à dix-huit mois.

Les quatre premières petites molaires, de un an à vingt ou vingt-quatre mois.

Les quatre canines, de vingt à trente mois.

[1] Appelée aussi *membrane adamantine*.

[2] Cette régle offre parfois des exceptions. Curius fut surnommé *Dentatus*, parce qu'il était né avec des dents; Louis XIV naquit avec les deux incisives médiaires d'en bas; Mirabeau avec deux molaires.

[3] Des mouvements fébriles, une soif plus ou moins vive, une inquiétude douloureuse, qui se traduit souvent par des cris, en sont les symptômes les plus ordinaires.

Les quatre secondes petites molaires, de deux ans à trois ans et demi[1].

L'enfant a alors vingt dents, instruments provisoires qui ne pourraient lui servir tout le reste de sa vie ; aussi sont-elles connues sous le nom de *dents de lait* ou *de première dentition.*

D'autres, plus dures, plus inaltérables, mais que des mâchoires d'abord trop grêles et trop minces n'auraient pas pu porter[2], viendront remplacer celles-ci et achever de garnir l'espace vide de l'arcade maxillaire. Les dents de lait tombent, en général, de six à douze ans[3], dans l'ordre de leur apparition. Leur chute prépare ordinairement la place à celles de *remplacement* ou de *seconde dentition*, qui les suivent. Les premières grosses molaires se montrent vers la septième année : de là le nom de *dents de sept ans*, sous lequel elles sont connues. Les secondes grosses molaires paraissent de neuf à quatorze ans, et les dernières, appelées communément *dents de sagesse*, parfois beaucoup plus tard.

[1] L'époque et l'ordre de l'apparition des dents varient suivant les individus. Souvent elles paraissent par groupes et en cinq temps.

1er groupe :	2 incisives médiaires d'en bas,	de 5 à 8 mois.
2e —	4 incisives supérieures, —	de 8 à 12 mois.
3e —	2 incisives latérales d'en bas, et peu après.	
	4 petites molaires, —	de 12 à 18 mois.
4e —	4 canines, —	de 20 à 30 mois.
5e —	4 secondes petites molaires, de 2 ans à 3 ans et demi.	

[2] Les os maxillaires non seulement s'épaississent avec l'âge, mais l'inférieur, en croissant, se modifie dans sa forme. Il est presque droit dans le premier âge ; à mesure que les dents croissent, elles forcent les deux extrémités de cet os à se relever presque verticalement vers le crâne, pour former ce qu'on appelle les *branches montantes*. Vers le déclin de l'âge, si les grosses dents viennent à tomber à peu de distance les unes des autres, la mâchoire inférieure devient un sujet d'incommodité, elle dépasse alors en avant la supérieure, en formant la saillie connue sous le nom de *menton de galoche*.

[3] Si elles ne sont pas tombées à douze ans, il convient de les faire extraire. En négligeant cette précaution, on court le risque de voir ces dents peu durables n'être pas remplacées plus tard, après leur chute.

§ 39. Pharynx. — Le pharynx ou arrière-bouche est une orte de canal dilaté dans son milieu, formé d'une tunique nusculeuse revêtue d'une membrane muqueuse. Il fait suite la bouche, dont il est séparé par le voile du palais, et inféieurement il se continue avec l'œsophage. Sa paroi supéieure, formée de la base du crâne, présente les ouvertures les arrière-narines et celles de la trompe d'Eustache. Il offre successivement, après l'ouverture de la bouche, la base de la langue, l'épiglotte et l'ouverture du larynx[1]. Il sert à la déglutition et joue un certain rôle dans la respiration.

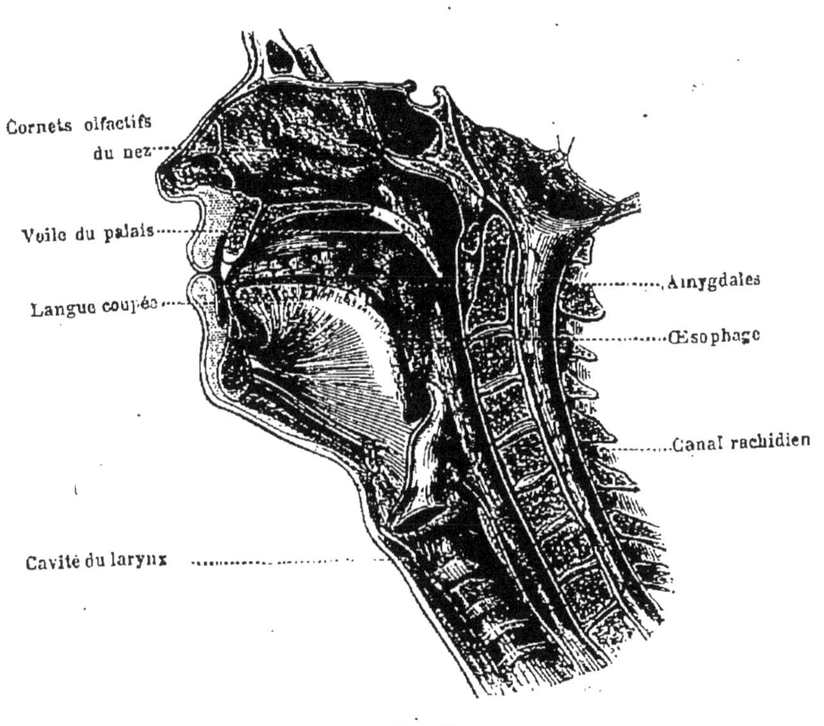

Fig. 5.

§ 40. Œsophage. — L'œsophage est un conduit cylindrique servant de continuation au pharynx. Il se prolonge le long

[1] Le larynx et la trachée-artère qui vient après lui forment le conduit par lequel l'air se rend aux poumons.

du cou, derrière la trachée-artère, descend dans la poitrine en passant derrière le cœur et les poumons, et après avoir traversé le diaphragme, muscle séparant la poitrine de l'abdomen, il débouche dans l'estomac, par le *cardia* ou *ouverture cardiaque*[1]. L'œsophage est formé de deux membranes: l'une musculaire, l'autre muqueuse, qui se continue avec celle de l'estomac. La musculaire présente des fibres longitudinales et d'autres transversales ou presque annulaires.

§ 41. Estomac. — L'estomac est une poche musculo-membraneuse, située en travers, à la partie supérieure de l'abdomen, au-dessous du diaphragme. Il communique avec l'œsophage par le cardia, et à son extrémité opposée, avec la première partie de l'intestin grêle, par une ouverture appelée *pylore*. Chez l'homme, il a la forme d'une sorte de cornemuse; il est rétréci de gauche à droite, recourbé de telle façon que son bord supérieur ou *petite courbure de l'estomac* est concave et très court : son bord inférieur, au contraire, est convexe et très long, et a reçu le nom de *grande courbure de l'estomac*[2]. Ses parois, très extensibles, sont formées de dehors en dedans de trois membranes : séreuse, musculaire et muqueuse; la séreuse est fournie par le *péritoine*, dont il sera question un peu plus tard ; la musculaire présente des fibres dont les unes sont longitudinales, dont les autres sont obliques ou circulaires; la muqueuse offre un grand nombre de petites cavités ou organes sécréteurs appelés *follicules gastriques*, chargés de fournir le *suc gastrique*, l'un des agents actifs de la décomposition des aliments.

§ 42. Intestin grêle. — L'intestin grêle est un tube musculo-membraneux, d'un diamètre peu considérable, prolongé depuis l'estomac jusqu'au gros intestin, contourné ou replié

[1] Parce que cette ouverture est la plus rapprochée du cœur.

[2] Au-dessous de l'ouverture cardiaque, à gauche, la poche stomacale offre un renflement appelée *grosse extrémité* ou *grand cul-de-sac* de l'estomac, et, à droite, une *petite extrémité*, nommée quelquefois par opposition *petit cul-de-sac*.

lusieurs fois sur lui-même, sept fois environ aussi long que corps, égal à peu près aux quatre cinquièmes de la lon-ueur du canal digestif tout entier. Les anatomistes le divisent n trois parties : le *duodenum* [1], le *jejunum* [2] et l'*iléon* [3]; ivision moins importante en physiologie. Il est aussi formé de rois membranes : séreuse, musculaire et muqueuse. La pre-ière ou externe est un repli du péritoine ; la musculaire est omposée de fibres circulaires et de fibres longitudinales ; la uqueuse offre à sa surface une foule de *follicules* ou petits rganes sécréteurs d'une humeur visqueuse ; des *villosités* ou ppendices filiformes, flexibles et spongieux ; elle forme des lis transversaux appelés *valvules conniventes*. A son ex-rémité, l'instestin grêle présente une valvule ou des replis hargés d'empêcher tout retour dans son sein des matières ui ont cheminé plus loin.

§ 43. Gros intestin. — Le gros intestin se distingue par on diamètre moins étroit et par quelques autres caractères, le l'intestin grêle auquel il fait suite. On le divise en *cæcum*, olon et *rectum*. Le *cæcum* [4], ou intestin sans issue, est situé près de l'os de la hanche droite; il forme un angle droit avec la fin de l'intestin grêle; il offre à son extrémité un petit appendice appelé *cæcal* ou *vermiforme*. Le *côlon* [5], d'un volume plus considérable, offre une suite de bourrelets ou de renflements; il remonte vers le foie, traverse l'abdomen en passant au-dessous de l'estomac, puis redescend à gauche vers le bassin, où il se continue avec le rectum [6], dont la surface est plus unie. L'ouverture qui termine ce dernier a reçu le nom d'*anus*. Le gros intestin est formé aussi de trois membranes : séreuse, musculaire et muqueuse. A son extré-

[1] *Duodenum*, parce qu'il a chez nous la longueur de douze travers de doigt.

[2] *Jejunum*, parce qu'on le trouve presque toujours vide à jeun.

[3] En raison de ses nombreuses circonvolutions.

[4] *Cæcus*, aveugle.

[5] Parce qu'il garde longtemps les matières arrivées jusqu'à lui.

[6] *Rectum*, droit, parce qu'il a une direction presque droite.

mité anale, il est entouré d'un muscle en forme d'anneau, nommé *sphincter*, destiné à retenir les matières accumulées dans le rectum, jusqu'à ce que le moment de les expulser soit arrivé. Toutes les parties abdominales du tube digestif sont revêtues extérieurement par une membrane séreuse très développée, appelée *péritoine*, dont les replis nombreux ont pour mission de maintenir dans leur position les divers organes contenus dans l'abdomen.

§ 44. Annexes du tube digestif. — Outre les *follicules gastriques* logées dans la paroi interne de l'estomac, et dont nous avons déjà parlé, d'autres glandes sont chargées de déverser dans le canal digestif des liquides nécessaires pour la transformation des aliments. Ces organes sécréteurs sont les *glandes salivaires*, le *foie* et le *pancréas*.

§ 45. Glandes salivaires. — Elles sont composées de petites vésicules granuleuses agglomérées de manière à constituer des espèces de grappes ; elles versent dans la bouche, par un ou plusieurs conduits, la salive qu'elles sécrètent. Elles sont au nombre de six, trois de chaque côté : deux *parotides*, deux *sous-maxillaires*, deux *sublinguales*. Chaque *parotide*[1] est située entre le bord postérieur de la mâchoire inférieure et le trou de l'oreille. Les *sous-maxillaires*[2] sont placées au côté interne de l'angle de la mâchoire inférieure. Les *sublinguales*[3] sont situées dans la paroi de la bouche, au-dessous de la partie antérieure de la langue[4].

[1] Ainsi nommée à cause de sa proximité de l'oreille. Le conduit par lequel cette glande déverse son produit dans la bouche (canal de Sténon) s'ouvre au niveau de la seconde dent molaire supérieure.

[2] *Sous les mâchoires.* La salive produite par chacune d'elles se déverse par un conduit particulier (le canal de Warthon) près du frein de la langue.

[3] *Sous la langue.* Elles déversent chacune leurs produits par plusieurs canaux.

[4] Outre ces trois paires de glandes, il y a dans presque toutes les parties de la bouche une foule d'autres glandes moins volumineuses qui concourent à l'action salivaire, et divers follicules sécrétant du mucus.

§ 46. Foie. — Le foie est l'organe chargé de fournir la *bile*. C'est la glande la plus volumineuse de toutes celles de notre corps. Il occupe au-dessus de l'estomac, principalement du côté droit, la partie supérieure de l'abdomen. Il est convexe à sa partie supérieure, concave à l'inférieure, d'une couleur d'un brun rougeâtre. Il est formé de petites granulations auxquelles aboutissent des vaisseaux sanguins et d'où sortent de petits conduits chargés de déverser la bile au dehors.

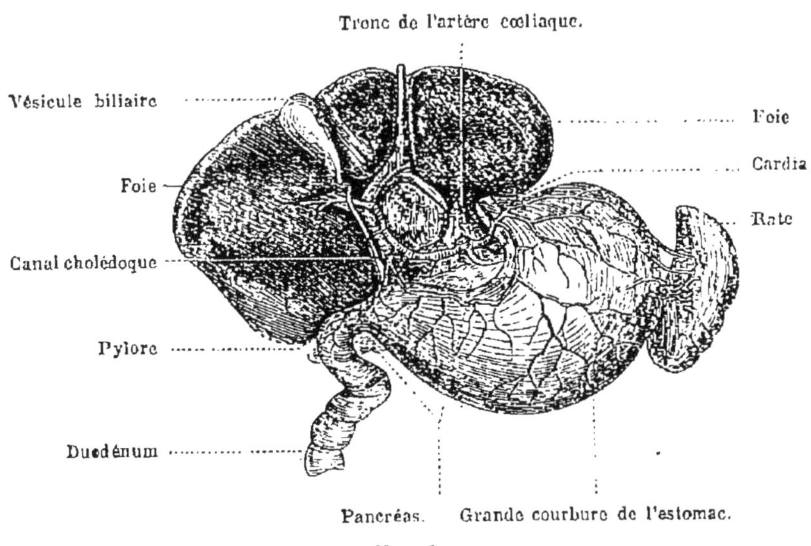

Fig. 6.

Ces conduits constituent successivement des ramuscules, des branches, et enfin un tronc unique (le *canal hépatique*) qui sort de la face inférieure du foie. Ce canal est continué par le canal *cholédoque*, qui débouche, près de l'estomac, dans le duodénum ; il communique aussi avec le canal *cystique* qui remonte de sa partie postérieure jusqu'à une poche membraneuse appelée *vésicule du fiel*, adhérente au foie, et destinée à recevoir la bile, tant qu'elle est inutile pour la digestion [1].

[1] Le foie est regardé par quelques-uns comme un organe excréteur plutôt que sécréteur. Suivant M. Bernard, ce serait un organe sécréteur double : il donne une sécrétion ou excrétion externe, la *bile*, et

§ 47. Pancréas. — Le pancréas[1] est une glande d'un blanc grisâtre, profondément située entre l'estomac et la douzième vertèbre dorsale. Elle déverse son produit dans le duodénum par deux branches, dont la principale s'ouvre au même niveau que le canal cholédoque.

NATURE DES ALIMENTS

Après avoir détaillé les diverses parties du tube digestif, nous allons chercher à faire reconnaître les phénomènes dont il est le siège.

§ 48. On donne le nom d'*aliment* à toute substance capable de servir à la *nutrition*.

L'homme ne pourrait entretenir son existence, avec des matières tirées exclusivement du règne inorganique, quoique plusieurs d'entre elles, telles que l'air, l'eau, le sel marin, le phosphate et le carbonate de chaux[2], etc., soient nécessaires à la composition de son corps. Il est donc obligé de demander au règne organique les aliments dont il a besoin. Ceux-ci peuvent être d'une nature végétale ou d'une nature animale[3]. Quoique très différentes en apparence, ces diverses substances

une sécrétion interne : le *glycogène*. Avant les expériences de ce savant, quelques physiologistes attribuaient aux transformations que subissent les matières féculentes introduites dans le sang par la digestion la présence du sucre ou glycose que le fluide sanguin renferme dans le foie.

[1] Les anciens croyaient cet organe charnu.

[2] Le phosphate et le carbonate de chaux servent à la formation des os; le sel marin se retrouve presque dans tous les liquides de l'économie; le fer et une foule d'autres éléments inorganiques entrent dans la composition du sang.

[3] Les animaux qui vivent exclusivement de végétaux, comme les bœufs, sont dits *herbivores;* ceux, comme le lion, qui se nourrissent uniquement de chair, sont appelés *carnivores;* ceux, tels que les porcs, qui peuvent indifféremment user de matières végétales ou animales, sont désignés sous le nom d'*omnivores*. L'homme, par la forme de ses dents, semble plus spécialement fait pour être frugivore, mais l'usage du feu lui permet d'être omnivore.

nutritives renferment des principes fondamentaux identiques. Ainsi, l'*albumine*, la *fibrine* et la *caséine* végétales ne diffèrent pas, sous le rapport de leur composition chimique, des substances azotées désignées sous les mêmes noms, que fournit le règne animal. Mais les végétaux sont généralement plus pauvres en aliments azotés que les substances animales, et par là même ils sont moins nutritifs.

§ 49. La présence ou l'absence de l'azote établit donc entre les substances alimentaires des caractères distinctifs très importants. Celles qui sont azotées, comme la chair ou le sang des animaux, le gluten des céréales, etc., serviraient seules, suivant les chimistes, à former ou à réparer nos tissus; aussi leur a-t-on donné le nom d'*aliments réparateurs* ou *plastiques*. Parmi celles qui sont dépourvues d'azote, les unes, comme la caféine, les vins et autres liqueurs alcooliques, stimulant les fonctions du système nerveux, ralentissent par là la désassimilation en mettant les principes réparateurs qui se sont assimilés à nos organes en état de servir plus longtemps ; elles ne nourrissent pas, comme on le croyait d'abord ; aussi ne sont-elles pas brûlées au poumon, mais rejetées par l'excrétion urinaire et par la respiration, ce sont des *aliments peu désassimilateurs*. Les autres, comme les graisses, les huiles, etc., sont en partie brûlées au poumon dans l'acte de la respiration; on leur a donné le nom d'*aliments respiratoires*[1].

Ces dernières substances remplissent dans l'acte de la nutrition un rôle très important, car la respiration tient sous sa dépendance la chaleur animale, et a une grande influence sur les autres phénomènes de la vie.

§ 50. Dans tous les cas, la nourriture de l'homme, et en général des autres êtres animés, doit se composer d'aliments réparateurs, d'aliments non azotés[2], et des matières miné-

[1] Voy. L. Lallemand, *Recherches expérimentales*.

[2] Ces divers éléments se rencontrent dans la plupart des substances que nous consommons; ainsi la chair renferme de la fibrine et de la graisse; le pain, du gluten et de la fécule; le lait, du beurre et de la

rales nécessaires à nos tissus. Cette variété paraît nécessaire pour l'entretien de l'existence[1].

§ 51. La vie matérielle, dans sa plus simple expression, se réduit donc à faire pénétrer dans l'intérieur du corps des matières alimentaires et à rendre au monde extérieur les molécules qui ne pourraient y rester sans lui nuire.

Les aliments sont donc nécessaires à l'homme et à tout être vivant, pour réparer les pertes subies par nos organes, soit par la transpiration insensible, soit par d'autres excrétions; pour fournir à ces organes des éléments nouveaux capables de s'assimiler à eux, rétablir l'équilibre que leurs pertes tendent à détruire, ou pour leur fournir des moyens d'accroissement; soit enfin pour entretenir dans les poumons, foyer de la chaleur, la combustion respiratoire.

§ 52. Le besoin de prendre des aliments se manifeste par une sensation particulière qui a son siège dans l'estomac. Ce n'est d'abord qu'une sorte de désir auquel on donne le nom l'*appétit;* plus tard, c'est un véritable besoin, indiqué par un sentiment plus ou moins pénible qu'on appelle *faim*[2].

caséine, c'est-à-dire des substances dont les unes sont azotées et dont les autres ne le sont pas. — L'homme sent d'ailleurs le besoin de varier sa nourriture suivant les climats. A mesure qu'il s'éloigne des zones tempérées et se rapproche des contrées où la décomposition s'opère plus rapidement sous l'influence d'un air plus vif, il éprouve le besoin de se nourrir de matières animales et même graisseuses. Ainsi les Groënlandais boivent l'huile de baleine, pour résister à l'action du froid, en produisant par ces aliments respiratoires une combustion plus active. Dans les pays chauds, au contraire, l'homme a de la tendance à vivre de matières végétales, et la Providence a fait naître sous les zones tropicales le caféier, avec les fruits duquel nous préparons une liqueur ayant la propriété de retarder la désassimilation, comme les liqueurs alcooliques, sans avoir les inconvénients de celles-ci.

[1] Divers animaux nourris avec une seule substance meurent au bout de quinze à vingt jours avec toute l'apparence de l'inanition.

[2] Quand on laisse trop souvent l'estomac appeler inutilement la nourriture, il finit par devenir plus paresseux à digérer.

M. de Montherot, en reproduisant le journal d'un homme qui s'était

Mastication et déglutition. — Phénomène chimiques de la digestion. — Sécrétions qui y concourent. — Absorption par les veines et les vaisseaux chylifères.

Il nous reste à expliquer les actions mécaniques et les transformations qu'ont à subir les aliments dans l'acte de la digestion.

§ 53. La digestion comprend plusieurs autres fonctions, savoir : la *préhension des aliments*, la *mastication*, l'*insalivation*, la *déglutition*, la *digestion stomacale* ou *chymification*, la *digestion intestinale* ou *chilification*, l'*expulsion des matières non digérées*.

§ 54. Préhension des aliments. — L'homme, le seul être pourvu de mains propres à le servir, emploie ces admirables instruments de préhension pour introduire les matières alimentaires dans l'ouverture des voies digestives[1].

§ 55. Les liquides versés dans la bouche peuvent parfois être avalés directement ; mais ordinairement les lèvres et même quelques autres parties de la cavité buccale jouent un rôle plus ou moins actif dans leur introduction ou leur passage. Les aliments réduits en pâte semi-fluide traversent aussi la bouche sans s'y arrêter, et ne réclament guère que l'intermédiaire de la langue pour cheminer plus loin. Mais les matières solides ont besoin d'être *mâchées*.

§ 56. Mastication. — La mastication s'opère à l'aide des dents. Ces dernières ont, comme nous l'avons vu, des conformations différentes, et ont par conséquent des fonctions diverses à remplir. Les incisives sont destinées à couper :

laissé mourir volontairement de faim, a donné des détails curieux sur les souffrances qu'on endure en pareil cas avant d'arriver à la mort. (V. *Gazette de Lyon*, des 10 et 11 janvier 1849.)

[1] Le sens du goût et même celui de l'odorat remplissent, comme nous le verrons, un rôle plus ou moins important dans l'acte de la digestion.

les canines, à déchirer, à concasser ; les molaires, à broyer, à écraser. Les dents ont besoin, pour agir, du secours des mâchoires, et celles-ci des muscles chargés de les faire mouvoir. La mâchoire inférieure, seule mobile, joue alors le principal rôle ; mais quelquefois la supérieure y prend une certaine part [1].

L'inférieure est pourvue de muscles abaisseurs [2], et d'autres plus puissants chargés de la rapprocher de la supérieure [3]. Pendant ces mouvements, les matières alimentaires sont divisées ou broyées ; les joues et surtout la langue tendent sans cesse à ramener les aliments sous ces organes de trituration, jusqu'à ce qu'ils soient convenablement mâchés.

La mastication n'a pas seulement pour objet de diviser les aliments pour faciliter leur passage dans l'arrière-bouche ; elle a surtout pour but de les rendre propres à être imbibés par les sucs chargés de les décomposer [4]. Une mastication suffisante est donc indispensable pour une bonne digestion. Toutefois, elle n'a pas besoin d'être égale pour tous les aliments. Les matières animales, plus faciles à être transformées en sang, et principalement attaquées par le suc gastrique, ne réclament pas une trituration aussi complète que les substances végétales.

§ 57. Insalivation. — En même temps que les aliments sont mâchés ils s'imbibent de salive. On donne ce nom aux liquides réunis de diverses glandes qui entourent la bouche, principalement les salivaires. Le produit de celles-ci est loin d'être de même nature ou déversé en quantité égale. Celui des

[1] Quand l'exercice de la mâchoire inférieure est gêné, la tête, en se renversant à l'aide de ses muscles extenseurs postérieurs, entraîne avec elle la mâchoire supérieure et lui fait exécuter des mouvements qui suppléent à ceux que ne peut faire librement l'inférieure.

[2] Le *ventre antérieur du digastrique*, le *genio-hyoïdien*, etc.

[3] Le *temporal*, le *masséter*, le *ptérygoïdien interne*, etc.

[4] Dans les digestions artificielles, il est facile de voir que les matières alimentaires divisées en petits fragments sont plus promptement dissoutes que les autres.

parotides est aqueux et fluide[1] : celui des *sous-maxillaires* et des *sublinguales* visqueux et filant. La quantité du liquide fourni par les parotides est plus considérable, durant la mastication, que celle des deux autres réunies. Dans le repos, la première de ces glandes paraît cesser ses fonctions : les autres organes sécréteurs restent chargés d'humecter la bouche.

La salive est un liquide transparent, visqueux, inodore, en très grande partie composée d'eau[2]; elle contient diverses substances minérales[3], principalement du sel ordinaire et des sels de soude qui lui donnent ses propriétés alcalines. Elle renferme, en outre, suivant les chimistes, une matière organique azotée, appelée *mucine*, *diastase salivaire*[4] ou *ptyaline*, dissolvant chargé de transformer les matières féculentes d'abord en *dextrine*[5], puis en *glycose*[6] ou sucre de raisin, sans action sur le corps gras et sur les viandes et

1 Ce liquide paraît principalement avoir pour but de ramollir les aliments et de faciliter la mastication. Les parotides manquent chez tous les animaux qui ne mâchent pas. Le produit des autres glandes paraît plus spécialement destiné à faciliter la déglutition.

2 Sur 100 parties de salive on obtient, en l'évaporant, à peu près 1 partie de résidu; en filtrant la salive avant l'évaporation, il reste à peine 12 0/0 de matières solides.

3 Des chlorures de sodium et de potassium, des phosphates de soude, de chaux et de magnésie, du carbonate de soude, etc.

4 Elle n'existe pas dans le produit de la *glande parotidienne;* elle est fournie par les *sous-maxillaires*, probablement avec le concours des *sublinguales* et des autres glandes de la bouche.

5 M. Biot a donné le nom de *dextrine* à la substance gommeuse de l'amidon.

MM. Payen et Person ont appelé *diastase* le principe actif de l'orge germé. La diastase se forme à mesure que la végétation de l'orge s'établit; elle réagit alors sur la fécule qu'elle décompose. On extrait aussi la diastase du blé, de la pomme de terre, etc. Elle a la propriété de transformer les fécules en sucre de raisin ou glycose : de là, le nom de *diastase animale* appliquée à la ptyaline.

6 En mâchant de la fécule pendant quelque temps, il est facile de reconnaître cette transformation au goût sucré dont on sent la saveur.

autres aliments azotés. Mais qui dira l'influence qu'exerce la vie sur les qualités et les propriétés de la salive?

Quoi qu'il en soit, la salive n'est pas seulement destinée à imbiber les aliments pour rendre la mastication plus aisée et pour faciliter leur passage dans le pharynx, elle est chargée d'exercer sur les aliments, principalement sur les matières féculentes, une action puissante qui paraît se continuer après la digestion[1]?

La salive est moins abondante dans le repos et durant le sommeil que pendant la veille [2]. Quand l'estomac est vide ou peu chargé, elle coule naturellement dans la bouche à la vue d'une matière alimentaire ou d'un objet appétissant [3], parce que le nerf de la langue se trouve impressionné à l'aspect de ces objets. La présence des aliments dans la bouche, le mouvement des mâchoires[4] et diverses autres causes favorisent sa sécrétion.

§ 58. DÉGLUTITION. — Après avoir été divisés par les dents et imbibés de salive, les aliments doivent, à l'aide d'une suite de mouvements musculaires, être transportés de la bouche dans le pharynx, du pharynx dans l'œsophage, et de ce der-

[1] De là, la maxime : *Aliment bien mâché est à moitié digéré.*

[2] La *diastase animale* est fournie avec plus d'abondance au commencement qu'à la fin du repas, et cette disposition répond admirablement à nos besoins. Quand on se met à table, pressé par l'appétit, on avale plus à la hâte, les aliments sont incomplètement mâchés et insalivés; mais la salive et le suc gastrique sécrétés en plus grande abondance suppléent à la trituration imparfaite. Quand le premier appétit commence à être satisfait, on mange avec plus de lenteur, les aliments sont réduits en fragments plus petits, ils sont mieux insalivés, et ces conditions étaient devenues nécessaires pour permettre aux dissolvants, sécrétés en quantité plus faible, d'exercer leur action.

[3] De là le proverbe : *Cela fait venir l'eau à la bouche.*

[4] Aussi quand on a parlé pendant longtemps a-t-on la bouche sèche. Le sang a besoin, si l'on veut continuer à parler encore, de s'enrichir d'une certaine quantité d'eau pour fournir aux glandes salivaires les moyens de fonctionner avec plus d'activité. L'eau qu'on boit alors est absorbée par les vaisseaux sanguins qui aboutissent au tube digestif, portée dans le torrent de la circulation, et arrive de la sorte aux glandes salivaires.

ier dans l'estomac. C'est là ce qui constitue la déglutition. e premier des espaces de temps dans lequel s'accomplit ette fonction est seul soumis à la volonté.

Quand les aliments ont été réduits en une espèce de pâte, à aquelle on a donné le nom de *bol alimentaire*, les lèvres et es joues concourent à les rassembler sur la langue. Celle-ci, n s'appliquant contre le voile du palais, pousse le bol alimentaire d'avant en arrière. Le voile du palais, qui jusqu'alors s'était tenu abaissé pour retenir les aliments dans a bouche, pendant la mastication, le voile du palais se lève, a base de la langue fait elle-même un effort plus énergique contre la voûte palatine[1]; le pharynx se raccourcit en soulevant sa partie postérieure, il semble venir au-devant du bol alimentaire, qui franchit alors l'isthme du gosier et arrive dans l'arrière-bouche. Là, s'offrent trois ouvertures dans lesquelles il peut s'engager : les *arrière-narines*, l'*orifice épiglottique* formant l'ouverture du larynx, et l'*œsophage*. Pour empêcher le bol alimentaire de s'introduire dans les arrière-narines, le voile du palais, en se relevant, se déploie presque horizontalement au-dessous de ces ouvertures. Au moment où le pharynx se met en mouvement pour faciliter l'introduction des aliments, le *larynx*, organe de la voix qui communique avec les poumons par la trachée-artère, remonte[2] d'arrière en avant et vient se placer sous la base de la langue comme sous un abri. Dans ce mouvement, l'épiglotte, petite pièce fibro-cartilagineuse, ordinairement relevée pour laisser à l'air un libre passage dans les voies aériennes, s'abaisse sur l'orifice épiglottique du larynx[3] et le ferme comme une soupape. Le bol alimentaire, empêché d'entrer dans l'ouverture laryngienne, suit donc la seule route qui lui

1 Par la contraction des muscles *mylo-hyoïdiens*.

2 Par la contraction des muscles *digastriques*, *génio-hyoïdiens* et autres qui élèvent l'os hyoïde.

3 Quelques anatomistes donnent à cette ouverture le nom de *glotte*, plus généralement réservée aujourd'hui à la fente qu'enclosent les cordes vocales inférieures du larynx.

reste ouverte, celle de l'œsophage, dont les contractions musculaires le font arriver rapidement dans l'estomac[1].

§ 59. Digestion stomacale ou chymification. — Entrées dans cette cavité par l'*ouverture cardiaque*, les matières alimentaires sont naturellement poussées vers le *pylore*; mais celui-ci leur refuse le passage, et les force à s'accumuler dans l'estomac. Cette poche, quand elle est vide, est en repos; elle est contractée et plissée en dedans; à mesure que les aliments y pénètrent, ils réveillent ses muscles assoupis et ses organes sécréteurs; leur présence fait produire à l'estomac des mouvements ondulatoires[2], et, à l'aide de ceux-ci, le bol alimentaire est ballotté dans les diverses parties de cette poche et y subit des révolutions complètes.

Dans l'état de repos, l'intérieur de l'estomac est simplemet humecté des fluides qui lubrifient les membranes muqueuses; mais sitôt que les aliments se trouvent en contact avec sa paroi, les divers cryptes ou glandules[3] logés dans celle-ci, déversent sur ces matières, le liquide nommé *suc gastrique*.

§ 60. Ce liquide est ordinairement presque incolore, faiblement odorant, légèrement salé, d'une saveur acide[4]. Suivant les analyses chimiques le plus généralement admises, il contient environ quatre-vingt-dix-neuf parties d'eau sur cent, un acide libre, l'*acide lactique*, et une substance organique particulière appelée *pepsine*[5]. Cette dernière est comme un

[1] Les fibres longitudinales, en se contractant, raccourcissent l'œsophage; les fibres circulaires, par leurs contractions successives, font cheminer le bol alimentaire.

[2] Ces mouvements sont sous l'influence des nerfs *pneumo-gastriques*, ils sont *péristaltiques* du côté de la grande courbure, et *antipéristaltiques* du côté de la petite.

[3] Ces organes seraient de deux sortes: les uns, simples, en tube; les autres en grappe, placés vers la région cardiaque; quelques autres près de la région pylorique fournissent du mucus.

[4] Il contient, outre son principe acide, diverses substances minérales: du phosphate et du carbonate de chaux, du chlorure de calcium et de sodium.

[5] Appelée aussi *gratérase* ou *chrymosine*. La pepsine est crée dans les cellules glanduleuses de la membrane muqueuse de l'estomac.

:ment destiné à dissoudre la gélatine, la fibrine, l'albumine agulée et les autres substances azotées non attaquées par salive, et à préparer ainsi leur transformation en sang. ıant à l'acide lactique, sans lequel la pepsine est sans action, semble chargé de ramollir les substances ingérées, de maère à rendre plus prompte et plus facile leur dissolution. ais il se passe sous l'influence de la vie des phénomènes ıe la chimie est impuissante à expliquer, et la science n'a :ut-être pas encore dit son dernier mot sur la digestion.

Les aliments, en pénétrant dans l'estomac, attirent le sang ıns l'épaisseur de ses parois, et celui-ci, en y affluant, urnit aux follicules gastriques des moyens plus actifs de :crétion. De là l'inconvénient de détourner alors le sang en :erçant une autre fonction avec trop d'activité [1].

Grâce aux mouvements ondulatoires dont l'estomac est siège [2], les aliments sont ballottés dans les diverses parties : cet organe ; les couches seperficielles de la masse alientaire, imprégnées de suc gastrique, se détachent et glis:nt du côté du pylore ; puis les couches sous-jacentes éprouent les mêmes effets et suivent la même direction, et le bol imentaire se trouve ainsi successivement en une espèce : bouillie grisâtre, à laquelle on a donné le nom de *chyme* [3], asse alimentaire transformée par la digestion, et ne con:rvant presque rien de la nature des aliments [4].

1 Il faut donc éviter pendant le travail digestif de se livrer à des exerces trop violents ou à un travail contentieux. On est d'ailleurs alors oins propre à de telles occupations, aussi un poète a-t-il dit avec raison :

Et l'estomac gouverne la cervelle.

2 Ils sont sous l'influence du système nerveux ganglionnaire.

3 Le produit de la digestion, dans l'estomac, des matières albumiïdes (fibrine, gluten, albumine solide et liquide, caséine) a reçu les oms d'*albuminose* ou de *peptone*.

4 La durée de la digestion stomacale varie suivant a nature des aliıents, le tempérament et le genre de vie. Le poisson est en général lus vite digéré que la volaille; celle-ci plus promptement que la chair e nos ruminants, et la viande rôtie de ceux-ci plus vite que lorsqu'elle

§ 61. Digestion intestinale. — A mesure que la chymification s'opère, le cardia se resserre pour empêcher les matières alimentaires, pressées par les mouvements de l'estomac, de remonter dans l'œsophage, et le pylore, au contraire, s'ouvre pour laisser passer le chyme dans l'intestin grêle, où doit s'opérer la digestion intestinale.

Le bol alimentaire, modifié par la salive et par le suc gastrique pénètre dans le duodénum d'abord par ondées, puis d'une manière plus continue ; il distend cette partie du tube digestif. Les mouvements péristaltiques de cet organe poussent de haut en bas la pâte chymeuse, et sa marche est rendue plus facile par l'humeur dont la membrane muqueuse est lubrifiée ; mais pour qu'elle ne chemine pas trop vite, et pour lui fournir des sources plus nombreuses du suc intestinal, des replis, désignés sous le nom de valvules conniventes (§ 42), sont destinés à multiplier dans un espace plus resserré le nombre des glandules, à retarder la marche de cette pâte, à diviser sa masse pour donner à ses diverses parties le temps et les moyens de s'imbiber des liquides dont elle doit subir l'influence. Ces liquides sont : le *suc intestinal*, la *bile* et le *suc pancréatique*.

§ 62. Le *suc intestinal* est formé par de petites glandes dont le produit doit concourir à la digestion. Elles ont pour siège les cellules de l'épithélium de l'intestin.

§ 63. La *bile*, sécrétée par le foie, est un liquide légèrement alcalin, filant, d'une odeur fade, d'une saveur très amère[1].

est bouillie. Il faut ordinairement quatre heures pour une complète chymification ; un exercice modéré active la digestion ; une vie sédentaire et le sommeil l'alanguissent.

[1] La bile sur 100 parties en contient près de 90 d'eau. Suivant les chimistes, la majeure partie du reste comprend deux acides unis à la soude et à la potasse (*l'acide cholique* non sulfuré et *l'acide choléique* qui est sulfuré) ; elle renferme, en outre, du mucus, des matières grasses neutres en faible quantité (*cholestérine*, *oléine*, *margarine*), des matières odorantes azotées (brun, vert et jaune), quelques sels minéraux, principalement du chlorure de sodium.

Elle s'écoule par le canal hépatique et de là passe dans le canal cholédoque qui la déverse goutte à goutte dans le duodénum. Quand l'estomac est vide, une partie de cette sécrétion, au lieu de suivre le trajet indiqué, remonte du canal hépatique par le canal cystique dans la vésicule biliaire [1], pour y être tenue en réserve jusqu'au moment où elle pourra être utilisée. Mais au moment où les aliments s'accumulent dans l'estomac, la pression que ce dernier, en se distendant, exerce sur la vésicule biliaire et peut-être la faculté excitante que la présence des matières alimentaires exerce sur le tube digestif font déverser la bile dans le duodénum.

La bile a la propriété de se mélanger avec les corps gras[2]; elle paraît concourir par là à les diviser et à favoriser leur absorption.

§ 64. Le *suc pancréatique*, sécrété par le pancréas, est un liquide ayant beaucoup d'analogie avec la salive. Il est alcalin, incolore, filant, d'une consistance sirupeuse. Il renferme une grande quantité d'eau, et un ferment particulier appelé *pancréatine*[3]. Il se déverse dans le duodénum, tout près de l'orifice du canal cholédoque.

La pancréatine agit sur les substances féculentes, sur les corps gras et sur les matières azotées. Elle continue et complète sur les premières l'action de la salive ; elle transforme, dans l'intestin, celles qui y étaient arrivées incomplètement décomposées dans l'estomac. Elle exerce un rôle plus important encore sur les matières grasses, sur lesquelles la salive

1 Cette vésicule manque chez divers herbivores dont les repas sont presque continus et la digestion plus lente, et chez lesquels la bile doit être déversée continuellement dans l'intestin grêle.

2 La bile de bœuf est utilisée par cette raison, dans l'art du dégraisseur, comme matière dissolvante.

3 Il est principalement formé d'une matière organique analogue aux matières azotées (la *pancréatine*); il renferme, en outre, divers sels, principalement du phosphate de soude et de potasse qui lui donnent ses propriétés alcalines; quelques traces de matières grasses, etc.

et le suc gastrique sont sans action. Ces matières, seulement liquéfiées dans l'estomac, sont *émulsionnées* sous son influence dans l'intestin grêle, c'est-à-dire réduites en particules d'une ténuité suffisante pour leur permettre d'être absorbées [1].

Pendant le travail de la digestion, les ferments solubles tels que la ptyaline, la pepsine et la pancréatine ne sont pas absorbés, ils continuent à exercer leur action sur les aliments.

Ainsi, dans l'intestin grêle, grâce au suc gastrique qui y fait sentir encore son action, grâce aux sucs intestinal, biliaire et pancréatique réunis, et sous la mystérieuse influence de la vie, influence sous laquelle s'accomplit le travail d'élaboration et de transformation des substances nutritives, la bouillie alimentaire achève de se diviser en deux parts : l'une liquide, propre à être absorbée, appelée *chyle;* l'autre destinée à être rejetée [2].

§ 65. Expulsion des matières non digérées. — Les matières alimentaires non absorbées dans l'intestin grêle franchissent une valvule située à l'extrémité de celui-ci [3], et arrivent dans le cœcum ; elles s'y trouvent mélangées à du mucus et à une

[1] Les belles expériences de M. Bernard ont surtout contribué à faire connaître le rôle important que remplit le suc pancréatique dans la digestion. En empêchant ce liquide de se déverser dans l'intestin d'un mammifère, il y a bientôt amaigrissement, puis mort de ce dernier, et les matières grasses se retrouvent indigérées dans les excréments. En mettant obstacle à l'introduction de la bile dans le duodénum, et en lui donnant les moyens de se déverser au dehors, l'animal peut vivre encore pendant plus ou moins longtemps.

Lorsque le pancréas est injecté de matières grasses, il est d'abord durci et transformé en espèce de savon, puis résorbé.

[2] Les boissons telles que l'eau, le vin, etc., ne sont pas susceptibles de digestion; elles servent à faciliter celle des matières solides, soit en ramollissant ou en dissolvant les aliments, soit en favorisant la sécrétion du suc gastrique. Ces liquides sont en partie absorbés par les veines, principalement de l'estomac. Mais d'autres boissons, telles que le lait, le bouillon, etc., contenant des principes organiques, ont à subir la transformation en chyme et en chyle, et contribuent à la nutrition du corps.

[3] La valvule de Bauhin.

:ertaine quantité de bile. Elles avaient perdu graduellement le leur fluidité par l'absorption du chyle ou du liquide desiné à le devenir ; dans le gros intestin, leur consistance loit s'augmenter encore. Après être restées quelque temps lans le cœcum, elles cheminent plus ou moins lentement lans le côlon, sous l'influence des mouvements péristaltiques le cet organe, et arrivent par le rectum jusqu'à la partie postérieure du tube digestif, où leur expulsion est favorisée par l'action des fibres musculaires de l'intestin, par celle des nuscles abdominaux et par la contraction du diaphragme.

§ 66. **DIGESTION DANS LA SÉRIE ANIMALE.** — Chez quelques nimaux inférieurs [1], la nutrition se trouve réduite à un très etit nombre de fonctions. L'eau dans laquelle ils habitent énètre par leur enveloppe extérieure dans leurs tissus spon- ieux, susceptibles de se creuser spontanément de cavités [2]; ette eau entraîne avec elle les substances animales ou végé- ales qu'elle tient en dissolution ; les éléments nutritifs, intro- uits ainsi dans l'intérieur par l'absorption, s'y assimilent ous l'influence de la vie ; et, par l'exhalation, s'échappent es molécules devenues inutiles ou nuisibles. Mais, à part les tres qui semblent se rapprocher par la simplicité de leur rganisation de celle des derniers végétaux, tous les autres nimaux présentent une cavité intérieure dans laquelle sont eçues et élaborées des matières nutritives.

Chez quelques-uns, cette cavité est une sorte de sac [3] 'offrant qu'un seul orifice, pour l'entrée et la sortie des liments; mais à mesure qu'on s'élève dans la série des nimaux, cette poche devenue plus profonde se montre ientôt ouverte à ses deux extrémités et forme un canal lus ou moins varié dans sa conformation.

[1] Ceux de l'ordre des *astomes* ou dépourvus de bouche (ceux qui com- osent les familles des *opalinés*, etc.).

[2] Chez divers infusoires, à l'extrémité d'une sorte d'œsophage partant e la bouche, se montrent des vacuoles ou petites cavités, qui dispa- aissent d'autres fois par le rapprochement des parties.

[3] L'hydre ou polype d'eau douce.

§ 67. La préhension des aliments s'opère d'une manière très diverse. Les uns se servent de leurs pattes susceptibles de préhension [1] ou faisant l'office de serres [2] ou de harpons [3]; d'autres ont des tentacules, des espèces de lanières garnies au-dessous de ventouses [4] capables d'arrêter leur proie. L'éléphant utilise sa trompe [5], le cheval ses lèvres; quelques-uns leur langue extensible [6]; la plupart se servent de leurs dents ou autres instruments buccaux.

Jetons maintenant un coup d'œil sur les particularités les plus saillantes que présente la digestion dans la série des animaux.

§ 68. Mammifères. — La plupart des mammifères ont des dents. Les uns en ont de trois sortes : des *incisives*, des *canines* et des *grosses dents*; ils ont par conséquent le *système dentaire complet* [7]. Chez d'autres, les canines [8], les incisives [9], ou même ces deux sortes de dents [10], manquent; le système dentaire est dit alors *incomplet* (fig. 7). Chez un petit nombre, les mâchoires sont complètement dépourvues de ces instruments de division (fig. 8) [11]; chez les baleines [12], ils sont remplacés par des lames cornées. Souvent les dents offrent une rangée continue [13]; d'autres fois les incisives ou canines sont séparées des mâchelières par un intervalle appelé *barre* [14]. Quelle diversité n'offrent-elles pas dans leurs formes? Les grosses présentent à cet égard les modifications les plus significatives. Tantôt leur couronne offre une surface plus ou moins étendue [15], soit plane, soit inégale, et leur destination

[1] V. *Zoologie*. Les singes, les perroquets (§ 86 et fig. 4, et § 250, fig. 38).

[2] *Id.* Les oiseaux rapaces (§ 251 et fig. 40), et les asiles parmi les insectes.

[3] *Id.* Les félidés ou animaux de la famille des chats (§ 113 et fig. 19), et les mantes et diverses punaises parmi les insectes (§ 466, 470).

[4] *Id.* Les poulpes et autres mollusques céphalopodes (§ 107 et fig. 55).

[5] V. *Zoologie* (§ 187). — [6] *Id.* (§ 148, 258, 312). — [7] *Id.* (§ 86, 88, 93, 99). — [8] *Id.* (§ 121). — [9] *Id.* (§ 143). — [10] *Id.* (§ 145). — [11] *Id.* (§ 148). — [12] *Id.* (§ 210). — [13] *Id.* (§ 86, etc.) — [14] *Id.* (§ 121). [15] *Id.* (§ 86, etc.).

est-de triturer, de broyer, de mâcher, et on les nomme *mâchelières*[1]; tantôt elles sont comprimées, tranchantes et faites pour couper la chair ou pour briser les os, et elles prennent le nom de *carnassières* (fig. 9)[2]. Quelques autres, situées dans le fond de la bouche de la plupart des carnivores, ont une double destination : elles sont en partie planes, en partie saillantes et sont dites *tuberculeuses*[3]. On retrouve ainsi dans leurs conformations si diverses des preuves de l'intelligente sagesse dont toutes les œuvres de Dieu portent l'empreinte; elles révèlent au naturaliste le genre de vie de ces animaux et lui fournissent d'utiles moyens de classification.

Fig. 7. — Chinchilla.

Fig. 8. — Fourmilier.

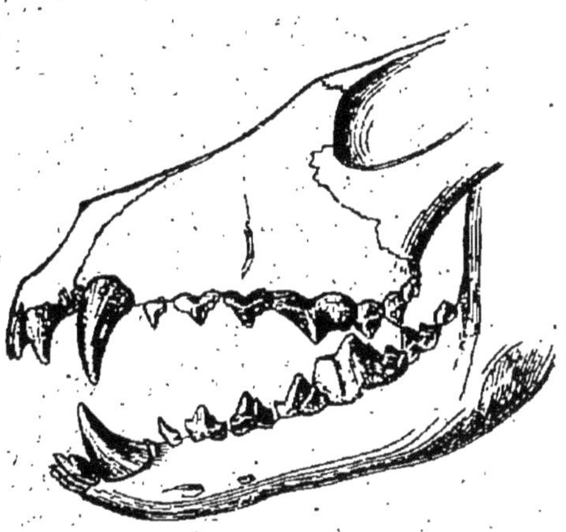

Fig. 9. — Chien.

§ 69. Chez les rongeurs, le *bulbe* des dents incisives n'est pas porté sur un pédicule ; sa partie la plus large repose au fond du sac dentaire. Grâce à cette conformation, ce germe peut sans cesse sécréter des couches calcaires sans jamais être étreint par elles dans le point où lui arrivent les vaisseaux et les nerfs, et la dent croît pendant toute la durée de la vie de l'animal.

§ 70. L'appareil salivaire est en général moins développé chez les carnivores que chez les herbivores : ces derniers

1 V. *Zoologie* (§ 86, fig. 2, et § 151, fig. 25). — 2 *Id.* (§ 100, fig. 11). — 3 (§ 100, fig. 12).

faisant usage d'aliments sur lesquels la salive est principalement appelée à exercer son action.

§ 71. La déglutition des mammifères s'opère comme chez l'homme.

§ 71. Leur tube digestif est en harmonie avec leur genre de vie. Chez ceux qui se nourrissent de proie vivante, il est court, simple et faible : court, parce que les matières y sont promptement transformées et parce que l'estomac est le principal siège de la digestion ; simple, parce que cette transformation facile ne réclamait pas un appareil bien compliqué ; faible, surtout vers l'ouverture cardiaque, pour permettre à ces animaux de régurgiter avec facilité les matières alimentaires prises en excès, après un jeûne plus ou moins prolongé. Ces animaux n'ont donc ordinairement qu'une poche stomacale[1]. Les herbivores, au contraire, en ont souvent plusieurs. Chez le cheval, dont l'estomac est encore unique, les côtés de ce renflement sont inégalement musculaires et offrent, par là, quelque tendance à la division. Chez le porc, se montrent déjà, près du cardia, des enfoncements particuliers. Chez d'autres pachydermes, on compte jusqu'à trois poches[2] à la suite les unes des autres. Les ruminants en ont quatre[3], dont trois communiquent avec l'œsophage ; ils ont besoin de faire revenir à la bouche les aliments qui ont déjà séjourné dans les premières, pour les mâcher, les insaliver et faciliter ainsi leur digestion dans la *caillette* ou véritable estomac.

§ 73. Les mammifères ont tous un foie et un pancréas dont les produits se déversent aussi dans le duodénum. Les carnivores, dont les repas sont plus ou moins espacés et peu réglés, sont tous pourvus d'une vésicule biliaire, pour tenir la bile en réserve, jusqu'au moment où elle sera utile pour la digestion ; elle existe également chez quelques herbivores,

[1] V. *Zoologie* (§ 65).

[2] V. *Zoologie* (§ 65 et 178).

[3] La *panse*, le *bonnet*, le *feuillet* et la *caillette* (*Zool.*, § 151 et fig. 26).

comme le bœuf et le mouton. Elle manque chez plusieurs autres, tels que le cheval et le chameau.

§ 74. Oiseaux. — Les mâchoires des oiseaux, revêtues d'enveloppes cornées constituant un bec, sont plutôt faites pour la préhension des aliments que pour la mastication ; ces êtres n'avaient pas besoin d'un appareil salivaire aussi développé ; des follicules ou glandes sublinguales sont seules chargées de déverser dans la bouche une salive ordinairement épaisse.

§ 75. Leur tube digestif présente en général trois renflements ou estomacs séparés les uns des autres, toujours plus développés chez les granivores : le *jabot*, le *ventricule succinturier*, le *gésier*. Le premier est un sac membraneux, dans lequel les aliments commencent à se ramollir ; il manque souvent chez les carnivores. Le second est glanduleux et sécrète un liquide analogue au suc gastrique. Le dernier ou le gésier supplée souvent au défaut de la mastication ; il est doué chez les granivores d'une grande puissance musculaire, et offre des parties fibro-cartilagineuses qui en font un puissant organe de trituration. Chez les carnivores, il est assez faible pour leur permettre de rejeter les os des animaux qu'ils ont avalés tout entiers.

§ 76. Les oiseaux ont aussi un foie et un pancréas dont les produits sont versés dans le duodénum.

§ 77. Reptiles. — Quelques reptiles manquent de dents, au moins à l'une des mâchoires ; mais le plus grand nombre en est pourvu ; plusieurs en ont, en outre, à la voûte du palais. Celles des os maxillaires sont rarement enchâssées dans des alvéoles[1]. Ordinairement elles sont soudées aux os d'une manière variable. Les dents, chez les animaux, sont principalement des organes de préhension. Chez les serpents venimeux, quelques-unes, creusées d'une gouttière[2], ou percées d'un canal[3], sont chargés de faire pénétrer le venin dans la plaie. D'autres reptiles, comme les tortues, ont les

[1] V. *Zoologie* (§ 310). — [2] *Id.* (§ 323). — [3] *Id.* (§ 324 et fig. 54).

os de la mâchoire simplement recouverts d'enveloppes cornées[1].

§ 78. Les reptiles ont généralement des organes salivaires. Les ophidiens venimeux possèdent, en outre, deux glandes particulières chargées de sécréter le liquide empoisonné que les dents à venin introduisent avec leurs morsures. Ce liquide a pour objet de tuer la proie, de hâter la décomposition de sa chair et d'en rendre la digestion facile.

§ 79. Les reptiles ont un estomac de forme variée, généralement simple, des intestins courts, un foie et un pancréas. La digestion, chez ces animaux, s'exécute, comme toutes les autres fonctions, d'une manière plus ou moins lente, en raison du peu de chaleur de leur sang et de la lenteur de ses mouvements. Ils peuvent supporter un jeûne souvent longuement prolongé.

§ 80. Poissons. — La bouche des poissons présente quelques modifications remarquables ; elle est ordinairement fermée par des os maxillaires ou intermaxillaires indépendants les uns des autres : les derniers jouent ordinairement le rôle le plus important. Quelquefois même les uns et les autres s'annihilent et laissent aux palatins le soin de fermer l'ouverture buccale.

§ 81. Quoique plus voraces que les reptiles, les poissons manquent parfois de dents ; cependant la plupart en sont armés, non seulement aux os maxillaires ou intermaxillaires, mais souvent encore à ceux du palais, à la langue, aux os de l'arrière-bouche et aux arcs qui soutiennent les branchies. Chez les véritables poissons, les dents sont soudées aux pièces solides du squelette et sont en général dirigées en arrière, pour retenir la proie avec plus de facilité. Chez les chondrodes, elles ont une base moins solide. Quelquefois alors, comme les requins en offrent des exemples, celles des mâchoires sont disposées par rangées imbriquées, destinées à se remplacer successivement, à mesure que l'une d'elles a été emportée.

[1] V. *Zoologie* (§ 304).

§ 82. Les poissons manquent de glandes salivaires ; ils ont un estomac simple, l'intestin court. Ils sont pourvus d'un foie, et de prolongements en forme de cœcums, disposés autour du pylore, et tenant lieu de pancréas.

§ 83. Insectes. — La bouche des insectes a de l'analogie avec celle des vertébrés supérieurs ; mais les mâchoires, au lieu d'agir de haut en bas, sont composées chacune de deux parties, qui, chez les insectes broyeurs, se meuvent transversalement l'une contre l'autre, à la manière des tenailles ou des ciseaux. Les parties buccales de ces animaux se modifient d'une manière admirable pour devenir des instruments variés de succion. En s'allongeant, elles se transforment de manière à constituer un bec, un suçoir, une trompe, etc.

§ 84. Le canal digestif de ces animaux se compose ordinairement, à partir de la bouche, du pharynx, du jabot, du gésier, de l'estomac, appelé par d'autres ventricules chylifique, de l'intestin grêle et du gros intestin. Le jabot, plus particulier aux insectes suceurs, manque souvent chez les autres. Le gésier est remarquable par les replis, les épines ou autres appendices qu'il présente.

§ 85. Les insectes ont des vaisseaux salivaires. Vers l'extrémité de l'estomac viennent aboutir des tubes ou vaisseaux flexueux et plus ou moins nombreux, destinés à sécréter de la bile. D'autres, insérés sur l'intestin et avec lesquels ont peut-être été confondus des vaisseaux prétendus biliaires, sont chargés de sécréter un liquide urinaire.

§ 86. Mollusques. — Le tube digestif des mollusques offre beaucoup de diversités. Plusieurs ont à la bouche des espèces de mandibules ou instruments de trituration d'une grande puissance. D'autres sont organisés pour la succion.

Leur estomac est, suivant les espèces, simple ou multiple ; parfois il est armé à l'intérieur de pièces solides, pour la trituration des aliments. Leurs intestins sont variablement prolongés, et souvent l'ouverture postérieure se montre dans un point plus ou moins rapproché de la bouche.

§ 87. La plupart ont des glandes salivaires, tous ont un

foie volumineux; ils manquent de pancréas; mais plusieurs ont des organes sécréteurs particuliers.

§ 88. Chez les rayonnés, l'appareil digestif se simplifie davantage. Souvent il est réduit à une poche stomacale destinée à l'entrée des aliments et à la sortie des matériaux inutiles pour la nutrition.

§ 89. **Absorption.** — *Absorption par les veines et par les vaisseaux chylifères.* Les fonctions digestives, en transformant les aliments, à l'aide du produit des diverses glandes chargé de les liquéfier, ont pour but de faciliter leur introduction dans l'intérieur du corps.

§ 90. Cette introduction a lieu à l'aide des *veines*, depuis les lèvres jusqu'au pylore, et, à partir de ce point, soit par les mêmes organes, soit par des vaisseaux d'un autre ordre, appelés *vaisseaux chylifères.* L'absorption s'opère donc dans toute l'étendue du tube digestif, mais d'une manière très inégale suivant les différentes régions. Ainsi, dans la bouche, où les aliments ne font qu'un très court séjour, quand ils ne se bornent pas à y passer, l'absorption est réduite à une faible quantité d'eau, tenant en dissolution quelques autres éléments; dans l'estomac, elle est déjà très sensible[1]; mais l'intestin grêle en est le siège principal.

§ 91. Cet intestin est hérissé de *villosités* ou de *papilles* dont le rôle est analogue à celui des racines des végétaux. Ces sortes de *spongioles* ou de *racines animales* ou *intérieures*[2], sont donc chargées de puiser dans cette portion du canal alimentaire une partie des matériaux propres à nourrir le corps.

[1] Dans l'estomac, l'absorption varie suivant l'épaisseur de l'épithélium et la durée du séjour des aliments dans cette cavité du tube digestif. Ainsi, chez le cheval, dont l'estomac est garni d'un épithélium épais, et qui garde peu de temps dans cette poche les substances alimentaires, la digestion est principalement intestinale. Chez les carnivores, au contraire, la majeure partie de l'absorption paraît s'opérer dans la poche stomacale; aussi l'intestin n'ayant qu'un faible rôle à remplir, est-il plus ou moins court. L'estomac est surtout le siège de l'absorption des liquides.

[2] Selon l'expression de Boerhaave.

§ 92. Différentes causes contribuent à favoriser l'absorption ; le peu d'épaisseur de la membrane muqueuse[1], et urtout les pertes continuelles qu'éprouve le sang, soit par es organes sécréteurs, soit par l'évaporation. La transpi- 'ation insensible qui enlève au sang une partie de son eau, oit par les pores de la peau, soit par les poumons, facilite 'introduction dans les vaisseaux sanguins de nouveaux liqui- les, comme l'évaporation qui s'exerce à la surface des feuilles les végétaux augmente la puissance absorbante des racines[2].

§ 93. Quant à la fonction elle-même, elle s'opère par les lois hysiques : l'*imbibition*, l'*endosmose* et la *pression*, et sans loute aussi par l'action qu'exerce la vie sur tout l'organisme.

§ 94. Les membranes ou les villosités spongieuses en ontact avec le liquide chyleux, se gonflent et se laissent énétrer par les fluides, c'est-à-dire s'en *imbibent*.

§ 95. L'*endosmose* est une loi d'après laquelle les liquides le densités différentes tendent à se mélanger, quand ils sont éparés simplement par des membranes.

§ 96. L'endosmose préside à l'introduction, dans les veines, les parties alimentaires liquéfiées par la salive et par le suc gastrique, et surtout des mêmes parties transformées en luide chyleux dans l'intestin grêle.

§ 97. Quant aux *vaisseaux chylifères*, ils sont chargés de ransporter dans le sang les matières grasses émulsionnées, c'est-à-dire réduites en particules très fines par les liquides le l'intestin et principalement par le suc pancréatique.

§ 98. Les *vaisseaux chylifères* sont de la nature des *vaisseaux lymphatiques* ou *vaisseaux à étranglements*. Quand e corps est tout à fait à jeun, le liquide contenu dans leur sein est identique à la *lymphe*[3], c'est-à-dire transparent, jaunâtre

[1] Ou de son *épithélium*.

[2] L'absorption s'exerce avec d'autant plus de promptitude ou de facilité que les vaisseaux sanguins sont moins remplis. La contraction plus ou moins forte des fibres musculaires exerce aussi une certaine action sur l'absorption.

[3] La lymphe présente des globules sphériques.

et rosé ; mais quand le chyme a pénétré dequis quelque temps dans l'intestin grêle, ils se remplissent de ce liquide opaque, yant l'apparence du lait auquel on a donné le nom de *chyle*[1].

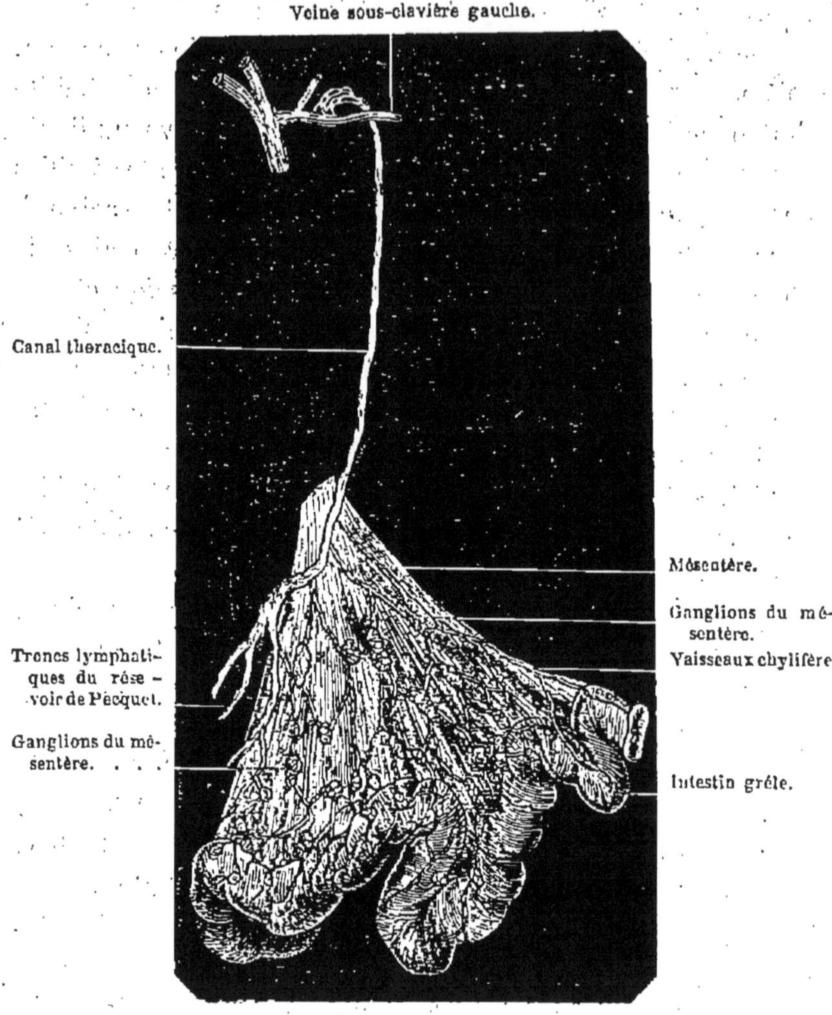

Fig. 10.

Avant d'indiquer e rôle des vaisseaux chylifères, tâchons de faire comprendre l'organisation des *villosités intestinales* ou *papilles*.

[1] Il renferme aussi des globules de dimensions variables. Les globules et les granulations du chyle sont de la nature de la graisse.

§ 99. Les *papilles* sont des prolongements spongieux de la membrane muqueuse de l'intestin. Dans leur sein aboutit un vaisseau chylifère qui s'y termine en cœcum. Ce dernier est lui-même entouré d'un réseau de vaisseaux sanguins. Dans ceux-ci sont absorbés, par endosmose, quelques-unes des matières féculentes ou albuminoïdes sur lesquelles la salive, le suc gastrique et les liquides alcalins qui se déversent dans l'intestin ont tour à tour exercé leur action. Quant aux matières grasses émulsionnées, elles pénètrent dans le vaisseau chylifère, sous la pression exercée par les fibres musculaires en anneaux, qui, en resserrant les deux extrémités d'une portion d'intestin, compriment les fluides contenus dans ce segment, et le forcent à traverser le tissu spongieux qui entoure le vaisseau chylifère.

§ 100. Pendant longtemps les veines ont été regardées comme les seules voies par lesquelles le produit de la digestion s'introduisait dans le sang. Depuis la découverte des vaisseaux chylifères [1], ces derniers passèrent à leur tour pour les seuls absorbants de ce produit. Il est aujourd'hui reconnu que ces deux ordres de vaisseaux concourent au même but [2]. Les chylifères semblent particulièrement destinés à absorber les matières grasses émulsionnées par le suc pancréatique ; les autres matériaux passent principalement par les veines [3].

§ 101. L'absorption s'opère toujours d'une manière lente et successive. Il faut un temps suffisant pour permettre aux liquides destinés à la nutrition de filtrer à travers les parois

[1] Le 23 juillet 1622, par Gaspard Aselli, né à Crémone vers 1581, mort en 1626. Aselli croyait que les vaisseaux lymphatiques conduisaient le chyle au pancréas. Pecquet (Jean), né à Dieppe en 1610, mort à Paris en 1674, découvrit en 1647 le canal thoracique, et démontra que le chyle, élaboré dans le mésentère, arrive par ce canal dans la veine sous-clavière gauche et va de là droit au cœur.

[2] Magendie coupa les vaisseaux chylifères d'un animal empoisonné et cet animal mourut : le poison avait été absorbé par les veines intestinales et porté dans le foie.

[3] Les matières féculentes, albuminoïdes, les médicaments et les poisons, choisissent particulièrement cette voie.

des vaisseaux sanguins et des lymphatiques[1]. Aussi, quand les matières alimentaires ont été prises en grande quantité, toutes les parties susceptibles de passer dans le sang ne peuvent-elles pas être absorbées ; une certaine quantité se confond avec celles qui cheminent dans le gros intestin[2].

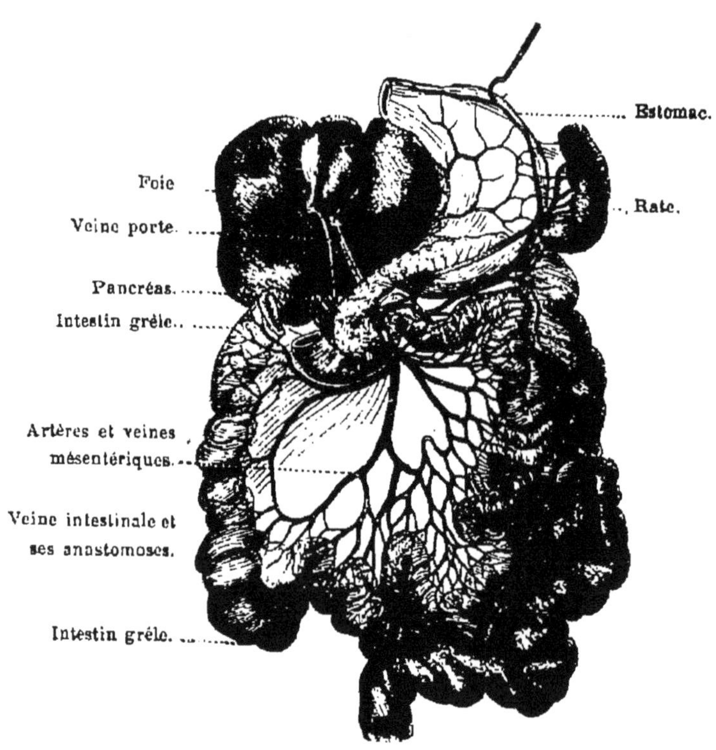

Fig. 11.

Le produit de la digestion, en parvenant dans les veines et dans les vaisseaux chylifères, a besoin d'arriver jusqu'à l'organe de la respiration pour y acquérir, par son contact avec l'oxygène de l'air, les qualités qui lui sont nécessaires.

[1] Pecquet avait découvert les vaisseaux lymphatiques, mais il n'avait pas su les distinguer des chylifères. Cette gloire était réservée à Olaüs Rudbeck.

[2] Dans ce dernier, il se fait encore une certaine absorption des sucs susceptibles de concourir à la nutrition du corps.

§ 102. La partie de ce produit qui s'engage dans les vaisseaux chylifères passe par les ganglions du mésentère, éprouve dans ceux-ci des modifications qui commencent à le sanguinifier ou à le rapprocher de la nature du sang ; il remonte ensuite par le canal thoracique, débouche au confluent de la veine jugulaire interne dans la veine sous-clavière gauche, se mêle dans cette dernière au fluide qu'elle charrie, et va, avec celui-ci, se jeter dans l'oreillette droite du cœur, par la veine cave supérieure.

§ 103. L'autre portion du produit de la digestion, ou celle qui pénètre dans les veines intestinales, traverse successivement la veine porte, le foie et les veines hépatiques, avant d'arriver à l'oreillette droite du cœur, par la veine cave inférieure. Dans ce trajet, le fluide chyleux subit aussi une sorte de fermentation ; il se montre, dans le foie, surtout, enrichi de glycose ou sucre semblable à celui du raisin, et sécrété par cet organe, suivant M. Bernard, ou produit, suivant d'autres, par la transformation successive des matières féculentes[1]. Au sortir du foie, le liquide contenu dans les veines renferme déjà moins de glycose, parce qu'il subit une transformation nouvelle qui le prépare à l'hématose complète qu'il doit subir dans les poumons.

§ 104. **Absorption dans la série animale.** — Chez les animaux vertébrés, l'absorption s'opère à l'aide de deux sortes de canaux : les veines et les vaisseaux lymphatiques. Ces derniers se réunissent souvent aussi en un seul canal thoracique chez les mammifères ; mais souvent il y en a deux au moins jusque près de leur embouchure dans le système veineux.

La contractilité des vaisseaux lymphatiques, la pression qu'exercent sur eux les diverses parties de l'abdomen, les valvules dont ils sont ordinairement pourvus contribuent à faire affluer le chyle dans leur sein. Ces vaisseaux manquent

[1] V. *De la glycogénie hépathique*, par M. J.-L. Brachet, *Lyon*, 1856, in-8°. — Cette transformation est comparée avec raison à celle que subissent nos fruits en arrivant à la maturité.

en général de ganglions chez les reptiles et les poissons, quelquefois même de valvules; mais sur leur trajet, chez les grenouilles, se montrent des renflements musculaires, dont les contractions favorisent le cours du chyle.

§ 105. Les animaux invertébrés manquent de vaisseaux lymphatiques et souvent de veines. Chez les mollusques pourvus d'un système musculaire, les veines voisines des intestins paraissent remplir les fonctions de vaisseaux absorbants et recevoir le fluide chyleux par le conduit des organes respiratoires. Chez les animaux manquant du système circulatoire, ou n'en ayant qu'un plus ou moins incomplet, le produit de la digestion absorbé par les parois de l'intestin passe dans les vaisseaux circulatoires quand il en existe ou pénètre progressivement dans ces organes.

§ 106. Chez quelques animaux inférieurs manquant de tube digestif, les matériaux nutritifs tenus en dissolution dans l'eau passent par imbibition ou par endosmose au travers de l'enveloppe du corps, et de là se répandent de proche en proche dans tout l'intérieur du corps.

Sang. — Composition et usages de ce liquide; phénomènes généraux de la circulation. — Appareil circulatoire, Cœur, Artères, Veines.

§ 107. Circulation. — Le chyle, parvenu dans l'oreillette droite avec le sang veineux, passe dans le ventricule droit, dont les contractions le chassent dans l'artère pulmonaire et l'envoient aux poumons, où, sous l'influence de l'oxygène de l'air, il devient du fluide nutritif, c'est-à-dire du *sang*.

§ 108. Composition du sang. — Le sang est un liquide alcalin, d'un rouge de nuances variables, légèrement salé, un peu visqueux, un peu plus dense que l'eau, d'une odeur particulière.

Il est chargé de fournir à nos tissus les éléments de leur

formation, ceux de leur entretien et de leur réparation [1]; il est, en un mot, le *fluide nourricier* du corps.

§ 109. Le sang se compose de deux parties principales : l'une liquide [2] et transparente, appelée *plasma* du sang; l'autre, composée de corpuscules tenus en suspension et nageant dans la partie liquide, nommée *globules du sang*.

§ 110. Ces globules ont la forme d'un disque aplati et renflé sur ses bords; leur diamètre égale environ la cent vingtième partie d'un millimètre [3]. Ils se composent d'une enveloppe membraneuse incolore et d'un liquide albuminoïde, visqueux, contenant une matière colorante rouge, appelée *hématosine* [4], renfermant une petite proportion de fer. Outre ces globules, qui donnent au sang sa couleur rouge, on trouve dans ce liquide, en quantité variable, mais très faible [5], des globules blancs du chyle ou de la lymphe [6], versés dans la circulation par le canal thoracique, et qui sont destinés à disparaître [7].

§ 111. Le *plasma* se compose lui-même de deux parties.

1 Aussi Bordeu l'appelait-il de la *chair coulante*.

2 Le sang renferme de l'eau, de l'air, etc.; l'eau est indispensable aux réactions chimiques ainsi qu'à la manifestation de la matière vivante. Le sang doit être constamment aéré, et cette fonction est confiée aux globules rouges. (C. B.)

3 Dans le sang fluide, ces globules forment environ la moitié de sa masse; desséchés, ils composent environ le huitième de son poids. L'hématosine entre à peine pour la soixantième partie de ce dernier.

4 L'*hématosine* ou *hémato-globuline*, qui constitue la substance du globule, est la seule partie du globule contenant du fer. Elle a une grande affinité avec l'oxygène. Les globules rouges sont l'élément respiratoire du sang, et les globules blancs en sont les éléments plastiques. Les uns et les autres sont les éléments normaux du sang : les matériaux azotés du plasma, l'albumine et la fibrine en sont les principes immédiats. (Cl. B.)

5 Environ un globule blanc sur quatre cents rouges.

6 Appelés *leucocytes*. On trouve également dans le sang des *globulins*, éléments anatomiques du chyle, de la lymphe et du sang.

7 Les fonctions des diverses glandes, telles que la rate, le corps thyroïde, les capsules surrénales, les glandes lymphatiques, sont encore indéterminées; mais on regarde ces organes comme concourant à la régénération du plasma du sang, ainsi qu'à la formation des globules blancs et des globules rouges qui nagent dans ce liquide. (Cl. B.)

l'une, ou la *fibrine*, matière incolore formant la principale base de nos muscles, susceptible de se solidifier dans certaines circonstances ; l'autre, ou le *sérum*, restant toujours à l'état liquide.

§ 112. Tant que le fluide nourricier est soumis à l'action de la vie, la fibrine est tenue à l'état de dissolution, et le sang coule dans les canaux qui le contiennent ; mais dès qu'il est extrait du corps, la fibrine se *coagule* spontanément, c'est-à-dire forme, avec les globules qu'elle emprisonne dans son tissu, une masse rouge, d'une consistance gélatineuse, appelée *caillot*, dont se sépare le *sérum* sous la forme d'un liquide jaunâtre[1].

§ 113. Le sérum contient en dissolution, dans de l'eau, une assez grande quantité d'*albumine* et différentes autres substances qui entrent dans la composition du corps ; on les désigne sous le nom de *matières grasses*, *matières extractives*, *sels divers*[2].

§ 114. Usages du sang. — Le sang, avons-nous dit, est le fluide nourricier du corps ; il est non seulement destiné à

[1] Par le *battage* du sang, on peut en séparer la fibrine. Ainsi, quand on saigne un porc, on remue avec les doigts ou l'on fouette à l'aide d'un petit balai le fluide sanguin sortant du corps de l'animal, pour lui enlever sa fibrine, et lui ôter, par là, la faculté de se coaguler. La fibrine s'attache aux doigts ou aux brins du balai, sous la forme de filaments qui se solidifient, et le sang, doué dès lors de la faculté de rester liquide à la température ordinaire, est employé à faire des boudins ; il se solidifie ensuite dans l'eau chaude, par la coagulation de l'albumine contenue dans le sérum.

[2] D'après M. Dumas, le sang de l'homme contient sur 1.000 parties : eau, 790, — globules, 127, — fibrine, 3, — albumine, 70, — matières grasses, extractives et sels, 10.

Si nos procédés d'analyse chimique étaient parfaits, on devrait trouver dans le sang tous les éléments du corps. Le sérum contient de l'oxygène, de l'azote, de l'acide carbonique, du chlorure de sodium et de potassium ; du sulfate de potasse, de soude ; du carbonate de soude, de potasse, de chaux, de magnésie ; du phosphate de chaux ; des traces de phosphate de fer ; différents sels à base de soude ; de l'urée ; de la stéarine ; de la margarine ; de l'oléine ; une matière grasse phosphorée ; de la cholestérine ; de la cérébrine, etc.

fournir à nos tissus, à nos organes, les matériaux de leur entretien et de leur réparation : il sert à donner à la fibre musculaire son irritabilité, et à toutes les parties vivantes une certaine excitation sans laquelle la vie ne saurait se maintenir[1].

Quand, après avoir ouvert le vaisseau sanguin d'un vertébré supérieur, on laisse le fluide s'écouler en liberté, on voit successivement l'animal s'affaiblir, tomber en syncope et périr. Si avant l'agonie on transfuse[2] dans ses veines du sang d'un animal de même espèce, on le voit revenir à lui et même se rétablir complètement[3].

§ 115. L'influence exercée par le sang dans la nutrition des organes est aisée à prouver. Plus on exerce un muscle, plus le sang s'y porte avec abondance, et plus il favorise son développement[4]. Quand, au contraire, on l'empêche d'arriver en quantité suffisante à quelque partie du corps, celle-ci ne tarde pas à maigrir, et parfois elle finit par se flétrir.

§ 116. Le fluide nourricier, en pénétrant dans les tissus, leur apporte et leur abandonne des molécules nouvelles destinées à s'incorporer à leur substance ; il se change en même temps de molécules vieillies et devenues hors d'usage, qu'il est tenu d'entraîner au dehors. Dans ces divers échanges, il éprouve des modifications faciles à constater. En se rendant aux organes par des canaux appelés *artères*, il était d'un rouge vermeil ; et quand il revient à l'organe respiratoire

[1] La propriété que possède le sang d'exciter les organes paraît résider dans l'oxygène absorbé par les globules rouges. L'acide carbonique paraît engourdir les tissus, ralentir le mouvement des fonctions et favoriser les phénomènes de la nutrition. (Cl. B.)

[2] La *transfusion* du sang a été plusieurs fois pratiquée sur l'espèce humaine.

Si le sang manquait de quelques-uns de ses éléments, de la fibrine ou des globules, il serait impuissant à rappeler la vie ou à l'entretenir : la fibrine et l'hématosine en sont donc les parties essentielles.

[3] On évalue à environ 12 à 14 kilogrammes la quantité de sang qui se trouve communément dans le corps d'un adulte.

[4] Ainsi, chez les boulangers, les principaux muscles des bras acquièrent un développement remarquable.

par les *veines*, il est d'un rouge noirâtre. Mais dans ce dernier cas, il n'a pas seulement éprouvé des changements dans sa couleur, il est moins riche en globules et en oxygène, et plus chargé de gaz acide carbonique; il a perdu les qualités vivifiantes qu'il possédait, et il a besoin de venir les reprendre aux poumons par son contact avec l'air. De là, la dénomination de *sang artériel* donnée au fluide nutritif, et celle de sang *veineux*, apppliquée à celui qui n'est plus susceptible d'entretenir la vie.

Le sang ne reste donc jamais en repos dons le corps vivant. Il a besoin d'être constamment aéré et ventilé. Le mouvement continuel par lequel il se porte aux divers tissus, pour les nourrir et de là revenir à l'organe de la respiration pour s'y oxygéner, constitue ce qu'on appelle *circulation du sang*, phénomène inconnu aux anciens ou seulement soupçonné par eux, et dont la découverte, en 1619, a immortalisé le nom de Hervey, médecin de Charles Ier, roi d'Angleterre.

§ 117. Appareil de la circulation. — La circulation s'opère à l'aide d'un organe d'impulsion appelé *cœur* et d'un système de *vaisseaux sanguins*. Le cœur forme le centre du mouvement circulatoire; il est d'une nature charnue: c'est un muscle creux. En se contractant, c'est-à-dire en se resserrant, il chasse le sang contenu dans ses cavités. Les vaisseaux reçoivent ce fluide, le portent dans les diverses parties et les ramènent à son point de départ.

§ 118. Cœur. — Le cœur (fig. 12), chez l'homme, est logé dans la poitrine, entre les deux poumons, un peu obliquement dirigé à gauche; il est enveloppé par un sac membraneux appelé *péricarde*, replié en double sur lui-même, constamment lubrifié par une humeur séreuse. Le cœur a la forme d'un cône renversé un peu aplati sur ses deux faces. Il présente quatre cavités : deux *oreillettes* et deux *ventricules*; les premières occupent la partie supérieure ou la base du cône; les ventricules sont situés au dessous. Les oreillettes ne communiquent pas entre elles, ni les ventricules entre eux; mais chaque oreillette correspond avec le ventricule situé au-dessous d'elle, par une ouverture appelée *auriculo-ventriculaire*[1], garnie d'un repli membraneux

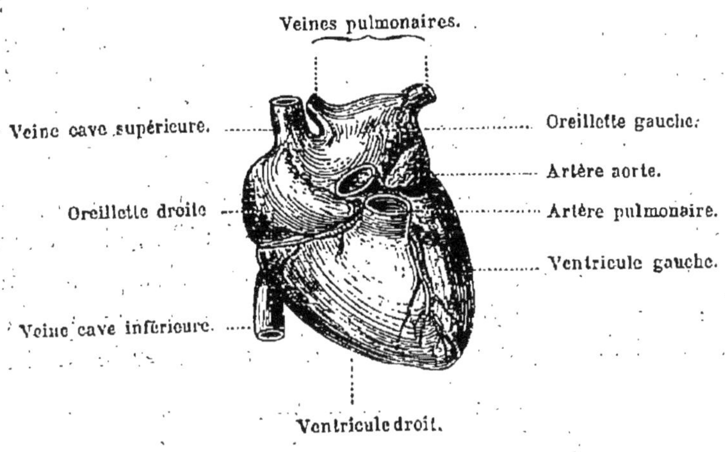

FIG. 12.

nommé *valvule*, qui s'abaisse facilement quand le sang passe de l'oreillette dans le ventricule, mais qui se relève et ferme l'ouverture quand le ventricule se contracte (fig. 13).

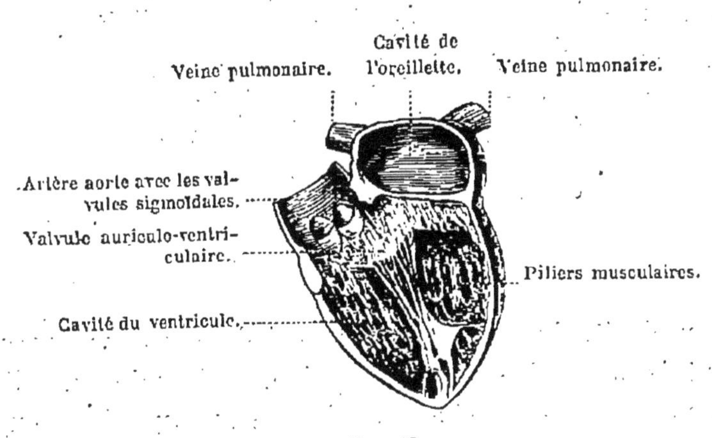

FIG. 13.

[1] La valvule de gauche est appelée *mitrale*, parce que la partie libre de son bord, divisée en deux languettes, offre l'image de celles d'une mitre. Celle de droite est nommée *tricuspide*, en raison de ses trois divisions triangulaires. Le bord membraneux libre s'affaise et laisse passer sans peine le sang coulant de l'oreillette dans le ventricule; mais dans

Le cœur semble formé de deux cœurs accolés[1], composés chacun d'une oreillette et d'un ventricule (fig. 13) : le cœur de droite contient du sang veineux, celui de gauche, du sang artériel. Celui de droite reçoit par les *veines caves supérieure* et *inférieure* la lymphe, le produit de la digestion et le sang revenant par les veines des diverses parties du corps, et il envoie ce mélange liquide aux poumons situés près de lui ; aussi est-il appelé *cœur pulmonaire*. Le cœur gauche se rempli du sang hématosé dans l'organe de la respiration, et le chasse dans les différents organes par l'aorte ou artère principale : de là, le nom de *cœur artériel*. Les parois de chacun de ces cœurs sont d'une épaisseur en harmonie avec leur destination.

Fig. 14.

Le cœur droit, chargé de faire parvenir le sang dans les poumons très rapprochés de lui, a les siennes plus minces. Celles du cœur gauche, destiné à lancer le sang avec une force suffi-

les contractions de ce dernier, le sang relève ce bord membraneux, et des cordes tendineuses, fixées d'une part à la paroi du ventricule et de l'autre à ce bord, empêchent ce dernier de se renverser dans l'oreillette et le forcent à fermer l'ouverture auriculo-ventriculaire.

[1] Les deux faces antérieure et postérieure du cœur sont creusées d'un sillon longitudinalement oblique, indiquant les limites des deux cœurs.

sante pour le faire arriver jusqu'aux extrémités du corps, a les siennes plus épaisses et plus résistantes.

§ 119. Vaisseaux sanguins. — Les vaisseaux sanguins se distinguent en *artères*, *veines* et *vaisseaux capillaires*.

Les *artères* portent le sang du cœur dans les diverses parties du corps. Les *veines* servent à ramener ce fluide de ces parties au cœur. Les *vaisseaux capillaires* servent de liens de communication entre les artères et les veines.

§ 120. De chaque ventricule du cœur naît une *artère :* celle du ventricule droit, ou l'*artère pulmonaire*, se divise en deux branches, qui se ramifient chacune dans les parois des cellules des poumons, pour donner à l'air pénétrant dans celles-ci l'occasion de se mettre en communication avec le sang. Du ventricule gauche part l'*aorte*, artère principale, qui remonte jusqu'à la base du cou où elle forme une courbure connue sous le nom de *crosse de l'aorte* (fig. 15), puis elle descend derrière le cœur, et au-devant de la colonne vertébrale, jusque vers la partie inférieure du ventre. Dans ce trajet de l'aorte naissent diverses branches dont les noms indiquent généralement les régions qu'elles parcourent. Les *artères carotides*[1] naissent de l'aorte, près de le crosse de celle-ci, remontent sur les côtés du coup et portent le sang aux diverses parties de la tête. L'artère qui se porte à chacun des membres supérieurs prend les noms de *sous-clavière*, *axillaire*, *humérale*, *radiale*, etc., suivant qu'elle passe sous la *clavicule*, dans le *creux de l'aisselle*, qu'elle descend le long de l'*humérus*, du *radius*, etc. L'*artère cœliaque*[2] est un tronc qui se divise en trois branches se rendant respectivement à l'estomac[3], au foie[4] et à la rate[5]. Les *artères rénales* fournies par l'artère abdominale pénètrent

[1] De κάρος, assoupissement, parce que les anciens les regardaient comme le siège de l'assoupissement.

[2] Κοῖλα, ventre. Elle naît de la partie antérieure et gauche de l'aorte abdominale.

[3] *Artère coronaire stomachique.*

[4] *Artère hépatique.*

[5] *Artère splénique* (σπλήν, rate).

dans les reins. Les *artères iliaques* ou voisines des os du bassin portent le fluide sanguin aux membres inférieurs et reçoivent

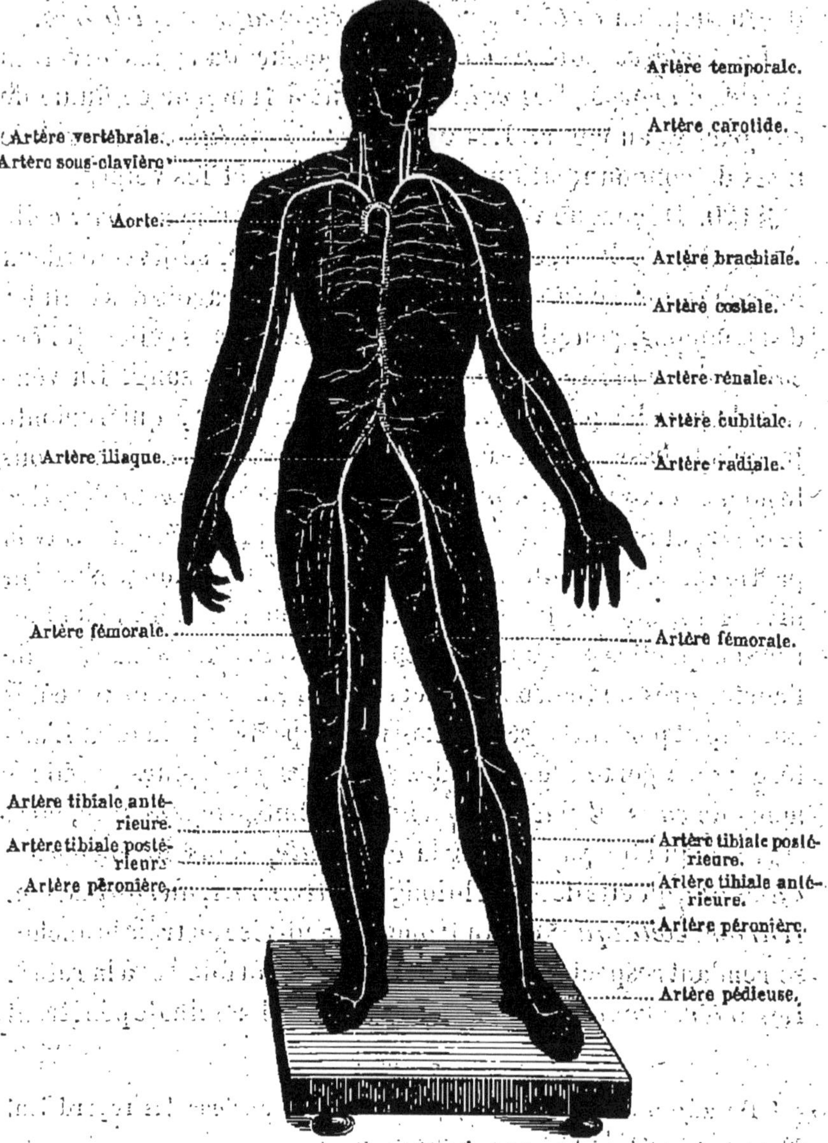

FIG. 15.

successivement les noms d'artères *fémorale*, *tibiale*, etc., en longeant le *fémur*, le *tibia*, etc.

§ 121. VEINES. — Les veines sont des vaisseaux chargés de ramener le sang au cœur. Elles s'unissent aux artères par un réseau de vaisseaux capillaires, forment successivement des rameaux, des branches, et enfin deux troncs qui débouchent dans l'oreillette droite du cœur, sous les noms de *veine cave supérieure* et de *veine cave inférieure*.

§ 122. Les *veines intestinales*, qui jouent un rôle si important dans la digestion, présentent une disposition particulière, connue sous le nom de *système de la veine porte*. Elles se réunissent en un tronc commun, qui pénètre dans la substance du foie, s'y ramifie et forme, au sortir de cet organe, les *veines sus-hépatiques*, qui s'ouvrent dans la veine cave inférieure.

§ 123. Les *veines pulmonaires* qui conduisent au cœur le sang hématosé ou artérialisé dans les poumons, débouchent par quatre troncs (deux provenant de chaque poumon) dans l'oreillette gauche.

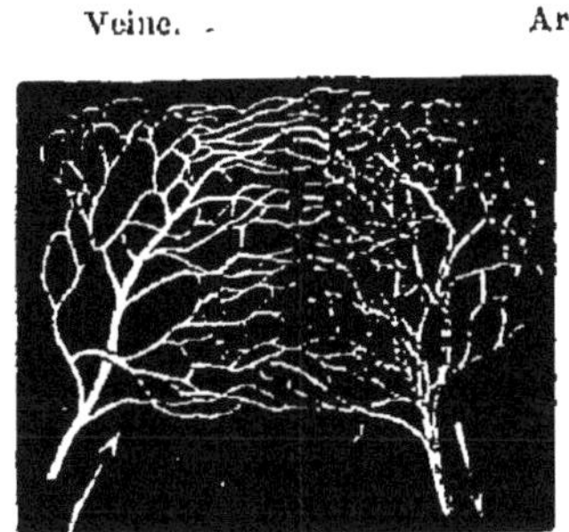

Capillaires et leurs anastomoses.

FIG. 16.

§ 124. VAISSEAUX CAPILLAIRES. — On désigne sous le nom de *capillaires* des vaisseaux dont la finesse rappelle dans certains points celle des cheveux [1]. Ils constituent un réseau à mailles très petites et servent de moyen de communica-

[1] Le diamètre le plus étroit de quelques-uns ne descend pas au-dessous de 0mm,01 ; celui de quelques autres est réduit à 0mm,006, ou même à 0mm005.

tion entre les artères et les veines. Leurs parois sont élastiques et plus contractiles que celles des artères.

§125. STRUCTURE ET DISPOSITION DES ARTÈRES ET DES VEINES. — Les artères sont composées de trois tuniques, l'externe est membraneuse et celluleuse ; la médiane, fibreuse, élastique ; l'interne, d'une nature séreuse. Il fallait à ces vaisseaux cette composition pour pouvoir résister à la pression du sang lancé avec force dans leur sein, par la contraction des ventricules[1]. Par suite de l'épaisseur et de la nature de leur tunique médiane, ces canaux, quand ils sont vides, conservent leur forme tubulaire. Les artères sont élastiques et contractiles[2]; à mesure qu'elles se divisent et qu'elles s'éloignent du cœur, le tissu contractile prédomine sur le tissu élastique ; dans les vaisseaux capillaires, le tube se trouve réduit à la membrane épithéliale.

Les veines n'avaient pas besoin d'une consistance aussi grande que celle des vaisseaux artériels, n'ayant à charrier qu'un sang dont le mouvement est très ralenti ; elles n'offrent donc, en dehors de leur membrane interne, que des fibres longitudinales lâches et extensibles, douées d'une élasticité beaucoup moindre que celle des artères. Aussi les veines s'affaissent-elles sur elles-mêmes, quand elles ne contiennent plus de sang. La plupart d'entre elles, principalement celles où la circulation doit lutter contre l'action de la pesanteur, offrent, dans leur trajet, des replis de leurs membranes, constituant des sortes de valvules, des espèces de goussets, destinés à faciliter le cours du sang vers le cœur et s'opposant à son retour en arrière.

[1] Quand on diminue la pression en enlevant du sang, l'absorption devient plus énergique ; quand on augmente la pression, en restreignant le champ de la circulation par la ligature d'un certain nombre d'artères, il résulte des troubles d'un ordre inverse : les excrétions deviennent plus considérables. Quand on enlève du sang au corps, ce fluide se vicie d'autant plus vite qu'on diminue davantage sa masse.

[2] Suivant M. Bernard, le nerf grand sympathique joue le rôle de nerf constricteur des petites artères et opère le ralentissement de la circulation capillaire. D'autres nerfs sont dilatateurs des artères.

Des différences que présentent dans leur structure les artères et les veines, il en résulte de très grandes dans leurs propriétés physiques. Quand une veine est ouverte, grâce à la faiblesse de ses parois et à la lenteur du mouvement du sang circulant dans son sein, il suffit de maintenir rapprochés pendant quelque temps les deux bords de l'ouverture, pour voir la paroi se cicatriser facilement. Il n'en est pas ainsi des artères. Quand l'une d'elles a été blessée, la nature élastique de ses parois tend à écarter l'une de l'autre les deux lèvres de la plaie, et le sang, que les contractions du cœur font sortir à flots pressés, contribue encore à agrandir l'ouverture et à empêcher la cicatrisation. Aussi quand l'un de ces vaisseaux a été ouvert, surtout s'il est un peu important, est-on obligé d'en opérer promptement la ligature, pour empêcher l'écoulement du fluide sanguin, et, par suite, la mort. On ne peut donc voir sans admiration et sans reconnaissance le soin avec lequel le Créateur a caché les artères dans la profondeur de nos organes, tandis qu'en général les veines rampent plus rapprochées de la peau.

Mécanisme de la circulation. — Explication des phénomènes du pouls.

§ 126. Mécanisme de la circulation. — Le produit de la digestion, la lymphe et le sang veineux sont versés ensemble dans l'oreillette droite par les veines caves supérieure et inférieure. De l'oreillette, ce mélange liquide passe dans le ventricule droit, dont les contractions le font cheminer successivement dans l'artère pulmonaire, dans les capillaires des poumons et les veines pulmonaires, qui les déversent dans l'oreillette gauche ; il décrit ainsi dans son cours une sorte de cercle, qui a reçu le nom de *petite circulation* ou de *circulation pulmonaire*. De l'oreillette gauche, le sang coule dans le ventricule gauche ; celui-ci le chasse dans l'aorte et dans les ramifications de cette dernière, d'où il revient par les vaisseaux capillaires et par les veines dans l'oreillette droite du cœur. Le fluide sanguin décrit alors un grand cercle qui constitue la *grande circulation*[1].

Voyons maintenant comment le sang parcourt les diverses voies du système circulatoire.

§ 127. CIRCULATION DANS LE CŒUR. — Le cœur est susceptible d'un double mouvement : l'un de contraction, appelé *systole*; l'autre de dilatation, nommé *diastole*[2]. Les deux oreillettes se dilatent en même temps, pour recevoir le sang qui leur arrive par leurs veines respectives, et quand elles se contractent, les ventricules se dilatent, peut-être pour aspirer, par le vide qui s'opère dans leur cavité, le fluide qui va la remplir. Ces derniers se contractent à leur tour pour lancer le sang dans les artères, et dans le même moment les oreillettes se dilatent, et ainsi de suite.

Les oreillettes, en se contractant, ne le font pas d'une manière uniforme : le resserrement commence vers l'orifice des veines et se continue graduellement dans la direction de l'ouverture auriculo-ventriculaire, de manière à chasser le sang par celle ci. Chacune de ces dernières laisse couler sans peine l'ondée sanguine dans le ventricule ; mais au moment où ceux-ci se contractent, le sang relève les languettes des membranes auriculo-ventriculaires ; ces sortes de replis ferment, comme des soupapes, la voie par laquelle le sang s'était in-

[1] Quand on lie fortement le bras, le sang qui arrive par les artères s'accumule au-dessus de la ligature, c'est-à-dire du côté du coude ; celui qui revient au cœur par les veines fait gonfler celles-ci du côté opposé.

Le système nerveux exerce son influence sur la circulation, il resserre ou dilate les vaisseaux, active ou ralentit le cours du sang, restreint ou prolonge la durée des contacts entre le sang et les éléments des tissus, et augmente ou diminue, par là, l'énergie des échanges et des mutations physico-chimiques. (C. B.)

[2] Le mouvement de contraction paraît s'opérer sous l'influence de l'excitation produite par le sang, à mesure qu'il pénètre dans une cavité : celui de dilatation, par le relâchement des fibres musculaires qui tendent à reprendre leur position. Les mouvements de contraction du cœur s'opèrent dans tous les sens.

troduit dans le ventricule, et ce fluide, ne trouvant d'autre issue que les artères, se précipite dans ces canaux[1].

§ 128. Ces mouvements de contraction sont rapides et fréquents[2]. Ils varient suivant l'âge[3], la constitution et une foule d'autres causes[4]. Leur nombre est plus élevé dans l'enfance que dans l'âge adulte ; dans la veille que dans le sommeil ; dans l'exercice que dans le repos. Ils sont accélérés par une respiration plus active, par les maladies, par les émotions de l'âme, par les besoins déréglés connus sous le nom de passions. En cédant à celles-ci, on accélère les mouvements du cœur ; on hâte le moment où il doit s'arrêter pour toujours : on abrége, en un mot, le chemin de la vie. Aussi un poète a-t-il dit avec autant d'élégance que de vérité :

Quand le cœur reste pur, le cœur bat plus longtemps[5].

§ 129. Circulation dans les artères. — Quand les ventricules du cœur se contractent, les replis de la membrane auriculo-ventriculaire empêchent, avons-nous dit, tout retour du sang dans l'oreillette, et ce fluide est chassé dans

[1] A chaque contraction des ventricules, on sent une *pulsation du cœur*, c'est-à-dire un battement de cet organe contre la paroi de la poitrine. Ce choc est dû au flux du sang qui, en pénétrant avec force dans l'aorte et dans l'artère pulmonaire, tend à en redresser les courbures ; le mouvement de redressement éprouvé par ces vaisseaux élastiques se propage jusqu'à l'extrémité libre du cœur et le force à se déplacer.

Le péricarde, sans gêner les mouvements du cœur, contribue à le maintenir à sa place et l'empêche de s'agiter tumultueusement.

[2] En galvanisant le nerf pneumogastrique au cou, chez un chien, les battements du cœur s'arrêtent au moment de la galvanisation du nerf (Cl. B.)

[3] Dans les deux premiers mois de l'enfance, le cœur bat environ 140 fois par minute ; à un an, 120 fois ; à l'âge adulte, de 70 à 75 fois.

On évalue de 25 à 32 centimètres par seconde l'espace parcouru par le sang près de l'origine des artères, et à une demi-minute le temps qu'il lui faut pour parcourir le cercle entier de la petite et de la grande circulation.

[4] Ainsi la chaleur peut faire contracter le cœur.

[5] M. de Montherot. (*Mémoires de l'Acad. de Lyon*, t. IV., Lettr., p. 276.)

les artères. Celles-ci sont pourvues à leur origine de trois valvules appelées, en raison de leur forme, *sigmoïdes* ou *semi-lunaires;* elles se lèvent au moment où le sang est lancé dans les artères, et s'abaissent ensuite comme des soupapes, pour empêcher son retour dans les ventricules[1].

A mesure que le sang pénètre dans les artères, celles-ci, grâce à leur nature élastique, se dilatent par l'effet de la pression exercée par ce fluide, et quand la contraction du ventricule a cessé, elles reviennent sur elles-mêmes, et le sang ne pouvant retourner dans la cavité d'où il est parti, est poussé vers les vaisseaux capillaires. Cette élasticité des artères n'a pas seulement pour but de servir à la marche du sang, elle est surtout destinée à remplir l'office du ressort, pour rendre le flux du sang continu, de saccadé qu'il aurait été[2].

§ 130. Circulation dans les vaisseaux capillaires. — En partant du cœur, le sang lancé avec force dans l'aorte perd graduellement de la vitesse de son mouvement, soit par l'effet de la résistance qu'il est obligé de vaincre en cheminant dans les autres artères, soit par suite des obstacles que lui offrent les courbures de ces vaisseaux, soit enfin parce qu'en s'éloignant du cœur les canaux artériels constituent, pris ensemble, un calibre d'un diamètre de plus en plus considérable que

[1] L'impulsion du cœur varie suivant la violence de cet organe; elle est d'autant plus forte qu'on l'examine plus près de ce viscère. Elle disparaît vers la fin du système artériel.

[2] Cette élasticité, qui est si remarquable dans la jeunesse, va plus tard en s'affaiblissant. A mesure que nous vieillissons, les artères se chargent de matières calcaires et finissent pas s'ossifier en partie. Parfois alors le sang, n'étant plus modéré dans la force avec laquelle il est lancé, arrive au cerveau avec trop d'impétuosité, y rompt quelques-uns des vaisseaux sanguins, et occasionne une *apoplexie*.

Quand les parois des artères cèdent à la pression du sang au delà de certaines limites, quelques-unes des fibres de leurs parois se déchirent, et il se forme une poche appelée *anévrisme*. L'artère perd dans ce point en force ce qu'elle a gagné en capacité, et elle finit souvent par se rompre.

[1] Anévrisme, du grec [illegible], dilatation.

l'aorte. Lorsqu'il est arrivé dans les vaisseaux capillaires, interposés entre les artères et les veines, la circulation devient uniforme et beaucoup plus lente. Le diamètre faible de ces vaisseaux tend à ce ralentissement. Quelques-uns, en effet, sont assez étroits pour que les globules de sang soient obligés de s'allonger par l'effet de leur élasticité pour passer dans ces conduits capillaires formant un réseau à très petites mailles. Ces phénomènes sont faciles à observer, à l'aide du microscope, sur les poumons ou sur les pattes des salamandres et des grenouilles, les globules étant moins petits chez ces reptiles que chez les animaux supérieurs. Par suite de l'impulsion qu'il a reçue, le sang s'engage dans les capillaires ; il les traverse, aidé dans son cours par l'élasticité et la contractilité de ces vaisseaux. Mais en parcourant lentement ces tubes étroits, il abandonne aux organes quelques-uns de ses éléments[1] ; il subit dans ce travail de nutrition des modifications sensibles ; il est moins oxygéné et plus chargé de gaz acide carbonique ; il devient d'un rouge brun, de rouge vermeil qu'il était[2].

§ 131. Circulation dans les veines. — Quand il a passé des capillaires dans les veines, le sang n'a plus qu'un mouvement uniforme[3]. Ces vaisseaux ont des parois moins épaisses et moins contractiles que les artères[4] : la tension du sang y est

[1] Les vaisseaux capillaires n'étant formés que d'une membrane épithéliale très ténue, celle-ci permet aux échanges nutritifs de s'opérer facilement.

[2] Lorsque, en agissant sur certaines parties du système nerveux, on accélère la circulation dans les capillaires, on voit la chaleur des parties augmenter, la sensibilité s'exalter, les sécrétions prendre plus de force. Quand on détermine, au contraire, la contraction des vaisseaux capillaires, le sang perd presque entièrement son oxygène ; il en conserve, au contraire, la plus grande partie quand on opère l'élargissement de ces vaisseaux. (Cl. B.)

[3] Il n'offre plus les pulsations qu'il présentait dans les artères.

[4] La marche et tous les mouvements qui tendent à produire des contractions musculaires sont favorables au cours du sang veineux. Quand un médecin tire du sang du bras, il engage le patient à produire des mouvements successifs de relâchement et de contraction musculaire sur un objet placé entre ses mains.

bien moindre : sa marche y est favorisée par les contractions des muscles interposés entre elles, ainsi que les valvules qui le chassent en avant, quand il ressent l'influence de la pression musculaire[1] ; enfin les mouvements d'inspiration jouent dans la progression du sang dans les veines un rôle non moins important que dans les artères. Quand la cage thoracique se dilate, les organes creux contenus dans la poitrine tendent à suivre cette impulsion. A chaque mouvement d'inspiration, il se forme un vide dans les cavités de ces organes, le sang y est attiré avec plus de force. Cette influence de la respiration se fait sentir surtout vers l'organe de la circulation : elle s'affaiblit et s'annihile à mesure qu'on s'éloigne de lui.

§ 132. Phénomènes du pouls. — Les contractions du cœur, en lançant d'une manière intermittente une certaine quantité de sang dans les artères, occasionnent sur les parois de ces vaisseaux un mouvement qui constitue le phénomène du *pouls*. Ce phénomène est difficile à constater sur les vaisseaux artériels traversant des tissus peu résistants ; mais quand une artère repose sur un corps solide, sur un os[2], par exemple, il suffit de la presser pour sentir le doigt soulevé, et chacun de ces mouvements correspond à une des contractions du ventricule. Il est toutefois facile de comprendre que les pulsations sont d'autant plus faibles et plus en retard avec le moment de la contraction du ventricule qu'on s'éloigne davantage du centre d'impulsion. Il faut un certain temps pour que le mouvement communiqué au sang par le cœur se fasse sentir jusqu'aux extrémités des vaisseaux artériels.

L'exploration du pouls fournit le moyen d'apprécier la régularité ou l'irrégularité, et en général la force ou la faiblesse des contractions du cœur. Le médecin peut ainsi se rendre

[1] Les veines sont aussi sujettes à des dilatations permanentes. On leur donne le nom de *varices*. Celles de la jambe ne permettent pas une marche fatigante et longtemps soutenue.

[2] Les artères radiales, temporales et celles de la face dorsale du pied sont celles qui présentent le plus de facilité à constater le phénomène du pouls.

compte des troubles de la circulation dans l'état de maladie, reconnaître, à l'aide de son expérience, la cause de ces perturbations et appliquer les remèdes convenables.

§ 133. La contraction intermittente des ventricules et l'élasticité des artères, qui sert surtout à régulariser le cours du sang, ne sont pas les seuls agents chargés de lui donner de l'impulsion. Sans parler de l'influence qu'exerce le système nerveux sur le cœur, les mouvements d'inspiration et d'expiration ont, comme nous le verrons plus loin, une action sensible sur la circulation[1].

Principales modifications de l'appareil circulatoire dans l'ensemble du règne animal.

§ 134. De la circulation dans la série animale. — En s'éloignant de l'homme, ce chef-d'œuvre de la création, la circulation du sang présente chez les animaux des modifications remarquables. Chez ceux qui sont encore pourvus d'un cœur, cet organe offre des différences non seulement dans sa position, mais encore dans le nombre de ses cavités et dans les rapport de celles-ci avec les divers ordres de vaisseaux. A mesure qu'on descend la série animale, le cœur est remplacé d'abord par des vaisseaux susceptibles de contraction, et ceux-ci finissent eux-mêmes par disparaître. Les organes digestifs semblent alors seuls chargés de faire passer dans les tissus plus perméables les liquides destinés à la nutrition.

§ 135. Mammifères et oiseaux. — Le système circulatoire des mammifères et des oiseaux est à peu près généralement semblable à celui de l'homme. Ces animaux possèdent aussi

[1] Le nombre des contractions du cœur est généralement en rapport avec les mouvements d'inspiration, dans la proportion de 4 à 1. Ainsi, dans les premiers jours de la naissance, le nombre des pulsations est de 140 environ par minute, et celui des mouvements d'inspiration, de 35. A l'âge adulte, le nombre des premiers est réduit à 70, et celui des seconds, de 16 à 20.

un cœur à quatre cavités et comme formé de deux cœurs accolés, ayant chacun une oreillette et un ventricule. Le sang veineux passe de l'oreillette dans le ventricule du cœur droit, pour se rendre aux poumons par les artères pulmonaires, et de l'organe respiratoire revient par les veines pulmonaires à l'oreillette et successivement au ventricule du cœur gauche, d'où il est lancé jusqu'aux vaisseaux capillaires qu'il traverse, pour revenir par les veines à l'oreillette du cœur droit. Ces animaux ont donc une circulation complètement double. Leur sang est rouge et chaud[6].

§ 136. Reptiles. — Déjà chez les reptiles la circulation n'est pas aussi complète. Le cœur ne présente plus, en général, que trois cavités : deux oreillettes et un ventricule[2]. Il en résulte que le sang veineux s'unit dans ce ventricule unique avec le sang artériel qui s'est hématosé aux poumons. Le ventricule n'envoie donc pour la nutrition du corps qu'un fluide mélangé. La circulation n'est qu'incomplètement double chez ces animaux. Leur sang est rouge mais froid[3].

§ 137. Poissons. — Le cœur des poissons, ordinairement placé sous la gorge, ne présente plus qu'une oreillette et un ventricule ; il représente le cœur droit des mammifères et des oiseaux ; il ne reçoit que du sang veineux. Du ventricule part une artère qui conduit le sang à l'organe respiratoire, c'est-

[1] Les globules du sang sont, en général, orbiculaires chez les mammifères, elliptiques chez les oiseaux (le chameau et quelques autres ruminants les ont également elliptiques).

[2] Chez quelques-uns des derniers reptiles, l'oreillette est même indivisée ou ne l'est que par une cloison incomplète. Chez d'autres, au contraire, comme chez les crocodiles, le cœur présente quatre cavités ; mais du ventricule droit, indépendamment de l'artère pulmonaire, sort un vaisseau qui s'unit avec l'aorte descendante, et apporte à celle-ci du sang veineux, après qu'elle a fourni du sang artériel à la tête ; en sorte que cette dernière reçoit seule un sang pur, et les autres parties un sang mélangé.

[3] Les globules du sang sont elliptiques et généralement moins petits que chez les vertébrés supérieurs. Ceux de la grenouille ont 0mm,02 ; ceux des protées 0mm,17.

à-dire aux branchies, et qui porte en conséquence le nom d'*artère branchiale*. Des branchies, le fluide sanguin passe dans une artère dorsale douée de contractilité, remplissant l'office de cœur gauche, et envoyant le sang dans les organes. Après avoir servi à la nutrition, ce fluide revient à l'oreillette par un tronc commun appelé *sinus veineux*. La circulation est donc *simple*, mais *complète*, chez les poissons. Le sang est rouge et froid[1].

§ 138. Mollusques. — Les mollusques n'ont également qu'un cœur; mais cet organe, au lieu d'être placé sur le cours du sang veineux, comme chez les poissons, est situé sur le trajet du sang artériel. Il varie d'ailleurs sous le rapport du nombre de ses cavités; il représente le cœur gauche des vertébrés supérieurs[2]. Le sang, après avoir été vivifié à l'organe respiratoire, se rend au cœur, chargé de l'envoyer aux organes. De ceux-ci, il revient directement à l'organe de la respiration, en passant généralement par des lacunes, avant d'être repris par des veines. Mais la circulation est donc *simple*, mais incomplètement enfermée dans des vaisseaux, chez les mollusques. Leur sang est incolore ou légèrement bleuâtre.

§ 139. Articulés. — Le système circulatoire des articulés n'offre pas la simplicité qu'on lui supposait; il présente des particularités remarquables et subit dans les principales classes des modifications importantes.

§ 140. Crustacés. — Le cœur des crustacés, placé dans le thorax, se compose d'un ventricule et d'une chambre péricardique enveloppant complètement le ventricule. La chambre péricardique fait fonction d'oreillette, mais elle diffère d'une véritable oreillette par ses parois dépourvues de contractilité; c'est dans la chambre péricardique que les

[1] Les globules du sang des poissons sont elliptiques et se rapprochent par leur volume de ce qu'ils sont chez les reptiles.

[2] Chez quelques céphalopodes, les vaisseaux veineux, qui portent le sang aux branchies, présentent des renflements contractiles remplissant le rôle de ventricule droit.

vaisseaux branchio-cardiaques conduisent le sang hématosé. Le sang artériel pénètre ensuite dans le ventricule pour être distribué aux différents organes. Cette distribution se fait au moyen de plusieurs artères partant directement et isolément du ventricule même; ces artères se ramifient dans tous les tissus, mais elles ne sont pas en communication aves des veines; le sang veineux n'est ramené aux branchies que par les lacunes interorganiques[1]. Le sang des crustacés est incolore ou légèrement coloré en bleu ou en lilas.

§ 140 *bis*. Arachnides. — Le cœur des arachnides se trouve situé dans l'abdomen. Chez les arachnides pulmonés, la circulation est analogue à celle des crustacés; le cœur est artériel et constitué par une chambre péricardique entourant une série de ventricules[3]. Le sang est distribué suivant trois directions : en avant, par une aorte; sur les côtés, par les artères hépatiques en nombre égal à celui des ventricules; en arrière, par l'artère caudale[4]; il passe des artérioles dans des lacunes, tombe dans des poches ou sinus pulmonaires et arrive enfin aux poumons. Des vaisseaux pneumo-cardiaques ramènent le sang au cœur.

Chez les arachnides à la fois trachéens et pulmonés, ou seulement trachéens, la circulation rappelle celle des insectes. Le système artériel est moins parfait que celui des arachnides pulmonés; mais, comme chez les insectes, le sang circule entre les deux tuniques des trachées. Le sang des arachnides est incolore.

§ 141. Insectes. — Les insectes ont une circulation

[1] Les anciens anatomistes avaient vu le cœur de ces animaux, mais les recherches les plus importantes sur la circulation des crustacés sont dues à MM. Audouin et Milne Edwards.

[2] C'est à M. Émile Blanchard que la science est redevable des plus belles recherches sur l'organisation des arachnides.

[3] Le nombre de ventricules varie suivant les types; on en compte huit chez le scorpion, cinq chez la mygale.

[4] Celle ci disparaît chez les arachnides.

régulière déterminée par un cœur placé dans l'abdomen et nommé *vaisseau dorsal* à cause de sa forme et de sa position. Ce cœur est formé par une chambre péricardique enveloppant une série de petits ventricules; la chambre péricardique peut être assimilée à une oreillette, car elle est tour à tour contractée et distendue par les bandelettes, ou *ailes du cœur*, qui produisent les mouvements de systole et de diastole. Les ventricules, petites chambres cardiaques pourvues d'orifices servant à l'entrée du sang et de replis valvulaires s'opposant à la sortie comme au reflux du liquide nourricier, se continuent par une partie aortique. M. Blanchard a reconnu, en 1847, l'existence d'un espace libre entre les deux tuniques des trachées; le sang vient occuper cet espace *péritrachéen*, et la circulation cesse d'être simplement lacunaire pour s'effectuer dans des vaisseaux. Les expériences de M. Agassiz et les recherches de M. Jules Künckel sont venues compléter cette importante découverte. Ce dernier a mis hors de doute la circulation péritrachéenne et montré l'existence de véritables capillaires artériels chez les insectes. Comme dans les crustacés, les artérioles ne communiquent pas avec des veines, mais avec des lacunes qui ramènent le sang au cœur. Le sang est généralement incolore ou légèrement teinté.

§ 142. Annélides. — Chez les annélides, le cœur manque complètement, mais ces invertébrés ont cependant deux systèmes circulatoires sans communication entre eux; l'un est lacunaire, l'autre vasculaire. Les vaisseaux lacunaires charrient des globules blancs et ont été comparés aux vaisseaux lymphatiques des animaux vertébrés; le système vasculaire est constitué par des vaisseaux à parois garnies d'une couche de muscles dont les contractions et les dilatations impriment au sang un mouvement oscillatoire. Le sang est généralement rouge, mais les courants changent fréquemment de sens; on ne peut pas distinguer un sang artériel et un sang veineux.

143. Zoophytes. — Quelques zoophytes, tels que les oursins, offrent encore des canaux destinés à charrier le sang; chez d'autres (méduse), le système de circulation est

réduit à quelques appendices se rattachant au tube digestif; enfin chez les derniers (polypes, spongiaires), il n'y a plus de traces du système circulatoire. Le fluide nourricier pénètre par imbibition et se répand par infiltration dans les divers tissus, pour y porter les éléments nutritifs.

Respiration. — Phénomènes chimiques. — Appareil respiratoire des Mammifères. — Mécanisme de l'inspiration et de l'expiration. — Asphyxie.

§ 144. Respiration. — Le sang artériel commence à devenir veineux dès qu'il est sorti des poumons. A mesure qu'il s'éloigne du cœur, il perd de plus en plus d'oxygène. En traversant les vaisseaux capillaires, il exerce son action sur les tissus vivants, se modifie dans sa couleur, et, par conséquent, dans ses principes; il devient sang veineux et impropre à entretenir la vie; il a besoin de venir aux poumons, reprendre, par son contact avec l'air qui a pénétré dans ces poches membraneuses, les qualités vivifiantes qu'il avait perdues. La *respiration est donc une fonction ayant pour but de transformer le sang impropre à la vie en sang susceptible de l'entretenir, c'est-à-dire le sang veineux en sang artériel.* En d'autres termes, comme le dit M. Bernard, *c'est l'échange qui s'opère entre l'organisme vivant et l'atmosphère ambiante.*

La respiration est donc une des fonctions les plus indispensables pour les êtres vivants [1]; une de celles dont la suspension entraîne le plus promptement la mort.

Examinons d'abord l'appareil dans lequel s'exécute la respiration et la manière mécanique dont s'accomplit cette fonction, avant d'étudier les phénomènes chimiques qui se passent dans cet acte important.

[1] Elle a lieu sous l'influence du système nerveux ganglionnaire et du nerf pneumo-gastrique.

§ 145. Appareil de la respiration. — L'appareil respiratoire principal comprend les *poumons* et la *poitrine* ou *cavité thoracique* dans laquelle ces organes sont logés ; mais la respiration n'est pas localisée dans cet organe ; tous les tissus et tous les éléments respirent, parce que tous reçoivent du sang artériel oxygéné et rendent du sang plus ou moins désoxygéné.

§ 146. Poumons. — Les poumons sont des viscères mous, flexibles, spongieux, susceptibles de dilatation et de contraction ; ils semblent formés par la réunion de canaux aériens, dont les dernières ramifications, légèrement renflées à leur extrémité, constituent des espèces de cellules.

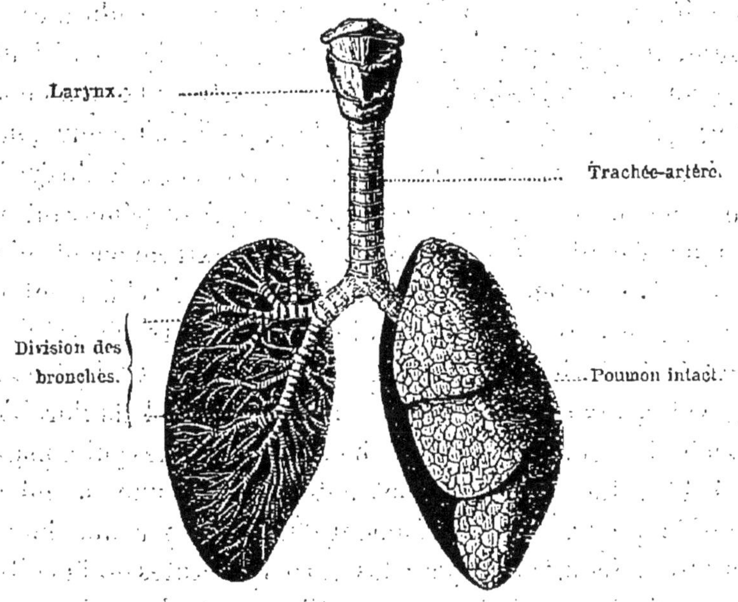

Fig. 17.

§ 147. Les poumons (fig. 17) sont au nombre de deux, situés un de chaque côté du cœur ; ils sont logés dans la poitrine et conséquemment protégés par la cage osseuse formée par les vertèbres dorsales, les côtes et le sternum ; ils sont comme suspendus par la *trachée-artère*, long tube formé d'arceaux cartilagineux, incomplets à leur partie postérieure, unis entre eux par une membrane fibreuse et tapissés en dedans par une membrane muqueuse. La nature cartilagineuse de cet organe est destinée à leur conserver sa forme tubulaire, pour laisser à l'air un libre passage. A sa partie supérieure, la trachée-artère s'unit au *larynx*, qui communique avec l'arrière-bouche par l'ouverture laryngienne. L'air peut ainsi arriver aux poumons, soit par la bouche, soit par les narines et les arrière-narines. A sa partie inférieure, la trachée-artère se divise en deux branches, auxquelles on a donné le nom de *bronches*. Chacune d'elles, en pénétrant dans l'un des poumons, s'y divise en rameaux et en ramuscules graduellement plus grêles, dont les extrémités, terminées en ampoules, constituent des renflements ou des espèces de cellules incomplètes, appelées *vésicules*. Dans les membranes des poumons, et jusque dans les minces parois de ces vésicules, rampent les vaisseaux chargés d'apporter aux poumons le sang qui doit s'y hématoser et de reporter au cœur gauche ce fluide après qu'il a reçu l'influence vivifiante de l'oxygène. Le sang ne se trouve donc séparé de l'air pénétrant dans chaque vésicule que par une membrane extrêmement mince. Les artères pulmonaires et leurs ramifications charrient dans les membranes des poumons le sang veineux chassé par le ventricule droit du cœur, et celui-ci, après avoir traversé les vaisseaux capillaires de ce viscère, arrive dans l'oreillette gauche du cœur par les quatre bouches des veines pulmonaires.

§ 148. Les poumons sont entourés par une membrane appelée *plèvre* [1], constamment lubrifiée par une humeur séreuse [2]. La plèvre tapisse les parois latérales de la poitrine et se réfléchit sur les poumons. Elle semble destinée à garnir ces organes de l'action du frottement contre la cage thora-

[1] La portion qui revêt la face interne des côtes est appelée *plèvre costale* ; celle qui se réfléchit sur le poumon se nomme *plèvre pulmonaire*. La *pleurésie* est une inflammation de la plèvre.

[2] Quand le libre passage de la sérosité est interrompu, il y a accumulation du liquide ou *hydropisie de poitrine*.

cique, à faciliter leur jeu et à les maintenir dans la place qui leur a été assignée, en leur laissant toute la liberté de leurs mouvements de dilatation.

§ 149. CAVITÉ THORACIQUE. — On donne le nom de *thorax* ou de *poitrine* à une cavité en cône tronqué, dans laquelle sont logés nos deux principaux viscères : le cœur et les pou-

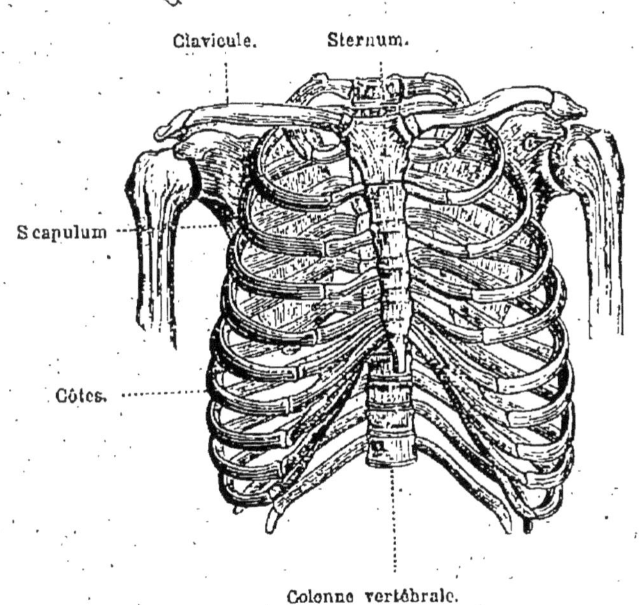

FIG. 18.

mons. Elle est circonscrite par une sorte de cage osseuse, formée en arrière par la partie dorsale de la colonne vertébrale (fig. 18), en avant par le sternum, latéralement par les côtes. Celles-ci sont unies entre elles par des muscles étendus de l'une à l'autre et nommés par cette raison *intercostaux* : les uns, *externes* ; les autres, *internes*.

La partie supérieure du thorax offre une ouverture destinée à donner passage à l'œsophage, à la trachée-artère, à divers vaisseaux sanguins et filets nerveux.

La partie basilaire du cône thoracique est fermée par le

diaphragme[1], muscle puissant, relevé en voûte dans la poitrine dans son état de repos, et concave alors du côté de l'abdomen; mais, dans les mouvements de contraction, sa convexité va diminuant, jusqu'à se rapprocher plus ou moins du plan horizontal.

Au thorax s'insèrent encore un grand nombre de muscles, qui jouent un rôle plus ou moins actif dans le mécanisme de la respiration. En se contractant, les uns sont chargés de relever les côtes naturellement abaissées, d'agrandir ainsi la cavité pectorale et de favoriser l'introduction de l'air; les autres, de ramener les côtes à leur position normale.

§ 150. Mécanisme de la respiration. — L'air, pour exercer sur le sang veineux son action réparatrice, a besoin de se renouveler successivement dans les cellules pulmonaires. Il y est appelé par des mouvements d'inspiration. Dans le premier cas, la cavité thoracique s'agrandit pour le recevoir; dans le second, elle se rétrécit, pour le chasser. Le mécanisme respiratoire a donc beaucoup d'analogie avec le jeu d'un soufflet; mais ici l'entrée et la sortie du fluide aérien ont lieu par le même orifice.

§ 151. La poitrine a la faculté de s'agrandir par deux moyens: par le relèvement des côtes et par l'abaissement du diaphragme. Les côtes, au nombre de douze paires, articulées avec la colonne vertébrale, ont la forme d'arcs osseux tournés en dehors et un peu en bas. La plupart s'unissent au sternum à l'aide de cartilages[2]; néanmoins elles jouissent d'une certaine mobilité.

Quand se fait sentir le besoin de respirer, besoin plus immédiatement impérieux que ceux de la faim ou de la soif,

[1] Le diaphragme est inséré à toute la partie périphérique inférieure de la poitrine: en avant, aux côtés de la face postérieure du sternum; latéralement, à la face postérieure des cartilages des six dernières côtes; postérieurement, aux trois premières vertèbres lombaires.

[2] Les deux ou trois plus inférieures qui restent libres à leur extrémité antérieure ont reçu le nom de *côtes flottantes*.

organiques comme lui, les muscles, chargés de faire mouvoir les pièces osseuses mobiles de la cage thoracique, attirent à eux, en se contractant, le sternum et les côtes. Celles-ci tendent à prendre une position horizontale, d'inclinée qu'elle était; leur convexité se porte en dehors au lieu d'être dirigée en bas; la cavité pectorale se trouve ainsi agrandie[1].

En même temps que les côtes cèdent aux muscles inspirateurs, le diaphragme se contracte et fait disparaître plus ou moins la voûte qu'il formait dans la poitrine[2]. Par sa

[1] Les principaux muscles qui entrent en jeu, dans ce mouvement d'inspiration ou de dilatation, sont les *intercostaux externes*, les *surcostaux*, les *scalènes*, le *petit pectoral*, le *sterno-mastoïdien*.

Les *intercostaux externes* sont insérés d'une côte à l'autre, et dirigés obliquement de haut en bas, et d'arrière en avant. — Les *surcostaux* s'étendent de l'apophyse transverse des vertèbres à la côte qui est au-dessous. — Les *scalènes antérieur* et *postérieur* fixés d'une part aux tubercules des apophyses transverses d'une partie des vertèbres du cou, à la première et même à la seconde côte. Le *petit pectoral*, inséré d'un côté à l'apophyse coracoïde, et de l'autre, à la face externe et au bord supérieur des troisième, quatrième et cinquième côtes. Le *sterno-mastoïdien* s'étend de l'apophyse mastoïdienne du temporal à la partie supérieure du sternum et à la partie interne du bord postérieur de la clavicule. Dans les mouvements profonds de la respiration, d'autres muscles inspirateurs concourent aussi à faire dilater la poitrine, tels sont : le *cervical descendant*, le *petit dentelé*, le *grand dentelé*, etc.

Il est utile ici de faire comprendre combien il est nuisible ou dangereux de resserrer le corps par des moyens mécaniques, d'empêcher ainsi le libre jeu des côtes, de restreindre par là l'étendue de la respiration et d'entraver la circulation. C'est priver volontairement le corps d'une partie de sa nourriture et affaiblir les sources de sa vie.

[2] La respiration peut être plus particulièrement *pectorale* ou *abdominale*, c'est-à-dire que l'agrandissement de la cavité thoracique est dû plus spécialement, tantôt au redressement des côtes, tantôt à l'abaissement du diaphragme. Quand la base de la poitrine est gênée, les côtes jouent un rôle plus actif. Chez l'homme adulte, les mouvements ordinaires d'inspiration sont principalement produits par le diaphragme. Chez les chanteurs, ce muscle, en portant ses contractions jusqu'à l'extrême, est spécialement chargé de fournir aux poumons les moyens de recevoir une plus grande somme d'air.

contraction, il refoule les viscères abdominaux et force la paroi intérieure du ventre à se soulever. Quand la poitrine s'agrandit ainsi, les poumons sont entraînés par les mouvements de la cage thoracique, aux parois de laquelle la plèvre est fixée, et ils glissent en même temps le long des parois pour suivre le diaphragme qui s'abaisse ; ils s'agrandissent donc dans tous les sens. A mesure qu'il se forme un vide dans la poitrine, par l'agrandissement de sa cavité, l'air, en vertu de la pression atmosphérique, s'y précipite ; il s'introduit par la bouche et les narines, ou seulement par celles-ci[1]; il traverse l'arrière-bouche, le larynx, la trachée-artère et les bronches, et pénètre jusqu'aux dernières ramifications de ces canaux aériens. Les ailes mobiles du nez se relèvent d'une manière plus ou moins sensible pour laisser entrer en plus grande quantité ce fluide nécessaire à la vie.

Mais les muscles dilatateurs de la poitrine ne peuvent rester longtemps contractés ; les poumons, d'ailleurs, par leur nature élastique, tendent à revenir sur eux-mêmes ; d'autres muscles[2] concourent, par leur contraction, au mouvement en sens inverse qui s'opère alors. Mais l'expiration exige l'emploi de forces moindres que l'inspiration. Dans ce dernier cas, il faut soulever les côtes et le sternum ; dans le premier, ces pièces osseuses reviennent presque naturellement à leur état normal.

§ 152. Le nombre des mouvements respiratoires varie, chez l'homme en état de santé, non seulement suivant l'âge, la constitution et surtout la taille, mais encore suivant les cir-

[1] On peut estimer que chacun supporte une colonne d'air de 16.000 à 20.000 kilogrammes, sous la puissance atmosphérique, au niveau des mers.

[2] Principalement les *intercostaux internes* et les *abdominaux*. Les *intercostaux internes* sont insérés d'une côte à l'autre en sens inverse des externes, c'est-à-dire dirigés d'une manière oblique de haut en bas et d'avant en arrière. Les muscles de l'abdomen *(grand oblique, petit oblique, transverse, grand droit)* ; d'autres muscles, les *sous-costaux*, le *triangulaire du sternum*, le *petit dentelé*, prennent aussi part à l'action.

constances. Ils sont plus fréquents dans l'enfance[1] que chez l'homme, dans la veille que dans le sommeil, chez les individus d'un tempérament faible que chez ceux qui sont robustes[2].

§ 153. On évalue environ à un demi-litre d'air la quantité qui se renouvelle dans la poitrine d'un homme adulte de taille moyenne, à chaque mouvement respiratoire. Cette quantité est environ le septième de celle que le poumon contient. Il faut donc au moins douze mètres cubes d'air pour l'entretien d'un individu pendant vingt-quatre heures[3].

§ 154. Les agents mécaniques de la respiration concourent encore à différents actes qui se rattachent à la fonction dont nous nous occupons : tels sont le *soupir*, le *bâillement*, le *rire*, le *sanglot* et quelques autres.

[1] Dans les premiers jours de la vie on compte environ 35 mouvements respiratoires par minute; à l'âge adulte, 16 à 20.

[2] Le sang étant destiné à donner aux diverses parties de notre corps une certaine excitation, il est facile de comprendre que l'activité de la combustion, ou, si l'on veut, qu'un air plus oxygéné doit produire sur la fibre musculaire une irritabilité plus grande et donner au corps plus d'énergie.

[3] MM. les docteurs Bonnet et Pomiès, de Lyon, ont eu l'heureuse idée d'appliquer le compteur à gaz à la mesure de l'air respiré, en adaptant à cet instrument un tube et une embouchure. Dès qu'on souffle dans le tube, l'aiguille du cadran indique le nombre de litres et de soixantièmes de litres d'air introduits dans le compteur. Suivant les observations de ces savants, observations que viennent confirmer celles du docteur Hutchinson, le maximum de la capacité pulmonaire est, en général, de quinze à trente-cinq ans, de 3 litres d'air pour une petite taille, de 3 litres 1/2 pour une taille moyenne, de 4 litres pour une grande taille. Après trente-cinq ans, la quantité d'air diminue chaque année d'à peu près 33 millilitres. Cette méthode permet d'apprécier les différences que certaines maladies peuvent apporter dans l'amplitude de la poitrine. Ainsi, dans la phtisie pulmonaire, les malades rapprochés de leur fin expirent parfois à peine, au maximum, 1/2 litre d'air. La pneumatométrie est appelée à fournir d'utiles lumières au médecin. (V. les *Procès-Verbaux de l'Académie des sciences de Lyon* du 21 avril 1856, et *Comptes Rendus hebd. des séances de l'Acad. des Sc.*, t. XLIII, p 519, 8 septembre 1856.)

§ 155. Le SOUPIR est une inspiration profonde instinctivement produite par le besoin d'appeler aux poumons le sang veineux, qui circule trop lentement et engorge les voies veineuses. Par cette inspiration on est momentanément soulagé; mais quand nous sommes sous l'impression d'une peine morale, la même cause continuant à persister, de nouveaux soupirs ne tardent pas à être provoqués.

§ 156. Le BAILLEMENT a quelque analogie avec le soupir; il est dû à des causes diverses. Tantôt il est un indice d'ennui; tantôt il est le signe d'un besoin de nourriture ou de sommeil; quelquefois il accuse un état de faiblesse et précède la syncope. Il consiste dans une inspiration lente, profonde, suivie d'une expiration lente et graduée, pendant lesquels les muscles de la mâchoire sont convulsivement contractés, et le voile du palais spasmodiquement tendu et appliqué contre les arrière-narines. Le bâillement est souvent sympathique.

§ 157. Le RIRE est une suite d'expirations saccadées, produites par des contractions fréquentes et presque convulsives du diaphragme, expirations qui produisent sur les cordes vocales et sur le voile du palais les vibrations auxquelles on doit la raisonnance du rire.

§ 158. Le SANGLOT se manifeste dans les émotions vives de l'âme, il est également déterminé par une contraction saccadée du diaphragme et par la vibration des lèvres de la glotte au passage de l'air[1].

§ 159. PHÉNOMÈNES CHIMIQUES DE LA RESPIRATION. — Après avoir fait connaître la structure des organes de la respiration et les agents qui concourent à cette fonction, examinons les phénomènes chimiques ou physico-chimiques qui se

[1] Le *hoquet* est également dû à une contraction spasmodique mais non saccadée du diaphragme, et par le resserrement de la glotte à l'instant où l'air y pénètre. Dans certaines maladies, le hoquet est le signe d'une mort prochaine.

Le *ronflement* est déterminé par la vibration du voile du palais.

La *toux* est une expiration brusque et sonore produite par une irritation dans quelques parties de l'appareil respiratoire.

passent dans cet acte important. Ils ont rapport aux modifications subies par l'air et par le sang dans le contact qui s'opère entre eux dans les poumons et dans les autres parties du corps. Ce contact, toutefois, n'est pas immédiat; ainsi dans les poumons le sang est contenu dans des vaisseaux qui rampent dans les poches pulmonaires ; mais il est séparé par une membrane si mince de l'air qui pénètre dans les cellules ou vésicules des terminaisons des bronches, que cette faible cloison n'apporte qu'un obstacle impuissant à leur communication. Or, l'air qui sort des poumons dans l'expiration n'est pas identique avec celui qui y est entré. Le sang qui a subi l'influence de cet air diffère également du sang veineux envoyé par le ventricule droit. Voyons donc quelles sont les modifications subies dans l'acte de la respiration par ces deux fluides sanguin et aérien.

§ 160. Composition de l'air atmosphérique. — L'air atmosphérique est principalement un mélange d'oxygène et d'azote. Sur 100 parties, il en renferme en volume environ 21 du premier de ces gaz et 79 du second[1]. Il contient, en outre, une petite portion de gaz acide carbonique[2] et une portion variable de vapeur d'eau[3].

§ 161. On est naturellement porté à se demander lequel des deux principaux gaz entrant dans la composition de l'air est essentiel à l'entretien de la vie. Une expérience bien simple

1 L'air atmosphérique, suivant MM. Boussingault et Dumas, contient, en volume : oxygène, 20,80, azote, 79,20. La portion d'oxygène peut varier de 20,60 à 21,50 et même plus.

L'air contient en poids : oxygène, 23,15; azote, 76,44.

2 Sur 100 parties, environ 3 à 6 dix-millièmes. Il contient, en outre, de l'électricité et des matières volatiles qui s'échappent du sein de la terre. On a donné le nom d'*ozone* (ὄζω, je sens), à cause de son odeur particulière, à un oxygène allotropique électrisé. L'ozone a été reconnu, en 1840, par Schönbein, de Bâle, en décomposant l'eau par la pile. Il se produit de l'ozone par la ventilation, dans les ateliers industriels.

3 Évaluée de 6 à 9 dix-millièmes sur les continents. Les vapeurs d'eau qui s'élèvent du sein des mers et sont mélangées à l'air sont évaluées à 1.000 mètres cubes par kilomètres et par jour.

suffit pour répondre à cette question. Quand on plonge un oiseau dans de l'azote, il ne tarde pas à y périr ; si on le met dans de l'oxygène, il y acquiert une activité fébrile. Ce dernier est donc visiblement le gaz vital ; on peut juger de son influence par l'énergie que déploie le corps : la dépense des forces est généralement en proportion de l'oxygène qu'on absorbe[1].

§ 162. Modifications de l'air reçu dans les poumons. — D'après les analyses chimiques[2], l'air inspiré contient en volume sur 100 parties, 20,8 à 20,9 d'oxygène. Celui qui s'échappe des poumons n'en a pas 18[3] ; mais, en revanche, il s'est chargé de gaz acide carbonique[4]. Quant à l'azote, dont l'un des principaux rôles paraît être d'affaiblir l'action trop énergique de l'oxygène, il se retrouve à peu près dans les mêmes proportions.

§ 163. A chaque mouvement d'expiration, l'air qui sort des poumons est chargé d'une certaine quantité de vapeur d'eau. Pendant l'été, elle se volatilise avant de sortir du corps, et elle reste invisible à nos yeux ; on en constate toutefois facilement l'existence en approchant un miroir de la bouche ; cette vapeur laisse sur la surface de la glace un brouillard

[1] Les oiseaux dépensent plus de forces que les mammifères, et ceux-ci que les reptiles.

[2] De MM. Brunner et Valentin, Regnault et Reiset, Vierordt, etc.

[3] Il n'en a plus que 16,03 à 16,13, suivant des expériences récentes. Il a donc perdu 4,77 à 4,87, c'est-à-dire une quantité notable d'oxygène, en passant par les poumons.

[4] Au sortir de l'organe respiratoire, l'air contient 4,26 à 4,33 de gaz acide carbonique. Cet air semblerait devoir contenir autant de gaz acide carbonique qu'il a perdu d'oxygène, puisque la production du premier est due à la combustion des éléments du sang, aux dépens de l'oxygène inspiré. Cependant il n'en est pas ainsi. On se rend compte de cette différence en songeant à la quantité d'oxygène combinée avec l'hydrogène, pour la production de l'eau. Suivant M. Payen, l'homme adulte perd, en vingt-quatre heures, par la respiration, 250 grammes de charbon, 60 grammes par les excrétions ; total, 310 : en substances azotées, 130 ; total, 440.

qui en ternit la pureté. Mais dans les jours froids de l'hiver, cette vapeur aqueuse se condense, et sort sous la forme d'un nuage plus ou moins épais. On a donné le nom de *transpiration pulmonaire* à cette exhalation aqueuse qui a lieu pendant la respiration[1].

§ 164. CHANGEMENTS ÉPROUVÉS PAR LE SANG. — Le sang artériel, avons-nous dit, en traversant lentement les vaisseaux capillaires des organes, abandonne aux tissus quelques-uns de ses éléments; il se modifie dans ses principes; il perd les qualités nutritives qu'il avait; il a besoin de venir les recouvrer aux poumons au contact de l'air, et c'est dans les capillaires de ces organes que doivent s'opérer ces changements en sens inverse de ceux qui ont eu lieu dans les vaisseaux analogues des autres parties du corps. Il suffit, pour s'en assurer, de suivre la marche du sang vers l'organe respiratoire. Quand il sort du ventricule droit et qu'il est charrié dans les artères pulmonaires, il est veineux et conséquemment noir; mais en traversant les capillaires de l'organe respiratoire, il s'*hématose* ou se *sanguinifie* sous l'influence de l'oxygène de l'air qui a pénétré dans les vésicules bronchiques, et il revient d'un rouge vermeil à l'oreillette gauche du cœur par les veines pulmonaires. Cette transformation dans la couleur du fluide nourricier est uniquement due a l'oxygène absorbé par l'hématosine des globules rouges du sang[2].

[1] On évalue de 400 à 500 grammes la quantité d'eau que perd un homme, en vingt-quatre heures, par la transpiration pulmonaire. L'eau est une combinaison chimique, un composé binaire de deux gaz : l'oxygène et l'hydrogène, dans les proportions suivantes. En volume, une partie d'oxygène, deux parties d'hydrogène. En poids 88,9 d'oxygène, pour 11,1 d'hydrogène. Sur les continents, l'air ne contient pas moins de 6 à 9 dix-millièmes de vapeurs.

[2] On peut s'en convaincre par des expériences plus ou moins simples. En agitant du sang veineux dans un flacon rempli d'oxygène, on voit le liquide d'un rouge foncé devenir vermeil. En plaçant dans la trachée-artère d'un chien ou de tout autre mammifère un tube à robinet et en ouvrant en même temps une artère, le sang coule vermeil tant qu'on

Quand l'oxygène pénètre dans les cellules bronchiques[1], il traverse les membranes des vaisseaux, s'infiltre dans le sang et y remplace une quantité presque égale de gaz acide carbonique dont celui-ci s'est débarrassé; cet échange se fait par endosmose, par la tendance qu'on à se mélanger différents gaz quand ils ne sont séparés que par une membrane. On peut constater cette tendance en plaçant sous une cloche remplie d'oxygène une vessie contenant du sang veineux; ce dernier perd bientôt une partie de son gaz acide carbonique et absorbe une quantité au moins égale d'oxygène.

§ 165. Théorie de la respiration. — La découverte de l'action qu'exerce l'oxygène sur le sang date de 1777. Elle est due à notre immortel Lavoisier, qui le premier a eu la gloire de décomposer l'air atmosphérique[2]. Il considérait nos poumons comme un foyer dans lequel se passent des actes incessants de combustion.

Quand on active, en effet, à l'aide d'un soufflet, la combustion d'un charbon embrasé, ce dernier va diminuant sans cesse de volume. Au bout de peu de temps, il ne reste d'autres traces de son existence qu'un peu de cendres, provenant des substances minérales absorbées par le végétal. Qu'est devenue la matière charbonneuse? Elle s'est combinée avec l'oxygène de l'air, et de cette combinaison est résultée une production de gaz acide carbonique et de chaleur.

Si l'on fait brûler du charbon sous une cloche remplie d'air, l'oxygène disparaît et se trouve remplacé par une quantité à

laisse à l'air sa libre entrée dans les poumons; il devient brun si, en fermant le robinet, on l'empêche de pénétrer dans ces organes. En laissant de nouveau entrer l'air dans les poches pulmonaires, le sang redevient artériel presque au même moment.

[1] Le phénomène de la respiration n'a pas seulement lieu par les poumons; l'oxygène de l'air, en passant à travers la peau ou les pores de celle-ci, agit aussi sur le sang des veines qui rampent sous notre enveloppe cutanée.

[2] Priestley avait découvert l'oxygène quelque temps auparavant.

eu près égale de gaz acide carbonique[1] ; il y a aussi pro-
uction de chaleur. Il était donc tout naturel de penser que
oxygène de l'air, en se combinant dans les poumons avec
carbone du sang, était la cause du gaz acide carbonique
xhalé. Des expériences nouvelles ont forcé de modifier cette
ıéorie, ou du moins de ne pas localiser dans les poumons la
ormation du gaz acide carbonique.

Si l'on place, en effet, des grenouilles dans de l'azote et
ans de l'hydrogène[2], elles continuent à rejeter du gaz acide
arbonique. Ce dernier ne peut donc provenir d'une oxyda-
on du sang dans les poumons. Il doit avoir pour origine les
ombustions qui continuent à se faire dans toutes les parties
u corps, aux dépens de l'oxygène introduit dans le sang par
es respirations antécédentes.

§ 166. En circulant dans le corps à partir des poumons et
urtout dans les vaisseaux capillaires, l'oxygène de l'air se
ombine avec le carbone de nos tissus, et produit, par cette
ombinaison, du gaz acide carbonique. Celui-ci est dissout
t charrié par le sang veineux ; il continue à se former dans
iverses autres parties du trajet de ce dernier, et il arrive
vec lui aux poumons, où il s'exhale pour faire place à l'oxy-
ène que le sang doit absorber. Une autre faible portion
araît se combiner avec l'hydrogène contenu dans le sang
u fourni par les tissus pour produire, au moins en partie,
a vapeur d'eau exhalée dans les poumons par le sang veineux.
e phénomène de la respiration consiste donc dans une sorte
e combustion s'opérant dans toutes les parties où pénètre
'oxygène, et dont les produits charriés par le sang veineux
ont amenés par celui-ci aux poumons et rejetés au dehors.

1 Beaucoup de personnes ignorent le danger qu'elles courent en
laçant, dans une chambre close qu'elles habitent, du charbon embrasé ;
'oxygène de l'air est absorbé et remplacé par du gaz acide carbonique,
'est-à-dire par un gaz occasionnant la mort. Il y a également production
l'oxyde de carbone, gaz plus délétère encore que l'acide carbonique, et
rincipal agent de l'asphyxie dans des cas semblables.

2 Suivant les expériences de Spallanzani, de W. Edwards, etc.

§ 167. Cette analogie qui existe entre la combustion et la respiration n'avait pas échappé aux anciens. Le feu que Prométée dérobait au Ciel n'était pas seulement une idée poétique, c'était la peinture des opérations de la nature. Et l'on peut dire avec vérité que le flambeau de la vie s'allume au moment où l'enfant respire pour la première fois et ne s'éteint qu'avec la mort.

§ 186. NÉCESSITÉ DE L'AIR POUR L'ENTRETIEN DE LA VIE. — L'air est pour l'homme et pour les autres êtres animés une sorte d'aliment et celui qui est le plus immédiatement indispensable. Il est donc nécessaire de vivre dans un air de bonne qualité, car de sa pureté dépend souvent l'état de la santé. Ainsi, il est utile de renouveler l'air de nos appartements, et surtout il faut, autant que possible, vivre loin des lieux d'où s'échappent des miasmes délétères[1].

§ 169. ASPHYXIE[2]. — Quand l'air qui nous entoure ne

[1] Les vents semblent avoir pour mission providentielle d'emporter au loin et de disperser dans l'atmosphère les exhalaisons nuisibles qui s'échappent de la surface de la terre. Les végétaux, par un phénomène plus admirable, sont chargés, sous l'influence de la lumière, de décomposer le gaz acide carbonique versé dans l'air par l'acte de la respiration de l'homme et des animaux, de s'emparer de son carbone et de rendre à l'atmosphère l'oxygène, si nécessaire aux êtres animés.

[2] Asphyxie, cessation du pouls.

Quand on respire pendant un certain temps dans un appartement renfermant un volume d'air proportionnellement peu considérable, ne se renouvelant pas, ou se renouvelant imparfaitement, cet air perd à chaque mouvement respiratoire une certaine quantité d'oxygène, et se charge d'une quantité presque égale de gaz acide carbonique et de corpuscules [1] organiques, produits de l'inspiration et de l'exhalation qui a lieu à la peau. Au bout d'un certain temps, l'air est devenu impropre à soutenir la vie, et l'on finit par y trouver la mort. Quand l'air contient 4 ou 5 pour cent d'oxyde de carbone, celui-ci se combine avec l'hémato-globuline ou substance du globule, en chasse l'oxygène et lui empêche d'en reprendre au contact de l'air L'homme ou l'animal meurt bientôt empoisonné par la paralysie des éléments respiratoires du sang.

[1] Ces corpuscules paraissent être souvent la cause des fièvres typhoïdes, etc.

contient pas une quantité suffisante d'oxygène, ou quand des obstacles divers ou des causes mécaniques s'opposent à sa libre entrée dans les poumons[1], il survient bientôt dans les organes des troubles qui occasionnent le phénomène de l'*asphyxie*. L'accumulation du gaz acide carbonique occasionne l'engourdissement et la privation de sensibilité des tissus. A la difficulté ou à l'impossibilité de respirer succèdent l'affaiblissement et l'obscurcissement de la vue, des bourdonnements dans les oreilles, des vertiges, la perte des sens, et enfin la mort[2].

L'asphyxie est naturellement plus prompte chez les animaux ayant, comme les mammifères et surtout les oiseaux, l'organisme plus parfait et la respiration plus active[3]. Elle est beaucoup plus lente chez les reptiles et autres animaux à sang froid. On peut conserver vivantes, dans de l'hydrogène ou dans de l'azote[4], des grenouilles pendant plus d'un ou deux jours, surtout en abaissant la température et rendant par là moins active la respiration.

1 Comme cela a lieu quand un corps solide s'est introduit dans la trachée-artère, dans la strangulation et dans l'immersion; c'est-à-dire quand on reste plongé dans l'eau.

2 La cause de ces phénomènes est facile à saisir. Le sang veineux, ne pouvant plus se débarrasser dans les poumons du gaz acide qu'il contient et ne trouvant pas dans les vésicules bronchiques l'oxygène destiné à le transformer en sang artériel, reste à l'état veineux. Celui-ci, n'ayant pas l'action vivifiante nécessaire, réagit sur le système nerveux à la manière d'un poison : telle est la principale cause de la rapidité de la mort.

3 Ordinairement un homme meurt asphyxié au bout de 5 ou 6 minutes de séjour dans l'eau ; mais la vie peut parfois se soutenir plus longtemps.

4 Le gaz acide carbonique occasionne bien plus promptement la mort. Un oiseau vit à peu près trois minutes dans un air composé de 21 parties d'oxygène et 79 de gaz acide carbonique.

Mode de respiration chez les autres animaux terrestres et aquatiques. — Respiration branchiale, trachéenne, cutanée.

§ 170. Modifications de l'appareil respiratoire dans la série animale. — L'appareil respiratoire doit nécessairement se modifier suivant les milieux dans lesquels vivent les animaux, et suivant les différences que présente leur système de circulation. On compte donc quatre sortes de respirations : la *pulmonaire*, la *branchiale*, la *trachéenne* et la *cutanée*.

§ 171. Chez les vertébrés supérieurs, c'est-à-dire chez les mammifères et les oiseaux, et même chez les reptiles, au moins à l'état adulte, la respiration s'opère, comme chez l'homme, à l'aide de poches pulmonaires ; néanmoins elle présente diverses modifications[1]. Chez les oiseaux, dont la poitrine n'est pas séparée de la cavité abdominale par un diaphragme complet, les poumons sont pourvus de prolongements et communiquent avec des espèces de sacs aériens, et même quelquefois avec l'intérieur des os.

§ 172. Chez les reptiles, dont le sang est froid, la respiration est beaucoup plus lente, les cellules pulmonaires sont généralement plus grandes, la surface développée des poumons a par conséquent moins d'étendue que celle des mammifères. Ces animaux manquent de diaphragme ; quelques-uns, comme les serpents, manquent de sternum ; d'autres, comme les grenouilles, n'ont point de côtes. Chez ces dernières, le mécanisme de la respiration a quelque chose de particulier ; l'air descend dans les poumons par une sorte de *déglutition*[2]. Divers reptiles, comme les batraciens, respirent

[1] Ainsi, quelques mammifères aquatiques, tels que les phoques, doivent à de grands sinus veineux situés dans le foie, le pouvoir de rester plus longtemps sans respirer. (*Zoologie*, § 76.)

[2] Sous la gorge existe une sorte de poche pourvue de muscles, et pouvant se dilater et se contracter. Quand l'air entre par les narines,

ans leur jeune âge par des branchies ; quelques-uns, comme s protées, conservent pendant toute leur vie des poumons des branchies.

Les mollusques gastéropodes pulmonés sont pourvus d'un gane respiratoire assez comparable à un poumon.

§ 173. Respiration branchiale. — Les animaux vivant ıchés dans l'eau, comme les poissons, ne pourraient pas mieux ıe nous entretenir leur existence dans ce liquide s'ils n'a-ıient reçu un appareil respiratoire conformé d'une autre ıanière. Le Créateur, au lieu de poumons, c'est-à-dire de ɔches celluleuses, leur a donné des organes appelés *bran-ıies*, qu'on peut comparer à des poches retournées. Le sang ıi afflue à ces parties se met en communication, par l'in-ırmédiaire de leur membrane externe, avec l'oxygène de air tenu en dissolution dans l'eau qui entoure les branchies.

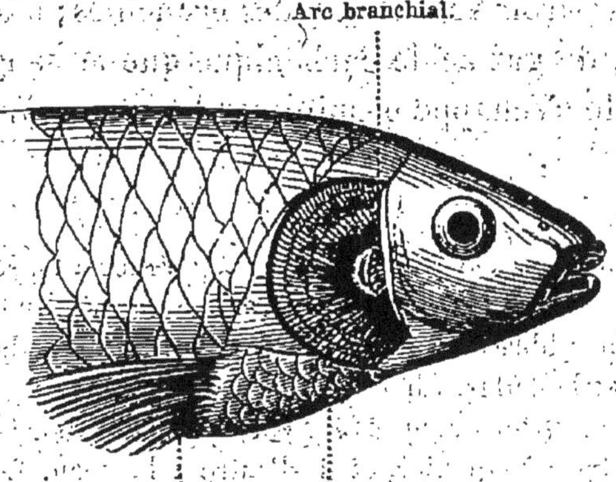

Fig. 16.

§ 174. Les branchies sont de figure très variable. Chez la lupart des poissons, elles sont formées de lamelles membra-euses et vasculaires, disposées comme les feuillets d'un livre

dilate la poche et la remplit; puis les narines se ferment, les muscles e la poche sous-jugulaire se contractent, et l'air refoulé descend dans s poumons.

ou les dents d'un peigne[1] (fig. 19), fixées au bord d'arcs osseux appelés *arcs branchiaux*[2]. Elles sont situées dans une cavité particulière, située de chaque côté du cou, et protégées par un *opercule* mobile.

§ 175. L'eau tient en dissolution une certaine quantité d'air[3]. Celui-ci, sur 100 parties, se compose ordinairement de 32 à 34 parties d'oxygène, et de 68 à 66 d'azote : l'oxygène étant plus soluble dans l'eau que ce dernier gaz[4].

Quand on examine dans l'eau un poisson, on le voit alternativement ouvrir la bouche et soulever ses opercules : premièrement pour recevoir de l'eau, ensuite pour en rejeter par les ouïes. L'eau introduite par la bouche ne descend pas jusqu'à l'estomac ; arrivé dans la gorge, elle passe dans les interstices des arcs branchiaux et se porte ainsi sur les branchies. Elle cède alors au sang veineux qui afflue à ces dernières une partie de l'oxygène qu'elle contient et qui traverse les parois vasculaires des branchies ; elle se charge, en échange, du gaz acide carbonique que le sang lui abandonne, et elle s'échappe ensuite par les ouvertures des ouïes.

[1] Chez les lamproies, elles présentent l'apparence d espèces de bourses.

[2] Les poissons osseux ont ordinairement, de chaque côté du cou, quatre branchies libres ou flottantes par l'un de leurs bords, et composées de deux lamelles. Chez les raies et les requins, poissons cartilagineux, les branchies sont fixées par leurs deux bords, c'est-à-dire, d'une part à l'arc branchial, et de l'autre à la peau. Le nombre des branchies est aussi plus élevé de cinq à sept de chaque côté.

[3] Il est facile de s'en convaincre en la faisant bouillir. L'air qu'elle renferme tend à s'échapper et produit les bulles qui se montrent à la surface du liquide.

[4] L'oxygène se trouve parfois en quantité beaucoup plus considérable dans l'eau. Ainsi, suivant M. Morren, la proportion de l'oxygène dissous dans les eaux, dans lesquelles se trouvent des organismes verts (de la chlorophylle), peut s'élever, sous l'influence solaire, à 48,58 et même 61 0/0. La formation de la chlorophylle, chez ces animaux inférieurs, est l'indication d'une exhalation d'oxygène. Un ou deux jours d'obscurité suffisent pour priver l'eau de la plus grande partie de son oxygène et pour étioler les animalcules.

La plupart des poissons respirent encore l'air atmosphé-
que qu'ils viennent recevoir à la surface de l'eau, surtout
l'approche des temps d'orage.

Les poissons font donc dans l'eau ce que nous faisons dans
air. Ils absorbent de l'oxygène et rejettent du gaz acide
rbonique. Ils meurent aussi par asphyxie, quand ils sont
nus dans un vase de capacité proportionnellement trop petite
pur leur nombre, où l'air ne peut pas se renouveler suffi-
mment[1]. Ils périssent plus rapidement encore par la même
use quand ils sont tirés hors de l'eau. Ce n'est pas l'oxy-
ène alors qui leur manque; mais les lamelles des branchies.
flottant plus dans le liquide, s'affaissent sur elles-mêmes,
laissant plus arriver le sang avec facilité, se dessèchent
contact de l'air, et empêchent ainsi l'oxygène d'exercer
n action sur le fluide sanguin. On prévient l'asphyxie en
mectant sans cesse les branchies[2].

§ 176. Les poissons qui ont le plus d'énergie dans l'eau, et
i consomment par conséquent le plus d'oxygène, sont ceux
i périssent en général le plus vite hors de cet élément[3],
rce qu'ils ont les ouïes plus largement fendues.

Ceux, au contraire, dont ces ouvertures sont étroites, ou qui
ssèdent des réservoirs particuliers pour humecter les bran-
ies, peuvent résister davantage[4] ou même rester sans

[1] Quand on transporte des poissons dans des tonneaux remplis d'eau,
est prudent de renouveler le liquide de distance en distance et d'exé-
uter ces transports pendant la nuit.

[2] Dans quelques pays, les carpes qu'on se dispose à manger sont en-
etenues quelques temps dans des caves, dans des filets remplis de mousse
mectée, dans lesquels elles trouvent à leur portée de la mie de pain.
Les poissons exposés dehors à un air très humide, même à une gelée
cturne, peuvent rester longtemps sans périr. (V. le *Voyage du
pitaine Parry*.)

[3] Ainsi la tanche périt moins vite que la carpe; celle-ci moins vite
e le brochet, et ce dernier moins promptement que la truite, qui
monte les petites cascades des torrents alpins.

[4] Les anguilles peuvent ainsi, dans les nuits de printemps, exécuter
s promenades souvent assez longues.

inconvénient pendant un temps plus ou moins long hors de l'eau. Telle est l'espèce de poisson connu dans les Indes sous le nom de *poisson tombé du ciel*, et nommé par les naturalistes *anabas grimpeur*. Il possède, sous l'opercule, des cellules remplies d'eau et servant à humecter les branchies. Grâce à cette disposition, il sort de la mer, s'élève même sur les palmiers nains situés près du rivage, s'y nourrit des insectes qu'il peut y attraper, et retourne dans les flots pour y faire une nouvelle provision d'eau quand la sienne commence à s'épuiser.

§ 177. Chez les animaux invertébrés vivant dans l'eau ou dans un air chargé d'humidité, les branchies affectent des configurations très diverses. Elles ont tantôt la forme de lamelles ou de feuillets soit cachés soit apparents ; tantôt elles sont semblables à des panaches, à des houppes, à des espèces de tubercules branchiaux disposés autour des pattes [1].

[1] Chez les crustacés, dont M. Milne-Edwards a si bien fait connaître l'organisation, elles forment des panaches pyramidaux annexés aux cinq paires de pattes locomotrices, chez les décapodes et les stommapodes. Les branchiopodes ont des pattes membraneuses servant à la fois à la natation et à la respiration. Chez les isopodes, les cinq dernières pattes, transformées en lames molles et flexibles, en espèces de sacs foliacés, sont devenues des organes respiratoires. Les annélides, sur lesquelles les beaux travaux de M. de Quatrefages ont jeté un nouveau jour, ont, les unes, des branchies lymphatiques (serpules, etc.) ; les autres ont un réseau vasculaire cutané ou des brancules sanguines (sangsues, arénicoles, etc.).

Les mollusques, à part les gastéropodes pulmonés, ont le plus souvent des branchies tantôt nues (scyllées), tantôt protégées par leur manteau. Quelques-uns possèdent des organes extérieurs qui peuvent être considérés comme des branchies rudimentaires. D'autres enfin reçoivent par leur manteau ou par la peau l'oxygène qui leur est nécessaire.

Chez les zoophytes l'organe respiratoire se simplifie : il consiste en trachées aquifères, chez les holothuries ; chez la plupart des autres, des appendices membraneux servent à l'introduction de l'oxygène. Chez les plus inférieurs, tels que les polypes, les acalèphes, les spongiaires, la respiration s'opère par la peau, avec le concours des cils vibratiles, dont les mouvements contribuent à renouveler sans cesse le fluide respirable.

En général, ces organes sont d'autant plus cachés et protégés, que l'animal se trouve plus élevé dans la série. Mais quelle que soit la forme de ces organes, la respiration s'opère toujours comme chez les poissons : le sang veineux est apporté aux branchies, et l'air dissous dans l'eau, qui environne leur surface externe, pénètre par endosmose jusqu'au fluide sanguin qu'il vivifie par l'action de l'oxygène.

§ 178. Respiration trachéenne. — Les organes de respiration aérienne, auxquels on a donné le nom de *trachées*, consistent en deux tuyaux situés de chaque côté du corps, se ramifiant dans l'intérieur de celui-ci et communiquant avec l'air extérieur au moyen d'ouvertures latérales appelées *stigmates*[1], ayant la figure d'une boutonnière.

Fig. 20.

§ 179. Les trachées sont composées de deux membranes entre lesquelles est enroulé en spirale un fil cartilagineux destiné à les maintenir tubulaires. Tantôt elles sont simplement ramifiées dans l'intérieur, de manière à porter l'air dans les parties les plus profondes, tantôt elles présentent dans leur trajet des renflements ou espèces de réservoirs à air.

[1] Il existe ordinairement neuf paires de stigmates : l'une sur l'un des premiers anneaux du thorax ; les autres, sur chacun des huit premiers segments abdominaux. (V. *Zoologie*, § 436.)

§ 180. La respiration trachéenne est particulière aux insectes, aux myriapodes et à divers arachnides. L'air se renouvelle dans les trachées par les dilatations et les contractions successives des segments du corps. Quelquefois divers mouvements de l'abdomen et des élytres coopèrent au même but[1].

§ 181. Chez les véritables arachnides, la respiration s'opère au moyen d'espèces de poches pulmonaires, offrant dans leur intérieur des lamelles analogues à des branchies, mais recevant l'air extérieur.

§ 182. Enfin quelques crustacés vivant à l'air, surtout dans un air humide, présentent extérieurement des lamelles faisant l'office de poumons, mais ayant la forme de branchies.

§ 183. RESPIRATION CUTANÉE. — L'enveloppe extérieure, quand elle est molle et flexible, devient chez l'homme et chez divers animaux un adjuvant à l'organe de la respiration. L'habitant des campagnes, travaillant souvent les bras en partie découverts, reçoit par les veines sous-cutanées un supplément d'oxygénation qui contribue à son énergie. Les batraciens absorbent par la peau une quantité notable d'oxygène[2]. Les lombrics ou vers de terre paraissent respirer principalement par cet organe.

A mesure qu'on descend la série des animaux invertébrés et qu'on passe des mollusques aux zoophytes, toutes les fonc-

[1] Quelques coléoptères au corps lourd, avant de prendre leur vol, abaissent et relèvent successivement leur abdomen, pour faire plus aisément pénétrer l'air dans les trachées ; d'autres relèvent et abaissent vivement et à plusieurs reprises leurs élytres. (V. MULSANT, *Histoire naturelle des Coléoptères de France*, LAMELLICORNES, p. 25.)

[2] La respiration cutanée des batraciens est facile à prouver par l'expérience suivante. En enlevant les poumons à une grenouille, elle consomme dans un espace de temps donné les deux tiers de l'oxygène absorbé par un animal semblable auquel on n'a pas fait subir cette mutilation. Pendant l'hiver, la respiration très affaiblie de ces batraciens, cachés dans la vase de nos marécages, paraît s'exécuter uniquement par la peau.

ions se simplifient, et le même organe sert parfois à l'exercice e plusieurs. Chez quelques-uns de ces animaux inférieurs, es cils vibratiles sont destinés par leurs mouvements à renouveler l'eau servant à la nutrition et fournissant à la respiration air qu'elle tient en dissolution. Enfin, chez les derniers nimaux, la peau devient le seul organe respiratoire appa-ent. L'oxygène dissous dans l'eau qui entoure le corps se iet par la peau en communication avec le fluide nourricier ui baigne la paroi interne de l'enveloppe cutanée.

haleur animale. — Animaux à sang chaud et à sang froid.

§ 184. Chaleur animale. — L'homme et tous les êtres nimés jouissent de la faculté de produire en eux-mêmes de chaleur; c'est là une des conditions de la vie.

La chaleur humaine dans l'état de santé varie de 36° 35 à 37° ntigrades; mais elle n'est pas égale dans toutes les parties corps[1]. Elle est, par exemple, plus développée au cœur 'aux extrémités[2]. Cette température est à peu près la même ıs tous les climats. On ne trouve pas un demi-degré de férence entre les habitants des contrées les plus chaudes globe et ceux des régions les plus froides. Les variétés de :e ou de couleur ne produisent à cet égard aucune modi-ation. Elle est presque égale à toutes les époques de la), ou se montre assez faiblement plus élevée dans la jeu-sse et dans l'âge adulte que dans la vieillesse. Elle s'abaisse

La chaleur varie, dans les parties intérieures du corps, de 38° à 40° z les mammifères, et de 43° à 45° chez les oiseaux.

La température des pieds et des mains est inférieure ordinairement quelques degrés à celle des parties centrales. Aux approches de la 't, les extrémités sont les premières à annoncer, par leur refroidis-ent, la fin prochaine de l'existence.

dans le sommeil, dans le repos, par la privation d'aliments; elle s'augmente, au contraire, par la marche[1], par l'exercice musculaire et par quelques autres causes.

La chaleur du sang paraît exercer son action sur les muscles par l'intermédiaire des nerfs. Divers physiologistes ont nié l'action que peut exercer sur cette chaleur interne le système nerveux; cependant la température des oiseaux s'élève à l'époque de l'incubation[2] : elle paraît suivre la même loi chez quelques reptiles qui couvent aussi leurs œufs.

§ 185. Le sang de l'homme, avons-nous dit, conserve à peu près la même température sous tous les climats. Cependant, quand on élève ou quand on abaisse beaucoup, par des moyens artificiels, celle du milieu dans lequel nous nous trouvons placés, la chaleur de notre sang éprouve des variations plus ou moins considérables. La température de notre corps peut s'élever de 2° et 3° au-dessus de l'état normal; passé ces chiffres, la vie peut être compromise[3]. Nous souffrons beaucoup moins d'un abaissement dans notre température;

[1] Tout le monde sait que pendant les froids on ne tarde pas à se réchauffer par une marche soutenue, à moins que la température ne soit descendue à des degrés trop bas.

[2] La patience que déploie la poule, par exemple, pour rester sur son nid pendant l'incubation; cette assiduité qui la porte souvent à négliger le soin de sa nourriture; le courage qu'elle manifeste contre ceux qui osent la troubler, tout indique l'exaltation de son système nerveux, et sa température est alors de trois ou quatre degrés plus élevée que dans l'état normal.

Quelle surexcitation ne faut-il pas à une mère, pour supporter les veilles, les insomnies, les peines et les inquiétudes de tout genre? pour prodiguer à son enfant, surtout pendant la maladie, des soins si constants, si empressés et si délicats, qu'un fils ne saurait jamais ni les comprendre, ni surtout les récompenser? On l'a dit avec raison : *l'amour brûle le cœur d'une mère.*

[3] Il résulte des expériences de Magendie et de M. Bernard, que lorsque la température du sang s'élève de 40° à 45° chez les mammifères, et de 45° à 50° chez les oiseaux, la mort est inévitable. Dans ce cas, la vie cesse par arrêt subit du cœur. La circulation cesse avant la respiration.

celle-ci peut descendre d'un quart ou peut-être d'un tiers, sans que la mort arrive. Les oiseaux et les mammifères suivent à peu près les même lois[1].

§ 186. Quand la température, à l'air libre, s'élève et se soutient à l'ombre de 3° à 6° au-dessus de celle de notre corps, il y a danger à s'y exposer. Nous sommes obligés de chercher alors dans l'intérieur de nos appartements les moyens de nous y soustraire[2]; cependant nous pouvons supporter dans une étuve une température portée à 80° et même plus. Mais, dans ce cas, nous devons à la sueur abondante qui se produit la conservation de notre existence. Celle-ci, conjointement à l'exhalation cutanée et pulmonaire, enlève du calorique à l'air ambiant, le refroidit autour de notre corps, et maintient ainsi l'équilibre, au moins pendant quelque temps. Notre corps absorbe en même temps une partie de l'eau en vapeurs, pour rendre au sang celle qu'il perd par la chaleur. Les mammifères et les oiseaux, dont le corps est revêtu de poils ou de plumes, surtout ceux de petite taille, ne peuvent, en général, supporter des degrés de chaleur aussi élevés.

§ 187. Dieu qui nous a destinés à habiter toutes les contrées de la terre, nous a donné les moyens de résister à l'action du froid, à l'aide du feu, d'une nourriture particulière[3], des vêtements et des fourrures[4]; mais quand ces moyens

[1] Suivant l'abbé Gaubil, 11.400 personnes périrent de chaud à Pékin, en 1743, la température s'étant élevée chaque jour de 40° centigrades du 14 au 23 juillet.

[2] Lorsqu'on refroidit de petits mammifères (lapins, cochons d'Inde), en les entourant de glace, mais en les préservant du contact humide, la mort arrive quand la température du rectum est descendue à 18° ou 20°.

[3] Les peuples des contrées les plus boréales éprouvent le besoin de se nourrir de l'huile des cétacés ou des phoques, qui leur fournit plus d'éléments combustibles par l'oxygène. (*Zoologie*, § 210.)

[4] Les équipages de quelques navires, employés à des voyages d'exploration dans les mers du Nord, ont pu supporter ainsi des températures de plus de 45° à 50° au-dessous de zéro. (*Zoologie*, § 71.)

viennent à manquer en partie nous avons de la peine à lutter contre une température abaissée jusqu'à un certain point[1]. Les enfants surtout, dont les tissus sont plus favorables à l'exhalation et à la déperdition du calorique, dont le volume du corps est moins considérable, sont plus sensibles à l'action du froid[2]. Une mère, exposée avec ses enfants à une basse température, les verrait successivement périr, à commencer par les plus jeunes, avant de succomber elle-même.

§ 188. Sources de la chaleur animale. — Lavoisier a dit depuis longtemps : « La respiration n'est qu'une combustion lente de carbonne et d'hydrogène, en tout semblable à celle qui s'opère dans une lampe ou dans une bougie qui brûle, et, sous ce rapport, les animaux qui respirent

1. Les abaissements plus ou moins notables de température occasionnent parfois la congélation des pieds ou des mains, éloignés du centre de circulation, ou des parties non protégées par des vêtements, comme le visage. Il se forme alors des glaçons dans les cellules des tissus. Il faut les rappeler à leur état normal par un réchauffement progressif; les frictions avec de la neige sont le plus généralement employées et les plus convenables. En opérant un réchauffement brusque, soit à l'aide du feu ou de l'eau chaude, on peut amener la destruction des tissus et la production de la gangrène.

2. Les statistiques montrent que pendant la mauvaise saison, surtout pendant les hivers rigoureux, les enfants des pauvres, qui n'ont pas assez de haillons pour couvrir leur corps, périssent en plus grand nombre que ceux des personnes aisées.

Les petits des mammifères sauvages qui naissent durant l'hiver sont souvent dévoués à la mort. Les lièvres abondent en automne, quand les mois de décembre à mars ont été peu rigoureux.

Les jeunes oiseaux auraient couru trop de risques s'ils étaient éclos dans les mauvais jours ; aussi la Providence a-t-elle fixé pour la construction des nids la saison la plus favorable, celle où renaît la chaleur, celle où recommencent à pulluler les insectes destinés à servir de nourriture à ces vertébrés emplumés. Les jeunes oiseaux que nous enlevons dans les champs à leurs parents pour les élever dans nos maisons, y trouvent souvent la mort, non par le défaut de nourriture, mais parce qu'ils n'ont plus les ailes de leur mère pour réchauffer leur corps à peine couvert de duvet.

sont de véritables combustibles qui brûlent et se consument[1]. »

Dans l'acte de la respiration, on introduit sans cesse de l'air dans le corps ; sans cesse aussi il y a production de gaz acide carbonique et d'eau, par la combinaison de l'oxygène, soit avec quelques éléments du sang ou de nos tissus soit avec l'hydrogène. En parlant de la nutrition et des modifications que subit le produit de la digestion avant d'arriver aux poumons, nous avons vu que les aliments fournissent à la combustion des matières grasses et des fécules passant successivement à l'état de dextrine et de glycose. Il faut donc placer les source de la chaleur animale, non seulement dans la combustion respiratoire, mais encore dans toutes les combinaisons chimiques qui ont lieu dans l'organisme, alimentées qu'elles sont aussi bien par l'air atmosphérique que par la nourriture.

§ 189. Animaux a sang chaud et a sang froid. — Tous les animaux, avons-nous dit, jouissent de la faculté de produire en eux de la chaleur ; mais cette faculté est loin d'être la même chez tous : il suffit, pour s'en convaincre, de tenir dans l'une de ses mains un oiseau, et dans l'autre un reptile[2]; le premier nous réchauffe, parce qu'il dégage un peu plus de chaleur que nous ; le second, dont la température est à peine plus élevée que celle de l'air ambiant, nous fait éprouver le sentiment pénible du froid[3].

[1] La combustion étant la cause de la production de la chaleur, le sang brûlé doit être le plus chaud ; c'est effectivement ce qui a lieu dans les veines profondes : dans les veines superficielles cela n'a pas lieu, à cause du refroidissement que le sang éprouve sous l'influence de la température extérieure. (C. B.)

[2] En mettant chacun de ces animaux dans un calorimètre entouré de glace, le premier aura liquéfié une partie de celle-ci, dans un temps donné, pendant que l'autre, dans un même espace de temps, en aura à peine fait fondre une quantité appréciable.

[3] Sensation qu'on éprouve par suite du passage du calorique de notre corps dans d'autres corps d'une température plus basse que la nôtre.

§ 190. Les animaux ont donc été partagés en *animaux à sang chaud et animaux à sang froid*. Les premiers doivent cette qualité à leur respiration plus fréquente, à leur circulation complètement double et plus active, c'est-à-dire à une intervention plus énergique de leur vitalité, ou à la plus grande quantité d'oxygène qu'ils absorbent et à la production plus considérable du gaz acide carbonique et d'eau. Tels sont les mammifères et les oiseaux. Ces derniers surtout jouissent d'une chaleur plus élevée. Celle ci est donc comme la dépense des forces, ordinairement en proportion, dans l'état de santé, avec l'oxygène qu'on absorbe[1].

§ 191. Les oiseaux ont une température de +43° à 45° centigrades. Ils avaient besoin de déployer plus de force pour ramer dans les airs, pour lutter contre des courants aériens très violents. Aussi, sont-ce les bons voiliers, comme les martinets et surtout les gracieux colibris, qui produisent le plus de chaleur ; elle est moins élevée chez ceux dont l'existence est presque toute terrestre.

§ 192. Les mammifères, réservés la plupart pour la marche ou pour la course, accusent généralement une température de + 38° à 40° centigrades. Les différences qu'ils offrent à cet égard sont habituellement en harmonie avec leur degré d'activité.

§ 193. Quelques-uns de ceux-ci, comme les ours, les marmottes, les hérissons, les loirs, etc., présentent un phénomène remarquable. Ils tombent pendant l'hiver dans une torpeur léthargique, dans un sommeil profond : de là le nom d'*animaux hibernants*[2], sous lequel ils sont désignés.

[1] Les personnes qui ont la cavité pectorale large absorbent plus d'oxygène et sont moins susceptibles à l'impression du froid, parce qu'elles ont les propriétés vitales plus actives et produisent plus de chaleur.

[2] *Hibernus*, hiver. Chez les animaux hibernants, les globules du sang et tous les autres éléments des tissus sont engourdis par l'abaissement de la température. Celle du rectum de ces animaux descend parfois à 4° ou 5° au-dessus de zéro.

§ 194. L'hibernation est un état périodique de l'organisme de ces animaux, dont la cause première est incomplètement expliquée. Le ralentissement de quelques-unes de leurs fonctions occasionné par l'accumulation de la graisse dans leurs tissus, paraît y contribuer. Quand la fin de l'été et l'automne viennent réaliser les espérances du printemps et faire mûrir des fruits variés, ces mammifères trouvent une nourriture plus copieuse et plus succulente, leur corps se charge de graisse; les fonctions se ralentissent, et ils tombent dans cet état qui est la continuité de la vie sous l'apparence de la mort : ils perdent le mouvement volontaire et la sensibilité; la digestion est suspendue[1]; la circulation[2] et la respiration sont presque annihilées[3].

§ 195. Quant à la cause providentielle de l'hibernation, elle est facile à reconnaître. Lorsque la terre est couverte de neige ou glacée par les frimats, quand les insectes ont péri ou se sont cachés dans les retraites diverses, que les fruits ont disparu, que les herbes mêmes se sont flétries sur les hauteurs alpines, comment les hérissons, les loirs et les marmottes pourraient-ils trouver leur nourriture? Dieu d'ailleurs paraît aussi avoir eu pour but d'empêcher la multiplication de quelques-uns de ces animaux, qui, par leur nombre, pourraient devenir un fléau pour nos récoltes.

§ 196. Les mammifères hibernants semblent former une transition naturelle avec les *animaux à sang froid*. Ces

[1] On peut en juger par l'expérience suivante faite sur un reptile dont l'engourdissement hyémal peut être comparé au sommeil des animaux hibernants. Un ver introduit dans l'estomac du reptile pendant son état de torpeur, y resta tout l'hiver sans aucune altération.

[2] La marmotte, dont le cœur bat près de cent fois par minute dans l'état d'activité de cet animal, donne à peine huit ou dix pulsations pendant l'hibernation. Dans cet état, la température de son rectum descend parfois à 4 ou 5° au-dessus de zéro.

[3] La respiration est si faible, qu'on a pu faire vivre quelques-uns de ces animaux pendant plusieurs heures dans du gaz acide carbonique pur, qui les tuerait assez rapidement dans d'autres conditions,

derniers ont une température à peine plus élevée que celle de l'air ambiant[1], et quand celle-ci vient à s'abaisser, ils en subissent l'influence ; ils tombent dans un état léthargique[2], si elle se rapproche plus ou moins près de zéro. Ainsi, par une harmonie admirable, quand les plantes herbacées ont disparu et que les végétaux vivants attendent que la chaleur printanière vienne réveiller leur sève engourdie, les insectes auxquels ils doivent servir d'aliments ont aussi leur vie suspendue et sont incapables de leur porter des atteintes dangereuses ou mortelles.

Sécrétions et exhalation. — Glandes, peau, membranes muqueuses ou séreuses.

§ 197. Sécrétions. — Le produit de la digestion, après être devenu du fluide nutritif, par suite des modifications qu'il a éprouvées et qui ont achevé de s'opérer dans les poumons, circule dans le corps pour lui fournir les aliments propres à son entretien ou à son accroissement. Mais là ne se borne pas le rôle du sang ; il doit être le véhicule des humeurs devenues inutiles que les tissus abandonent, et fournir à des organes appelés *sécréteurs* les moyens de produire des humeurs particulières.

§ 198. Ces organes sont-ils seulement des filtres chargés d'extraire du sang les matériaux qui s'y trouvent? ou forment-ils à l'aide du fluide nourricier des liquides particuliers ? La science est encore obligée d'avouer son ignorance à ce sujet,

[1] Les reptiles, les poissons et les animaux invertébrés ont une température à peine de 1° ou de 2° plus élevée que celle du milieu dans lequel ils se trouvent.

[2] Divers invertébrés, les chenilles, par exemple, se congèlent au point qu'en les laissant tomber sur un verre, elles y produisent le bruit que ferait un corps solide ; mais elles ne périssent pas pour cela ; avec une température plus douce elles reviennent à leur état ordinaire.

§ 199. Quoi qu'il en soit, on a donné le nom de *sécrétion* à la production de certaines humeurs, formées aux dépens du sang dans des organes particuliers, tels que les glandes salivaires, le foie, etc. [1].

§ 200. Les sécrétions ont pour but, les unes, de débarrasser le corps des parties nuisibles ou inutiles introduites par l'absorption; d'autres, de le délivrer des molécules destinées à être rejetées ; d'autres enfin, de produire des humeurs nécessaires au jeu des organes ou aux fonctions de la vie

§ 201. Exhalation. — L'exhalation est la plus simple des fonctions qui se rattachent aux actes sécréteurs; c'est un phénomène physique en sens inverse de l'absorption. Elle n'est, pour ainsi dire, qu'une sorte de filtration ou de transsudation des parties les plus aqueuses du sang, qui traversent les minces parois des vaisseaux capillaires, pour se déverser soit à la surface de la peau ou des diverses membranes, soit dans les mailles du tissu cellulaire.

§ 202. L'exhalation est donc *externe* ou *interne* : externe, quand elle s'effectue sur la peau [2] ou sur la membrane mu-

[1] Les organes sécréteurs ont été classés, par les uns d'après la nature de leur produit, par d'autres suivant leur destination. Ainsi, parmi ces organes, on distingue les *lubrifiants*, ou chargés d'humecter les membranes séreuses, etc.) ; les *digestifs*, ou concourant à la digestion (les glandes salivaires, gastriques, biliaires et pancréatiques) ; les *excrémentitiels* (reins, follicules de la sueur). D'autres physiologistes divisent les mêmes organes d'après le mode de sécrétion ; ainsi la sécrétion est *séreuse* ou *respiratoire*, telle est celle qu'on nomme exhalation ; *muqueuse* ou *folliculaire*, c'est-à-dire fournie par des follicules ; *glandulaire* ou opérée par des glandes ; *solide*, comme celle de la formation des dents, des poils, des ongles, etc.

[2] La quantité de vapeur d'eau perdue par l'exhalation cutanée peut être évaluée à 1/2 kilogramme par vingt-quatre heures.

On doit éviter avec soin le froid humide, si nuisible à l'action de la transpiration insensible et cause de tant d'affections fâcheuses, ainsi que les forts courants d'air et les passages trop brusques du chaud au froid, d'où résultent les *fluxions de poitrine*, par suite de la suppression de transpiration.

queuse des poumons[1] ; interne, quand elle a lieu dans les parties les plus profondes du corps, dans le tissu cellulaire ou sur les membranes séreuses et synoviales.

§ 203. Exhalation des membranes séreuses. — On désigne sous le nom de *séreuses* des membranes minces et transparentes, servant d'organes protecteurs aux principaux viscères. Ainsi, les poumons sont enveloppés par la *plèvre ;* le cœur, par le *péricarde ;* les intestins et autres viscères abdominaux, par le *péritoine ;* le cerveau, par l'*arachnoïde.* Ces membranes constituent des espèces de sacs isolés et sans ouverture, formés de deux feuillets contigus, dont l'un est fixé à la paroi interne de la cavité dans laquelle est logé l'organe, et dont l'autre sert à protéger ce dernier. La surface de ces membranes produit sans cesse une abondante exhalation de sérosité. Celle-ci est composée de la partie séreuse du sang, versée dans leur tissu et légèrement modifiée par ce dernier. La sérosité est donc composée en grande partie d'eau, d'un peu d'albumine et de quelques sels. Son usage est d'entretenir la souplesse des membranes séreuses, de favoriser leur glissement, pour quelles ne puissent opposer aucun obstacle aux mouvements des organes qu'elles revêtent.

L'exhalation séreuse dont ces membranes sont le siège aurait bientôt produit une accumulation plus ou moins considérable du liquide dont elles sont humectéee, s'il n'existait en même temps une espèce d'absorption chargée de maintenir l'équilibre, en faisant continuellement rentrer dans le torrent de la circulation la sérosité inutile. Quand les vaisseaux absorbants remplissent imparfaitement leurs fonctions, la sérosité s'accumule et produit ce qu'on appelle des *hydropisies.*

§ 204. Exhalation des membranes synoviales. Les membranes synoviales ont une grande analogie avec les membranes

[1] Les substances gazeuses ou volatiles, accidentellement introduites dans le sang par voie d'absorption, sont principalement exhalées par les poumons.

séreuses. Elles garnissent les articulations et forment sous certaines aponévroses ce qu'on appelle des *bourses synoviales*. Mais l'humeur qu'elles produisent ou exhalent est plus onctueuse et plus chargée de matière animale que la sérosité. Elle est faite pour favoriser le jeu des articulations, en rendant les parties plus glissantes.

§ 205. GLANDES. — Les glandes sont les organes sécréteurs proprement dits. Elles sont formées de tissus cellulaires recevant des vaisseaux sanguins, et sont chargés par un travail chimique, qui s'opère sous l'influence de la vie et du système nerveux, d'élaborer les humeurs qu'elles ont pour mission de produire. Elles sont de structure et de composition variées.

§ 206. Les unes sont destinées à extraire du sang des matières destinées à divers usages dans l'intérieur de l'économie; les autres sont des organes extracteurs chargés de débarrasser le corps de diverses matières qui ne pourraient y rester sans lui nuire.

Les unes et les autres peuvent avoir leurs qualité sécrétoires ou excrétoires en forme de bourse, d'ampoule ou de tube fermé à l'une de ses extrémités et ouvert à l'autre.

Les premières se distinguent en *glandes imparfaites*[1], c'est-à-dire ne déversant pas dans l'organisme le produit de leurs fonctions, et en *glandes vraies*[2].

Ces dernières sont *simples* ou *composées*. Quand les

[1] Telles sont la *glande thyroïde*, la *rate*, etc.; telles sont encore les *vésicules adipeuses*, petits sacs fermés de toutes parts, dans lesquels se dépose la graisse. Ce produit onctueux sert de coussin à divers organes, préserve ainsi notre corps de l'action nuisible des chocs, maintient la température de notre sang, émousse la susceptibilité nerveuse, et rend les contours plus gracieux. Elle ne s'amasse jamais dans les points où elle pourrait gêner le jeu des organes les plus nécessaires à l'existence. Elle tend à s'accumuler, surtout vers le milieu de la vie, à l'époque où la circulation devient moins active. Elle est résorbée par suite de la diète, de l'exercice, un peu violent, etc.; le nom d'*obésité* est donné à un excès d'embonpoint.

[2] Les principales sont les *glandes salivaires*, le *foie* et le *pancréas*

glandes simples sont peu développées, on les appelle *follicules* ou *cryptes* [1]. Les vaisseaux sanguins, qui aboutissent à leur surface externe, y apportent les éléments de la sécrétion, et le fluide élaboré par ces organes s'accumule dans la cavité intérieure d'où il s'écoule par l'ouverture. Le système nerveux exerce toujours une influence remarquable sur l'abondance des sécrétions.

§ 307. Les *glandes composées* sont formées par des follicules vésiculeux ou tubiformes agglomérés de manières

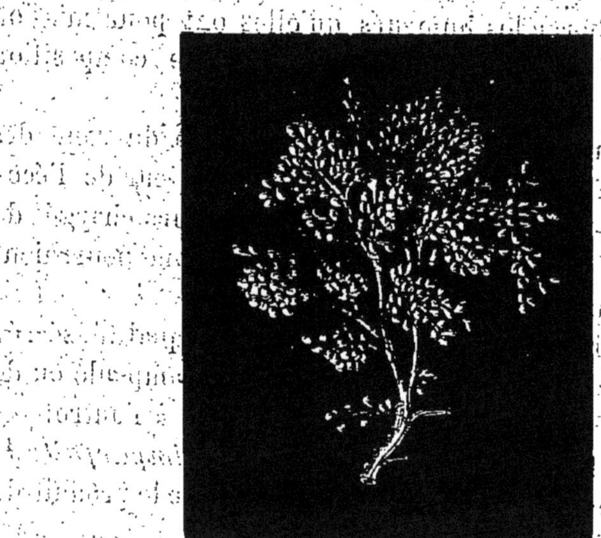

Glande parotide.

Fig. 21.

diverses. Ainsi parfois ces organes déversent le produit de leur sécrétion par plusieurs conduits excréteurs [2]; d'autres fois enfin, ils sont ramifiés de manière à imiter un arbrisseau, dont chaque feuille représenterait un follicule ampullaire ou tubuleux, de telle sorte que le produit de chacun de ces ca-

[1] Les cellules épithéliales sécrétoires, qui se trouvent à la surface d'une membrane, semblent constituer les organes sécréteurs les plus simples.

[2] Telles sont les glandes sublinguales.

vités globuleuses ou cylindriques, en passant successivement par les rameaux et les branches, se déverserait par un tronc unique[1] (fig. 21).

§ 209. Des excrétions. — En même temps que le corps utilise une partie des matériaux introduits dans son sein, il est obligé de se débarrasser de diverses matières dont il ne peut rester chargé, et qui sont en général des résidus de combustion ou de fermentation organique, tels que l'eau, l'acide carbonique, l'urée, etc.

L'excrétion est donc un phénomène en sens inverse de l'absorption[2]. La plus simple des fonctions excrétoires est l'exhalation[3].

Indépendamment de l'évaporation dont la peau et quelques autres membranes sont le siège, il existe d'autres voies par lesquelles le corps expulse les matières étrangères ou destinées à être rejetées. Ainsi, divers éléments, provenant soit du tube intestinal, soit de la bile ou de quelques autres humeurs, sont expulsées avec les matières excrémentielles.

§ 210. Excrétion des membranes muqueuses. — On a donné le nom de membranes muqueuses à celles qui tapissent la face interne du tube digestif, des voies respiratoires et de tous les organes creux communiquant à l'extérieur par une ou plusieurs ouvertures. Elles ont quelque analogie avec la peau dont elles sont la continuation ; mais, ainsi qu'on peut le voir à la partie interne des lèvres, leur derme constitue un tissu plus mou, plus spongieux, et leur épiderme, désigné sous le nom d'*épithélium*, est celluleux et humide, au lieu d'être sec et corné. Elles sont sans cesse lubrifiées par un fluide onctueux, connu sous le nom de *mucus*[4], sécrété par des follicules particuliers, et variant

[1] Telles sont les glandes parotides (fig. 21).

[2] Elle a lieu par l'épithélium.

[3] V. les § 201, 202, 203, 204.

[4] Il est composé d'eau, de matière muqueuse, de divers sels, principalement le sel marin, et d'une substance animale insoluble dans l'alcool et soluble dans l'eau.

un peu suivant les diverses parties du corps. La Providence a destiné cette humeur à divers usages suivant nos besoins. Dans le larynx et la trachée-artère, elle est chargée d'empêcher la membrane de se dessécher sous l'influence du passage continuel de l'air ; dans les fosses nasales, elle sert, en outre, à fixer les corpuscules odorants ; dans la bouche, elle s'unit à la salive, pour concourir au rôle important que celle-ci doit remplir dans l'acte de l'insalivation ; dans les autres parties du tube digestif, elle sert à faire cheminer avec plus de facilité les substances alimentaires introduites.

§ 211. Excrétions par la peau. — La peau est le siège d'une sécrétion particulière connue sous le nom de *sueur*, qui est fournie par des organes spéciaux, par des glandes appelées pour cette raison *sudorifères* ou *sudoripares*. Ces glandes situées sous la peau, dans le tissu graisseux en contact avec la paroi interne du derme, se composent d'un tube terminé en cœcum, enroulé sur lui-même près de son origine, et aboutissant à l'extérieur par un canal en spirale irrégulière qui traverse le derme et l'épiderme[1].

§ 212. La sueur, outre qu'elle est un moyen de dépuration, paraît avoir pour but de maintenir l'équilibre de la température du corps. Quand celle de l'air est à un état moyen, le produit de l'exhalation est le seul qui s'échappe par la peau. Mais quand la chaleur atteint des degrés plus élevés, les glandes sudoripares entrant en jeu, la sueur est versée en forme de rosée à la surface cutanée, enlève, en se vaporisant, du calorique à l'air ambiant, et devient ainsi une cause de refroidissement[2]. La sueur contient de

[1] Ces glandes ou follicules sont en général répandues en très grand nombre sur toutes les parties de la peau. Leur diamètre varie ; il augmente dans les endroits, comme à l'aisselle, où la sueur est plus abondante. Sur 1.000 parties, la sueur en renferme environ 993 d'eau. Le reste se compose de chlorure de sodium, d'un acide azoté (acide sudorique), d'acide lactique et de quelques autres éléments, parmi lesquels paraît figurer l'urée.

[2] Tandis que par l'exhalation cutanée un homme perd environ 40 grammes d'eau par heure (§ 202), il en peut perdre 200 par la sueur.

l'urée, mais elle renferme un acide spécial découvert par M. Favre.

§ 213. Pour contrebalancer les effets nuisibles de la sueur sur notre membrane extérieure, et pour la tenir assouplie, dans le derme existent des follicules ampullaires déversant à la surface de la peau une humeur grasse, tantôt presque réduit à l'état d'huile, tantôt transformée en substance jaune et onctueuse, connue sous le nom de *cerumen*, comme on le voit dans le conduit auriculaire; tantôt enfin offrant une matière épaisse ou concrète[1], à laquelle on a donné le nom de *sebum*. Ces divers *follicules sébacés* abondent dans toutes les parties, telle que le pli du bras, etc., où la peau a besoin d'une flexibilité plus grande[2]. Ils semblent même se développer suivant les besoins que nous en avons. Ils ont un volume et une activité plus remarquables chez les nègres et autres habitants des contrées tropicales que chez les peuples des climats tempérés[3].

§ 214. Les instruments les plus spéciaux de la fonction d'excrétion sout les reins; ceux-ci, connus vulgairement sous le nom de *rognons*, sont au nombre de deux[4], placés de chaque côte de la colonne vertébrale, au-devant des dernières côtes et du bord postérieur du diaphragme. Leur couleur est d'un rouge brun, et leur forme particulière, qui se rapproche de celle d'un haricot, a fait donner le nom de

[1] Ces follicules sont surtout faciles à observer près des ailes du nez. En pressant la peau, avec deux ongles opposés, on fait sortir cette humeur sous la forme de filaments blancs et vermiculaires, appelés improprement par le vulgaire *vers de la peau*. Quand les follicules sont distendus par une sécrétion trop abondante, la matière dont ils sont remplis forme sur le visage et surtout sur le nez ces points noirs désignés sous le nom de *tannes*.

[2] La paume de la main et la plante des pieds font exception à cette règle.

[3] Les sécrétions sébacées, de même que les sécrétions des poils et des plumes, sont purement protectrices.

[4] En faisant l'autopsie du maréchal de Turenne, on ne lui trouva qu'un seul rein.

rénale à toute figure qui leur ressemble[1]. Dans leur échancrure, appelée *scissure des reins*, ils reçoivent les vaisseaux chargés de leur apporter la vie. Ils constituent une glande formée de tubes. Ceux-ci, vers la partie extérieure des reins, paraissent se lier aux ramifications artérielles à l'aide d'un amas de cellules microscopiques[2] qui sont considérées comme le véritable organe excréteur. Là, ils sont contournés sur eux-mêmes ou repliés en circonvolutions analogues à celles de l'intestin grêle et constituent ce qu'on appelle la *substance corticale* des reins ; puis, ces canaux se dirigent en ligne droite vers la sinuosité de la glande, de manière à former des *faisceaux pyramidaux* ou *substance médullaire* des reins. Les tubes urifères qui composent les faisceaux se réunissent à leurs voisins, de telle sorte qu'à l'extrémité de la pyramide ils ne présentent plus qu'un certain nombre d'ouvertures débouchant dans de petites cavités appelées *calices*. Ceux-ci s'ouvrent daus un réservoir commun, appelé *bassinet*, situé vers la sinuosité glandulaire. De là, le produit de l'excrétion passe par l'*uretère*, conduit chargé de le déverser dans la *vessie*. Cette dernière, comme la vésicule du fiel, est donc destinée à tenir en réserve le produit sécrété, jusqu'au moment où il doit être rejeté[3].

§ 215. Les reins remplissent dans l'écomonie une fonction importante. Ils sont chargés de débarrasser le corps des principes inutiles ou nuisibles fournis par l'alimentation, et des molécules vieillies provenant de la décomposition des tissus et charriés jusqu'à eux par le sang qui leur arrive. Ils contribuent avec l'exhalation cutanée et pulmonaire,

[1] Les reins ne sont pas, comme on le croyait, des organes sécréteurs de l'urée, car on retrouve celle ci dans le sang, après l'extirpation du rein, mais ils sont le principal organe éliminateur de l'urée.

[2] Les *corpuscules de Malpighi.*

[3] Les individus forcés à un genre de vie sédentaire doivent surtout s'abstenir de résister à ce besoin physiologique, quand il se fait sentir, s'ils veulent éviter des infirmités qui souvent affligent la vieillesse pour n'avoir pas à temps cédé à cet appel.

mais plus rapidement que celles-ci, à débarrasser le fluide sanguin de la quantité d'eau qu'il contient en excès, surtout après les repas, ou après les boissons prises pour satisfaire la soif ou un désir capricieux ou nuisible. Ils sont donc, comme les membranes exhalantes, un des moyens dont se sert la nature pour expulser du corps les modécules inutiles ou devenues hors d'usage[1].

L'excrétion urinaire [2] commence dans la partie corticale

[1] L'exhalation cutanée et l'excrétion urinaire sont deux fonctions qui concourent au moins en partie aux même but [1], se suppléent constamment et agissent avec une activité en sens inverse. Quand il fait chaud, les pertes par la peau sont plus nombreuses : le contraire a lieu quand il fait froid.

[2] L'urine, sur 100 parties, renferme 93 à 95 0/0 d'eau ; près de 2 1/4 à 3 0/0 d'urée, et 1/1.000 environ d'acide urique : le reste se compose principalement de divers sels, de sulfate de potasse, de sulfate de soude, de chlorure de sodium, de chlorure d'ammonium, de phosphate de soude, de phosphate acide d'ammoniaque, etc.

L'urée est un résidu de la combustion qui a lieu dans l'intimité des tissus, elle renferme au moins 47 0/0 d'azote. C'est une substance cristallisable, neutre, soluble dans l'eau et dans l'alcool, et très peu dans l'éther. Elle se trouve dans l'urine en quantité beaucoup plus notable, quand on fait usage de la viande, que lorsqu'on se soumet à un régime végétal. La quantité d'urine peut varier de 750 grammes à près de 2.000 en vingt-quatre heures.

On attribue le plus généralement à l'acide urique la formation des *graviers* et des *calculs ;* mais il entre dans leur composition une foule d'autres substances. Les premiers se forment dans les reins ; les seconds, connus sous le nom de *pierres*, ont généralement pour siège la vessie. Ils y sont ordinairement solitaires et peuvent parfois acquérir un volume assez considérable ; d'autres fois ils s'y trouvent en certaine quantité. La vessie de Buffon en contenait 55.

Le *glycose* ou sucre de raisin et l'*albumine* se montrent quelquefois en quantité notable dans l'urine et dénotent un état morbide paraissant provenir d'une cause nerveuse, et connus : le premier, sous le nom de *diabète* ou *glycosurie ;* le second, sous celui d'*albuminurie.* L'urine des diabétiques peut contenir de 10 à 13 0/0 de sucre.

[1] Les matières féculentes, grasses et sucrées, transformées en gaz ou en vapeurs, paraissent être principalement expulsées par l'exhalation cutanée et pulmonaire. Les molécules albuminoïdes métamorphosées le sont, au contraire, par les voies urinaires.

des reins. Le liquide, en passant dans les pyramides, subit des modifications et prend la couleur et la forme qui lui sont propres.

§ 216. SÉCRÉTIONS DANS LA SÉRIE ANIMALE. — Les organes sécréteurs des animaux peuvent aussi être rapportés à deux types principaux. Tantôt ils ont la forme d'espèces de sacs, tantôt ce sont des tubes d'une ténuité parfois très grande. Mais en parcourant la longue série de ces êtres, on voit les sécrétions prendre, suivant le besoin, un développement remarquable, ou s'amoindrir et disparaître même quand elles deviennent inutiles. En revanche, parfois des organes sécréteurs particuliers apparaissent pour répondre au but providenciel de la création des animaux qui en sont pourvus. Partout nous retrouvons dans les œuvres de Dieu cette harmonie étonnante, qui suffirait seule pour nous révéler sa sagesse.

L'étude comparative des instruments de sécrétion chez tous les divers animaux nous entraînerait trop loin ; bornons-nous aux traits principaux.

§ 217. Les *glandes salivaires* ont en général moins d'importance chez les trois autres classes de vertébrés que chez les mammifères. Les serpents venimeux possèdent une glande particulière sécrétant un venin souvent atroce, destiné à donner la mort et à hâter la décomposition des chairs des animaux dont ils doivent se nourrir, et pouvant servir aussi d'arme terrible de défense. Chez les animaux qui ne mâchent pas leurs aliments, les glandes salivaires sont situées sous la langue ; elles consistent en un amas de follicules arrondis ; elles donnent un produit épais, quelquefois gluant. Les poissons vivant dans l'eau, et ayant la bouche constamment humectée par ce fluide, n'ont pas les organes sécréteurs de la salive. Chez les mollusques qui sont pourvus d'organes de mastication, on trouve généralement des glandes salivaires à structure folliculeuse ; elles paraissent faire défaut chez bon nombre de ces animaux. Chez les insectes, ces organes affectent la forme tubuleuse. Quelques-uns de ces condylopes, comme divers coléoptères nécrophages déversent sur les chairs qu'ils ont mission de détruire une salive noirâtre, destinée à en hâter la décomposition. D'autres, comme les cousins, etc., déposent, dans les piqûres qu'ils nous font, une salive irritante, produisant dans la plaie un afflux du fluide sanguin dont ils doivent se gorger. Beaucoup d'arachnides ont aussi une salive empoisonnée à laquelle leurs mandibules servent de canal excréteur, et qui coule, avec leurs morsures, dans le corps de leurs victimes.

§ 218. Le *pancréas* s'éloigne ordinairement chez les poissons de la forme qu'il a chez l'homme et chez les autres vertébrés ; il consiste ordinairement en tubes simples ou ramifiés, fixés à l'intestin, dans le voisinage du pylore. Cet organe manque chez les animaux inférieurs.

§ 219. Le *foie* des vertébrés est à peu près identique à celui de l'homme. Celui des mollusques s'en rapproche beaucoup. Chez les insects et les crustacés, cette glande est formée de tubes libres ou agrégés. Les organes urinaires des hexapodes, qui sont également tubuleux, paraissent avoir été quelquefois confondus avec leurs organes biliaires.

§ 220. Les *reins* des vertébrés se composent de tubes agglomérés, mais souvent ces organes sécréteurs sont divisés en lobes. Les oiseaux et la plupart des reptiles manquent de vessie urinaire ; le liquide produit s'accumule avec les autres matières excrémentielles dans une sorte de sac ou de *cloaque*. L'acide urique[1] existe à l'état libre ou composé dans les excréments des oiseaux, de divers reptiles et des insectes : libre, il forme de petits cristaux blancs réunis en groupes.

Chez les mammifères herbivores, au lieu d'acide urique, on trouve un acide particulier auquel on a donné le nom d'acide *hippurique*. Un régime féculent peut aussi modifier chez l'homme la production de l'acide urique, dont la formation

[1] L'urine des oiseaux et des insectes doit à l'urée et à l'acide urique son état bourbeux, blanchâtre ou couleur d'un blanc rougeâtre. Ces substances constituent la majeure partie du *guano*, produit excrémentiel déposé par des oiseaux en divers lieux du nouveau monde, et employé même eu Europe comme un des engrais les plus puissants.

est principalement due à l'usage de la viande[1] ou à des végétaux acides.

Quelques mollusques, comme les seiches, produisent un liquide noirâtre, assimilé à tort à une sécrétion urinaire. L'organe qui produit ce fluide est situé près du foie, et se trouve pourvu d'un canal dont l'orifice s'ouvre près de l'extrémité du tube digestif. Cette sorte d'encre est tenue en réserve dans une poche particulière, et en cas de danger elle est expulsée par l'animal, et lui permet d'échapper à ses ennemis, en noircissant l'eau qui l'environne.

§ 221. Le *musc* et les produits odorants dont se trouvent imprégnées les matières excrémentielles des fouines et de divers autres carnivores, etc., sont fournis par des organes ayant beaucoup d'analogie avec ceux des muqueuses.

§ 222. Les animaux inférieurs nous offrent parfois des sécrétions toutes particulières. Telles sont la production de la cire chez les abeilles[2] de la soie chez diverses larves d'insectes, principalement chez les chenilles séricifères[3] et chez les araignées, du venin, chez les femelle de la plupart des hyménoptères, chez les scorpions[4], etc.

Assimilation. — Résumé des phénomènes de nutrition.

§ 223. Assimilation ou nutrition proprement dite. — Après avoir étudié les fonctions précédentes qui se rapportent à la nutrition, il nous resterait à expliquer comment les aliments, transformés en sang et charriés sous cette forme dans nos vaisseaux, parviennent à s'assimiler à nos organes, à faire

[1] Feu le bibliophile Barbier parvint, dit-on, à éviter l'opération de la pierre, en conservant pendant vingt ans à l'état stationnaire un calcul qui s'était formé dans sa vessie, en se condamnant à un régime exclusivement féculent.

[2] *Zoologie*, § 484.

[3] *Zoologie*, § 496 et 519.

[4] *Zoologie*, § 482 et § 522.

partie de notre substance. Mais la science reste muette devant ce travail si merveilleux qui s'opère. Elle se borne à nous dire : en traversant les vaisseaux capillaires, la portion la plus liquide du sang filtre à travers la mince membrane de ces conduits, entraînant avec elle des parties de fibrine et d'albumine dont elle est chargée, et dépose dans les mailles de nos organes ces matériaux réparateurs. Puis cette partie aqueuse est reprise par les vaisseaux absorbants et ramenée dans le torrent de la circulation. Mais par quelle facilité mystérieuse chacun de nos tissus choisit-il dans le fluide nourricier les éléments qui lui sont propres? Comment le cerveau, par exemple, au lieu de s'emparer de la matière nerveuse, ne s'assimile-t-il pas une partie de la fibrine ? Le Créateur, sur ce point comme sur beaucoup d'autres, semble avoir dit à l'homme souvent trop orgueilleux de son savoir : Tu n'iras pas plus loin.

§ 234. Le travail d'assimilation a d'autant plus d'activité qu'on se rapproche davantage du moment de la naissance. A mesure qu'on s'avance vers le milieu de la vie, il commence à se ralentir et se borne à réparer les pertes incessantes que le mouvement vital fait éprouver aux organes. Son affaiblissement contribue enfin à amener le terme fatal qui met fin à notre existence.

§ 225. Résumé des phénomènes de nutrition. — La nutrition, comme nous l'avons vu, comprend la série des fonctions à l'aide desquelles s'opère dans le corps un travail continuel d'entretien, c'est-à-dire de déperdition et de réparation.

Ainsi, les matières alimentaires que nous demandons au monde extérieur sont introduites dans l'orifice du tube digestif ; divisées et insalivées dans la bouche ; modifiées dans l'estomac par le suc gastrique ; soumises à une décomposition plus profonde, dans l'intestin grêle, sous l'influence de la bile et du suc pancréatique ; séparées en deux parts ; l'une plus ou moins solide, destinée à être rejetée ; l'autre, liquide, qui doit être absorbée, phénomènes divers qui tous se rattachent à la *digestion*.

§ 226. Une partie des matières introduites à l'état liquide et de celles qui se trouvent liquéfiées par les agents chargés de les transformer est absorbée dans les diverses régions du canal alimentaire; mais c'est principalement dans l'intestin grêle, qu'à l'aide de l'*absorption*, les liquides produits de la digestion sont introduits dans les veines abdominales et dans les vaisseaux chylifères et conduits par ces canaux et par ceux qui leur font suite dans l'oreillette droite du cœur.

§ 227. Chemin faisant, ces liquides s'unissent à la lymphe et au sang veineux; ils subissent, surtout dans le foie et dans les ganglions mésentériques, une sorte de fermentation. Celle-ci prépare la transformation plus complète en sang artériel, que l'oxygène doit leur faire subir dans les poumons, lorsque chassés par le ventricule droit dans les artères pulmonaires, ils viennent se mettre en contact avec l'air, que l'acte de la *respiration* fait pénétrer dans les vésicules bronchiques.

§ 228. Devenu nutritif, grâce à l'oxygène qu'il a absorbé, le sang est porté par les veines pulmonaires à l'oreillette gauche, et de là, passe dans le ventricule gauche du cœur; les contractions de ce dernier envoient ce liquide dans les artères et le répandent par la *circulation* dans toutes les parties du corps.

§ 229. En s'engageant dans les voies étroites des capillaires, le sang perd la plus grande partie de sa vitesse; il abandonne aux tissus, à travers des membranes facilement perméables des conduits dans lesquels il chemine, quelques-uns de ses éléments, qui doivent, par le travail mystérieux de l'*assimilation*, s'incorporer aux organes.

§ 230. Mais en même temps que les tissus s'enrichissent ainsi de molécules nouvelles, ils en rejettent d'autres qui, après avoir fait partie de leur substance, sont devenues hors d'usage et s'en détachent comme des molécules inutiles[1]. Ce travail paraît s'opérer sous l'influence de l'oxygène dont le sang s'est emparé au poumon, qu'il charrie avec lui et qui

[1] Les matériaux du corps changent ainsi sans cesse, quoique sa forme reste à peu près toujours la même. On suppose qu'au bout de cinq à sept ans le corps a éprouvé une rénovation complète.

excerce son action destructive sur les organes, convertit quelques-uns de leurs éléments en acide carbonique, en vapeur d'eau, en urée ou en acide urique.

§ 231. Au sortir des capillaires, le fluide sanguin, chargé de ces produits nouveaux et appauvri d'une partie de son oxygène, a perdu ses qualités vitales, a pris une couleur plus foncée ; il a besoin de revenir par les veines aux parties droites du cœur et de là aux poumons pour devenir de nouveau du fluide nutritif.

§ 232. Mais le sang ne s'use pas seulement en nourrissant les tissus ; il s'appauvrit encore par les *sécrétions* et par l'*exhalation* et les *excrétions*[1].

Parmi le organes sécréteurs, les uns fournissent les liquides chargés de lubrifier les membranes ; quelques autres, comme les follicules gastriques, le foie et le pancréas, mettent en réserve des fluides qui devront un peu plus tard servir à décomposer les aliments nouveaux que nous introduirons, quand le besoin d'en prendre se fera sentir. D'autres, comme les reins, qui sont spécialement excréteurs, ont pour destination de débarrasser le corps des matériaux superflus ou nuisibles.

§ 233. C'est ainsi que le sang entretient sans cesse la composition de toutes les parties et y répare les altérations qui sont la suite incessante de leurs fonctions. Il a besoin de se renouveler à l'aide des aliments[2].

1. L'*absorption* fait pénétrer les substances réparatrices du milieu extérieur dans le milieu intérieur. La *sécrétion* élabore ces substances et crée, à leur aide, les principes immédiats qui entrent dans la composition spéciale du milieu intérieur. L'exhalation, enfin, élimine et fait passer du milieu intérieur dans le milieu extérieur les matières inutiles ou nuisibles qui représentent les résidus de la nutrition des éléments des tissus.

2 Entre les matières chargées de le former, les unes, ou les substances azotées, paraissent, suivant les chimistes, particulièrement destinées à l'entretien et à la réparation des organes : les autres sont principalement faites pour être brûlées par l'oxygène dans le corps et produire la chaleur nécessaire à l'action de la vie. Ces matières azotées si utiles pour la nutrition du corps sont fournies par la chair de nos animaux

§ 234. Quand les matières nutritives sont fournies au corps en quantité surabondante, une certaine quantité se transforme en graisse[1], et s'accumule dans des vésicules particulières, sous la peau, sous le péritoine, membrane séreuse enveloppant les intestins, entre les muscles et dans les espaces celluleux séparant les organes.

Le corps reste stationnaire quand le poids de la nourriture et de la partie de l'air qui a pénétré dans le sang par la respiration, est égal à celui des diverses exhalations ou sécrétions.

Quand l'alimentation journalière est insuffisante et que le même régime est continué pendant quelque temps, le corps maigrit, par suite de la destruction d'une partie de sa propre substance, proportionnée au déficit de l'aliment. La graisse d'abord et le tissu musculaire ensuite sont ceux qui sont particulièrement affectés ; et la mort arrive généralement quand le corps a perdu les deux cinquièmes de son poids[2].

domestiques, par le fromage, le lait, le gluten de nos céréales qui entre dans la composition du pain. La Providence se plaît donc à mettre sur la table du pauvre, comme sur celle du riche, les aliments salutaires et ceux dont on se lasse le moins. Il faut, au reste, pour une bonne alimentation, une nourriture un peu variée : notre goût nous sert généralement de guide à cet égard.

[1] Les chimistes attribuent la formation de la graisse aux matières féculentes transformées en glycose, et qui se trouvent en excès. Quand le produit digéré de ces matières est supérieur à la quantité qui doit être brûlée par l'oxygène dans l'acte de la respiration, une partie se transforme en graisse ; mais ils ne peuvent expliquer comment s'opère cette transformation, tant sont secrets et souvent peu facilement pénétrables les actes qui se passent sous l'influence de la vie !

Ces matériaux adipeux ne sont pas soumis aux mêmes conditions que la trame de nos tissus ; ils s'accumulent jusqu'à un certain point, tant qu'on se trouve dans des conditions convenables d'alimentation. C'est ainsi que nous *engraissons* nos animaux domestiques, en favorisant par le repos et par une nourriture plus abondante la production de la graisse dans les utricules où elle se dépose.

[2] Les années de disette ou de famine sont toujours des époques de mortalité (1693 et 1709 en sont des preuves) ; mais d'autres causes concourent aussi au même résultat : l'insuffisance des vêtements, un air vicié ou ne se renouvelant pas en assez grande quantité, etc.

L'alimentation insuffisante arrive donc aux mêmes résultats que la privation complète d'aliment ; mais elle y arrive plus lentement. Quand, par suite d'une alimentation journalière trop pauvre, le corps a été plus ou moins affaibli, souvent aucuns soins ne peuvent lui conserver la vie qui a été altérée dans sa source.

§ 235. La nutrition se compose d'actes dont les uns sont simplement mécaniques, comme ceux qui ont pour but de diviser les aliments et de les faire cheminer ; et de fonctions dont les unes sont physiques (l'absorption et l'exhalation), et les autres chimiques (la digestion et les sécrétions). Son travail comprend des mouvements incessants d'assimilation et de désassimilation, qui se passent presque exclusivement sous l'influence du système nerveux ganglionnaire.

§ 236. A mesure qu'on descend la série des êtres animés, les fonctions qui se rattachent à la nutrition se simplifient ; mais elles arrivent toujours au même résultat, et laissent notre esprit émerveillé devant ce travail intime et mystérieux qui nous révèle la puissance du Créateur, en nous faisant admirer les soins de sa providence !

Fonctions de relation. — Organes du mouvement. — Composition générale du squelette. — Structure et formation des os. — Articulations. — Muscles ; leur structure et leur mode d'insertion.

§ 237. Fonctions de relation. — Outre les facultés destinées à entretenir chez l'homme et chez les autres êtres animés la vie végétative ou de nutrition, il en existe d'autres chargés de les mettre en rapport avec les objets qui les entourent. On leur a donné le nom de *fonctions de relation* ou celui de *fonctions de la vie animale*. Ces fonctions se rapportent à deux principaux ordres de phénomènes : la *motilité* et la *sensibilité*.

§ 238. Tous les êtres animés jouissent de la *motilité* ou de la faculté de mouvoir volontairement au moins quelques-unes de leurs parties ; la plupart jouissent, en outre, de la *locomotion* ou du pouvoir de se transporter d'un lieu dans un autre. Cette faculté de produire des mouvements volontaires, et par conséquent pouvant être répétés autant de fois qu'on les provoque, est une preuve de leur *sensibilité*, c'est-à-dire de la faculté dont ils jouissent de recevoir les impressions produites par les corps qui les entourent et d'en avoir la conscience.

§ 239. Organes du mouvement. — Les organes servant à l'homme et aux animaux supérieurs à produire des mouvements, se composent d'*instruments passifs* et d'*instruments actifs*. Les premiers comprennent les *os*[1] et leurs dépendances : les seconds, les *muscles* et leurs annexes, agissant sous l'influence du système nerveux.

§ 240. Les os sont des pièces dures ou résistantes, destinées à céder à la force qui les fait agir, c'est-à-dire aux muscles chargés de les faire mouvoir.

§ 241. Chez l'homme et chez les animaux qui s'en rapprochent, l'assemblage des os constitue la charpente intérieure à laquelle on a donné le nom de *squelette*.

§ 242. Composition du squelette. — Le *squelette* (fig. 22) détermine la forme générale du corps, sert d'attache aux muscles, permet aux mouvements d'avoir plus de précision, de force et d'étendue ; il constitue une espèce de cage destinée à protéger les viscères les plus importants, le cœur et les poumons ; il sert à loger le tronc principal du système nerveux et à le garantir de toutes sortes de presions.

Le squelette se divise naturellement en trois parties : la tête, le tronc et les membres.

§ 243. Tête. — Elle comprend le *crâne* et la *face*.

Le *crâne* est une boîte osseuse, destinée à loger le cerveau le cervelet et la partie de moelle épinière à laquelle on a donné le nom de moelle allongée. Il est formé de la réunion

[1] L'étude des os porte le nom d'*ostéologie*.

Os frontal.
Os pariétal.
Orbite.
Os temporal.
Maxillaire supérieur.
Maxillaire inférieur.
Vertèbres cervicales.
Omoplate ou scapulum.
Clavicule.
Humérus.
Vertèbres lombaires.
Os iliaque.
Cubitus
Radius
Os du carpe.
Os du métacarpe.
Phalanges.
Os du métacarpe.
Fémur.
Rotule.
Tibia.
Péroné.
Tarse.
Métatarse.
Phalanges.

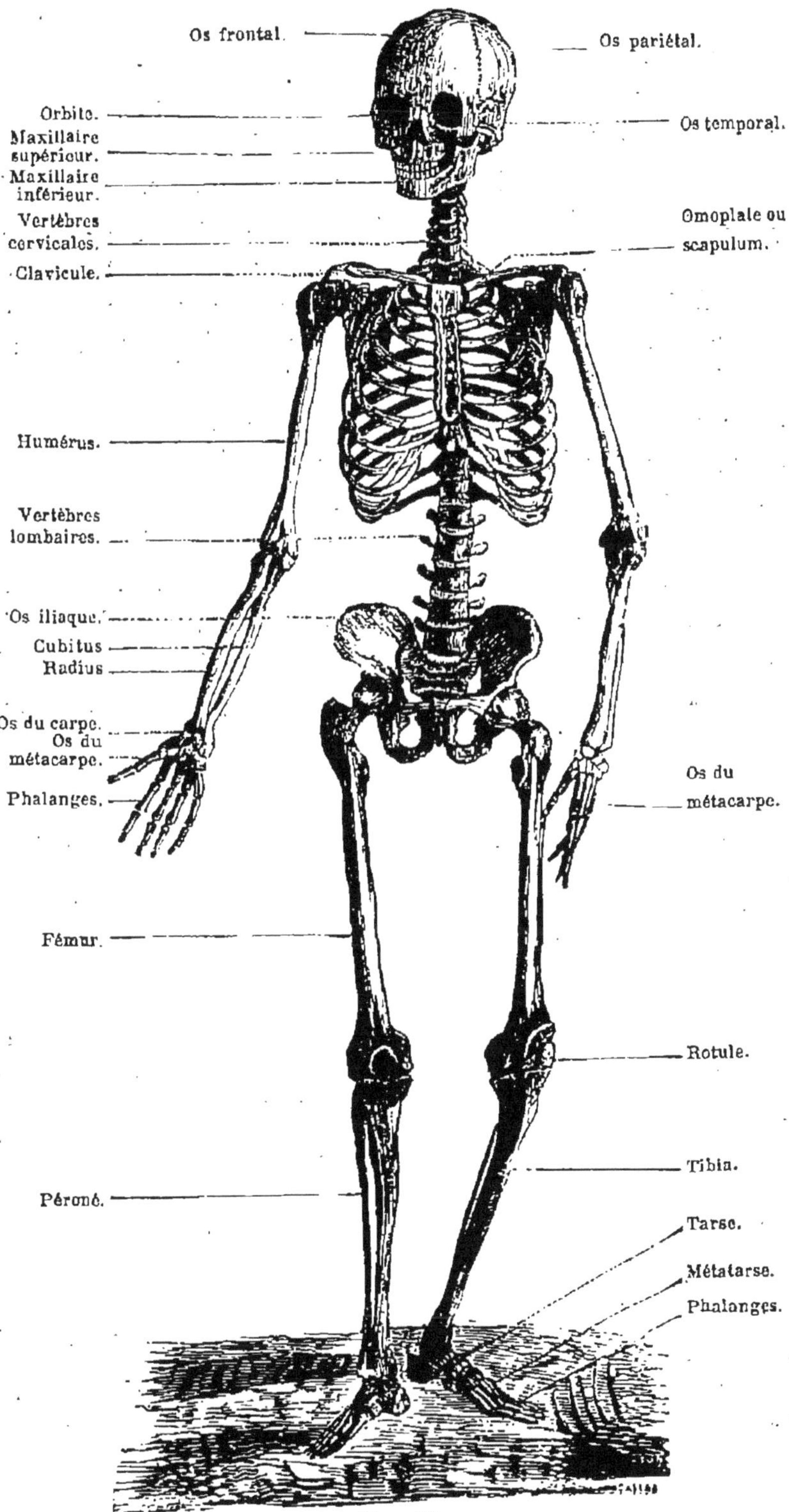

FIG. 22

de huit os, savoir : le *frontal*[1] ou *coronal* en avant, les deux *pariétaux* en haut et latéralement, les deux *temporaux* sur les côtés, l'*occipital* postérieurement, le *sphénoïde*[2] et l'*ethmoïde*[3], à la partie moyenne et inférieure et en dedans. Ces os sont unis par des engrenages très solides, et disposés de manière à résister aux diverses violences que le crâne peut éprouver. Dans l'os temporal, se trouve le conduit auditif. A la base du crâne, se montrent le trou occipital et divers autres plus petits. Le premier, situé, chez l'homme, immédiatement en arrière du diamètre transversal de la boîte crânienne, permet à la moelle de se prolonger dans la colonne vertébrale : les autres servent de passage aux vaisseaux sanguins du cerveau, et aux nerfs qui y prennent naissance. De chaque côté du trou occipital, existe un condyle[4] ou éminence large et convexe, servant à l'articulation de la tête avec la colonne vertébrale. Sur les côtés de la base du crâne, se voient encore deux autres apophyses[5] appelées *mastoïdes*, destinées à servir d'attache aux muscles moteurs de la tête.

[1] Le développement de l'os frontal est généralement le signe d'une intelligence remarquable.

M. Descouret (*Merveilles du corps humain*, p. 11) a fait observer qu'à dater de l'ère nouvelle, un accroissement sensible s'est produit dans la région supérieure et antérieure du crâne, en même temps qu'une dépression de ses parties latérales et postérieures. Cette transformation ne saurait être attribuée qu'à l'influence civilisatrice du christianisme qui, en relevant notre nature morale, a embelli notre nature physique.

[2] Le sphénoïde, os cunéiforme ou en forme de coin, le plus compliqué des os du corps ; inséré à la base du crâne il sert d'appui aux autres. Sa forme singulière l'a fait comparer à une chauve-souris ; offrant un *corps* et quatre *ailes*.

[3] Ethmoïde un os en forme de crible, situé à la base du crâne et antérieurement enchâssé dans l'échancrure de l'os frontal, il concourt à former la base du crâne, les cavités nasales et les orbites.

[4] On appelle *condyle* (κόνδυλος, jointure) les éminences des articulations.

[5] On donne le nom d'*apophyse* (ἀποφύομαι, naître de) aux prolongations osseuses de diverses formes et grandeurs.

§ 244. La *face* comprend quatorze os, savoir : le maxillaire inférieur, les maxillaires supérieurs, les palatins, le vomer, les cornets inférieurs, les nasaux, les jugaux et les lacrymaux.

Le *maxillaire inférieur* est le le seul mobile ; il porte les dents de la mâchoire inférieure. Sa forme se rapproche de celle d'un fer à cheval relevé à ses extrémités. Chacune de celles-ci est terminée par un condyle saillant, reçu dans une cavité du crâne, appelée *glénoïdale* [1]. Au-devant de chacune de ces éminences, se montre une apophyse nommée *coronoïde*, servant de point d'attache à des muscles releveurs de la mâchoire inférieure, muscles qui vont s'insérer, à leur extrémité opposée, sur les côtés de la tête, jusque vers le sommet des tempes.

Les *maxillaire supérieurs* portent les dents de la mâchoire supérieure ; ils s'articulent avec le frontal et unissent les os de la face, à laquelle ils donnent de la solidité ; ils concourent à la formation des cavités nommées orbites et fosses nasales.

Les *palatins* constituent, avec les maxillaires, la voûte du palais. Ils se joignent au sphénoïde.

Le *vomer* sépare inférieurement les fosses nasales. Dans l'intérieur de celles-ci se trouvent les *cornets inférieurs* ou *sous-ethmoïdaux*.

Les *nasaux* auxquels est réduite la partie osseuse du nez ont peu d'étendue, ainsi qu'il est facile d'en juger par l'inspection du squelette. A l'état de vie, ils sont continués par des cartilages, qui donnent au nez sa forme particulière.

Les *jugaux* ou *os des pommettes* constituent la saillie des joues ; de celles-ci, s'étend jusqu'à l'os temporal une arcade appelée *zygomatique*, destinée à protéger une partie des muscles releveurs de la mâchoire inférieure, et servant de point d'attache à d'autre muscles chargés de la même fonction.

Les os de la face sont disposés de manière à constituer,

[1] On donne l'épithète de *glénoïde* ou *glénoïdale* (γλήνη, prunelle; εἶδεος, forme) à toute cavité peu profonde ou superficielle qui reçoit la tête d'un os.

outre la bouche, deux autres cavités remarquables : les orbites et les fosses nasales.

Les *orbites*, destinées à loger le globe de l'œil, ont la forme d'une espèce de cône, dont le sommet occuperait la partie la plus profonde. Les parois sont formées : supérieurement, par une portion de l'os frontal ; inférieurement, par le maxillaire supérieur ; en dedans, par l'ethmoïde, et par le plus petit os de la face, le *lacrymal ;* sur les côtés, par l'os jugal, et par le sphénoïde qui en occupe aussi le fond ; en dehors, par l'apophyse orbitaire externe du palatin. A sa paroi interne, se rattache un canal qui descend dans les fosses nasales et qui sert de passage aux larmes : celles-ci sont sécrétées par une glande appelée *lacrymale*, logée dans une dépression de la voûte de l'orbite.

Les *fosses nasales* sont séparées entre elles par une lame ou cloison verticale, formée supérieurement par une portion de l'ethmoïde et inférieurement par le vomer. A leur partie supérieure elles sont sont creusées dans l'ethmoïde, dont l'intérieur présente de nombreuses cellules ; en dessous, elles sont limitées par la voûte du palais. Elles communiquent avec des cavités situées sous l'os du front et appelées *sinus frontaux*.

Parmi les os de la tête doivent encore être compris les quatre osselets contenus dans l'oreille moyenne : le *marteau*, l'*enclume*, l'*os lenticulaire* et l'*étrier ;* et l'*os hyoïde*, placé en travers de la partie supérieure du cou, lié par des ligaments au temporal, et destiné à servir de support à la base de la langue et de soutien au larynx.

§ 245. Le TRONC comprend la colonne vertébrale, les côtes et le sternum.

La *colonne vertébrale* ou *épine du dos* est la partie principale de la charpente osseuse ; elle est comme la colonne destinée à supporter tout l'édifice. On l'a nommée vertébrale, parce qu'elle est formée de vertèbres, espèces d'anneaux osseux, placés bout à bout, et unis entre eux d'une manière très solide. A son extrémité supérieure, elle supporte la tête. La colonne vertébrale ou épine dorsale est composée de trenteleux ou de trente-trois vertèbres : elle peut être divisée en inq régions : 1° la *cervicale* ou celle du cou, composée de ept vertèbres : 2° la *dorsale* ou celle du dos, correspondant u thorax, composée de douze vertèbres : 3° la *lombaire* ou elle des flancs, composée de cinq vertèbres : 4° la *sacrée*, composée de cinq vertèbres dans le très jeune âge, mais qui, plus tard, se soudent en un seul os appelé *sacrum ;* 5° *coccygienne* composée de trois ou de quatre vertèbres, suivant que les deux dernières sont plus ou moins intimement liées entre elles.

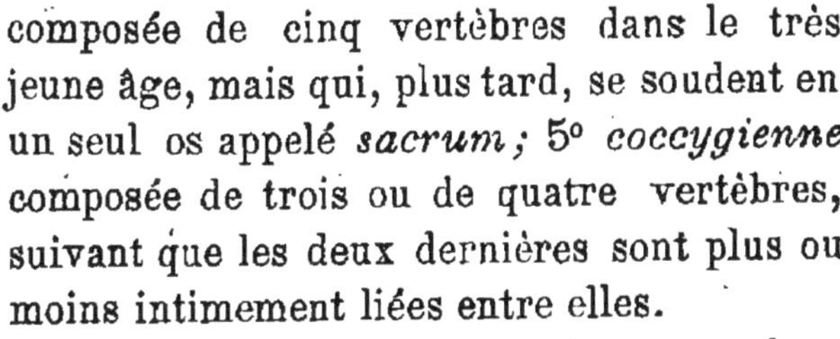

Colonne vertébrale.

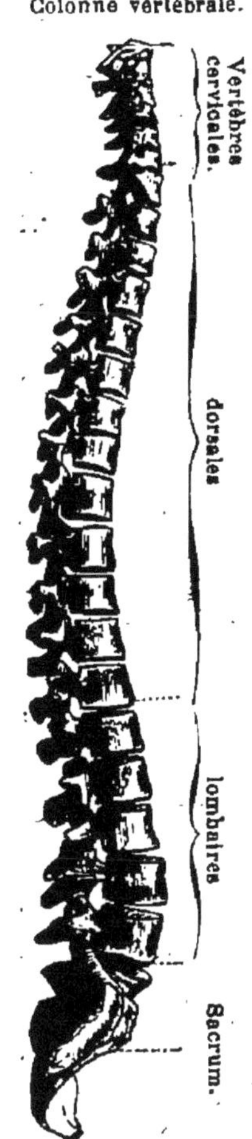

Fig. 21.

Ces sortes d'anneaux osseux, par leur réunion, offrent, dans leur intérieur, depuis la tête, jusque près de l'extrémité, un canal destiné à loger la moelle épinière. De chaque côté de ce canal, se montrent, pour le passage des filets nerveux naissant de cette moelle pour se rendre aux diverses parties du corps, une série de trous, appelés *trous de conjugaison*, formés par la réunion de deux échancrures pratiquées : l'une au bord inférieur : l'autre, au bord supérieur de chaque vertèbre.

Chacune de celles-ci est composée d'une partie principale ou corps de la vertèbre, et de diverses éminences ou apophyses. Le *corps de la vertèbre*, dans lequel est creusé le canal vertébral, s'unit par ses faces supérieure et postérieure à la face correspondante de la vertèbre voisine. Cette union a lieu à l'aide d'une couche fibro-cartilagineuse, dont l'élasticité, variable avec l'âge, permet à la colonne vertébrale d'avoir une certaine mobilité. La solidité de la colonne vertébrale est encore augmentée par l'existence de quatre petites *apophyses articulaires*, situées de chaque côté, deux en haut, deux en bas, s'engrenant avec celles des vertèbres contiguës. Deux autres, appelées *apophyses transverses*, dirigées en dehors, une de chaque côté, sur lesquelles s'insèrent quelques-uns des muscles chargés de soutenir la colonne vertébrale ; celles de la région dorsale servent, en outre, de point d'appui aux côtes. Enfin une apophyse impaire plus saillante, située en arrière, sur la ligne médiane, est appelée *apophyse épineuse*, et sert de point d'attache aux muscles et aux ligaments qui lient entre eux ces divers anneaux osseux, et limitent les mouvements de flexion de l'épine du dos. Ces mouvements sont plus prononcés dans la partie lombaire, et surtout dans la cervicale, que dans la dorsale. Ils sont nuls dans la région sacrée.

Par une disposition qui révèle toujours la sagesse de la Providence, les apophyses servant d'attache aux muscles, sont plus longues dans les parties de la colonne où ces liens doivent exercer une plus grande puissance ; elles ont, au contraire, moins de développement dans la région cervicale, chez l'homme, attendu que la tête repose presque verticalement sur la première des vertèbres ou *atlas*. Les mouvements de la rotation que la tête opère sur le cou, sont dus au mode d'articulation existant entre l'atlas et la seconde vertèbre, appelée *axis*.

§ 246. Les *côtes* (fig. 24) sont des arceaux longs et aplatis, articulés postérieurement avec les vertèbres dorsales, appuyés contre l'une des apophyses transverses de celles-ci, et dirigés en avant vers le sternum, pour former avec ce dernier une sorte de cage osseuse, destinée à protéger le cœur et les poumons. Elles sont au nombre de douze paires : on donne le nom de *vraies côtes* aux sept premières paires, dont l'extrémité antérieure se continue par une partie cartilagineuse jusqu'au sternum ; on appelle *fausses côtes* les cinq autres, dont les dernières n'arrivent pas au sternum, dont les autres ne se lient que par leurs cartilages à la partie cartilagineuse des vraies côtes.

§ 247. Le *sternum* (fig. 24), ou l'os du devant de la poitrine, est plat : il occupe la partie antérieure et moyenne de cette cavité. Il s'unit, d'une part, avec les côtes; de l'autre, il se lie aux membres antérieurs par les clavicules. Il paraît formé de plusieurs os qui ne tardent pas à se souder.

§ 248. Membres[1]. — Ils sont divisés en supérieurs et inférieurs. Chacun d'eux a une portion basilaire et une portion mobile.

Les *membres supérieurs*, dans leur portion basiliaire se composent de deux os, l'omoplate et la clavicule (fig. 24).

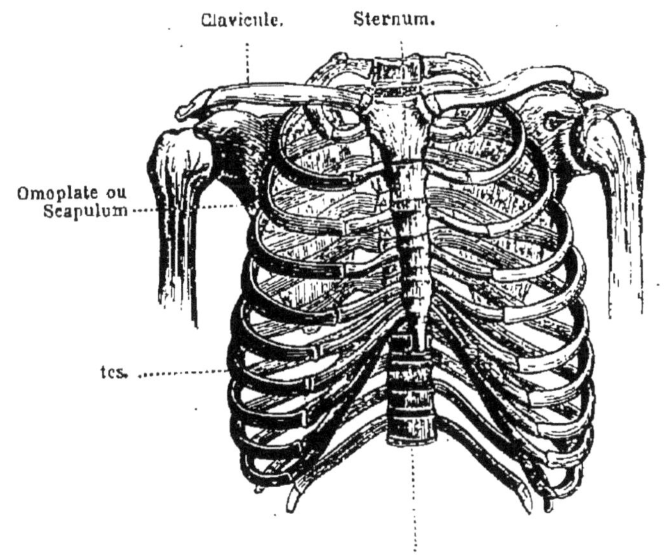

Fig. 24.

L'*omoplate* ou *scapulum* est un os large, mince, triangulaire, uni par des muscles à la tête, au cou et à la colonne vertébrale. Il a deux faces : l'une *antérieure*, l'autre *postérieure*, et trois bords : le supérieur ou *coracoïdien*; le postérieur ou *vertébral*; l'externe ou *axillaire*. Sa face postérieure est chargée d'une éminence transversale, située vers son tiers supérieur, appelée *épine de l'omoplate*, qui se termine au-dessus de l'articulation de l'épaule, par l'apophyse appelée *acromion*[1]. Le bord supérieur porte une autre apophyse appelée

[1] Membres organes de locomotion.

[2] Ἄχρος, extrémité, ὦμος, épaule.

coracoïde [1]. A l'union de ce bord avec l'axillaire, se montre la *cavité glénoïdale de l'omoplate*, cavité peu profonde, destinée à recevoir l'extrémité de l'os du bras. L'omoplate fournit des points d'attache à divers muscles [2]. La *clavicule* est un os grêle, faisant l'effet d'arc-boutant : il s'appuie sur l'omoplate, et sert à tenir les épaules écartées.

Humérus.
Fig. 25.

§ 249. La partie mobile des membres supérieurs comprend l'humérus ou os du bras, les os de l'avant-bras et ceux de la main. L'*humérus* (fig. 25) est un os long, presque cylindrique, offrant à son extrémité antérieure un renflement appelé *tête de l'humérus*, articulé avec la cavité glénoïdale de l'omoplate. Son extrémité inférieure est élargie, et a la forme d'une poulie; postérieurement, elle est creusée d'une fossette ou cavité. L'humérus sert d'insertion à des muscles [3] qui s'attachent par leur extrémité opposée à diverses parties, surtout au thorax ou à l'omoplate.

L'avant-bras (fig. 26) est formé de deux os; le *cubitus*, en dedans, et le *radius*, en dehors. Ces os, quoique unis l'un à l'autre par une membrane aponévrotique et par des ligaments, jouissent d'une assez grande mobilité. Le *cubitus* ou l'os du coude, renflé à son extrémité supérieure, se meut comme sur une charnière sur la partie inférieure de l'humérus, avec lequel il s'articule. Il ne peut opérer avec cet os que des mouvements d'extension et de flexion, et pour qu'il ne puisse se renverser en arrière, sa

[1] Κόραξ, corbeau; εἶδος, forme, qui a la forme d'un bec de corbeau.

[2] L'un des principaux, le *grand dentelé*, s'insère au bord vertébral de cet os triangulaire, et passe entre sa face interne et les côtes, en se portant vers la partie antérieure du thorax. Un autre, le *trapèze*, qui sert à relever l'épaule et à supporter le poids du membre supérieur, s'insère sur l'épine transversale d'une part, en se liant de l'autre à la partie cervicale de la colonne vertébrale.

[3] Les principaux de ces muscles sont le *grand pectoral*, destiné à porter le bras en dedans, en l'abaissant; le *grand dorsal*, chargé de le porter en arrière et en bas; le *deltoïde*, au moyen duquel il se relève.

partie supéro-postérieure présente une apophyse appelée *olécrâne*[1], destinée à se loger dans la fossette de l'humérus. A son extrémité inférieure, cet os va en se rétrécissant.

Radius et cubitus.
Fig. 26.

Le *radius* doit son nom à sa forme qui se rapproche de celle d'un rayon. Il est destiné à tourner sur le cubitus. A sa partie supérieure, il est assez grêle; il va en s'élargissant à son extrémité inférieure, destinée à supporter la main. Les mouvements qu'opère l'avant-bras, en se repliant sur le bras et en s'étendant, sont dus à l'action de divers muscles fléchisseurs ou extenseurs, prolongés de l'épaule ou de la partie supérieure de l'humérus à la la partie supérieure du cubitus. Ceux de rotation du radius sur le cubitus sont dus à des muscles fixés, soit à ces deux os, soit à l'humérus et au cubitus.

La main (fig. 27) se divise en trois parties : le *carpe*, le *métacarpe* et les *phalanges*.

§ 250. Le *carpe* est formé de deux rangées de petits os, unis par des ligaments qui, en les joignant d'une manière très solide, leur permettent néanmoins quelque mobilité. Ces os, dont les noms rappellent la forme, sont au nombre de huit : le *scaphoïde*, le *semi-lunaire*, le *pyramidal*, et le *pisiforme* pour la première rangée : le *trapèze*, le *trapézoïde ;* le *grand os* et l'*os crochu* pour la seconde. Ces os laissent entre eux un espace suffisant pour laisser passer les vaisseaux sanguins et les nerfs qui se portent de l'avant-bras à la main et aux phalanges.

Main gauche.
Fig. 27.

Le *métacarpe* est formé de cinq os longs et parallèles, disposés sur une rangée transversale : les quatre externes, liés entre eux à leur extrémité, sont peu mobiles : l'interne ou celui qui porte le pouce jouit d'une grande liberté.

[1] Olécrâne (du grec ὠλένη, coude, et de κράνον, tête).

Les *phalanges* sont formées par des os qui s'articulent bout à bout : le pouce n'en a que deux : les autres en ont trois. La dernière ou celle qui porte l'ongle est appelée *phalangette*.

Les membres inférieurs ont aussi leur portion basilaire et leurs parties mobiles.

§ 251. La première est formée de chaque côté d'un os appelé *iliaque* (os du flanc) ou *coxal* (os de la hanche), composé de trois pièces distinctes dans le jeune âge, mais qui ne tardent pas à se souder. L'os coxal semble le représentant de l'omoplate et de la clavicule. Chacun de ces os se soude en arrière avec la région sacrée de la colonne vertébrale, et se réunit en devant à son pareil, en constituant une arcade. De la réunion de ces os, résulte une ceinture osseuse, appelée *bassin* à cause de son évasement, et destinée à soutenir les intestins. Sur le côté extérieur, vers sa partie inférieure, chaque os iliaque présente une cavité destinée à recevoir l'os de la cuisse.

Rotule.
Fig. 28.

Le bassin sert d'insertion à la plupart des muscles chargés de faire mouvoir la cuisse et la jambe, et à divers muscles abdominaux.

§ 252. Les parties mobiles des membres inférieurs, comprennent les os de la cuisse, de la jambe et du pied.

La cuisse, l'analogue du bras, n'a qu'un seul os, le *fémur* (fig. 28). Il est coudé en dedans vers son extrémité supérieure, et sa *tête* arrondie est logée dans la *cavité cotyloïde du bassin*. Ces dispositions permettent à la cuisse des mouvements très variés. La tête est suivie d'un rétrécissement appelé *col du fémur ;* et vers la base de celui-ci, au côté externe, le fémur présente des éminences, appelées *trochanters*, servant de point d'attache aux principaux muscles chargés de faire mouvoir la cuisse. L'extrémité inféeure offre deux tubérosités, qui forment une sorte de poulie rticulaire sur laquelle roule la partie supérieure du tibia. u devant du genou se montre un os appelé *rotule* (fig. 28).

La jambe, comme l'avant-bras, présente deux os, le *tibia* t le *péroné*, mais non destinés à se mouvoir l'un sur l'autre (fig. 29). Le premier, beaucoup plus important, s'articule avec le fémur, mais de manière à ne pouvoir se porter en avant; à son extrémité opposée, il soutient le pied. Le second, ou le péroné, est grêle, situé au côté extérieur du tibia, et appliqué contre celui-ci à ses extrémités; ces deux os forment à leur extrémité : le tibia, la malléole ou cheville interne: le péroné, la malléole ou cheville externe.

Péroné. Tibia.
FIG. 29.

§ 253. Le pied (fig. 30), comme la main, comprend trois parties : le tarse, le métatarse et les doigts. Le *tarse* est composé de deux rangées d'os. Dans la première se trouvent l'*astragale*, le *calcanéum*, l'*os scaphoïde*. La tête de l'astragale s'emboîte dans la cavité articulaire du tibia; elle repose à son tour sur le calcanéum, qui se prolonge en arrière pour former le talon, et servir de point d'attache au tendon d'Achille, par lequel se termine; le muscle du mollet. La seconde rangée se compose de quatre os: les trois *cunéiformes* et l'*os cuboïde*, situé en dedans.

Pied gauche.
FIG. 30.

Les os du *métatarse* et ceux des *phalanges* sont en même nombre qu'à la main ; mais ces os sont moins mobiles, et ceux des doigts sont plus courts.

Tous ces os du pied sont disposés de manière à laisser un assage facile aux vaisseaux sanguins et aux nerfs, et dans e but, les os du tarse et du métatarse forment ordinairement ne sorte de voûte au côté interne. Quand celle-ci est peu prononcée, et que le pied est plus ou moins plat, les filets nerveux, comprimés par le poids du corps, ne permettent pas une marche d'une longue durée.

§ 254. Organes passifs du mouvement dans la série animale. — Les animaux supérieurs, c'est-à-dire les mammifères, les oiseaux, les reptiles et les poissons, possèdent, seuls, avec l'homme, un squelette intérieur articulé, dont la colonne vertébrale constitue la pièce principale : de là, le nom d'*animaux vertébrés* sous lequel ils sont désignés. Chez presque tous, les pièces de ce squelette sont osseuses ; chez les derniers, les poissons, elles sont cartilagineuses ou même d'une substance plus faible. Tous les autres animaux manquent de cette charpente intérieure et ont en conséquence été appelés *invertébrés*. Chez la plupart des articulés condylopes, comme les insectes, les crustacés, etc., l'enveloppe extérieure du corps est composée d'un grand nombre de pièces cornées ou calcaires, constituant une sorte de squelette tégumentaire et fournissant aux muscles des points d'attache plus solide. Chez les mollusques, au contraire, telles que les limaces et les huîtres, la peau offre, en général, une grande flexibilité.

§ 255. Structure et formation des os. — Les os ont pour base la gélatine ; ils sont formés d'une gangue cartilagineuse, dans le tissu de laquelle se déposent des matières inorganiques, principalement du sous-phosphate et du carbonate de chaux [1].

256. Dans les premiers temps de la vie, le squelette de l'enfant est à peu près réduit à un état cartilagineux, comme

[1] Sur 100 parties, les os en renferment environ 32 de cartilages ; 53 de sous-phosphate de chaux et quelques parties de fluorure de calcium ; 11 de carbonate de chaux ; le reste se compose de phosphate de magnésie, de chlorure de sodium, etc.

Lorsqu'on fait macérer les os dans l'acide muriatique ou chlorhydrique, les matières pierreusss se dissolvent dans le liquide, en laissant intacts les cartilages. Quand, au contraire, on expose les os à l'action du feu et de l'air, la matière organique est détruite ; il ne reste plus qu'une substance pierreuse, blanche et friable, conservant la forme de l'os.

celui des raies et autres poissons chondrodes[1]; mais peu à peu la matière calcaire se dépose dans la substance fondamentale des cartilages et donne aux os leur solidité normale. Toutefois dans les premières années, la substance pierreuse moins abondante laisse aux os une certaine élasticité : disposition providentielle admirable, qui rend très rares les fractures chez les enfants, dont les chutes sont si fréquentes ; tandis qu'en avançant en âge, la gangue s'appauvrit en cédant des espaces nouveaux à la matière calcaire ; aussi, chez les vieillards, les os se brisent-ils souvent aux moindres accidents [2].

§ 257. Le mode de dépôt des matières calcaires, qui varie, du reste, suivant les os, ne se fait pas en général d'une manière uniforme ; la substance pierreuse s'y dépose ordinairement dans des points particuliers appelés *points d'ossification*, qui par leur extension finissent par se réunir les uns aux autres. Ce travail s'achève chez l'homme vers la vingtième année. Quelques-uns des os, faisant partie du squelette de l'adulte, se trouvent représentés dans le jeune âge par deux ou trois os[3]. En apparence, le tissu osseux semble se montrer sous deux états : l'un, *spongieux* ou *celluleux* ; l'autre, *compacte*, formé de couches plus intimement adhérentes.

Autour de la *cellule osseuse*, naît le *corpuscule osseux*, c'est-à-dire l'enveloppe secondaire étoilée, qui, par ses prolongements, forme les canalicules osseux. En dehors de cette paroi, et dans les espaces intercellulaires, est sécrétée la *substance fondamentale calcifiée*, qui constitue la substance osseuse proprement dite.

1 Aussi l'enfant serait-il incapable de se soutenir dans les premiers mois après sa naissance. Quand on fait marcher trop jeunes ceux dont le corps est lourd, les jambes se cambrent parfois sous le poids qu'elles ont à supporter.

2 Les os longs ont en général une cavité médullaire plus grande et les parois de cette cavité moins épaisses.

3 Ainsi le frontal est primitivement composé de deux os unis par une suture qui disparaît.

§ 258. Les os varient nécessairement beaucoup de forme, our répondre chacun à sa destination. On les divise en *ongs*, *courts* et *plats*.

§ 259. Les *os longs* constituent les principales pièces des membres. Ils sont destinés, comme des colonnes, à soutenir le poids du corps ou à servir de leviers mis en jeu par les muscles. Ils sont cylindroïques ou parfois en partie presque prismatiques, renflés et recouverts de cartilages à leurs extrémités. Pour ôter à leur poids sans leur rien faire perdre de leur solidité, leur intérieur est creusé d'un canal appelé *médullaire*, parce qu'il est rempli d'une substance onctueuse et fluide connue sous le nom de *moelle*. Leur tissu est compacte dans toute l'étendue de leur *corps*, c'est à-dire dans la majeure partie moyenne de leur longueur, et spongieux à leurs extrémités.

§ 260. Les *os courts*, comme ceux qu'on observe à la colonne vertébrale, à la main et au pied, offrent un tissu spongieux à l'intérieur et compacte à la surface.

§ 261. Les *os plats*, comme ceux du crâne, du sternum et autres, chargés la plupart de former des cavités dans lesquelles sont logés nos viscères les plus essentiels à la vie, sont composés de deux lames de tissu compacte, enserrant entre elles une couche mince de tissu spongieux.

§ 262. La plupart des os présentent à leur surface des rugosités ou des éminences destinées à servir d'attache aux muscles et aux autres parties molles. Quand ces éminences forment une saillie plus ou moins considérable, on leur donne le nom d'*apophyses* [1].

§ 263. Les os sont toujours revêtus d'une membrane fibreuse nommée *périoste*, dans laquelle rampent les vaisseaux

[1] Quand ces éminences sont osseuses seulement à leur extrémité, et cartilagineuses entre celle-ci et le corps de l'os, elles sont appelées *épiphyses*. Elles reçoivent le nom d'*apophyses* quand elles sont complètement ossifiées. Leur ossification est plus ou moins lente. Elle n'est complète, suivant M. Flourens, pour les apophyses épineuses des vertèbres, qu'à la vingtième année, c'est-à-dire à la fin de l'adolescence ou au commencement de la jeunesse.

sanguins chargés de leur porter les éléments nutritifs, et fournissant par la paroi interne une exsudation qui contribue à l'accroissement de leur ossification. Les os longs offrent, en outre, sur la paroi interne de leur canal, une membrane mince, appelée *médullaire*, parce qu'elle sécrète la moelle [1].

§ 264. Articulation des os [2]. — On donne le nom d'*articulation* au mode d'union des os.

§ 265. Les articulations se divisent en trois catégories : elles sont *immobiles*, *mixtes* ou *mobiles*.

§ 266. Dans les articulations *immobiles* [3], comme celles des os du crâne, les pièces osseuses offrent sur leurs bords une suite de saillies et d'enfoncements qui s'engrènent d'une manière solide en offrant des *sutures* ou lignes séparatives des deux os ainsi articulés.

§ 267. Dans les articulations *mixtes* ou *par continuité* [4], comme celles des corps des vertèbres entre eux, les surfaces articulaires sont unies par un corps intermédiaire, c'est-à-dire par une substance cartilagineuse ou fibro-cartilagineuse qui ne leur permet de se mouvoir qu'en raison de son élasticité.

§ 268. Dans les articulations *mobiles* ou *par contiguïté* [5], comme celle du bras, les surfaces articulaires, simplement contiguës, sont revêtues d'une lame cartilagineuse [6] polie,

[1] C'est au-dessous du périoste et dans le canal médullaire que se manifeste principalement le travail de la régénération des os. Flourens a mis en évidence le rôle que joue le périoste pour la production des os, et M. Ollier, par ses beaux travaux, a montré que le périoste, transporté dans le tissu cellulaire sous-cutané, peut s'y greffer et continuer son évolution osseuse.

[2] L'étude de l'articulation des os porte le nom de *diartrologie*.

[3] Appelées *synarthroses*.

[4] Nommées *amphiarthroses*.

[5] Dites *diarthroses*.

[6] Les *cartilages* sont des tissus d'un blanc opalin ou jaunâtre, d'une consistance intermédiaire entre celle des os et celle des ligaments, et jouissant d'une grande élasticité. Tels sont les cartilages du nez. On a donné le nom de *fibro-cartilages* à ceux dont la trame est fibreuse.

flexible, élastique, dsstinée à faciliter leur jeu, à supporter les pressions, à amortir les chocs.

§ 269. Les surfaces articulaires des os jouissant de mobilité sont maintenues dans leur position naturelle à l'aide de divers *ligaments* [1], liens souples et inextensibles, établissant entre les os une union solide et concourant à la précision de leurs mouvements. Enfin, pour diminuer le frottement de ces jointures, elles ont été pourvues de *bourses* ou *capsules synoviales*, espèces de sacs sans ouverture, analogues aux membranes séreuses, sécrétant un liquide visqueux ou comme huileux, appelé *synovie* [2], chargé de faciliter le jeu des articulations, tant qu'il se trouve produit en proportion convenable.

§ 270. Structure des muscles [3]. — Les *muscles* ou instruments actifs du mouvement (§ 20), sont ce qu'on nomme vulgairement la *chair*. Ils sont composés de *fibres* [4], ou filaments très nombreux, parallèles entre eux, rassemblés en faisceaux, dont les fibrilles sont unies par du *tissu cellulaire*. Les fibres sont essentiellement composés de *fibrine*, dont la présence a été signalée dans le sang (§ 111) [5].

Ils sont moins durs que les cartilages et plus fermes que les ligaments. Tels sont ceux de l'oreille et ceux qui unissent entre eux les corps des vertèbres.

[1] L'étude des ligaments porte le nom de *syndesmologie*.

Les ligaments sont formés d'un tissu fibreux, serré et d'un blanc argenté. On en compte près de huit cents se rattachant à nos diverses articulations.

[2] La *synovie* (σύν, ensemble ; ὠόν, œuf), est un liquide albumineux qui doit son nom à sa ressemblance avec le blanc de l'œuf. Quand ce fluide cesse d'être sécrété, comme cela a lieu parfois au genou, il s'ensuit une soudure ou *ankylose*. Quand il y a, au contraire, surabondance du liquide, il en résulte une hydropisie locale qui peut conduire à une *tumeur blanche*.

[3] L'étude des muscles porte le nom de *myologie*.

[4] Les fibrilles élémentaires auxquels peuvent se réduire nos musles n'ont qu'un ou deux millièmes de millimètres de diamètre. Cette fibrille se compose d'un tube élastique et d'une substance intérieure éminemment contractile.

[5] Les muscles ont besoin d'être exercés, c'est-à-dire de fonctionner,

§ 271. Les muscles reçoivent des *vaisseaux sanguins* et *lymphatiques*, chargés, les uns, d'y porter la nourriture; les autres, d'en ramener le résidu, c'est-à-dire les molécules vieillies; ils sont munis de *nerfs* ayant pour mission de présider à leur sensibilité et à leur motilité[1].

§ 372. Le système musculaire se compose de deux ordres de muscles : les uns, plus intérieurs, comme le cœur et ceux qui se rattachent à l'estomac, à l'intestin, qui concourent à la *vie organique*, sont indépendants de la volonté; les

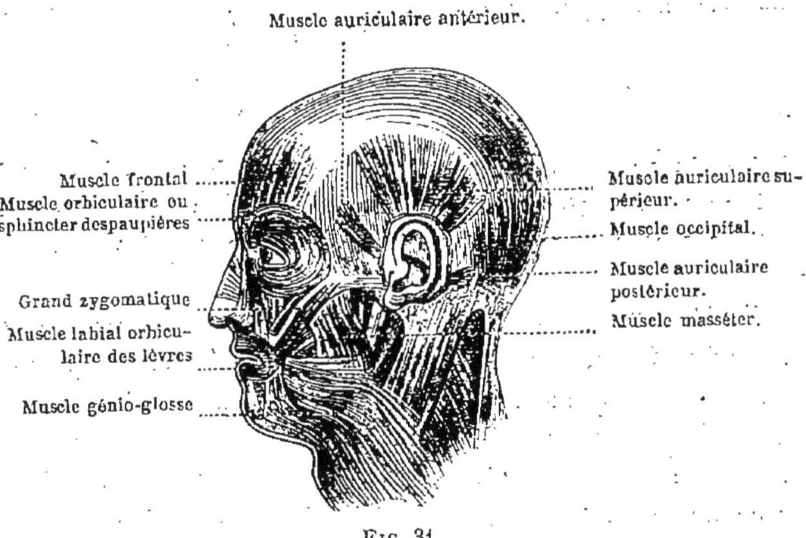

FIG. 31.

autres, en général plus extérieurs, et dont l'action intermittente sert à accomplir les actes de la *vie animale* ou de *relation*, sont soumis à la volonté[2].

pour recevoir les bienfaits de la nutrition. Les muscles condamnés au repos pendant longtemps par finissent s'atrophier et par tomber en dégénérescence graisseuse.

[1] Le système musculaire est la démonstration indispensable du système nerveux, et les nerfs sont les excitants et les coordinateurs du sytème musculaire. Les éléments musculaires et nerveux trouvent les conditions de leur vitalité dans le liquide sanguin. Quand on supprime la circulation, les divers éléments finissent nécessairement par périr.

[2] On en compte, dans le corps humain 374, selon Chaussier, 418 selon d'autres. V., fig. 31, pour les principaux muscles de la tête.

273. Mode d'insertion des muscles. — Les muscles sont fixés par leurs extrémités aux parties qu'ils doivent faire mouvoir en se contractant, telle que la peau [1], certaines membranes fibreuses [2], divers cartilages [3], un grand nombre d'os [4]. Cette insertion n'a pas lieu d'une manière directe; mais par l'intermédiaire d'un tissu fibreux, très résistant, d'un blanc nacré, servant de continuité aux fibres musculaires. Tantôt ce tissu constitue des expansions membraneuses nommées *aponévroses* [5], tantôt il forme des espèces de cordons, appelés *tendons* [6].

Mécanisme des mouvements. — Modifications de l'appareil locomoteur pour servir à la marche, au vol, à la natation et à la reptation, dans les divers animaux.

§ 274. Mécanisme des mouvements. — Les muscles, avons-nous dit (§ 20), sont la force motrice des parties mobiles du corps. Toute la mécanique animale est donc placée sous leur dépendance. Pour pouvoir agir sur les pièces à faire mouvoir, ils ont reçu la faculté de se contracter, c'est-à-dire de se raccourcir brusquement sous l'influence de l'action nerveuse et de quelques autres agents tels que l'électricité. En

[1] Par exemple, les muscles de l'abdomen.

[2] Ex. ceux de l'œil.

[3] Ex. ceux des paupières.

[4] Ex. ceux des membres.

[5] Diverses membranes aponévrotiques sont destinées à maintenir les muscles dans leur position naturelle et ont une puissance admirablement proportionnée à celle des faisceaux musculaires auxquels elles sont liées. Telle est la membrane difficile à diviser par les dents qu'on observe dans la rouelle de veau.

[6] Les tendons, véritables aponévroses réduites en cordons, fixent les muscles aux os, par des points d'attache peu étendus. Ces cordons tendineux sont faciles à observer à la base de la jambe des poulets et autres oiseaux.

se raccourcissant, les faisceaux musculaires gagnent en épaisseur ce qu'ils perdent en longueur. Ils deviennent aussi plus résistants ou plus durs. Les muscles chargés de faire mouvoir l'avant-bras sur le bras [1] en fournissent un exemple facile à observer.

§ 275. On attribue généralement ce raccourcissement des fibres musculaires à leur placement en zigzags [2] au moment de la contraction [3]. Elles produisent alors une certaine quantité de chaleur [4].

§ 276. Les muscles, en se raccourcissant, doivent nécessairement rapprocher les parties sur lesquelles sont fixées leurs extrémités, quand ces parties sont toutes deux mobiles. Mais souvent l'une des pièces est fixe, c'est l'autre alors qui se déplace seule, tandis que l'os immobile fournit un point d'appui aux fibres qui se contractent. Ainsi le muscle du bras appelé *biceps brachial,* fixé d'une part à l'omoplate et de l'autre au radius, attire nécessairement, en se raccourcissant, l'avant-bras sur le bras, attendu que l'os de l'épaule lui sert de point d'appui.

§ 277. Quand, au contraire, suspendus à une corde ou à un bâton, nous cherchons à nous élever, c'est alors le bras qui se rapproche de l'avant-bras et qui entraîne avec lui tout le corps.

[1] Le *triceps brachial*, s'insérant d'une part sur l'omoplate, et de l'autre sur le radius, et le *brachial antérieur*, naissant de la face antérieure de l'humérus et se terminant au sommet de l'apophyse coronoïde du cubitus.

[2] Toutefois, les sommets des angles de ces zigzags sont ordinairement émoussés ou arrondis au lieu d'être aigus.

[3] Suivant d'autres physiologistes, les fibres musculaires se raccourcissent à la manière d'une corde de caoutchouc.

[4] La quantité de gaz acide carbonique produite par un muscle dans son état de contraction est au moins double de celle qui est exhalée par le même organe dans son état de repos. Ainsi, quand on a couru pendant quelques temps à perdre haleine, les fibres musculaires éprouvent une lassitude invincible, parce que le sang n'a pu être assez complètement hématosé aux poumons pour donner aux muscles l'énergie dont ils auraient besoin.

§ 278. Les os du squelette sont donc de véritables *leviers*, soumis dans leurs divers mouvements aux lois de la mécanique [1].

§ 279. La force avec laquelle un muscle se contracte, dépend da son volume, de l'énergie de la volonté, parfois de certaines circonstances, comme d'une exaltation extraordinaire du système nerveux; elle dépend principalement de son mode d'insertion. Il est facile de comprendre que l'action des muscles est d'autant plus faible qu'ils s'insèrent d'une manière plus oblique dans l'os mobile.

[1] En mécanique, on donne le nom de *levier* à une tige ou corps long et solide qui, à l'aide d'un point fixe ou *point d'appui* et d'une *puissance* ou force motrice du levier, a pour but de soulever un poids, c'est-à-dire de vaincre une *résistance*.

Ainsi, les os sont les *leviers ;* les muscles, la *puissance ;* le poids des parties à mouvoir, la *résistance ;* le *point d'appui*, soit les articulations, soit les autres pièces fixes sur lesquelles s'opèrent les mouvements.

On distingue trois sortes de leviers, suivant les places différentes qu'occupe le point d'appui. Le levier est dit : 1° *interposant* ou *intermobile* [1] quand le point d'appui est placé entre la puissance et la résistance (ainsi la tête, se mouvant sur le col en avant et en arrière, nous en fournit un exemple. La première vertèbre cervicale fournit le point d'appui ; la résistance réside dans le poids de la face qui tend à faire pencher la tête en avant : la puissance, dans les muscles postérieurs du cou); 2° *interrésistant* [2], quand la résistance est placée entre le point d'appui et la puissance (quand on s'élève sur la pointe des pieds, le sol sur lequel repose la partie antérieure de ceux-ci, fournit le point d'appui ; le talon, la puissance, et le corps portant sur l'articulation du talon avec la jambe, la résistance); 3° *interpuissant* [3], quand la puissance est placée entre le point d'appui et la résistance (ainsi dans la flexion de l'avant-bras sur le bras, l'articulation du coude offre le point d'appui ; la main, la résistance, et l'insertion des muscles chargés de relever l'avant-bras, la puissance) [1]. On a donné le nom de *bras de levier* à l'espace séparant le point d'appui de celui où s'exerce la puissance. L'effet de cette dernière est en raison directe du bras de levier.

[1] Le levier du premier genre est plus favorable à l'équilibre : celui du troisième est plus approprié à la rapidité et à l'étendue des mouvements.

[2] Ou du premier genre.

[3] Ou du second genre.

[4] Ou du troisième genre.

§ 280. Souvent plusieurs muscles sont appelés à concourir la production d'un mouvement. Leur association est parfois e fruit d'un apprentissage, et souvent l'aptitude née du besoin nit par faire concourir instinctivement au même but des nuscles qui semblaient n'être pas faits pour agir ensemble[1].

281. Les muscles sont dits *congénères*, quand ils concourent à la production d'un même mouvement; *antagonistes*, lorsqu'ils produisent un mouvement différent. On les omme encore suivant le rôle qu'ils remplissent : *extenseurs*, *fléchisseurs*, *élévateurs*, *rotateurs*, etc.

§ 282. On donne le nom d'*attitude* à la situation que le orps conserve pendant un certain espace de temps, et celui le *locomotion* à l'acte par lequel il change de place. Les rincipales attitudes de l'homme sont la *station verticale*[2], a *station sur les genoux*[3], la *position assise*[4] et enfin e *coucher*[5].

1 Quand un muscle a été mis hors de service par quelque accident, l'homme mutilé éprouve d'abord toutes les incommodités de sa position. Mais bientôt de nouvelles associations se forment entre des faisceaux musculaires qui ne concouraient pas, et il finit par acquérir une certaine aptitude dans des mouvements qui lui semblaient auparavant impossibles.

2 L'homme seul, entre tous les êtres animés, est fait pour la station verticale (*Zool.*, § 10). Elle est assurée quand le *centre de gravité* ou le point autour duquel toutes les autres parties se font réciproquement équilibre, tombe verticalement sur la *base de sustentation*, c'est-à-dire sur l'espace compris entre les deux pieds.

La station debout est bien plus pénible que la marche : car, dans la première, les mêmes muscles sont constamment en extension, tandis que, dans la seconde, les muscles fléchisseurs et extenseurs se reposent alternativement.

3 Dans la station sur les genoux, le corps repose sur des pièces moins étendues que les pieds, et moins appropriées que ceux-ci à le porter; il se lasse bientôt, s'il n'est soutenu en avant.

4 Dans la position assise, le corps trouvant dans le bassin une large base de sustentation, se fatigue peu, pourvu toutefois qu'il soit appuyé sur le dos.

5 Le coucher, n'exigeant presque aucun travail musculaire, est le plus favorable au repos.

283. Les mouvements de locomotion sont la *marche*[1], la *course*[2], le *saut*[3], la *natation*[4] et le *grimper*[5].

§ 284. MODIFICATIONS DE L'APPAREIL LOCOMOTEUR POUR SERVIR A LA MARCHE, AU VOL, A LA NATATION ET A LA REPTATION, DANS LES DIVERS ANIMAUX. — Les mouvements de locomotion des animaux ont aussi lieu à l'aide de l'action des muscles sur les pièces mobiles de leurs corps; mais la nature des organes auxquels s'attachent les fibres ou faisceaux musculaires, varie singulièrement. Tous les animaux dits vertébrés ont un squelette intérieur plus ou moins semblable au nôtre, et les segments mobiles sont fournis principalement par les os ou par les cartilages de cette charpente ; mais chez les autres êtres animés, ce sont tantôt des pièces cornées, calcaires ou testacées, tantôt des anneaux cartilagineux ou des appendices variés, tantôt enfin la peau plus ou moins molle servant d'enveloppe au corps.

§ 285. Les organes locomoteurs doivent aussi présenter de nombreuses modifications dans leur forme, pour être appropriés au genre de vie de chacun de ces êtres, et au milieu

[1] La marche se compose d'une série de mouvements appelés *pas*, durant lesquels le corps est soutenu par l'un des membres inférieurs, tandis que l'autre se porte en avant, entraînant avec lui le centre de gravité. Dans cet acte, le corps ne cesse jamais de toucher le sol : il est même soutenu par les deux pieds entre chaque pas.

[2] Dans la course, mode de locomotion plus rapide que la marche, le corps n'est plus soutenu que par un seul pied à la fois, et dans certains moments il se sépare complètement du sol.

[3] Dans le saut, les deux pieds quittent à la fois le sol, soit simultanément, soit l'un après l'autre, et le corps est projeté par la détente subite des membres. Les mouvements produits sont très variables, suivant le mode et la direction de cet acte de locomotion.

[4] La natation offre avec le saut une certaine analogie ; mais l'eau dans laquelle s'opère cet acte présente moins de solidité que le sol aux membres qui se détendent, et plus de résistance que l'air à la progression du corps.

[5] Le grimper est l'acte de locomotion par lequel l'homme se rapproche le plus des modes de progression des animaux, puisqu'il faut le concours des membres antérieurs aussi bien que celui des postérieurs.

ans lequel ils sont destinés à se trouver. Les uns, en effet, it une existence toute terrestre ; d'autres ont une vie plus ou oins aérienne ; un grand nombre d'autres habitent les eaux ; lusieurs enfin peuvent avoir des séjours variés.

§ 286. Les animaux créés pour vivre sur le sol, et destinés la marche ou à la course[1], sont pourvus au moins de quatre iembres[2], et ordinairement d'une dimension peu inégale[3]. uand ils doivent grimper, comme les singes et les écu-euils ou avoir une démarche sautillante, comme les ron-eurs, le train de derrière se montre déjà plus allongé. Les iembres postérieurs acquièrent un développement beaucoup lus remarquable encore, quand l'animal est fait pour le saut[4].

[1] Quelques quadrupèdes, tels que le cheval, vont au *pas*, à l'*amble*, ı *trot* ou au *galop*.

[2] Quelques sauriens, qui rampent plutôt qu'ils ne marchent (*Zool.*, 357), n'en ont que deux. Par contre, tous les insectes à l'état parfait ı ont trois paires, les araignées, quatre paires ; les écrevisses ou autres ·ustacés, de cinq à sept paires ; les myriapodes, plus de quinze, et ırfois plus de cinquante paires.

[3] Les membres postérieurs en qui se développe principalement la ıissance de locomotion, sont ordinairement un peu plus longs. Les irafes et quelques autres animaux font exception à cette règle.

[4] Dans le saut, les membres postérieurs chargés de pousser le corps ı avant doivent être longs, forts et flexibles. Quelquefois la force de ·s membres est augmentée par un renflement considérable de la cuisse omme chez les puces et les altises).

Chez quelques mammifères sauteurs, comme les gerboises et les kan-ıroos, les membres antérieurs ont perdu en force et en longueur ce ue les postérieurs ont acquis.

Quelle diversité de conformation dans les extrémités de ces membres ! 'est ici surtout qu'il faut admirer le merveilleux génie de l'éternelle agesse. Chez les mammifères exclusivement réservés à la locomotion ırrestre, et surtout à la course, les membres figurent des espèces de ɔlonnes, et les doigts, plus ou moins raccourcis pour ne par charger ; corps d'un poids nuisible, sont souvent réduits dans leur nombre et ıveloppés par des ongles constituant des rabots. Si l'animal est fait our grimper, les doigts se sont parfois allongés de manière à constituer es organes de préhension. Doit-il arrêter une proie à la course, les ıgles sont tenus relevés comme des harpons. Est-il destiné à fouir, ils nt acquis assez de force pour creuser la terre.

§ 287. Chez les vertébrés destinés à parcourir les airs, tantôt les doigts des membres antérieurs très allongés, et unis par une membrane, constituent des rames aériennes, comme chez les chauve-souris (fig. 32) ; tantôt comme chez les oiseaux, les mêmes membres portent à la main, et à l'avant-bras dont les os sont immobiles, de longues plumes appelées *rémiges*, disposées en recouvrement, susceptibles

Chauve-souris.

Fig. 32.

de se déployer comme un éventail, sortes de rames empennées chargées de frapper l'air avec force ; en même temps, le sternum se relève en carène, pour fournir aux mucles volumineux chargés de faire mouvoir ces organes des points d'attache suffisants. Les oiseaux ont d'autres longues plumes appelées *rectrices*, situées à l'extrémité de l'épine du dos, remplissant le rôle de gouvernail.

§ 288. Chez les invertébrés créés pour le vol, comme la plupart des insectes, les ailes sont des appendices membraneux soutenus par des nervures ou tuyaux cornés dans lesquels pénètrent l'air et des filets nerveux. Le nombre de ces organes est ordinairement de quatre ; mais parfois les ailes supérieures, comme celles du cerf-volant ou du hanneton, sont des *élytres* ou étuis protecteurs destinés à garantir les véritables ailes, dans l'état de repos. Plusieurs de ces articulés, comme les mouches et les cousins, sont réduits à n'avoir que deux ailes[1].

§ 289. Les membres, pour être propre à la nage, surtout quand ils doivent servir aussi à la marche, n'offrent souvent d'autre caractère particulier que d'avoir les doigts ciliés[2] ou unis par des membranes[3]. Mais ceux des vertébrés qui doivent être exclusivement natatoires, comme ceux des

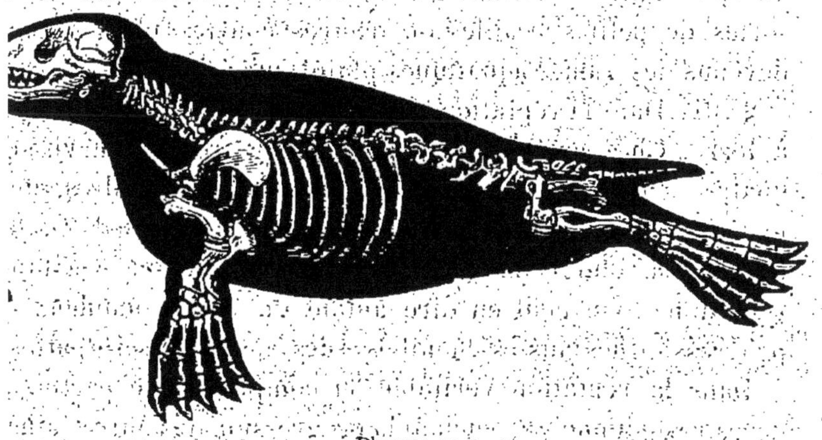

Phoque.

Fig. 33.

phoques (fig. 33) et des poissons, montrent des modifications plus profondes. En même temps que les doigts ont été allongés et unis par des expansions membraneuses, les os du bras et de l'avant-bras ont été raccourcis, pour ne pas gêner les mouvements de ces rames aquatiques. L'appendice caudal, transformé aussi en nageoire, sert d'organe principal de progression. Chez les poissons, cette nageoire est verticale,

[1] V. *Zoologie*, § 561.

[2] Chez certains mammifères insectivores, comme les desmans et diverses musaraignes ; chez les insectes nageurs, comme les dytiques, etc. (*Zool.*, § 116, 117, 483).

[3] Les loutres, les castors, etc. (*Zool.*, § 138, 142).

et, obéissant aux mobiles inflexions de la colonne vertébrale, frappe vivement l'eau à droite et à gauche pour pousser le corps en avant. Chez les baleines et autres cétacés, elle est horizontale, et a une puissance telle, qu'elle rend inutile l'existance des membres postérieurs.

§ 290. Les membranes natatoires se rapprochent par leur structure des ailes membraneuses, et quelquefois, comme chez les poissons volants[1], elles en remplissent aussi le rôle. D'autres fois, au contraire, comme chez les manchots et quelques autres oiseaux, les membres aliformes, garnis de sortes de petites écailles ou de très courtes plumes, sont devenus des rames aquatiques plutôt qu'aériennes[2].

§ 291. Dans la reptation le corps traîne, au moin en partie, à terre. Chez certains vétébrés à sang froid, pourvus de quatre membres, comme les crocodiles, les salamandres, etc., le mode de progression, dû à la direction des pieds en dehors[3], est plutôt une marche rampante qu'une véritable reptation[4]. On peut en dire autant du mode onduleux de progression des fausses-chenilles et des chenilles à seize pattes[5].

Dans la reptation véritable ou complète, une partie du corps reste immobile pendant la progression de l'autre : ainsi, le serpent, appuyé sur sa tête, rapproche de cette dernière l'extrémité opposée de son corps, en formant avec celui-ci, par des mouvements latéraux, des replis sinueux ; puis, pre-

1 Les dactyloptères, etc. (*Zool.*, § 401).

2 V. *Zoologie*, § 317.

3 *Zoologie*, § 318. — § 350, fig. 48. — § 380.

4 Chez certains sauriens, les bimanes pourvus seulement des membres antérieurs, l'animal pour marcher se projette en avant, et attire en suite à lui le reste du corps.

5 Les chenilles munies d'un moins grand nombre de pattes sont appelées *arpenteuses*, en raison de la singularité de leur marche. Quand leurs pattes antérieures sont fixées, elles rapprochent de celles-ci les postérieurs, en donnant à leurs corps la forme d'un compas, puis allongent en avant le corps ainsi plié en deux et solidement retenu par les pieds de derrière, pour s'accrocher de nouveau à l'aide des pattes de devant. Le mode de reptation des sangsues se rapproche de celui-ci.

nant cette extrémité pour point d'appui, il avance sa partie antérieure. Le verre de terre et les larves apodes d'insectes rampent par des mouvements onduleux, en rapprochant successivement, par la contraction de leurs muscles, les segments de leur corps annelé.

Organes producteurs des sons. Voix.

§ 292. Voix. — La voix est le son que produit l'air chassé par les poumons, en traversant les voix rétrécies du *larynx*[1].

§ 293. Tous les êtres animés respirant par des poumons ont la faculté d'émettre de la voix; elle est pour eux un moyen d'expression et de communication. Mais l'homme seul peut produire la *voix articulée et intelligente*[2], c'est-à-dire la *parole*; seul, en un mot, il possède un langage. A l'aide de ce don merveilleux et divin[3], il a pu établir ses relations sociales, les étendre sur toute la surface du globe,

[1] Lorsqu'on pratique à la trachée-artère une ouverture au-dessous du larynx, l'air chassé par les poumons s'échappant par cette ouverture, il n'y a plus production de son.

[2] Suivant la juste et belle expression de M. le docteur Descuret. V. son ouvrage intitulé : *Les Merveilles du corps humain*. Paris, Labbé, in-8°, ouvrage auquel nous avons emprunté d'heureuses pensées.

Certains oiseaux, comme les perroquets, peuvent reproduire par imitation quelques-uns de nos sons articulés; mais ils ne peuvent y attacher aucune idée: c'est une *voix articulée et inintelligente*. Dieu n'a sans doute pas voulu que les mammifères, même ceux qui se rapprochent le plus de l'homme par leurs formes extérieures, comme les singes, pussent produire des sons articulés, afin d'établir des limites plus tranchées entre sa créature privilégiée et les animaux.

Les sourds et muets de naissance et les idiots ne produisent ordinairement que des cris. La parole ou voix articulée est le résultat d'un travail d'imitation.

[3] Le langage est visiblement d'origine divine. Dieu, en tirant l'homme du néant, le créa adulte et parlant, c'est-à-dire possédant toutes les facultés dont il devait jouir. Il fit venir devant Adam tous les animaux, afin de voir comment il les nommerait (*Genèse*, chap. II. v. 19). Cette langue primitive que notre premier père tenait de son Créateur, il la transmit à ses descendants; elle paraît s'être conservée sans altération

agrandir le cercle de ses connaissances, les perpétuer par la tradition, en assurer la conquête ainsi que celle de ses inventions et de ses découvertes, en créant un langage formé de figures ou de signes tracés sur le corps de nature diverse. et connu sous le nom d'*écriture*.

§ 294. Organes producteurs des sons. — L'appareil de la voix humaine se compose : 1° du *soufflet pulmonaire*; 2° du *larynx*, dans lequel l'air chassé par les poumons entre en vibration ; 3° des parties surmontant le larynx, savoir : l'arrière-bouche, les fosses nasales et la bouche, constituant le *tube vocal*.

jusqu'à la catastrophe diluvienne. Mais, après ce grand cataclysme, les hommes, ayant formé le projet audacieux de construire un édifice plus élevé que les montagnes, Dieu confondit leur orgueil, en opérant le miracle de la confusion des langues. Faute de pouvoir s'entendre, ils furent forcés de laisser leur entreprise inachevée (*Genèse*, chap. xi, v. 6 à 9). Ce miracle se trouve confirmé par une inscription curieuse due à Nabuchodonosor, et trouvée dans le pourtour de la tour de Babel, par M. le colonel Rawlinson. Voici la partie de cette inscription relative à l'événement mémorable dont nous venons de parler, suivant la traduction donnée par le savant M. J. Oppert : « Le temple des sept lumières, auquel se rattache le plus ancien souvenir de Borsippa, fut bâti par un roi antique (on compte de là quarante-deux vies humaines), mais il n'en éleva pas le faîte. *Les hommes l'avaient abandonné depuis les jours du déluge, en désordre, proférant leurs paroles.* Le tremblement de terre et le tonnerre avaient ébranlé la brique cuite des revêtements ; la brique crue des massifs s'était éboulée en formant des collines. Le grand Dieu Mérodach a engagé mon cœur à le rebâtir : *je n'en ai pas changé l'emplacement, je n'en ai pas attaqué les fondations... J'ai mis la main à reconstruire la tour, etc.* » V. *Inscription de Borsippa relativement à la restauration de la tour des langues, par Nabuchodonosor ;* traduit par M. J. Oppert, dans le *Journal asiatique*, nos de février, mars, juin, août et septembre 1857, et surtout p. 218 du t. X de la 5e série, n° 38, août et septembre 1857).

M. Place, consul de France à Mossoul, a donné des détails curieux sur la tour de Babel. Sa base quadrangulaire a 194 mètres de côté (36.636 mètres de surface). Les briques qui ont servi à sa construction sont de l'argile la plus pure. La fontaine qui a fourni le bitume destiné à les lier, existe encore à peu de distance de la tour. Les briques, fabriquées par les soins de Nabuchodonosor, portent des lettres cunéiformes.

du larynx, en occupe les parties supérieure, antérieure et latérale ; le *cricoïde*[1] en constitue, sous la forme d'un anneau, la partie inférieure ; les *arythénoïdes*[2] en occupent, au-dessus du cricoïde, la partie postéro-supérieure.

§ 297. En avant, le larynx est découvert par la peau et par la *glande thyroïde*[3]. Intérieurement il est tapissé d'une membrane muqueuse[4] qui forme, de chaque côté, vers le milieu de sa longueur, deux grands replis dirigés d'avant en arrière, et disposés comme le bord d'une boutonnière ; ces replis portent le nom de *cordes vocales inférieures* ou simplement celui de *cordes vocales*[5]. Un peu au-dessus de celles-ci, la membrane muqueuse forme de même deux autres replis moins prononcés, appelés *cordes vocales supérieures*[6].

§ 298. On donne généralement aujourd'hui le nom de *glotte*[7] à la fente de grandeur variable, qu'enclosent les cordes vocales inférieures ; les enfoncements qui se trouvent

[1] Κρίκος, anneau ; εἶδος, forme.

[2] Ἀρύταινα, entonnoir ; εἶδος, forme.

[3] Ou plutôt *thyréoïde*, glande vasculaire sanguine, sans conduit excréteur. Le développement anormal de ce corps est connu sous le nom de *goître*.

[4] Dans certaines inflammations des muqueuses de la trachée-artère et du larynx, comme cela a lieu dans le *croup*, il se produit de fausses membranes qui obstruent le passage de l'air, et occasionnent parfois la mort par suffocation.

[5] On les nomme aussi *ligaments inférieurs de la glotte* ; elles contiennent une partie du muscle *thyro-arythénoïdien*.

[6] Ou *ligaments supérieurs de la glotte*.

[7] La longueur des cordes vocales varie avec l'âge. Quand l'homme passe de l'enfance à l'adolescence, le sang se porte avec plus d'abondance au larynx ; le cartilage thyroïde forme alors la saillie désignée sous le nom de *pomme d'Adam*. Pendant ce temps, les cordes vocales, obligées de suivre le développement de ce cartilage, s'allongent : c'est le moment où la voix *mue*, où elle se prépare à quitter le timbre qu'elle a dans l'enfance, pour en prendre un plus grave ou moins aigu. Il faut éviter alors de fatiguer les cordes vocales en chantant ou en produisant des notes élevées.

de chaque côté entre les cordes vocales inférieures et supérieures, constituent les *ventricules du larynx*[1].

§ 299. *L'orifice épiglottique* par lequel le larynx communique avec l'arrière-bouche est surmonté d'un languette fibro-cartilagineuse, appelée *épiglotte* (§ 58 et fig. 35), fixée à la base de la langue, et habituellement tenue relevée d'une manière oblique, pour laisser à l'air un passage continuel; mais s'abaissant au moment de la déglutition, pour empêcher le bol alimentaire de pénétrer dans les voies aériennes.

§ 300. Au larynx se rattachent des vaisseaux sanguins destinés à nourrir cet organe, ainsi que des filets nerveux[2] et des muscles chargés de produire les mouvements nécessaires pour varier les sons de la voix.

§ 301. Mécanisme de la voix. — Dans l'état ordinaire, les cordes vocales laissent entre elles une ouverture assez considérable pour que l'air chassé par les poumons puisse passer en liberté par le larynx; mais quand, sous l'influence de la volonté, les muscles tendent et rapprochent plus ou moins les ligaments de la glotte, de manière à rétrécir la fente formée par cette dernière, l'air entre en vibration, fait frémir les cordes vocales et les cartilages qui constituent le tube laryngien, et le son est produit[3]. La voix ne peut donc

[1] Ils contribuent vraisemblablement à renforcer la voix.

[2] Les rameaux nerveux des nerf *pneumo-gastriques*, ou nerfs de la dixième paire, et les filets du *nerf spinal*.

[3] Le son est produit par des vibrations de l'air, ou par les oscillations des molécules d'un corps élastique, dérangées de leur état d'équilibre par un choc ou un frottement. Le son peut varier d'*intensité*, de *hauteur*, ou de *timbre*. L'*intensité* est due à l'*amplitude* des vibrations du corps sonore. La *hauteur* est produite par le *nombre* des vibrations dans un temps déterminé. Le *timbre* paraît dépendre de la nature des corps vibrants ou de ceux avec lesquels il est en contact. Ainsi le timbre de la voix humaine subit avec l'âge des modifications sensibles. A mesure qu'on avance dans la vie, les cartilages tendent plus ou moins à s'ossifier; les vieillards ont ordinairement la voix *cassée*.

avoir lieu que sous l'influence de la vie[1], et les muscles animés par les filets nerveux sont donc les agents principaux de la production et des modification du son.

§ 302. On a comparé l'appareil vocal à un instrument à cordes et à un instrument à vent. Il tient beaucoup plus du premier que du second. Dans la production des sons élevés, les cordes vocales plus tendues produisent des vibrations plus nombreuses, et augmentent en conséquence la hauteur du son. Ces cordes rappellent ainsi celles d'une harpe chargées de produire les notes élevées; en même temps le larynx est attiré dans l'arrière-bouche, les lèvres s'effacent, nous raccourcissons ainsi un peu le tube vocal, comme le joueur qui laisse libre un plus ou moins grand nombre de trous de son instrument à vent. Dans la production des sons graves, au contraire, les cordes vocales sont moins tendues, le larynx semble quelquefois s'abaisser dans la poitrine, nos lèvres s'avancent et nous allongeons ainsi le tube vocal; nous imitons de la sorte le joueur fermant tous les trous de sa flûte[2].

§ 303. L'appareil de la voix humaine réunit donc tous les avantages des divers instruments de musique; mais il est sans contredit plus merveilleux qu'aucun d'eux[3].

§ 304. Le larynx suffit, avec les divers degrés d'ouverture de la bouche, pour produire les voix auxquels on a donné le nom de *voyelles*. Le concours de certaines parties du tube

[1] Dans l'état de mort, l'air chassé dans le larynx par un soufflet ne produit aucun son.

[2] Rappelons ici quelques-unes des lois qui régissent les cordes tendues mises en vibrations :

1° Le nombre des vibrations de ces cordes augmente avec leur tension, dans la proportion de la racine carrée des poids qui les tendent ;

2° Avec une même tension, le nombre des vibrations d'une corde est en raison inverse de sa longueur.

[3] La voix présente dans son timbre des modifications diverses : de là les noms de *voix de poitrine*, à timbre plein et sonore ; *voix de fausset*, aux sons doux et flûtés.

vocal et particulièrement celui de la cavité buccale sont nécessaires pour la prononciation des *consonnes*.

§ 305. Les voyelles sont ce qu'on pourrait appeler les *cris de l'âme*; elles sont l'*expression des sentiments*; aussi abondent-elles dans les langues des sauvages et des peuples méridionaux, chez lesquels les impressions et les sentiments sont généralement plus vifs et semblent se ressentir de l'influence du climat. Les *consonnes* se trouvent en plus grande abondance dans le langage des peuples septentrionaux.

§ 306. On peut distinguer les consonnes en *labiales* (m, p, b)[1], ou produites par le seul mouvement des lèvres ; *dentales* (d, t), ou dues à l'action de la langue contre les dents ; *palatales* (l), provenant de la langue frappant le palais ; *gutturales*(g, k), dues au gosier ; *nasales* (m,n), à la production desquelles concourent les ondes sonores des fosses nasales ; *sifflantes* (f, h, j, s, v, x, z), dues au sifflement de l'air contre les diverses parties de la bouche.

§ 307. De la voix dans la série animale. — Inférieurs à l'homme, sous tous les rapports, et séparés de lui par des degrés infranchissables, les animaux n'ont point de véritable langage ; ceux d'entre eux qui ont une respiration pulmonaire, c'est-à-dire les mammifères, les oiseaux et les reptiles, jouissent seuls de la faculté de produire des cris, des sons. Eux seuls ont un larynx. Chez les *mammifères*, cet organe se rapproche plus ou moins de celui de l'homme ; les cordes vocales supérieures semblent parfois annihilées. Les modifications de leurs voix dépendent principalement des cavités situées au-dessus de la glotte[2]. Ainsi la voix singulière des

[1] Elles sont des plus faciles à prononcer, celles que l'enfant fait entendre les premières. Elles ne sont d'abord chez lui que l'expression de ses besoins ou de sa douleur ; il semble appeler ou invoquer le secours des êtres aux seins desquels la nature l'a confié ; aussi les doux noms de *mama* et de *papa* se retrouvent-ils dans le langage familier de presque toutes les langues.

[2] Ces modifications ont fait donner des noms particuliers à la voix

alouatés ou singes hurleurs, est due à des renflements vésiculeux de l'os hyoïde, communiquant avec les ventricules du larynx.

§ 308. Les *oiseaux* ont deux larynx : un *supérieur*, correspondant à celui des mammifères, souvent composé de cartilages incomplets, ne concourant chez plusieurs à la production des sons que d'une manière accessoire, et un larynx *inférieur*, placé vers l'origine des bronches, composé : 1° d'un renflement appelé *tambour*, situé à la partie inférieure de la trachée ; 2° de deux lèvres ou *cordes vocales* situées à la partie supérieure de chacun des orifices des bronches ; 3° et des muscles chargés de faire mouvoir les diverses parties de cet instrument. Le larynx inférieur est, surtout chez les animaux chanteurs, le véritable organe de la voix.

§ 309. Tous les animaux invertébrés n'ont point de voix ; plusieurs cependant, parmi les insectes surtout, produisent des bruits souvent très retentissants. Ceux-ci sont dus à des causes physiques ; les sauterelles font vibrer leurs élytres l'une sur l'autre ; les criquets râclent avec leurs jambes épineuses leurs ailes de parchemin ; les cigales font mouvoir, à l'aide de muscles particuliers, une membrane tendue comme celle d'un tambour de basque, et ces bruits divers, qui contribuent à donner de l'animation à nos campagnes, servent aussi à ces animaux de moyens de communication.

Système nerveux. Indication des parties qui le constituent essentiellement. — Nerfs moteurs et sensitifs. — Fonctions du système nerveux.

§ 310. Système nerveux [1]. — Les êtres animés jouissent tous de la faculté de sentir et de manifester par des mouve-

de certains animaux, on dit : l'aboiement du chien, le miaulement du chat, le hennissement du cheval, le mugissement du bœuf, le bêlement de la brebis, etc.

[1] On a donné le nom de *névrologie* à la branche de l'anatomie qui

ments volontaires qu'ils ont reçus les impressions communiquées par les corps environnants[1]. Ces deux facultés sont sous la dépendance de ce qu'on appelle *système nerveux.* On donne ce nom à l'ensemble de tous les nerfs et de tous les centres nerveux avec lesquels ceux-ci sont en communications[2].

§ 311. Indication des parties qui le constituent. — Notre appareil nerveux comprend deux systèmes particuliers, le *cérébro-spinal* et le *ganglionnaire.*

§ 312. Le *système nerveux cérébro-spinal* se compose de l'encéphale, de la *moelle épinière* et des *filets nerveux* naissant des diverses parties de son axe (fig. 36).

§ 313. La puissance créatrice a pris toutes les précautions pour prévenir les lésions qui pourraient arriver à cet organe délicat. Elle l'a logé dans un étui osseux, formé du crâne et de la colonne vertébrale. Au-dessous du crâne se trouvent trois membranes, appelées *méninges*[3], chargées d'entourer la matière nerveuse : la *dure-mère,* l'*arachnoïde* et la *pie-mère.*

§ 314. La *dure-mère,* la plus extérieure, est d'une nature fibreuse, très résistante ; elle présente dans son épaisseur des canaux appelés *sinus de la dure-mère,* destinés à servir de réservoir au sang veineux. Cette membrane adhère par divers points à la paroi interne du crâne et se prolonge, en forme de gaine cylindrique, dans le canal vertébral pour en tapisser la paroi.

s'occupe de diverses parties du système nerveux. On désigne sous le nom collectif d'*innervation* toutes les fonctions du système nerveux.

[1] Le savant professeur M. Faivre a montré que chez les grenouilles l'excitabilité des nerfs et des muscles augmente avant de commencer à s'éteindre.

[2] Le système nerveux agit sur les phénomènes chimiques de l'organisme vivant. On peut, en agissant sur les nerfs d'une glande ou d'un muscle, modifier la composition du sang veineux de ces organes, faire varier à volonté la couleur du sang, disparaître sa fibrine, augmenter ou diminuer la proportion du gaz acide carbonique.

[3] Méninges, du grec μενιγξ, membrane.

§ 315. L'*arachnoïde*, située au-dessous de la dure-mère, doit son nom à sa ténuité, qui l'a fait comparer à une toile

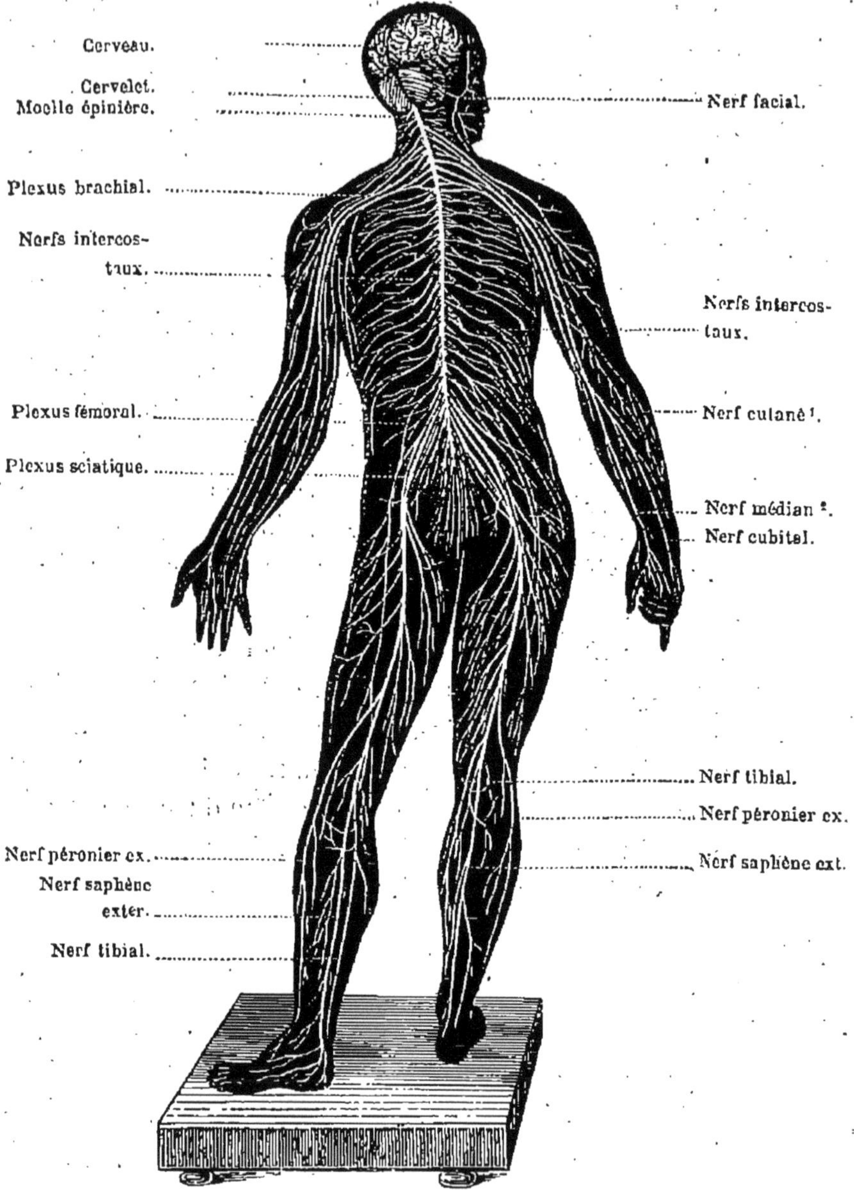

Fig. 36

1 Nerf cutané qui a rapport à la peau (nom donné à deux branches du plexus branchial.)

2 Nerf médian, nerf formé de la première paire dorsale et de sept et huit paires cervicales se distribuant au bras.

l'araignée. C'est une membrane séreuse, figurant un sac sans issue replié sur lui-même, et servant d'enveloppe à l'encéphale.

§ 316. La *pie-mère* est une trame cellulaire dans laquelle se ramifient une foule de vaisseaux sanguins pui pénètrent jusque dans les ventricules et font adhérer cette membrane à la matière nerveuse.

§ 317. On donne le nom d'*encéphale* à l'ensemble de toutes les parties du système nerveux comprises dans le crâne. Son tissu, d'une nature molle et pulpeuse, est formé de deux substances: l'une *blanche*, nommée *médullaire* ou *fibreuse*, occupant le centre de cet organe: l'autre *grise*, dite *corticale* ou *globuleuse*, plus particulièrement située à l'extérieur[1]. L'encéphale comprend le *cerveau*, le *cervelet* et la *protubérance annulaire* (fig. 37).

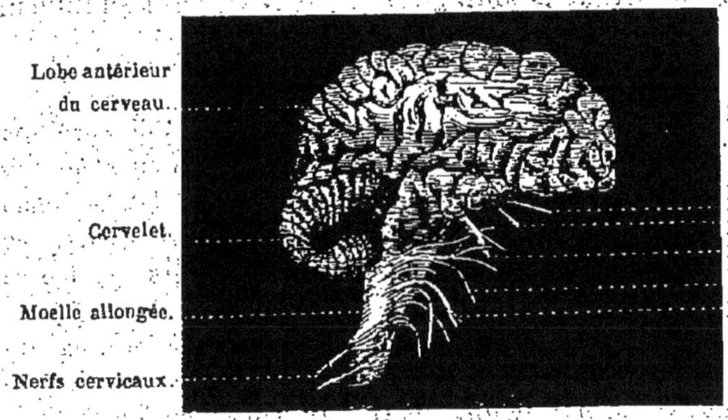

Fig. 37

§ 318. Le *cerveau*, la masse la plus considérable de l'encéphale[2], a la forme d'un ovoïde un peu comprimé sur les

[1] La substance grise paraît principalement l'élément générateur de la matière nerveuse, et la substance blanche, l'agent chargé de transmettre cette action.

[2] Il constitue environ les huit ou neuf dixièmes de l'encéphale ou de ce qu'on nomme ordinairement la *cervelle*.

côtés, aplati en dessous, et ayant sa grosse extrémité tournée en arrière. Sa face supérieure est convexe et chargée d'un grand nombre d'éminences arrondies et flexueuses, appelées *circonvolutions*, séparées par des sillons sinueux, nommés *anfractuosités*. Le cerveau est partagé longitudinalement en deux moitiés ou *hémisphères du cerveau*, par une scissure moins profonde dans son milieu, mais le divisant dans toute sa hauteur en avant et en arrière. Dans cette sorte de rainure, pénètre un repli de la dure-mère, auquel on a donné le nom de *faux cérébrale*, en raison de sa forme. Les hémisphères sont unis à leur base par une lame médullaire appelée *corps calleux* ou *mésolobe*; ils offrent chacun à leur côté externe trois saillies ou *lobes*[1].

Sa face inférieure[2] présente près de la ligne médiane des éminences arrondies ou *éminences mumillaires* et deux prolongements appelés *pédoncules du cerveau*, qui semblent sortir de sa substance pour se lier à la moelle épinière.

[1] Les deux *lobes antérieurs* sont situés sur les voûtes des orbites; les *moyens* sur les faces moyennes de la base du crâne; les *postérieurs* sur les replis membraneux séparant le cerveau du cervelet, et connu sous le nom de *tente du cervelet*. Les moyens et les postérieurs, peu séparés entre eux, sont considérés par quelques auteurs comme ne constituant qu'un seul lobe.

[2] La face inférieure du cerveau présente, d'avant en arrière, en suivant la ligne médiane : 1° l'*extrémité antérieure de la grande scissure médiane;* 2° la *partie antérieure du corps calleux;* 2° le *chiasma* ou *entrecroisement des nerfs optiques*; 4° le *tuber cinereum;* 5° la *tige* et le *corps pituitaire;* 6° la *protubérance annulaire;* 7° l'*extrémité postérieure du corps calleux;* 8° la *partie moyenne de la grande fente cérébrale*, séparant le cerveau du cervelet; 9° l'*extrémité postérieur de la grande scissure médiane.*

Le cerveau offre sur ses parties latérales : 1° la *scissure de Sylvius*, séparant le lobe moyen de l'antérieur; 2° la *face inférieure des lobes cérébraux;* 2° les *parties latérales de la grande fente cérébrale;* 4° l'*origine des douze premières paires de nerfs* ou *nerfs crâniens.*

Le cerveau reçoit de nombreux vaisseaux sanguins fournis par l'artère carotide interne et par la vertébrale. Ses veines aboutissent au sinus de la dure-mère.

Dans l'intérieur du cerveau se montrent trois cavités nommées *ventricules du cerveau*[1].

§ 319. Le *cervelet* doit son nom à la petitesse de son volume[2]; il est situé en arrière et au-dessous de la partie postérieure du cerveau. Il est, comme ce dernier, partagé par une rainure longitudinale en deux *hémisphères* ou *lobes* semblables. Sa surface est convexe et présente, au lieu de circonvolutions, des sillons[3] séparant les lames ou feuillets dont elle paraît composée. Quand on coupe verticalement ces hémisphères, la matière blanche présente dans son intérieur des

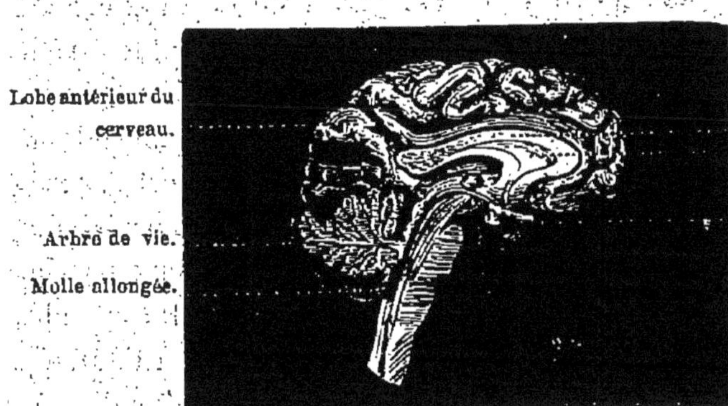

Fig. 38

sortes de ramifications constituant ce qu'on a appelé *arbre de vie* (fig. 38). Sa face intérieure, concave dans son milieu, embrasse en avant la *protubérance annullaire* et le commencement de la *moelle épinière*[4]. Le cervelet se continue

[1] A la partie antérieure et inférieure du corps calleux se trouve, entre deux lamelles, un petit espace triangulaire désigné sous le nom de *cinquième ventricule* ou *ventricule de Cuvier*; le quatrième ventricule étant celui du cervelet.

[2] Il égale en poids le huitième ou le neuvième du cerveau.

[3] La pie-mère s'introduit dans ces sillons, sur lesquels passe l'arachnoïde, et cette dernière est recouverte par la dure-mère.

[4] Entre ces dernières et la paroi de la partie médiane de la face inférieure du cervelet, existe un espace formant le quatrième ventricule ou le *ventricule du cervelet*. Il communique avec le ventricule moyen du cerveau par l'*aqueduc de Sylvius*.

avec cette dernière au moyen de deux prolongements gros et plus courts que ceux du cerveau, nommés *pédoncules de cervelet*[1].

§ 320. On appelle *protubérance annullaire*[2] *protubérance cérébrale*, *mésocéphale* ou *pont de Varoli*[3] une bande médullaire transversale, située inférieurement entre le cerveau et le cervelet, et servant de communication entre ces deux organes et la moelle épinière, à l'aide des quatre pédoncules (ceux du cerveau et ceux du cervelet) qu'elle embrasse.

§ 321. La *moelle épinière* est une sorte de gros cordon nerveux, faisant suite à l'encéphale dont elle semble être le prolongement[4]. Elle descend dans le canal vertébral, ordinairement jusqu'au niveau de la deuxième vertèbre lombaire, en présentant divers renflements[5]. Elle est creusée sur sa face antérieure et un peu moins sur sa postérieure d'un sillon qui la partage longitudinalement en deux parties symétriques, une à droite et une gauche; elle semble, par là, composée de deux cordons adossés l'un à l'autre[6].

La moelle épinière est protégée, comme l'encéphale, par des membranes formant le prolongement de la dure-mère et de l'arachnoïde[7]. Ces membranes constituent une gaine

[1] Le cervelet reçoit des artères fournies par l'*artère basilaire*. Ses veines aboutissent aussi au sinus de la dure-mère.

[2] Parce qu'elle embrasse, comme un anneau, les pédoncules du cerveau et du cervelet.

[3] Varoli, anatomiste italien, né à Bologne en 1543, mort à Rome à l'âge de trente-deux ans, l'avait comparé à un pont sous lequel se réunissent quatre bras d'un fleuve.

[4] Aussi a-t-elle été appelée par Chaussier *prolongement rachidien*.

[5] Le plus considérable s'étend depuis la cinquième vertèbre du cou jusqu'à la première du dos; un autre se trouve à l'origine des nerfs lombaires.

[6] On a donné le nom de *commissure grise centrale* à la partie qui unit ces deux cordons. Il existe encore deux petits sillons latéraux.

[7] On y remarque encore une troisième membrane qui semble être le prolongement de la pie-mère.

nie d'une manière très lâche avec la paroi interne du canal ertébral, afin de se prêter aux divers mouvements de flexion e la *colonne vertébrale*. La moelle épinière est séparée de ette gaine par un liquide destiné à prévenir les lésions que ourrait éprouver la matière nerveuse, dans les chutes ou ans les mouvements désordonnés du corps ; toutefois elle st liée à la dure-mère par de petits filets naissant d'un ordon longitudinal, appelé *ligament dentelé*.

La moelle épinière, comme le cerveau et le cervelet, se ompose aussi de deux substances, mais disposées en sens nverse de l'ordre qu'elles présentent dans l'encéphale. Ici, 'est la matière blanche qui est corticale, la grise qui est à 'intérieur[1].

§ 322. On donne généralement le nom de *moelle allongée* u de *bulbe rachidien*, à sa portion supérieure logée dans e crâne, et s'étendant depuis la protubérance annulaire jusqu'au trou occipital. Le bulbe rachidien présente des renflenents ou éminences, savoir : deux à la face antérieure, de haque côté de la ligne médiane *(corps pyramidaux)*[2] ; leux en dehors *(corps olivaires)* ; deux à la face inférieure *corps restiformes)*.

La moelle allongée exerce sur la vie un rôle d'une imortance extrême. C'est dans un point très borné de cette noelle, immédiatement au-dessus de l'origine des nerfs

1 On donne le nom de *myélite* à l'inflammation de la moelle épinière. a myélite, suivant qu'elle a son siège dans les faisceaux postérieurs ou ntérieurs de la moelle, affecte la sensibilité ou le mouvement des paries où se rendent les nerfs naissant du point enflammé ; elle peut les ffecter tous les deux.

2 Chaque pyramide se divise inférieurement en deux ordres de faiseaux, dont le plus interne se partage à son tour en trois ou quatre ranches qui s'entrecroisent une à une en descendant, de telle sorte que es faisceaux du côté droit vont concourir à former le cordon latéral auche de la moelle et réciproquement ; et dont l'autre, plus externe, uivant directement sa marche descendante, s'unit : le droit, au cordon atéral droit, et le gauche, au cordon latéral gauche de la moelle piniére.

pneumo-gastriques, que se trouve le *nœud vital*[1], premier moteur de tout le système nerveux et tenant par conséquent sous sa dépendance l'existence de l'individu.

§ 323. Nerfs. — Les nerfs qui naissent de l'axe cérébro-spinal sont composés de fibres plus ou moins ténues qui, après leur sortie des diverses parties de cet axe, se réunissent en faisceaux appelés *racines des nerfs*. Ces racines ne tardent pas à converger pour constituer des cordons formés de filaments indépendants les uns des autres[2], cordons qui

[1] Flourens a eu la gloire de déterminer d'une manière précise la partie de la moelle allongée dans laquelle se trouve le *nœud vital*, c'est-à-dire le point très circonscrit dans lequel la matière nerveuse ne peut être détruite ou enlevée, sans qu'il n'y ait mort instantanée. Ce nœud vital est double ou formé de deux parties ou moitiés, réunies sur la ligne médiane. Sa limite supérieure passe sur le *trou borgne;* sa limite inférieure, sur le point de jonction des *pyramides postérieurs;* de l'une à l'autre de ces limites, il y a à peine une ligne. La place du nœud vital est donc marquée par le V *de substance grise;* mais ce V de substance grise peut être enlevé sans que l'animal s'en ressente. On peut même percer la moelle allongée entre les deux moitiés du nœud vital, sans voir surgir aucun accident grave, pourvu que les moitiés ne soient point lésées ou le soient très peu. Si, au contraire, ces deux moitiés sont coupées ou détruites; si elles le sont toutes deux dans une égale étendue, dans l'étendue de 2 millimètres 1\2 chacune, la mort est instantanée.

En coupant transversalement la moelle allongée au-dessus du *trou borgne*, les mouvements respiratoires du thorax subsistent. En la coupant en arrière du point de jonction des pyramides postérieures, les mouvements respiratoires de la face (le mouvement des narines et le bâillement) subsistent et ceux du thorax sont abolis (V. *Comptes Rendus hebd. des séances de l'Acad. des sc.*, t. XXXII (1851), p. 437 et 439, et t. XLVII (1858), p 803 à 809, pl., fig. 1 à 6.

[2] Les troncs nerveux se divisent en fibres plus fines que les fibrilles musculaires. Ces fibres nerveuses sont constituées par une enveloppe hyaline, nommée *névrilème*, et par une sorte de moelle qui la remplit. Au centre du tube, est un filament très ténu, qu'on appelle *cylindre-axe* et qui est la partie conductrice et vraiment essentielle de l'élément nerveux.

Le cylindre-axe de la fibre motrice prend naissance dans la moelle, dans une cellule nerveuse spéciale (cellule motrice), et se termine, à son

se divisent successivement en branches et en rameaux et semblent à leur extrémité se perdre dans la substance des organes. On en compte quarante-trois paires : les douze premières [1] tirent leur origine de la partie de l'axe cérébro-spinal logée dans le crâne ; ils sortent par des trous situés à la base de cette boîte osseuse ; aussi ont-ils reçu le nom de

extrémité périphérique dans le muscle, en formant une intumescence. Le cylindre-axe de la fibre sensitive commence dans la peau ou toute autre partie sensible du corps et vient s'insérer au centre dans une cellule spéciale (cellule sensitive) ; aussi l'élément nerveux sensitif meurt-il du centre à la périphérie, et le moteur de la périphérie au centre. Le curare, poison américain, à l'aide duquel M. Bernard a fait de si belles expériences, sert à distinguer l'élément moteur du sensitif. Il attaque la fibre nerveuse motrice par son extrémité périphérique, et non par son extrémité centrale. Ainsi, en liant les vaisseaux qui arrivent à l'extrémité musculaire du nerf moteur, l'animal n'est pas empoisonné, quoique le sang qui arrive dans la moelle épinière le soit. Le nerf sensible conserve ses propriétés.

La strychine, au contraire, paralyse l'élément nerveux sensitif ; elle l'attaque par son extrémité centrale ou médullaire.

Le curare isole également les propriétés contractiles du muscle, de la propriété motrice du nerf ; il fait perdre au nerf moteur sa propriété physiologique, tandis que le muscle la conserve intacte.

1 1° Le *nerf olfactif*, se rendant à l'organe de l'odorat ; 2° le *nerf optique*, pénétrant dans le globe oculaire ; 3° le *nerf moteur oculaire commun*, se distribuant à la paupière supérieure et à plusieurs muscles de l'œil ; 4° le *nerf pathétique*, qui se porte au muscle grand oblique de l'œil ; 5° le *nerf trifacial*, divisé en trois branches, dont l'une ou l'*ophtalmique*, se rend à l'orbite ; l'autre, ou la *maxillaire supérieure*, qui s'épanouit dans la joue et le canal dentaire supérieur ; la troisième, ou *maxillaire inférieure*, se rend à la partie inférieure de la face à la langue et aux dents de la mâchoire inférieur ; 6° le *nerf moteur oculaire, externe*, aboutissant aux muscles de l'œil ; 7° le *nerf facial*, qui s'épanouit sur la face et qui fournit des filets à l'oreille et à la glande parotide ; 8° le *nerf acoustique* ou *auditif*, qui pénètre dans diverses parties de l'oreille ; 9° le *glosso-pharyngien* qui se porte à la base de la langue et au pharynx ; 10° le *pneumo-gastrique* qui fournit des rameaux au cou, à la poitrine, à l'abdomen ; 11° le *nerf spinal* qui met en jeu les organes producteurs de la voix ; 12° le *nerf hypoglosse* qui anime les muscles de la langue.

nerfs crâniens. Ils se rendent principalement aux organes des sens et à celui de la voix.

Les trente et une autres paires [1], partant de la moelle épineuse, ont été appelées *nerfs spinaux* ou *rachidiens* (fig. 39); ils sortent par des trous situés de chaque côté de l'épine dorsale, entre les vertèbres. Leurs racines, forment de chaque côté de la moelle, deux rangées longitudinales : l'une devant, l'autre derrière. Ces racines antérieures et postérieures ne tardent pas à converger pour constituer les nerfs qui se rendent à la peau et en général aux organes soumis à la volonté.

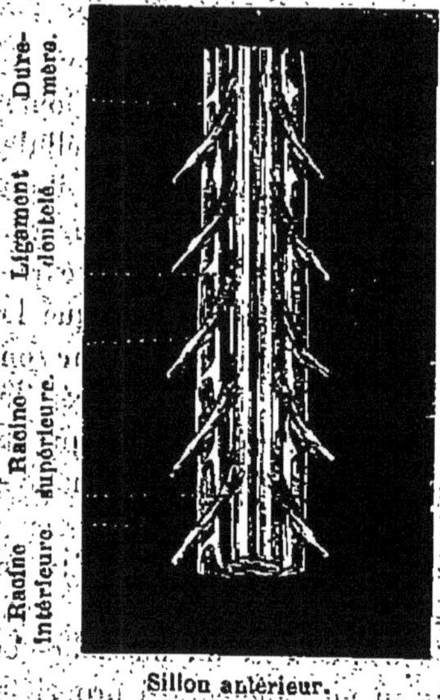

Dure-mère.
Ligament dentelé.
Racine supérieure.
Racine intérieure.
Sillon antérieur.

Fig. 39.

§ 324. Nerfs moteurs et sensitifs. — Les nerfs n'ont pas tous dans le corps le même rôle à remplir. Les uns, chargés d'animer les muscles, ont pour mission de présider à leurs contractions; aux autres a été confié le soin mystérieux de transmettre les sensations. Les uns sont donc *moteurs* [2]; les autres *sensitifs* [3]. Ainsi parmi les nerfs crâniens, le *pathétique* fait tourner obliquement le globe oculaire et l'*hypoglosse* permet à la langue de se porter dans les diverses parties de la

[1] Le *nerf sous-occipital* se distribuant aux muscles du cou; sept nerfs *cervicaux*, dont les quatre derniers forment, avec la branche antérieure du *premier dorsal*, le plexus brachial, d'où partent des filets qui se rendent à la poitrine, au dos et aux diverses parties des membres antérieurs; douze nerf *dorsaux*, cinq nerfs *lombaires*, six nerfs *sacrés*.

[2] Les nerfs moteurs partent des cellules motrices des centres nerveux pour aboutir aux muscles et sont nommés *centrifuges*.

[3] Les nerfs sensitifs transmettent les impressions des surfaces qui les reçoivent de la peau et des organes des sens aux cellules sensibles des centres nerveux et sont appelés *centripètes*.

bouche; tandis que les nerfs *olfactif*, *auditif* et *optique* sont essentiellement sensitifs. Mais chacun a son emploi particulier; l'agent qui agit sur l'un ne produit aucune impression sur l'autre. Des deux racines par lesquelles naissent les nerfs spinaux, l'antérieure est composée de fibres destinées aux mouvements musculaires; les postérieures, au contraire, sont formées de filaments uniquement propres à la sensibilité[1].

§ 325. Mais dans les filets nerveux ne réside ni la faculté motrice ni le siège de la sensibilité. Pour s'en convaincre, il suffit de couper les nerfs se rendant au membre d'un animal; ce membre est aussitôt frappé de *paralysie*, c'est-à-dire privé de mouvement et de sensibilité. La même expérience sur les diverses régions de la moelle épinière produirait le même résultat sur toutes les parties recevant des branches de ce tronc spinal. Les nerfs sont donc seulement des agents chargés de recevoir l'impression produite par un corps étranger et de la transmettre au centre chargé de la percevoir, c'est-à-dire à l'encéphale. Et, chose singulière, ces fils conducteurs sont doués d'une sensibilité extrême, tandis que le cerveau, siège particulier de la perception des sensations, n'est lui-même pas sensible.

§ 326. Outre le système cérébro-spinal, l'homme, avons-nous dit, possède un *système nerveux ganglionnaire*[2]. Celui-ci est composé d'une série de masses ou de centres médullaires, appelés *ganglions*, disposés généralement par paires, et symétriquement, de chaque côté de la ligne médiane du corps, depuis la tête jusqu'à l'abdomen[3]. Ces sortes de pelotons nerveux sont unis entre eux par des filets nombreux

[1] Ces racines postérieures, au sortir de la moelle, traversent un ganglion nerveux.

[2] Nommé aussi grand sympathiqu...

[3] On en compte au moins 56 disposés par paires, savoir : 2 à la tête, au cou, 13 à la poitrine, 1 à l'abdomen, 5 à la région lombaire, ou 4 à la région sacrée.

qu'ils s'envoient réciproquement, et qui se rattachent au système cérébro-spinal par les ramuscules qu'ils en reçoivent. Grâce à ces relations cachées, ce lacis ganglionnaire se ressent souvent, par sympathie [1] des impressions qui affectent l'autre système.

§ 327. FONCTIONS DU SYSTÈME NERVEUX. — De tous nos organes, le système nerveux est celui qui est appelé aux emplois les plus élevés et les plus merveilleux ; il est chargé d'animer tous les autres, de porter son action sur toutes les parties susceptibles de mouvement ou de sensibilité ; il tient sous sa dépendance toutes les fonctions de la vie ; il est le mystérieux intermédiaire entre l'âme et le corps.

Les deux arbres dont il se compose, malgré les liens qui les unissent pour les faire concourir avec l'âme à l'unité de la vie, conservent néanmoins chacun une assez grande indépendance. Sans pouvoir fixer d'une manière précise les bornes de leur action, le ganglionnaire, toujours actif, entretient sans cesse le jeu du cœur et des autres organes qui se rattachent aux diverses fonctions de la nutrition, fonctions qui, par une prévoyance admirable de la Providence, s'exécutent sans le concours de notre volonté ; l'autre ou le cérébro-spinal, pour lequel le repos et le sommeil sont nécessaires, semble particulièrement destiné à toutes les sensations et à tous les actes soumis à la volonté. Ce dernier a plus de rapport avec l'intelligence : le premier, avec le sentiment.

§ 328. Suivant les expériences de M. Flourens [2], la moelle allongée serait le siége du principe qui préside au mécanisme de la respiration ; les tubercules quadrijumeaux, le siége

[1] Quand, par exemple, au sortir d'un repas, on reçoit brusquement une nouvelle atterrante, la digestion peut s'arrêter subitement, parce que le système nerveux ganglionnaire s'est ressenti de l'impression douloureuse qui a affecté le cérébro-spinal ; de là le nom de *nerf grand sympathique* donné au système nerveux ganglionnaire du corps humain.

[2] V., sur ce sujet et sur tout ce qui regarde l'instinct et l'intelligence, le bel article de M. Flourens, inséré dans le *Dictionnaire universel d'Histoire naturelle* publié par M. Ch. d'Orbigny, article Instinct.

u principe du sens de la vue; le cervelet, le siège qui coordonne les mouvements de locomotion ; les hémisphères du erveau, le siège des instincts [1], de l'intelligence [2] et de la aison.

[1] L'instinct est un penchant intérieur qui porte à faire naturellement u spontanément, c'est-à-dire sans instruction et sans expérience, des ctes utiles ou nécessaires à la conservation de l'individu ou à celle de 'espèce. L'instinct varie suivant les animaux, mais il est identique dans es mêmes espèces Ainsi, parmi les araignées, les épéires, habiles à contruire des toiles, ne sauraient, comme les mygales, se creuser des galeries outerraines. L'instinct ne fait point de progrès ; il est développé en ens inverse de l'intelligence. L'homme adulte a conséquemment peu l'instinct.

Les animaux les plus inférieurs, ceux chez lesquels la matière nerveuse est peu distincte et semble plutôt fondue dans l'organisme que onstituer un système particulier, ne paraissent avoir que des incitaions organiques, des mouvements presque automatiques ; mais à mesure qu'on s'élève dans la série de ces êtres, on les voit manifester successivement des sensations instinctives, puis un instinct plus ou moins admirable.

Tous les animaux, cependant, malgré l'opinion de divers philosophes ne sont pas réduits à l'instinct. Un grand nombre d'entre eux montrent une faculté plus élevée qui peut se développer chez l'individu, et que, faute d'expression plus convenable, on a nommée *l'intelligence des bêtes*, mais qui ne saurait être comparée à l'intelligence véritable que Dieu a départie à notre espèce. M. Flourens nous semble, plus nettement que tous les philosophes, avoir indiqué les limites précises existant entre cette ombre d'intelligence et celle de l'homme. L'animal, a-t-il dit, ne sort jamais du physique, il ne s'élève pas jusqu'au métaphysique, il a des sensations et n'a pas des idées.

[2] L'homme, en arrivant à la vie, semble réduit à des facultés instinctives. Peu à peu, l'intelligence d'abord, puis la raison, se développent en lui : l'intelligence *(intus, legere)*, ou cette lumière qui nous éclaire sans efforts : la raison (*ratio*, se rendre raison), ou cette intelligence plus active, plus pénétrante, qui exige de notre part un certain travail pour en suivre le flambeau, et pour arriver avec son aide à la découverte de la vérité.

Notre âme dans le plein exercice de ses facultés se manifeste donc de diverses sortes. Elle sent, elle conçoit, elle veut. En même temps qu'elle reçoit les impressions de choses extérieures, son intelligence et sa raison lui permettent de produire des actes variés. Tantôt cette dernière, sous le nom de sagesse, cherche à s'élever jusqu'à la connaissance et à l'amour de Dieu, en remontant aux premiers principes; tantôt prenant

§ 329. Du système nerveux dans la série animale. — Tous les animaux vertébrés (mammifères, oiseaux, reptiles et poissons), ont un système nerveux ganglionnaire et un système nerveux spino-cérébral plus ou moins semblable à celui de l'homme.

Chez les mammifères et les oiseaux, les lobes cérébraux sont encore la partie la plus volumineuse de l'encéphale; mais déjà chez quelques-uns des premiers, les hémisphères manquent de circonvolutions et le corps calleux fait défaut chez les marsupiaux. Ces exceptions deviennent des règles générales chez les oiseaux. Chez ces derniers, les tubercules sont bijumeaux au lieu d'être au nombre de quatre.

Chez les reptiles et les poissons, l'encéphale est peu développé et manque de circonvolutions. Le cervelet est petit.

Les invertébrés n'ont plus qu'une sorte de système nerveux ganglionnaire, mais qui représente, chez une partie au moins de ces animaux, les deux systèmes nerveux des ver-

ceux-ci pour point de départ, elle cherche à en tirer les conséquences les plus éloignées. Elle nous dirige alors dans la voie du *vrai* par l'entendement et le jugement; elle nous montre sous le nom de conscience, la moralité de nos pensées et de nos actions, et conduit notre volonté au *bien;* elle élève notre imagination au plus haut degré que puisse atteindre le goût en morale et en esthétique, et nous révèle les sources du *beau.*

La sensibilité, l'intelligence avec la raison, et la volonté, sont donc les facultés dont notre âme est douée pour entrer en rapport avec le monde, avec elle-même et avec Dieu. Ces facultés sont sous la dépendance de l'élément nerveux sensitif.

La raison nous sert à régler les opérations de l'âme. Elle nous fait distinguer la vérité de l'erreur, le bien du mal. Quand nous sommes assez sages ou assez heureux pour ne pas laisser les passions [1] obscurcir sa lumière, quand surtout elle prend pour guide la foi, elle nous fait trouver la véritable liberté, la paix et le bonheur.

[1] V., sur ces mouvements ou besoins déréglés, le beau livre de M. le docteur Descuret intitulé : *la Médecine des Passions*, ouvrage reproduit dans presque toutes les langues.

ébrés. Ici, il est formé par une série de ganglions ou renflements liés entre eux et fournissant des nerfs à toutes les parties du corps.

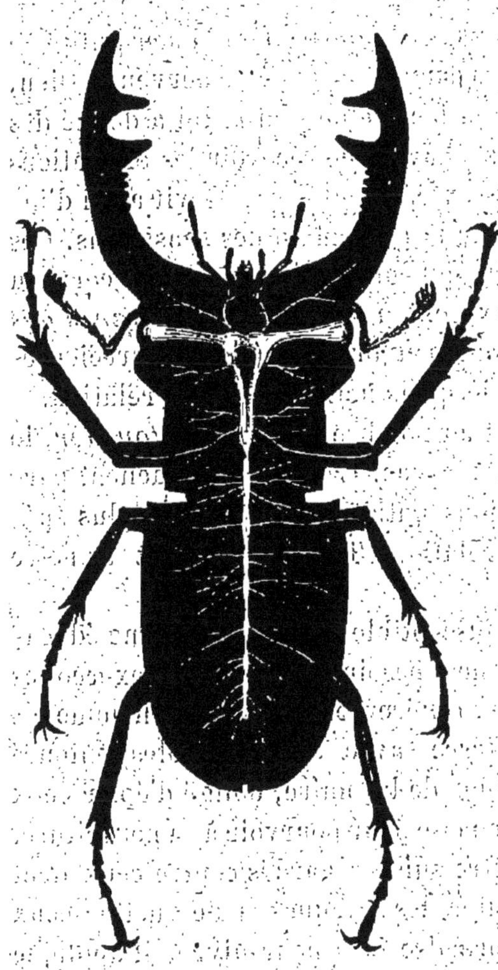

Fig. 40

Chez les articulés, ce système nerveux est symétrique. Tantôt il constitue sur la ligne médiane une double chaîne de masses médullaires ; tantôt celles-ci se réduisent à une chaîne unique. Au-devant de cette série simple ou double de pelotons nerveux, se montre un ganglion s'avançant vers la tête ou pénétrant dans son sein et paraissant représenter le cerveau. Ce ganglion céphalique est placé au-dessus de l'œsophage, tandis que le reste, qui est situé au-dessous, se relie à ce premier par un collier œsophagien (fig. 40).

Chez les mollusques, la chaîne ganglionnaire est déjà moins symétrique. Chez les premiers rayonnés, le système nerveux se simplifie encore ou se montre plus incomplet ; chez les derniers, il finit par n'être plus appréciable à nos moyens d'investigation, et la matière nerveuse semble fondue dans l'organisme.

Organes des sens. — Organes du toucher, du goût et de l'odorat.

§ 330. Organes des sens. — L'appareil de la sensibilité ne se borne pas aux diverses parties du système nerveux. Dieu, en douant l'homme de la faculté de sentir, lui a donné des instruments particuliers chargés de recevoir les excitations produites par les agents extérieurs, et de servir ainsi d'intermédiaires à l'âme pour la perception des sensations. Ces merveilleux conducteurs, qui communiquent avec le cerveau à l'aide de filets nerveux, ont reçu le nom d'*organes des sens*. Avec leur aide, nous pouvons apprécier les précieuses qualités des corps avec lesquels nous sommes en relation.

§ 331. Les sens sont au nombre de cinq : le *toucher*, le *goût*, l'*odorat*, l'*ouïe* et la vue. Les uns se rattachent particulièrement aux fonctions nutritives, les autres plus spécialement à la vie de relation. Tous concourent à notre conservation.

§ 332. Les sens sont susceptibles de recevoir une éducation variable suivant nos besoins. Le sauvage exerce les siens d'une manière bien différente de celle de l'homme civilisé. Souvent en guerre avec ses semblables, entouré parfois d'animaux capables de lui nuire, obligé d'épier ceux auxquels il doit faire la chasse pour pourvoir à sa nourriture, forcé par conséquent d'être sur ses gardes contre ceux dont il peut avoir à redouter les attaques et de guetter ceux qu'il a intérêt de surprendre et à poursuivre, il applique ses yeux à voir de loin, ses oreilles à entendre à de grandes distances; il acquiert une vue plus perçante et plus étendue, une ouïe plus subtile, uu odorat souvent plus fin. Mais, en revanche, il est insensible aux beautés artistiques qui charment nos regards, aux sons mélodieux qui enchantent nos oreilles; il ignore ces jouissances intellectuellee réservées à l'homme civilisé, vivant sans inquiétude pour sa sûreté, à l'abri des lois protectrices de son pays. Ce dernier lui-même montre un développement de ses sens, qui varie suivant la profession à laquelle il doit se livrer [1].

§ 333. Les sens semblent s'enrichir de la perte de l'un d'eux, par suite de l'éducation plus perfectionnée donnée forcément à ceux qui restent. Qui ne sait combien l'ouïe et le toucher deviennent plus délicats chez les aveugles [2] ? quelle finesse de perception acquiert souvent la vue chez ceux qui sont sourds ?

§ 334. L'homme, réservé à une autre vie qu'à celle des sens, est souvent moins bien partagé sous ce rapport que certains animaux. Sa vue est moins perçante que celle du faucon; son odorat moins développé que celui du chien ; son ouïe moins fine que celle du lièvre. Il n'en est pas moins, par son intelligence et par sa pensée, le roi et le dominateur de tous les êtres terrestres.

Examinons donc chacun de nos sens en particulier.

§ 335. Organes du toucher. — Le toucher est le sens qui nous permet d'apprécier diverses qualités des corps avec lesquels le nôtre est en contact, telle que leur forme, leur surface, leur étendue, leur volume, leur consistance, leur température, etc.

On confond souvent avec le toucher le *tact* ou sensibilité tactile [3]. A l'aide des filets nerveux aboutissant à toutes les parties de notre enveloppe extérieure, nous jouissons, par l'intermédiaire de celle-ci, de la faculté de sentir la présence des corps immédiatement en contact avec elle. Nous pouvons même juger jusqu'à certain point de quelques-unes de leurs qualités, de leur température et de leur consistance, par exemple; mais ce n'est là qu'un toucher obtus ou passif.

1 Ainsi les protes ou correcteurs d'imprimerie, deviennent habiles à apercevoir les fautes typographiques ; les fabricants de tous genres, à découvrir les imperfections de leurs produits manufacturés; les dégustateurs de vins, à connaître les divers crus, l'année de la récolte, etc.

2 Quelques-uns deviennent assez habiles pour lire avec les doigts à l'aide de livres ayant des lettres en relief.

3 Nommé aussi sensibilité générale, toucher passif.

Le toucher véritable est un tact perfectionné qui nous met en état de nous faire une idée de la forme et des diverses autres qualités physiques des corps. Ce sens ne peut donc s'exercer qu'à l'aide d'organes spéciaux, propres à se mouler, pour ainsi dire, sur les objets que nous palpons. Ces organes sont la main et surtout l'extrémité des doigts.

Nos mains, qui terminent nos membres supérieurs, offrent dans la liberté complète dont elles jouissent, dans la convexité de leur paume, dans la longueur, la flexibilité et l'indépendance des doigts, dans l'angle servant à soutenir la plupart de ceux-ci et à rendre plus facile l'exploration des objets, surtout dans la faculté qu'a le pouce de s'opposer à tous les autres doigts, une admirable disposition pour servir à la préhension. Les papilles nerveuses qui viennent en grand nombre s'épanouir à l'extrémité des doigts, le peu d'épaisseur et la souplesse de l'épiderme qui recouvre cette partie, le tissu élastique sur lequel repose le derme, en font le siège d'un toucher très délicat. Mais la main n'est pas seulement un objet de toucher ou de préhension; c'est un organe à la disposition de notre intelligence. Dans les travaux qui ressortent de l'industrie, elle produit des choses admirables. Dans les arts, elle parle à l'âme soit à l'aide de sons merveilleux qu'elle tire d'un instrument, soit à l'aide des chefs-d'œuvre que la palette du peintre ou le ciseau du sculpteur produisent sur la toile ou avec le marbre. Enfin, par un avantage plus merveilleux, elle donne sur le papier ou sur la pierre un corps à la pensée, et crée ainsi les moyens de répandre au loin cette dernière et de la transmettre aux siècles à venir.

La peau, comme siège de la sensibilité tactile, mérite une étude toute particulière.

§ 336. *Structure de la peau.* — L'enveloppe extérieure du corps porte le nom de peau[1]. Elle se compose de

[1] On donne le nom de *membrane muqueuse* à celle qui revêt les cavités du corps qui communiquent avec l'extérieur.

deux couches principales : le *derme* ou *chorion*, et l'*épiderme*[1].

§ 337. L'*épiderme* est la couche superficielle de la peau. C'est une membrane insensible, semi-transparente, formée par les enveloppes aplaties des cellules actives des corps muqueux qui se renouvellent incessamment ; c'est une sorte de vernis sécrété par le derme, et principalement formé par la matière muqueuse sous-jacente qui s'est desséchée au contact de l'air. Cet organe protecteur est destiné à empêcher la trop grande évaporation des fluides du corps, à modérer les violences auxquelles celui-ci pourrait être exposé de la part des corps étrangers, à empêcher l'absorption des matières dangereuses avec lesquelles notre peau pourrait se trouver en contact. L'épiderme, par une disposition admirable, se développe suivant nos besoins. Ainsi, dans les profondeurs du tube digestif où l'influence de l'air ne se fait pas sentir, il est peu distinct ; dans les points de notre corps protégés par nos vêtements, il est plus ou moins mince ; il devient, au contraire, d'une épaisseur d'autant plus considérable que les parties qu'il recouvre sont exposées à plus de frottements, comme le talon, et la paume de la main des ouvriers livrés des travaux plus ou moins rudes.

L'épiderme présente à sa surface ces *pores* ou petites ouvertures servant de passage à la sueur ; d'autres laissent sortir les poils ou fluer la matière onctueuse sécrétée par les follicules sébacés.

§ 338. Le *derme* est la couche la plus profonde et la plus épaisse de la peau. On le divise souvent en deux ou trois couches principales : 1° le *derme* proprement dit, ou *chorion;* 2° le *corps papillaire ;* 3° le *corps muqueux*. Le chorion constitue un tissu fibreux, assez élastique, très résistant. Il s'unit aux parties sous-jacentes par une couche variablement épaisse de tissu cellulaire, quelquefois à des muscles nommés pour

[1] L'épaisseur de la peau tient à celle du derme.

cette raison *muscles peaussiers*[1]. Sa surface est hérissée de petites aspérités rougeâtres appelées *papilles de la peau*[2], et qui sont le siège du toucher, quand elles reçoivent un filet nerveux. A cette partie de la peau se rattachent, outre les ramuscules nerveux, des vaisseaux sanguins, des vaisseaux lymphatiques, le corps muqueux[3] et le *pigmentum*[4] ou matière colorante, à laquelle la peau doit sa couleur.

Dans le derme sont logés les organes sécréteurs des *poils*, de la sueur (§ 211) et de la *matière sébacée* (§ 212).

Les premiers consistent en des espèces de sacs tubuleux, formés d'une enveloppe blanche ou fibreuse, intérieurement revêtue d'une membrane qui paraît être une continuation du réseau muqueux de la peau. Dans le fond de chacun de ces sacs se trouve une papille ou bourgeon appelé *bulbe pilifère*, recevant des ramuscules nerveux et des vaisseaux sanguins, Grâce à ceux-ci, ce follicule sécrète la matière muqueuse ou cornée qui forme le poil en se desséchant. Les produits les plus nouveaux de cette sécrétion poussent en dehors les plus anciens, et le poil en sortant prend la forme de l'orifice du sac pilifère.

§ 339. Les *ongles* paraissent avoir une origine analogue à celle des poils, ou, selon d'autres, à celle de l'épiderme ; ils semblent dus à des organes pilifères dont les produits se soudent ensemblent, pour constituer ces lames cornées qui protègent l'extrémité des doigts et des orteils.

§ 340. Du toucher dans la série animale. — Ce sens, chez les animaux, en raison de l'épaisseur de leurs téguments, des poils, des plumes, des écailles, etc., dont leur peau est couverte, est ordinairement réduit à une sensibilité tactile. Quand il acquiert plus de développement, il est loin d'avoir

1 Comme ceux qui font plisser la peau du front.

2 Elles semblent un prolongement érectile du corps vasculaire.

3 Le corps muqueux forme les couches les plus profondes et non desséchées de l'épiderme.

4 Le pigment est une partie moitié fluide, moitié solide.

jamais la perfection qu'il a chez l'homme. Chez les singes même, qui par leurs formes extérieures se rapprochent davantage de la nôtre, les pattes, quoique susceptibles de préhension ne sont pas faites pour un toucher délicat. Les doigts ont des mouvements à peine indépendants ; le pouce, d'une petitesse ridicule, peut difficilement s'opposer aux autres, et la paume, destinée ordinairement à la progression, est revêtue d'un épiderme calleux, qui se moule difficilement sur les corps étrangers.

Le siège du toucher varie chez les animaux. Chez les quadrumanes, il réside généralement dans leurs pattes préhensiles. Chez quelques-uns de ces êtres, dont la queue est *prenante*, c'est-à-dire susceptible de s'enrouler aux branches des arbres, cet organe jouit, surtout vers son extrémité, d'une sensibilité suffisante pour avertir l'animal de la nature ou de quelques autres qualités physiques des corps auxquels ce prolongement mobile va se fixer. Parmi les autres vertébrés, le toucher a pour organe : l'extrémité, de la trompe, chez l'éléphant, le tapir, le porc, la taupe, etc. ; les lèvres, chez les solipèdes et les ruminants ; les barbillons ou filaments situés près de l'ouverture buccale, chez les poissons ; la langue, chez les fourmiliers, les torcols, les colibris, les caméléons ; le bec, chez les oiseaux, particulièrement chez ceux qui doivent barboter dans la vase, comme les canards, et il offre à sa partie antérieure une nature pulpeuse favorable à ces sortes de perquisitions ; quelquefois enfin, comme chez les serpents qui s'enroulent autour de leurs victimes, il a pour organe tout le corps. Parmi les animaux invertébrés, les uns, comme les condylopes, ont la peau plus ou moins solide, constituant une espèce de squelette tégumentaire et par conséquent peu favorable à la perception du toucher ; mais les antennes et les palpes en sont des organes plus délicats. Chez les autres, comme les mollusques dont la peau nue et humide semblerait mieux disposée pour la jouissance de ce sens, la perception en devient plus obtuse ou moins localisée. Les poulpes, cependant, et les autres céphalopodes, pourvus de tentacules charnus, semblent plus favorisés sous ce rapport.

§ 341. La peau des animaux offre des modifications très diverses suivant leur genre de vie. Nous avons dit combien la Providence avait été attentive à aller sous ce rapport au-devant de leurs besoins[1]. Ainsi elle est ordinairement garnie de poils chez les mammifères; couverte de plumes[2] chez les oiseaux; protégée par des *squammes* ou fausses écailles chez divers reptiles[3]; par des plaques osseuses chez les tortues; tandis qu'elle reste nue et muqueuse chez les batraciens, et habituellement garnie d'écailles chez les poissons[4].

La peau des invertébrés qui sert à remplacer le squelette des vertébrés, sous le rapport des points d'attache à fournir aux muscles, offre toutes les différentes transitions entre la consistance la plus solide et la molesse la plus grande. Chez les articulés, chezles condylopes surtout, destinés à exécuter des mouvements plus précis et plus variés, la peau se compose aussi d'un derme, d'un corps muqueux et d'un épiderme; mais elle s'encroûte de matières minérales et présente une substance animale nommée *entoméléine* ou *chitine*, insoluble dans la potasse caustique[5]. Chez les autres invertébrés, elle est ordinairement molle et flexible; mais souvent dans son épaisseur se forment des substances pierreuses[6].

§ 342. Organes du gout. — Le goût est chargé de nous faire connaître la saveur des corps. On donne le nom de

[1] V. *Zool.*, § 52 et 53.

[2] Les plumes se produisent comme les poils dans des organes sécréteurs logés dans le derme, et appelés *capsule*. Celle-ci croit pendant toute la durée du développement de la plume; mais à mesure que sa base s'allonge, son extrémité se flétrit. Chaque capsule est formée d'une gaine pourvue d'un bulbe recevant des filets et des vaisseaux sanguins. Ce bulbe, après avoir fourni le produit nécessaire aux barbes et à la tige de la plume, se flétrit et laisse dans l'intérieur du tube ces sortes de cônes membraneux appelés l'*âme de la plume*.

[3] *Zool.*, § 288. — [4] *Zool.*, 342, 343. — [5] *Zool.*, § 412. — [6] *Zool.*, § 544.

saveur, à l'impression produite sur ce sens par certains corps. Pour qu'un corps soit *sapide*, il faut qu'il soit soluble.

Le goût est donc encore une sorte de toucher, puisque pour en jouir il faut que les éléments sapides soient mis en contact avec les filets nerveux chargés de transmettre au cerveau l'impression des saveurs. Il a été placé à l'entrée du tube digestif, comme une sentinelle avancée, pour nous avertir des qualités des matières prêtes à passer dans le canal alimentaire.

§ 343. Le goût a pour siège principal ou particulier la *langue*. Celle-ci est formée de muscles pouvant lui faire prendre diverses configurations [1]. Elle reçoit de nombreux vaisseaux sanguins et différents nerfs [2] chargés les uns, de lui donner la motilité, les autres, de lui permettre de recevoir l'impression des saveurs. Sa face supérieure offre une foule de petites éminences ou *papilles* soit vasculaires, soit nerveuses, soit enfin muqueuses [3].

§ 344. Dès qu'un corps alimentaire est introduit dans l'orifice buccal, ses éléments solubles sont dissous par le mucus et par la salive. Il est aussitôt mis en contact avec les filets nerveux de la langue ; l'impression est transmise au cerveau, chargé d'en donner la conscience.

§ 345. Toutefois les diverses parties de la langue n'ont pas les mêmes facultés gustatives. Par une disposition admirable, il suffit à la partie antérieure de cet organe d'être en contact avec un corps sapide pour nous procurer de suite la per-

1 Les *hyo-glosses*, *génio-glosses*, *stylo-glosses*, *staphylo-glosses* et *linguaux*. Leurs fibres entrecroisées permettent à la langue de s'allonger, de se raccourcir, etc., pour se porter dans les diverses parties de la bouche, suivant les besoins ou les usages. La membrane muqueuse qui la tapisse forme inférieurement le repli appelé *frein* ou *filet*.

2 Le nerf *hypo-glosse*, qui anime les muscles ; le *lingual*, branche du *maxillaire inférieur*, sensible aux saveurs ; et le *glosso-pharingien*, qui se distribue à la base de la langue, et paraît contribuer, au moins dans certaines circonstances, à la perception des saveurs.

3 Les papilles de la langue sont, en général, filiformes vers la pointe, coniques sur le dos, caliciformes vers la base.

ception de la saveur de cet objet; mais on en perd bientôt le souvenir. Les parties voisines de la base de la langue, au contraire, sont plus lentes à nous faire sentir la saveur, mais nous permettent d'en avoir une sensation moins fugace.

Le goût, comme les autres sens, est susceptible d'éducation; il devient de plus en plus exigeant, quand on met trop de soin à flatter ses caprices. Il s'émousse plus ou moins vite, si on s'habitue à des saveurs trop fortes.

§ 346. Du sens du gout dans la série animale. — Le sens du goût paraît en général moins développé chez les animaux vertébrés que chez l'homme. La langue des mammifères, ordinairement garnie de papilles, en est à peu près dépourvue chez les fourmiliers, les cétacés et quelques autres; chez les carnivores, ces petites saillies sont enchâssées dans un étui corné. Les oiseaux semblent guidés par l'odorat ou par la vue plutôt que par le goût. Ce sens est obtus surtout chez les granivores, dont la langue est semi-cartilagineuse. Le goût paraît affaibli chez les reptiles et les poissons; ces derniers cependant sont vraisemblablement alléchés par les matières sapides faisant partie des appâts tendus à leur gourmandise.

Parmi les invertébrés, les insectes dont le système nerveux est plus développé, sont ceux qui donnent les preuves les plus manifestes qu'ils jouissent du sens qui nous occupe. Qui ne sait combien les abeilles et autres mellisugues recherchent les nectaires des fleurs ou les sucreries? La plupart des chenilles se laisseraient périr de faim plutôt que de manger des feuilles autres que celles qui leur ont été assignées par la nature. Ce sens, comme tous les autres, va sans doute en s'affaiblissant en descendant la série animale. Il doit être nul ou presque nul chez divers zoophytes.

§ 347. Organes de l'odorat. — Le sens de l'odorat est destiné à nous procurer la perception des *odeurs*.

§ 348. On donne ce nom à des particules s'échapant sans cesse de certains corps, se vaporisant dans l'air et dans divers autres fluides. Quelques-unes de ces molécules, celles du nusc [1], par exemple, sont d'une telle ténuité, que leur déga-;ement, prolongé même pendant des années, ne fait pas ıerdre un poids appréciable à la petite masse de laquelle lles s'échappent.

Tout corps, pour être *odorant*, doit être volatil; mais ous ceux qui sont susceptibles de s'évaporer ne répandent ıes des odeurs : l'eau en est une preuve. En général, la 'olatilisation des corpuscules odorants est proportionnée à 'élévation de la température, ou en rapport avec toutes les auses susceptibles de faire développer de la chaleur.

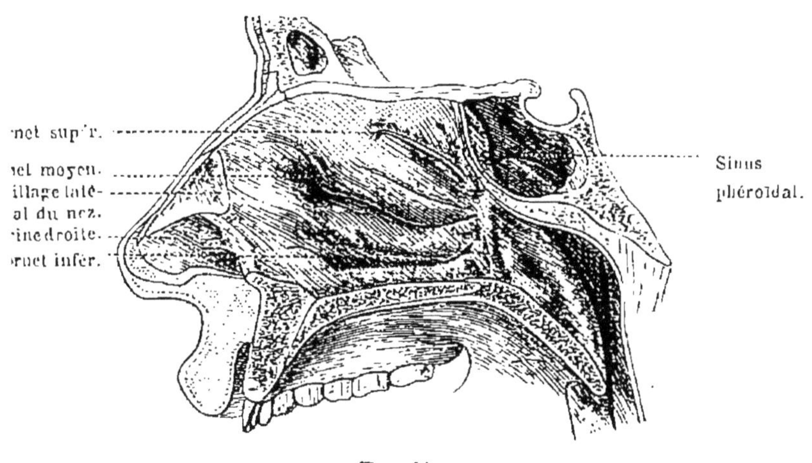

Fig. 41

§ 349. L'organe de l'odorat comprend le *nez* et les *fosses* ·*asales* (fig. 41). Le *nez* est cette partie saillante de la ıce, cette éminence pyramidale ou triangulaire formée supé-

[1] En plaçant un morceau de musc dans un appartement fermé, dans quel seraient suspendus un nombre considérable de vêtements, eux-ci finiraient par s'imprégner des vapeurs odorantes, de telle sorte ue chacun d'eux, porté dans une pièce également remplie de vêtements, ourrait imbiber ceux-ci des odeurs qu'il laisserait échapper, sans que morceau de musc eût perdu une partie sensible de son volume. Aussi, e sert-on de cette substance pour démontrer la divisibilité presque ıfinie de la matière.

rieurement par les os nasaux, puis par des cartilages, et plus inférieurement par des fibro-cartilages qui constituent ses ailes. Par sa *racine*, appelée aussi son *sommet*, il se lie au front. A sa base, il offre deux ouvertures appelées *narines*. En dehors, il est recouvert par la peau; en dedans, il est tapissé par une membrane muqueuse appelé *pituitaire* [1].

Les *fosses nasales* sont des cavités creusées dans divers os de la face, et séparées entre elles par un os, le *vomer* en arrière, et en avant par la cloison cartilagineuse formant la saillie du nez. Elles communiquent au dehors par les narines; avec le pharynx, par les *arrière-narines*. Leur amplitude est augmentée par la surface de trois lames osseuses, recourbées en forme de *cornets* [2], séparées entre elles par des interstices assez étroits appelés *méats*. Elles sont, comme tout l'intérieur du nez, tapissées par la membrane pituitaire, dont les follicules déversent le *mucus nasal*. Supérieurement, les fosses nasales [3] communiquent avec les *sinus frontaux*, cavités situées sous l'os du front. Elles reçoivent de nombreux filets nerveux, principalement des ramifications du *trifacial*, qui leur donnent la sensibilité générale, et les expansions de l'*olfactif*, qui les rendent le siège de l'odorat.

§ 350. Ce sens, comme celui du goût, a été visiblement placé par la Providence près de l'entrée du tube digestif pour nous guider dans le choix de nos aliments, en nous faisant connaître leurs bonnes ou leurs mauvaises qualités par les émanations qui s'en échappent. Il suffit de flairer un fruit

[1] Il est pourvu de quatre muscles: le *pyramidal*, le *transversal*, l'*élévateur* commun de l'aile du nez et de la lèvre supérieure, l'*abaisseur* de l'aile du nez.

La ligne saillante du nez est appelée *dos*, et la partie molle et terminale, *lobe*.

[2] Aussi ont-elles été appelées *cornets du nez*.

[3] Ces cavités, très restreintes dans la première enfance, se développent avec l'âge, ainsi que les sinus frontaux. L'étendue plus considérable de ces dernières cavités, chez l'homme adulte, fait faire au front, vers la racine du nez, une saillie qui est peu prononcée chez l'enfant.

en apparence très sain, pour deviner les germes de corruption qu'il renferme dans son intérieur.

§ 351. Le mécanisme de l'olfaction est très simple. Les nolécules odorantes dont l'air est chargé sont attirées par la respiration dans les cavités nasales et tendent à se diriger vers les poumons. Mais en traversant les voies étroites des néats, elles sont raréfiées par la chaleur, et, avant d'arriver .ux arrière-narines, elles sont arrêtées, sur la membrane pituitaire, par le mucus, qui les met en communication avec es ramuscules des nerfs olfactifs. Ceux-ci transmettent l'impression au cerveau, et l'âme en perçoit la sensation par et intermédiaire. L'odorat est donc aussi une sorte de toucher. Mais quand le mucus nasal est supprimé ou altéré, omme cela a lieu dans la *rhinite* [1], vulgairement connue ous le nom de *rhume de cerveau*, l'odorat est alors luimême affaibli ou passagèrement annihilé.

§ 352. La perfection de l'odorat augmente jusqu'à certain oint par l'âge et par l'exercice. Son développement se lie celui de la membrane pituitaire, et à l'état du système erveux. Ses préférences varient suivant les individus. Comme le goût, il s'émousse par l'abus.

§ 353. Du sens de l'odorat dans la série animale. — Dépourvus de cette intelligence admirable que l'homme a eçue en partage, les animaux ont, très souvent, un odorat lus développé que le sien. Cet avantage leur était nécessaire our choisir leur nourriture, pour avoir les moyens de se la rocurer, pour remplir, par là, l'action providentielle qu'ils ont appelés à exercer. Le siège de l'odorat acquiert donc hez les vertébrés plus d'amplitude, et leur organe se modifie uivant leurs besoins. Les mammifères chargés, comme hyène ou le loup, d'éventer de loin les matières cadavéeuses, ou destinés, comme le chien [2] et le renard, à pour-

[1] On lui donne aussi le nom de *coryza*. Quand la membrane pituiaire tapissant les cornets est tellement gonflée que l'air ne peut plus asser par les méats, on a, comme on le dit, le *nez bouché*.

[2] L'os ethmoïde du chien, divisé en lames, augmente singulièrement

suivre un gibier à l'aide de traces odorantes que ses pieds laissent sur le sol, présentent une surface pituitaire plus étendue. Ceux qui, comme le porc ou la taupe, devaient flairer les larves des insectes cachées dans la terre, ont le nez prolongé en museau ou en groin.

§ 354. Les oiseaux manquent de sinus; leurs cornets sont simples. En général, surtout lorsqu'ils sont granivores, ils sont guidés plutôt par la vue que par l'odorat. Toutefois ceux qui vivent de matières animales en voie de décomposition paraissent faire exception à cette règle.

§ 355. L'organe de l'odorat se simplifie encore chez les reptiles et les poissons. Chez ces derniers, il consiste en deux cavités terminées en cœcum et garnies de nombreux replis, dans lesquelles pénètre l'eau chargée de molécules odorantes.

§ 356. Chez les invertébrés, il n'existe pas d'organe apparent de l'odorat. Uune foule d'entre eux cependant, comme les insectes nécrophages ou parasites surtout, doivent jouir de ce sens avec une grande perfection : les uns, pour accourir souvent de très loin à l'odeur des substances cadavéreuses : les autres pour deviner les larves parfois profondément cachées[1], dans le corps desquelles elles doivent déposer leurs œufs. Les antennes, suivant les belles expériences de M. Perris paraissent, chez ces articulés, être le principal siège de ce sens.

Organes de l'ouïe et de la vue. — Fonctions de leurs parties essentielles.

357. Du sens de l'ouïe. — L'ouïe est le sens chargé de nous faire connaître les sons produits par les vibrations des corps, et d'en transmettre à l'âme les impressions.

l'étendue de la membrane pituitaire dans les fosses nasales, en même temps que l'étendue plus considérable des sinus frontaux contribue à son développement.

[1] V. le beau *Mémoire sur le siège de l'odorat dans les articulés*, par M. Ed. Perris, 1850. (*Ann. des sc. nat.*, 3e série, 1850, p. 159.)

§ 358. L'organe de l'ouïe est très compliqué. On le divise en trois principales parties : l'*oreille externe*, l'*oreille moyenne*, l'*oreille interne*.

§ 359. L'*oreille externe* comprend le *pavillon* et le *conduit auriculaire*. Le *pavillon* ou *auricule* est une lame fibro-cartilagineuse, souple, élastique, recouverte d'une peau sèche. Il est presque appliqué sur le côté de la tête qui lui correspond. A sa base, il forme une *conque*. Il présente diverses saillies et enfoncements [1], formés par le plissement de la lame qui le constitue.

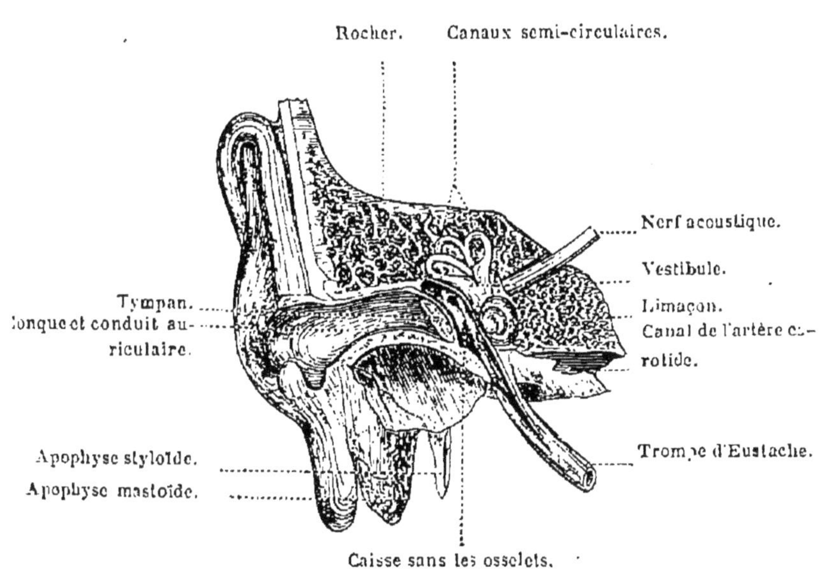

Fig. 42

§ 360. Le *conduit auriculaire* ou *conduit auditif* fait suite à la conque. Il s'enfonce dans l'os temporal en se dirigeant obliquement de dehors en dedans et d'arrière en avant, en se courbant un peu. La peau qui le tapisse se termine en

[1] Savoir : l'*hélix*, suivi de sa *rainure*, l'*anthélix* et la *fosse naviculaire*, le *tragus*, l'*antitragus*, la *conque*, cavité située entre ces deux derniers, et le *lobule* qui forme la partie inférieure de l'oreille externe.

cul-de-sac en réfléchissant sur la membrane du tympan : elle est parsemée de follicules sécrétant l'humeur jaunâtre, onctueuse et épaisse, connue sous le nom de *cerumen* [1].

§ 361. L'*oreille moyenne* se compose de la caisse du tympan et des parties qui s'y rattachent. La *caisse* est une cavité irrégulière, creusée dans la partie de l'os temporal appelée *rocher*, en raison de sa dureté. Elle est tapissée d'une membrane muqueuse. Elle est séparée du conduit auditif par la *membrane du tympan*, membrane circulaire, mince, élastique, transparente. Elle est séparée de l'oreille interne par une cloison osseuse, pourvue de deux ouvertures garnies d'une membrane, et appelées en raison de leur forme : l'une, la *fenêtre ovale*, et l'autre, située au-dessous de celle-ci, la *fenêtre ronde*.

La caisse offre, postérieurement, l'orifice des cellules creusées dans la partie mastoïdienne de l'os temporal, et, inférieurement, l'ouverture de la trompe d'Eustache, [2] conduit long et étroit, qui se termine dans le pharynx, vers la partie postérieure des fosses nasales, et qui sert à mettre sa cavité en relation avec l'air extérieur. Dans la caisse se trouvent quatre osselets articulés entre eux, et constituant une chaîne transversale, étendue depuis la cloison qui sépare l'oreille moyenne de l'externe, jusqu'à celle qui existe entre elle et l'oreille interne. Ces osselets sont : le *marteau*, l'*enclume*, l'*os lenticulaire* et l'*étrier* (fig. 43). Le premier s'appuie, par sa tige ou espèce de manche, sur la membrane du tympan : le dernier, ou l'étrier, bouche presque entièrement par sa base la fenêtre ovale.

Osselets de l'oreille.

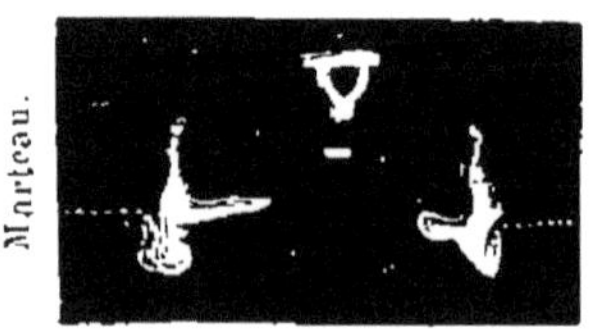

Etriers et os lenticulaire.

Fig. 43

[1] Ce conduit a 23 à 28 millimètres de long ; son diamètre est inégal. On prévient quelquefois des maux de dents en le garnissant de coton simple ou huilé.

[2] Décrit pour la première fois par Eustache, anatomiste né à San-Severino, dans la Marche d'Ancône, mort à Rome en 1574.

ivers petits muscles fixés à ces osselets servent à les iettre en mouvement et leur permettent, en pressant les iembranes sur lesquelles ils reposent, de varier, suivant : besoin, le degré de tension de chacune d'elles.

§ 362. L'*oreille interne*, appelée aussi *labyrinthe*, est :eusée dans le rocher, comme la caisse. Elle se compose 'un ensemble de cavités qui sont : le *vestibule*, les *canaux* :*mi-circulaires* et le *limaçon*. Le *vestibule* occupe la partie ioyenne ou centrale du labyrinthe. Il communique avec iacune des autres cavités, et avec l'oreille moyenne par la :nêtre ovale. Les *canaux semi-circulaires* sont osseux et :1 nombre de trois, s'élevant de la partie supérieure et pos-:rieure du vestibule. Deux d'entre eux sont verticaux[1]; le 'oisième est horizontal; ils sont renflés en forme d'ampoule l'une de leurs extrémités. Dans l'intérieur de chacun d'eux xiste un tube membraneux séparé par un peu de liquide de ι paroi interne du canal, et rempli lui-même d'un autre quide[2]. Le *limaçon* est une cavité contournée en spirale, ɔmme la coquille d'un escargot, et divisée en deux rampes ar une cloison en partie osseuse, en partie membraneuse. 'une de ces rampes (la tympanique) aboutit à la fenêtre ɔnde, l'autre communique avec le vestibule. L'oreille iterne est pleine de liquide, comme la caisse est remplie 'air. Le *nerf acoustique* ou nerf de la huitième paire, iargé de donner à l'organe auditif sa sensibilité, pénètre ans le rocher par un canal osseux appelé *conduit auditif* *iterne*, et se termine en se subdivisant, dans les poches iembraneuses des canaux semi-circulaires du vestibule et u limaçon[3].

1 L'un inférieur, l'autre postérieur. Ces canaux débouchent dans le :stibule par cinq ouvertures : l'une d'elles étant commune à l'une des :trémités des deux canaux.

2 On donne le nom d'*endolymphe* au liquide albumineux qui remplit s cavités membraneuses du labyrinthe.

3 Les ramuscules de ce nerf pénètrent dans les membranes du ves-ɔule et dans celles du renflement ampullaire des canaux semi-circu-ires, et restent flottantes dans le liquide du limaçon.

§ 363. Mécanisme de l'audition. — Après avoir tâché d'expliquer les dispositions anatomiques de l'organe de l'ouïe, essayons de faire connaître le mécanisme de l'audition.

Le son[1] est le résultat des vibrations des corps élastiques, communiquées à la couche d'air en contact avec eux. Ces oscillations sonores s'étendent successivement de proche en proche et arrivent au pavillon de l'oreille. La conque les recueille et les fait parvenir, au moyen du conduit auriculaire, jusqu'à la membrane du tympan, qu'elles mettent en mouvement. Ces ondulations sont transmises par la chaine des osselets et par l'air chaud contenu dans la caisse, à la membrane de la fenêtre ovale et à celle de la fenêtre ronde. A l'aide de ces dernières, elles arrivent sucessivement au liquide contenu dans l'oreille interne et aux filaments du nerf acoustique ; ceux-ci en reçoivent l'impression et la transmettent à l'âme par l'intermédiaire du cerveau.

§ 364. Toutes les parties qui entrent dans la composition de l'organe de l'ouïe sont donc disposées de manière à faciliter la perception des sons, sans la rendre fatigante. La conque est évasée pour recueillir les ondulations sonores. Le conduit auriculaire est garni de poils et parsemé de follicules sébacés sécrétant l'humeur épaisse, onctueuse et jaunâtre connue sous le nom de *cerumen*[2], soit pour rendre ce canal moins sen-

[1] Le son varie de *force*, suivant l'intensité des vibrations ; de *ton*, suivant leur nombre dans un temps donné [1] ; de *timbre*, suivant la nature du corps oscillant. Le son parcourt, en ligne droite, environ 340 mètres par seconde. Quand il est arrêté par un corps solide et distinctement réfléchi par celui-ci, il produit le phénomène connu sous le nom d'*écho*.

[2] Il est utile de débarrasser de temps à autre le conduit auriculaire des produits de cette sécrétion, qui pourraient, surtout dans la vieillesse, occasionner la dureté d'oreille ou produire une surdité momentanée.

[1] Le son le plus grave paraît être réduit à 32 vibrations par seconde; dans le plus aigu, le nombre de ces dernières s'élève jusqu'à 70.000, dans le même espace de temps. La confusion des vibrations produit le *bruit*; l'absence des sons constitue le *silence*.

sible à l'action du froid, soit pour préserver la membrane du tympan du contact des corps étrangers, pour l'oindre et la rendre moins susceptible d'être déchirée, ou pour repousser, par son amertume, les insectes qui pourraient tenter de s'y introduire. La trompe d'Eustache est chargée de permettre à l'air contenu dans la caisse d'être refoulé dans l'arrière-bouche [1] quand le tympan entre en vibration. Les osselets, en variant le degré de tension des membranes sur lesquelles s'appuie leur chaîne, servent à affaiblir les ondulations trop intenses et à préserver ces membranes de déchirements.

365. Toutefois l'oreille externe et l'oreille moyenne semblent plutôt destinées à la perfection de l'audition qu'indispensables à la perfection des sons ; car l'ouïe est seulement affaiblie, mais non détruite par la déchirure de la membrane du tympan et même par la carie ou la chute des premiers osselets ; mais l'écoulement du liquide renfermé dans le labyrinthe ou les diverses autres altérations de l'oreille interne occasionnent généralement une inguérissable surdité [2].

366. Du sens de l'ouïe dans la série animale. — L'organe de l'ouïe existe chez tous les animaux vertébrés ; mais à mesure qu'on descend la série de ces êtres, les parties accessoires disparaissent successivement, et l'organe, en dernière analyse, ne se trouve représenté que par le vestibule membraneux, c'est-à-dire par une sorte de sac garni de concrétions calcaires et rempli de liquide, dans lequel viennent se ramifier les divisions du nerf acoustique.

367. Dans les mêmes classes d'animaux, l'organe de l'ouïe subit des modifications en harmonie avec leurs besoins.

[1] Aussi l'obstruction de la trompe d'Eustache peut-elle occasionner la surdité.

[2] L'organe de l'ouïe est rendu plus impressionnable par un long silence, comme l'organe de la vue par une obscurité longtemps prolongée. Il est prudent alors de ne pas exposer brusquement le premier de ces instruments à des sons trop bruyants, ni le second à une lumière trop vive.

Ainsi, chez les mammifères herbivores, exposés aux attaques des carnassiers, et par là même naturellement timides, comme le lièvre et le cheval, le pavillon de l'oreille forme une conque allongée et très mobile, pour leur permettre de recueillir les moindres sons capables de les inquiéter. Chez la taupe, destinée à une vie obscure, l'oreille externe est nulle, parce qu'elle aurait été un obstacle à la rapidité de sa marche souterraine. Chez les oiseaux, le pavillon disparaît ou n'est représenté que chez les rapaces nocturnes, qui devaient être guidés par l'ouïe non moins que par la vue.

§ 368. Chez les reptiles, la membrane tympanique est à fleur de tête ou cachée sous la peau. Chez quelques-uns même, comme les protées, elle n'existe plus, ainsi que la caisse du tympan.

§ 369. Les poissons n'ont ni oreille externe, ni oreille moyenne, ni limaçon.

§ 370. Parmi les invertébrés, les insectes offrent des traces quoique peu apparentes de l'organe de l'audition. Aussi, plusieurs de ces animaux, comme les cigales et les criquets, n'ont pas reçu en vain la faculté de produire des sons parfois si stridulents. Les filets nerveux qui leur en procurent la sensation aboutissent aux antennes, dans de petites poches, pleines d'un liquide épais, contenant un otolithe[1] et fermées à l'extérieur par une membrane ou *tympanule*[2].

§ 371. Les premiers mollusques, comme les poulpes, les seiches et autres céphalopodes, possèdent seuls un organe auditif. Il consiste en deux sacs membraneux contenant chacun un calcul pierreux et remplis d'un liquide dans lequel s'épanouit le nerf acoustique.

Chez les invertébrés inférieurs les ondes sonores paraissent

[1] Granulation calcaire.

[2] V. le mémoire de M. Ch. Lespès, relatif à l'*Appareil auditif des insectes* (*Comptes rendus de l'Académie des sciences*, t. LXVII, 1853, p. 368, 370, et p. 681, 685. *Ann. des sc. nat.*, t. IX, 1358, p. 22 et suiv.).

eulement impressionner les filets nerveux qui se rendent à a peau.

§ 372. Du sens de la vue. — La vue est le sens qui nous évèle à distance la présence des corps, c'est-à-dire qui nous ermet, par l'intermédiaire de la lumière, de les connaître, le juger de leur couleur et de la plupart de leurs qualités sensibles, telles que leur forme, leur volume, leur position, etc.

§ 373. Pour avoir la connaissance d'un corps lumineux, ou endu tel par la réflexion de la lumière, il faut que l'image de

Coupe verticale antéro-postérieure de l'œil, d'après Sœmmering.

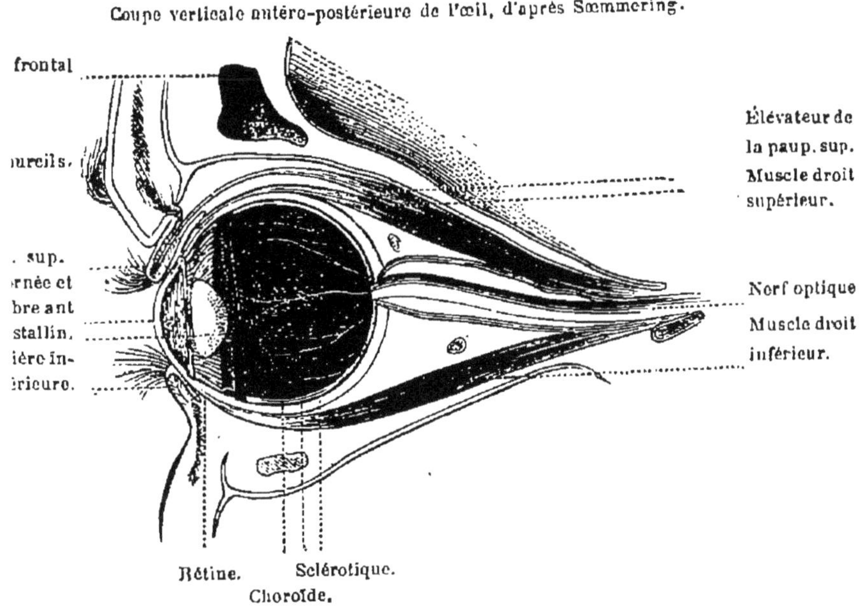

Fig. 44 [1].

ce corps soit transmise au cerveau par le nerf optique, chargé d'en recevoir l'impression.

§ 374. Mais avant d'expliquer le mécanisme de la vision, tâchons de faire connaître l'appareil qui sert à cette fonction,

[1] Dans la chambre postérieure on voit le réseau veineux de la choroïde en noir, les artères en blanc, et la limite de la rétine indiquée par un léger trait blanc.

Il se compose du *globe de l'œil* et du *nerf optique*, ainsi que de diverses parties destinées à protéger le globe oculaire ou à le faire mouvoir.

§ 375. Le *globe de l'œil*, le plus merveilleux des instruments d'optique, est une sorte de sphéroïde, composé de plusieurs membranes et de diverses humeurs ou milieux transparents.

§ 376. La majeure partie de son enveloppe extérieure est formée par une membrane blanche, opaque, fibreuse, très résistante, appelée *sclérotique*[1] ou *blanc de l'œil*.

§ 377. La sclérotique représente une sorte de coque offrant à sa partie antérieure une ouverture dans laquelle s'enchâsse une membrane diaphane, à surface bombée comme le verre d'une montre, appelée *cornée*[2] en raison de sa nature.

Contre la paroi interne de la sclérotique, sont appliquées successivement deux autres membranes, qui sont de dehors en dedans : 1° la *choroïde*, 2° la *rétine*.

§ 378. La *choroïde* est une membrane dans laquelle prédominent les vaisseaux sanguins. Elle est revêtue à sa face interne d'un pigment noir, destiné à absorber les rayons de lumière diffuse qui, ne concourant pas à la vision, ne produiraient qu'un éblouissement qui la troublerait.

A la partie antérieure de la choroïde, sa face antérieure (ou interne), tout autour de sa jonction avec l'iris, forme des replis appelés *procès ciliaires* et constituant le *corps ciliaire*.

§ 379. La *rétine* peut être considérée comme l'épanouissement du *nerf optique*, ou selon les nouvelles recherches micrographiques, comme un organe particulier communiquant au cerveau par le nerf optique, après que celui-ci a traversé d'arrière en avant la sclérotique et la choroïde.

§ 380. Au point où la cornée s'unit à la sclérotique, s'insère également à celle-ci et à la choroïde une membrane ver-

[1] Σκληρός, dur.

[2] Elle est formée de plusieurs couches superposées. Sa convexité varie suivant les individus.

icalement tendue, située derrière la cornée, et appelée *iris*[1]. en raison de la diversité de ses couleurs, suivant les individus. Celle-ci est percée dans son centre d'une ouverture appelée *pupille*[2]. L'iris est pourvu de fibres circulaires et de fibres rayonnantes[3] : en se contractant, les premières rétrécissent nécessairement l'ouverture pupillaire : les secondes l'agrandissent. L'iris est revêtu à sa partie postérieure d'un pigment noir appelé *uvée*.

§ 381. Derrière la pupille, et à peu de distance d'elle, est situé le *cristallin*, espèce de lentille très diaphane, verticalement disposée, beaucoup plus convexe à sa face postérieure qu'à l'antérieure, formée de couches concentriques dont la densité va en diminuant du centre à la circonférence ; elle est enveloppée par la *capsule du cristallin*, membrane diaphane comme ce dernier, et qui se trouve pour ainsi dire enchatonnée par les bords du corps ciliaire et suspendue à la *zonule de Zinn*, dédoublement de la *membrane hyaloïde*.

§ 382. Derrière le cristallin, existe une humeur gélatineuse très transparente, nommée *corps vitré* ou *humeur vitrée*[4], et enveloppée dans une membrane hyaline (limpide) et amorphe (sans structure), l'*hyaloïde*, qui y forme des cloisons d'une extrême ténuité et des espèces de cellules ou compartiments très minces. Le corps vitré est entouré en devant par les procès ciliaires et la face postérieure du cristallin, sur les

[1] Chez les personnes blondes, l'iris est le plus souvent d'un bleu de nuances variables ; chez celles à cheveux noirs, elle est habituellement brune ou d'un brun marron.

[2] La pupille forme le rond noir qu'on voit au milieu de l'œil, derrière la cornée et qu'on regarde vulgairement comme une tache noire tandis que c'est une ouverture circulaire.

[3] Certaines substances, comme la *belladone* et son alcaloïde, l'*atropine* paralysent les fibres circulaires et déterminent la dilatation permanente de la pupille ; en excitant l'action des fibres rayonnantes, comme l'*ésérine* (l'alcaloïde de la fève de Calabar) opèrent le resserrement de la pupille, en annihilant l'action des fibres rayonnantes ou provoquant l'action des fibres circulaires.

[4] On l'appelle aussi quelquefois *humeur hyaloïde*.

côtés et en arrière par la rétine, remplissant ainsi la majeure partie de l'intérieur du globe oculaire. Celui-ci offre donc, d'avant en arrière : la cornée, les chambres antérieures et postérieure, communiquant par la pupille de l'iris, le cristallin et l'humeur vitrée, constituant des milieux réfringents, c'est-à-dire susceptibles de modifier la direction des rayons lumineux et disposés de manière à les faire converger vers la rétine, membrane nerveuse, molle, blanchâtre et semi-transparente; derrière celle-ci, la choroïde, membrane vasculaire; enfin la sclérotique, membrane fibreuse, constituant la coque de l'œil, et servant d'enveloppe aux parties précédentes jusqu'aux bords de la cornée et de l'iris.

§ 383. Entre la cornée qui est bombée et l'iris qui est verticalement tendue, se trouve un espace appelé *chambre antérieure de l'œil ;* il en existe un autre entre la pupille et le cristallin, qui a reçu le nom de *chambre postérieure*. Ces deux compartiments, qui communiquent entre eux par l'ouverture pupillaire, sont remplis d'un liquide incolore, appelé *humeur aqueuse*, tenant en dissolution un peu d'albumine et quelques sels.

§ 384. Le *nerf optique*, ou nerf de la deuxième paire, est le seul susceptible d'être impressionné par la lumière et capable de transmettre les impressions au cerveau. Les deux nerfs optiques aboutissant respectivement à chaque œil, naissent isolément des tubercules quadrijumeaux, à la base de l'encéphale. Ils sortent du crâne par une ouverture située au fond de l'orbite (le *trou optique*), pénètrent dans la sclérotique et la choroïde, et constituent la membrane appelée *rétine* ou se lient à elle. Mais avant de pénétrer dans l'orbite ils s'entrecroisent en partie, et cet entre-croisement coïncide avec la vision simple au moyen des deux yeux [1].

§ 385. *Parties accessoires du globe de l'œil*. Les parties

[1] Chez les animaux qui ne peuvent pas diriger leurs deux yeux sur le même objet, cet entre-croisement est complet. En détruisant les tubercules quadrijumaux d'un côté, ou en coupant d'un côté le nerf optique, c'est chez eux l'œil du côté opposé qui devient aveugle.

ervant à protéger l'œil, ou à faciliter l'exercice de la vision, ont : 1° les *orbites*, 2° les *muscles moteurs du globe ocuaire*, 3° les *paupières* et les *cils*, 4° la *glande lacrymale*, ° les *sourcils*.

§ 386. 1° les *muscles* chargés de mettre l'œil en mouveent sont au nombre de six[1]. Ils s'insèrent d'une part à la clérotique, et de l'autre aux os situés derrière cet organe. râce aux mouvements de rotation qu'ils font produire au lobe oculaire, ils nous permettent d'embrasser, sans changer e position, un champ plus vaste d'observation.

§ 387. 2° Les *orbites* sont des cavités pyramidales situées

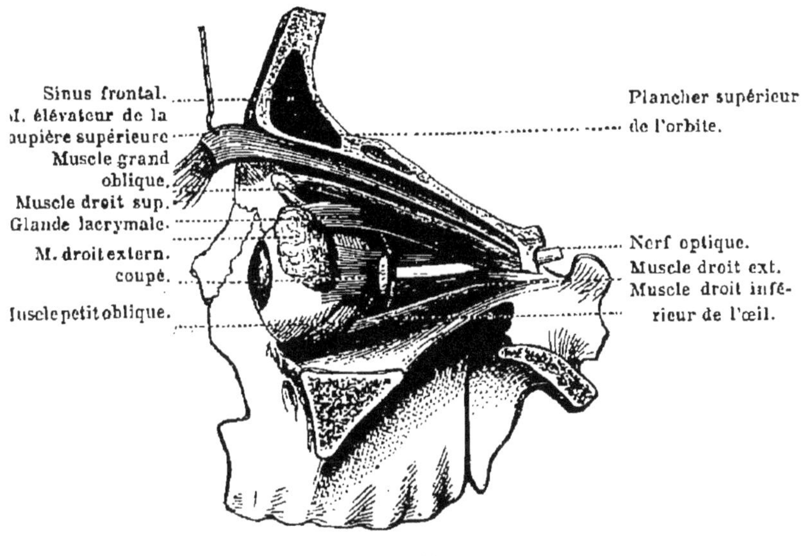

Fig. 45

à la partie supérieure de la face, et formées par la réunion le sept os. Elles sont faites pour loger soit le globe oculaire qui y repose sur un coussinet graisseux, soit les muscles, les nerfs et les vaisseaux de l'œil.

[1] Ces muscles sont : le *droit inférieur*, le *droit supérieur*, le *droit interne*, le *droit externe*, le *petit oblique* ou *oblique inférieur*, le *grand oblique*, *oblique supérieur* ou *trochléateur*. Le raccourcissement ou la paralysie de quelques-uns constituent ce qu'on appelle le *strabisme* ou l'action de *loucher*.

§ 388. 3° Les *paupières* sont des voiles mobiles destinés à protéger le globe oculaire. Elles sont au nombre de deux : l'une, supérieure ; l'autre, inférieure. A leur bord libre, elles offrent chacune un arceau fibro-cartilagineux[1], servant d'attache aux muscles chargés de les faire mouvoir, et d'insertion à des poils nommés cils, faits pour briser les rayons lumineux, pour empêcher une trop grande quantité de ceux-ci de fatiguer la rétine, et enfin pour favoriser le sommeil par leur entrecroisement. Près de la base des cils, dans l'épaisseur des paupières, existe un appareil glanduleux (les glandes de Meibomius ou follicules sébacés ciliaires), sécrétant une humeur onctueuse, connue sous le nom de *chassie*[2]. A l'extérieur, les paupières sont recouvertes par la peau ; à l'intérieur, par la *conjonctive*[3], membrane muqueuse qui se réfléchit sur la sclérotique et forme à l'angle interne de l'œil un repli connu sous le nom de *membrane clignotante*[4].

§ 389. 4° L'*appareil lacrymal* se compose de la *glande lacrymale* et de quelques autres parties. La glande, d'une structure analogue à celle des glandes salivaires, est logée dans une fossette des orbites, située vers la partie externe et supérieure du globe de l'œil et un peu dans l'épaisseur de la paupière supérieure. Elle déverse, à l'aide de plusieurs conduits, derrière la paupière supérieure, un liquide limpide et légèrement salé[5]. connu sous le nom de *larmes*, destiné à affaiblir le frottement du globe oculaire, à faciliter ses mouvements, et à nettoyer sa surface de la poussière et des autres

[1] Les cartilages tarses.

[2] Les yeux sont dits *chassieux*, quand la chassie trop abondante est épaissie et desséchée à la base des cils.

[3] Parce qu'elle sert à unir le globe de l'œil aux paupières.

[4] Ce repli constitue chez certains animaux, tels que les oiseaux de proie diurnes, une troisième paupière qui se déploie devant l'œil comme un rideau mobile.

[5] Il contient environ 99 0/0 d'eau, du chlorum de sodium, du phosphate de soude, des traces de quelques autres sels et d'une matière organique.

orpuscules étrangers qui peuvent s'y fixer momentanément. ,e produit de cette glande est continuellement versé à la urface de l'œil et porté, par le mouvement des paupières, ers l'angle interne de ce globe. Là, se trouvent, près de ette sorte de bouton rosé appelé *caroncule*[1] *lacrymale*, les *oints lacrymaux*[2], petites ouvertures toujours béantes, estinées à absorber ce liquide, à le conduire dans le *sac acrymal*, et de là successivement dans le *canal nasal* et les *osses nasales*, dont il lubrifie la membrane[3]. Quand, sous 'influence d'une peine ou d'une joie trop vive, la glande acrymale sécrète une trop grande quantité de ce liquide, les oints lacrymaux ne sont plus suffisants pour le laisser passer, t il coule sur les joues sous la forme de *pleurs*.

§ 390. 5° Les *sourcils* sont formés par une réunion de poils lisposés de manière à représenter un arc au-dessus de chaque eil. Ils reposent sur le *muscle sourcilier*. Leurs mouvements contribuent à trahir les agitations de notre âme. Ils servent à amortir les coups que pourrait recevoir l'œil et à le défendre contre la trop grande vivacité des rayons lumineux et contre la sueur qui découle du front.

§ 391. *Mécanisme de la vision*. Après avoir fait connaître 'organe de la vue et les parties qui s'y rattachent, tâchons le faire comprendre le mécanisme de la vision.

La lumière, avons-nous dit, est l'agent à l'aide duquel il nous est donné d'apercevoir les objets. Par elle, nous pouvons non seulement distinguer les corps lumineux par eux-mêmes, comme le soleil, mais encore ceux qui le sont par la réflexion[4]. Pour agir ainsi sur notre vue, il faut que la lumière, partant

[1] Elle est formée par des follicules muqueux, recouverts par la conjonctive.

[2] Il y en a deux de chaque côté, l'un supérieur, l'autre inférieur.

[3] Quand ce liquide devient abondant, son passage dans les voies nasales devient si rapide qu'on éprouve le besoin de se moucher.

[4] Tels sont les corps opaques qui, recevant la lumière, en réfléchissent ou renvoient jusqu'à nous les rayons.

de l'objet éclairé, vienne impressionner notre rétine ; et pour cela, il est nécessaire qu'il y ait, au-devant de la rétine, un instrument [1] d'une grande transparence, jouissant de la propriété de réfracter [2] les rayons lumineux et de les diriger sur cette membrane nerveuse. Les lentilles [3] ont cette pro-

[1] Si la rétine était une surface à découvert, au lieu d'être précédée des autres parties qui entrent dans la composition du globe oculaire, les rayons lumineux frappant simultanément toutes les parties de sa surface, nous n'aurions que le sens de la lumière, au lieu d'avoir celui de la vue des corps qui nous entourent.

[2] Les rayons lumineux vont dans l'air en ligne droite, en s'écartant de plus en plus entre eux, à mesure qu'ils s'éloignent de leur point d'origine. S'ils tombent perpendiculairement sur la face d'un corps transparent plus ou moins dense que l'air, ils le traversent encore en ligne droite ; mais s'ils le frappent obliquement, ils éprouvent, à partir du point d'incidence, une déviation à laquelle on a donné le nom de *réfraction*, c'est-à-dire ils forment avec la perpendiculaire, au point de rencontre, un angle appelé *angle de réfraction*. Cette déviation est d'autant plus forte que les deux milieux sont de densité plus différente.

Quand ils passent, par exemple, de l'air dans l'eau, ce dernier corps étant plus dense que le premier, ils forment, en entrant dans l'eau, un angle et se rapprochent de la perpendiculaire qui serait tirée au *point d'immersion*. Voilà pourquoi un bâton à moitié plongé dans l'eau paraît coudé ou brisé au point d'immersion. Si les rayons lumineux passaient du verre dans l'eau qui est moins dense que celui-là, ils se dévieraient en sens contraire, c'est-à-dire s'éloigneraient de la perpendiculaire dont ils s'étaient rapprochés dans le cas précédent.

Le rayon central du cône moyen est désigné sous le nom d'*axe visuel ;* c'est sur un des points de cet axe, appelé *centre optique*, que se croisent les rayons lumineux ; il est situé dans l'intérieur du cristallin et près de sa face postérieure.

La forme des corps transparents a aussi une grande influence sur la déviation des rayons lumineux ; ils s'éloignent ou se rapprochent entre eux suivant que les surfaces de ces corps sont concaves ou convexes.

[3] On donne, en optique, le nom de *lentille* à des milieux transparents qui, en raison de la courbure de leur surface, ont la propriété de faire converger *(lentilles convexes)* ou diverger *(lentilles concaves)* les rayons lumineux qui les traversent. Les lentilles peuvent être *biconvexes, biconcaves.*

riété, et le point où convergent les rayons lumineux porte nom de *foyer* [1].

§ 392. Les divers milieux transparents de l'œil, c'est-à-dire cornée, l'humeur aqueuse, le cristallin et le corps vitré, nstituent par leur réunion une sorte de lentille bi-convexe, nt la cornée forme la face antérieure et l'humeur vitrée la ce postérieure, et dont le foyer [2] se trouve sur la rétine [3]. uand les rayons lumineux, partant d'un point éclairé, vienent frapper obliquement la cornée, ils convergent dans l'œil r suite de la réfrangibilité supérieure à celle de l'air des uches qu'ils traversent, et se croisent dans le cristallin qui s fait converger à son tour sur la rétine [4]. Si l'objet éclairé une certaine étendue, les rayons réfléchis par chacun des ints de cet objet viennent en apporter l'image sur la rétine ;

[1] Le globe de l'œil a été comparé à l'instrument d'optique connu sous nom de *chambre noire*. La pupille est l'ouverture servant à donner trée aux rayons lumineux ; le cristallin est la lentille faisant converger rayons vers le centre de la rétine et reproduisant l'image sur cette rte d'écran ; le pigment de la choroïde constitue la matière noire argée d'absorber les rayons de lumière diffuse capable de troubler vue.

[2] Dans les lentilles ordinaires, le foyer se trouve placé à une certaine stance de l'instrument ; dans l'œil normal *(emmétrope)* [1] il se trouve r la rétine, en raison de la position du cristallin. Dans les yeux vue trop courte *(myopes)* ou trop longue *(hypermétropes)*, le yer est amené sur la rétine à l'aide de la faculté d'accommodation 393).

[3] Ce foyer, situé au centre de l'œil, est caractérisé par une tache ıne, et placé à 3 millimètres en dehors et à 1 millimètre au-dessus point où le nerf pénètre au fond de l'œil pour s'y épanouir sous rme de rétine.

[4] La cornée, l'humeur aqueuse et le corps vitré ont une réfrangibilité peu près égale. Celle du cristallin est beaucoup plus forte et sa den-é va en diminuant du centre à la circonférence. C'est par suite de tte disposition que les rayons lumineux viennent concourir au même yer et ne produisent pas tous comme dans nos lentilles ce qu'on pelle *aberration de réfrangibilité* ou *chromatisme*.

Emmétropes (du grec εμμετρος, = conforme à la règle ; ωψ = œil dans le milieu) dit des yeux dont la vue est ordinaire, qui se tiennent dans un juste milieu.

mais, par suite du croisement desdits rayons, cette image est peinte renversée [1].

L'impression de cette image est transmise par le nerf optique au cerveau, à l'aide duquel l'âme la perçoit; et cette perception nous montre les objets, non renversés, mais dans leur position.

Les objets nous paraissent simples, quoique nous ayons deux yeux, parce que les axes, passant chacun par notre lentille oculaire, convergent sur le même objet et se réunissent sur ce point [2]; lorsque ces conditions n'existent pas, les objets se montrent doubles.

§ 393. L'œil étant un organe vivant jouit d'un pouvoir que ne possèdent pas nos instruments d'optique. Il peut s'accommoder aux diverses distances, de manière à nous montrer les objets d'une manière nette. On attribue généralement cette propriété à l'action du muscle ciliaire [3]; son bord antérieur répond à l'union de la cornée avec la sclérotique, et son bord postérieur se confond avec les couches de la choroïde. Il est dès lors facile de concevoir qu'en se contractant, ce muscle modifie la forme du cristallin et tend à le rapprocher de la forme sphérique, et conserve sur la rétine, malgré les distances, le foyer des rayons lumineux [4].

[1] Tous les rayons lumineux qui frappent la cornée n'arrivent pas jusqu'à la rétine; un grand nombre sont arrêtés par l'iris et réfléchis par cette membrane. Ce sont eux qui contribuent à donner à l'œil son brillant, et qui nous font connaître la forme et la couleur de l'iris.

[2] Lorsqu'en regardant un objet avec un œil, on fait avec le doigt dévier l'autre œil d'un autre côté, l'objet devient double.

[3] Peut-être les procès ciliaires, recevant alors une plus grande quantité de sang, contribuent-ils à rendre plus uniforme la pression qu'exerce le muscle ciliaire sur le cristallin.

[4] C'est probablement par un mécanisme analogue que les oiseaux de proie diurnes voient à des distances si différentes.

Les diverses modifications que le cristallin prend dans sa forme, suivant la distance des objets, aident à comprendre pourquoi on ne peut pas de suite distinguer les corps éloignés, quand on a travaillé pendant un certain temps avec une loupe un peu forte.

Ce pouvoir d'accommodation toutefois a des bornes ; quand objet est à une distance trop rapprochée, on ne le voit plus 'une manière distincte, parce que le foyer, au lieu d'être ır la rétine, est placé au delà de cette membrane.

§ 394. La portée visuelle de l'œil varie suivant les indi-idus et suivant les âges [1]. La vue, ce sens si précieux, est premier à nous faire sentir le pouvoir irrésistible du temps. uand nous arrivons au sommet insensible du cercle de la ie, nous éprouvons le besoin d'éloigner de notre œil les bjets pour les voir distinctement. Cette infirmité, connue ous le nom de *presbytie* [2], est attribuée à un aplatissement es milieux transparents de l'œil, c'est-à-dire de la cornée u du cristallin [3], et à l'affaiblissement du pouvoir d'accom-odation. Elle va bientôt en augmentant et nous force à emploi de lunettes à verres convexes, qui accroissent le ouvoir réfringent de l'œil et rapprochent le foyer.

§ 395. Quand on est affligé de l'infirmité opposée ou de la *ıyopie* [4], on ne peut voir les objets qu'à des distances plus u moins rapprochées. Dans ce cas, ou les milieux transpa-ents, tels que la cornée et le cristallin sont trop convexes, u les humeurs de l'œil trop denses ou trop abondantes [5], ou nfin, ce qui est mieux avéré aujourd'hui, le diamètre antéro-ostérieur du globe est trop long. On remédie à ce défaut en e servant de lunettes à verres concaves. La myopie s'affai-

[1] On peut même la faire varier jusqu'à un certain point par l'exercice. Ainsi, en faisant usage de lunettes concaves graduellement plus fortes, n finit par se rendre myope. On a vu des individus pouvoir, au bout le quelque temps, se rendre myopes ou presbytes à volonté.

La portée visuelle pour les objets d'un petit volume, comme les carac-ères ordinaires des livres imprimés, est de 25 à 30 centimètres.

[2] Πρέσβυς, vieillard.

[3] De là, diminution de convergence des rayons lumineux qui se réu-nissent au delà de la rétine.

[4] Μύω, je ferme ; ὤψ, œil ; parce que les myopes ferment les yeux à demi.

[5] De là, augmentation de convergence des rayons lumineux qui se réunissent en deçà de la rétine.

blit avec l'âge, quand les humeurs de l'œil commencent à être produites en moins grande quantité ou à devenir moins denses. Au reste, la vue présente des phénomènes assez singuliers dont on a peine à se rendre compte. Souvent des vieillards presbytes, après avoir eu besoin de lunettes pendant longtemps, reviennent peu à peu à une vue ordinaire, et finissent par s'en passer.

§ 396. L'œil est sujet à diverses maladies ; les principales sont : 1° les *taies* [1] ; 2° la *cataracte* [2]; 3° l'*amaurose* [3] ou *goutte sereine* ; 4° le *glaucome* [4] ou cataracte verte; 5° l'*albinisme* [5].

§ 397. *De la vue dans la série animale.* — L'organe de la vision se modifie comme tous les autres, suivant les besoins des animaux. Chez les mammifères, il offre en général peu de différence avec celui de l'homme. Cependant, chez ceux de ces êtres ayant une vie souterraine, l'œil est tantôt très petit, comme chez la taupe, tantôt rudimentaire et revêtu de

[1] Elles sont dues souvent à diverses ophtalmies ou maladies aiguës des parties postérieures de l'œil, laissant à leur suite, sur la cornée transparente, des taches ou taies.

[2] La cataracte a pour cause l'opacité du cristallin.

La cataracte se guérit par une opération qui consiste à enlever le cristallin opaque qui s'oppose au passage des rayons lumineux. On obtient ce résultat soit en *extrayant* le cristallin à l'aide d'une ouverture faite à la cornée ; soit en l'*abaissant* au moyen d'une aiguille introduite à travers la sclérotique ou la cornée, soit enfin par la méthode du *broiement*, qui consiste à diviser d'abord le cristallin en place, puis à en disséminer les débris dans le corps vitré.

[3] L'amaurose est déterminée par une altération morbide des parties nerveuses de l'œil (le nerf optique ou la rétine).

[4] Le glaucome est une altération des humeurs de l'œil ou des membranes qui les sécrètent.

[5] L'albinisme est caractérisé par la diminution ou l'absence du pigment qui colore les diverses parties intérieures de cet organe. Les rayons lumineux, réfléchis de nouveau par la choroïde privée de son pigment absorbant, reviennent jeter du trouble dans l'image peinte sur le fond de la rétine ; aussi les albinos ne peuvent-ils voir distinctement que les objets éclairés par une lumière douteuse.

peau, comme chez le spalax[1] (rat-taupe). Chez ceux qui ont destinés à une existence diurne et nocturne, comme les hats, les tigres, les renards, la pupille est plus contractile, est-à-dire jouit de la faculté de rétrécir ou d'agrandir, iivant les besoins, l'ouverture pupillaire, au delà de ce qui lieu chez les autres animaux. Chez divers mammifères, face antérieure de la choroïde forme au fond de l'œil, au-essous de la rétine, une tache brillante, nommée *tapis*, ont la couleur métallique varie suivant les animaux, et qui onne aux yeux un éclat tout particulier. Peut-être cette sposition, en donnant à ces animaux une sensibilité plus ive de la lumière, leur permet-elle de se conduire ou de oir avec plus de facilité durant la nuit.

Chez les cétacés, placés dans un milieu plus dense et plus éfrangible que l'air, le cristallin se rapproche de la forme us sphérique qu'il a chez les poissons. Chez ces mêmes ammifères aquatiques, dont l'œil est constamment lubrifié ar l'eau, la glande lacrymale manque.

Les oiseaux, obligés d'être constamment sur leurs gardes our éviter d'être victimes d'une surprise, ou aux aguets our se procurer leur nourriture, ont le sens de la vue très éveloppé. Le faucon, en s'élevant jusqu'aux nues, aperçoit, e ces hauteurs où il nous apparait à peine comme un point oscur, la proie, souvent de petite taille, sur laquelle il va ndre. La plupart de ces êtres empennés présentent dans le nd de l'œil une plissure rayonnée, appelée *peigne*, formée ar un repli de la choroïde, qui s'avance du fond de l'œil ers la face postérieure du cristallin, et sert probablement changer la convexité de celui-ci. La membrane clignotante rme souvent près de la caroncule lacrymale un repli pou-ant se déployer comme un rideau sur le globe oculaire, et mule ainsi une troisième paupière Les oiseaux nocturnes it les yeux dirigés en avant, et la pupille très dilatée, pour ecueillir une plus grande quantité de rayons lumineux.

[1] Du grec ἀσπάλαξ.

Outre la glande lacrymale, ils offrent un petit corps analogue à cette glande.

Les reptiles ont aussi parfois trois paupières; d'autres fois, comme les serpents en fournissent un exemple, ils en manquent; l'œil est alors recouvert par une conjonctive transparente ou par des paupières diaphanes adhérentes à la conjonctive ou à une membrane intermédiaire constituée par l'épiderme. Certains reptiles à vie souterraine, comme les protées, ont les organes de la vue petits et recouverts par la peau.

Les poissons manquent de paupières et d'appareil lacrymal. Ils ont en général le cristallin sphérique, la cornée presque plate, les yeux peu mobiles, quelquefois disposés d'une manière plus ou moins singulière, soit dirigés en arrière et en haut, comme chez l'uranoscope, soit situés tous les deux du même côté, comme chez les pleuronectes. Quelques-uns, comme la murène aveugle, ont l'œil caché sous la peau; d'autres, comme les myxines[1], sont réduits peut-être à ne distinguer que la clarté, sans avoir une idée bien nette des objets.

Les insectes et les crustacés ont la plupart des yeux *composés*, formés par la réunion plus ou moins considérable de cônes, dont la base ou partie extérieure est revêtue d'une cornée quelquefois plane, le plus souvent à facettes, soit hexagones, soit carrées. Chaque cône enchâsse un nerf optique, présente une humeur analogue au vitré, et un pigment ou matière ordinairement noire ou foncée. La cornée est souvent revêtue sur sa face interne, excepté au centre, d'une couche obscure, et remplit alors le rôle de cornée et d'iris.

Beaucoup d'insectes, outre les yeux à facettes, ont encore des yeux lisses, au nombre de deux ou de trois, situés sur le sommet de la tête. La plupart des aptères n'ont des yeux

[1] Myxines, poissons singuliers chondroptérygiens de l'ordre des Gastrobranches.

ue de cette sorte. Divers insectes, habitant les cavernes ou eux obscurs, sont privés d'yeux.

Les yeux de beaucoup de crustacés sont portés sur un édoncule mobile.

Les araignées n'ont que des yeux lisses, situés sur les ôtés de la tête et en nombre et d'une disposition variables iivant le genre de chacune.

Chez les mollusques supérieurs, tels que les céphalopodes, es yeux ont une grande analogie avec ceux des animaux upérieurs. Chez les limaçons, ils sont placés à l'extrémité 'un pédoncule mobile [1], et sont d'une simplicité plus ou oins grande. Chez les derniers mollusques l'organe de la ue semble représenté par des espèces de vésicules enduites e pigment, sortes de *points oculaires* donnant sans doute ı perception de la lumière.

Enfin divers invertébrés, surtout inférieurs, ne nous offrent lus de traces de l'organe de la vue, et paraissent cependant ouvoir distinguer la lumière des ténèbres.

En terminant ces feuilles, dans lesquelles nous avons essayé vec les divers secours de la science, d'expliquer, au moins n partie, les fonctions mystérieuses de la vie, de cette vie errestre parfois si courte et si passagère, et pourtant si ouvent agitée par des rêves d'ambition diverse ou de laisirs, nous ne saurions trop répéter aux jeunes gens, à qui es feuilles sont principalement consacrées, que le mécanisme e nos fonctions dure d'autant plus qu'on en use moins les essorts, et la vieillesse est d'autant plus longue, plus exempte 'infirmités et par conséquent plus heureuse, qu'on a su avoir n toute chose des habitudes de sobriété et de tempérance, ivre en paix avec les autres et avec soi-même, dominer ses

[1] *Zolo*, § 555.

passions, et suivre d'une oreille plus docile la voix de la sagesse.

Qu'il nous soit permis de leur rappeler, les mémorables paroles prononcées sur la tombe de l'un de ses confrères [1] par feu Amédée Bonnet, l'un des chirurgiens les plus célèbres de notre époque, qui lui-même terminait peu de jours après, par une mort prématurée, mais héroïquement chrétienne, une vie dignement remplie [2] : « Au seuil de la vie future, ce qui reste de l'homme, ce qui pèse dans la balance éternelle, ce ne sont pas les honneurs dont il a joui, ni le talent qu'il a déployé; ce sont les vertus qu'il a pratiquées et le bien qu'il a fait. »

[1] M. le docteur Gensoul, mort le 5 novembre 1858. Cette noble figure suivant les belles expressions de M. Sauzet, s'endormit dans la foi, après s'être illustrée dans la science et épanouie dans la charité.

[2] M. le docteur Amédée Bonnet, mort le 1er décembre 1858. Pour faire juger de toute l'étendue de la perte occasionnée par la mort de ce savant, il faudrait reproduire ici l'admirable improvisation prononcée sur sa tombe par M. Paul Sauzet: « Vos fils, a dit en terminant l'illustre orateur, apprendront de vous seul comment on sème sur ses pas la lumière et les bienfaits; comment on laisse des regrets et des espérances; comment la grandeur du caractère, de l'intelligence et de la foi, fait de la vie un exemple, de la mort un enseignement; comment on se fait un nom dans la patrie qui nous vit naître, une place dans la patrie qui ne meurt jamais. »

ADDITIONS ET MODIFICATIONS

Fonction de nutrition (p. 12)

FONCTION GLYCOGÉNIQUE DU FOIE

(suite au § 63, p. 36)

§ 398. Indépendamment de la sécrétion de la bile qui est a principale fonction, le foie a, en outre, la singulière pro- riété de fabriquer du sucre. Le célèbre physiologiste, laude Bernard[1], a eu la gloire de découvrir, en 1840 cette nerveilleuse fonction appelée glycogénie (du grec γλυκύς, oux, sucré, et de γένος, génération) et la démontra par une érie d'expériences des plus concluantes.

[1] Claude Bernard, né au petit village de Saint-Julien, près de Ville- anche (Rhône), mort à Paris le 10 février 1878, est sans contredit, premier et le plus célèbre physiologiste des temps modernes. . Pasteur, l'un des plus justes appréciateurs et en même temps un s juges les plus sévères des travaux scientifiques, a dit de lui : « Ce est pas seulement un grand physiologiste, c'est la physiologie elle- ême. »
Claude Bernard ne perdit jamais la foi de son enfance; et bien que op longtemps oublieux de ses devoirs religieux, il retrouva, au seuil l'éternité, le courage de confesser et d'adorer le grand Dieu qu'il ntrevit toujours derrière les mystères de la physiologie. Il mourut rétiennement après avoir reçu, par le ministère d'un prêtre zélé, s dernières consolations de notre sainte religion.

§ 399. Il fallait d'abord prouver que le sucre trouvé dans le foie ne provient pas de l'alimentation. Que fit le savant expérimentateur? il opéra sur des animaux préalablement soumis à un long jeûne, et il trouva plus de sucre dans les veines sus-hépatiques qui sortent du foie que dans la veine porte destinée à amener le sang dans cet organe : preuve évidente que le sucre se forme dans le foie.

§ 400. Cette première expérience fut suivie d'une seconde, destinée à démontrer qu'il se produit du sucre dans le foie, lors même que le genre d'alimentation serait impropre à introduire cette substance dans le sang. Claude Bernard nourrit dans ce but des animaux carnivores, pendant six ou huit mois, exclusivement avec de la viande dépouillée de tout élément capable de produire du sucre dans le travail de la digestion. Or, après ce temps, il trouva dans le foie jusqu'à 19 parties de sucre sur 1.000.

§ 401. Il fit encore une expérience plus curieuse pour démontrer que, même après la mort, le foie peut produire du sucre. Ayant extrait le foie d'un animal, il en lava l'intérieur à l'aide d'un courant d'eau injectée par le canal de la veine porte, jusqu'à ce qu'il ne restât plus trace de sucre. Le foie fut ensuite placé dans une étuve et maintenu pendant quelque temps à la température moyenne intérieure de l'animal vivant ; on vit alors le sucre y reparaître en abondance. Cette dernière expérience démontra que la production du sucre dans le foie est plutôt une fermentation qu'un acte physiologique proprement dit.

§ 402. D'où provient ce sucre et comment se forme-t-il? Claude Bernard nous a encore révélé ce secret. Il découvrit, en 1855, que le sucre n'est pas formé directement dans le foie aux dépens du sang, mais qu'il provient d'une substance particulière qu'il nomma glycogène ; en 1857, il parvint à isoler cette substance, et y reconnut des propriétés qui la rapprochent de l'amidon végétal. Ce glycogène est sécrété par les cellules hépatiques tant qu'elles sont saines et intactes, lors même qu'on accélère ou qu'on arrête la circulation du sang dans la veine porte ; mais il ne s'en produit plus si elles sont altérées. Cette sécrétion s'opère aux dépens des différents produits de la digestion introduits dans le foie, que ce soit d'ailleurs des matières albuminoïdes et graisseuses, ou des matières féculentes.

Le foie extrait d'un animal mort ne produit plus de glycogène ; mais il peut continuer à produire du sucre, à l'aide du glycogène qu'il a conservé.

§ 403. En 1872, Claude Bernard découvrit que le glycogène n'est transformé en sucre qu'à l'aide d'un ferment diastasique, renfermé dans le sang ou dans les cellules hépatiques, et, en 1877, il parvint à isoler ce ferment, et en démontra ainsi nettement l'existence.

§ 403 *bis*. Il est important de remarquer que la production du sucre ou glycogénie et la sécrétion du glycogène sont deux fonctions bien distinctes. La première peut avoir lieu après la mort, comme nous l'avons vu ; tandis que la seconde est un acte essentiellement physiologique, ne pouvant se produire que pendant la vie et sous l'influence du système nerveux. Meyer a constaté, en effet, une diminution de glycogène dans le foie après la section de certains nerfs.

§ 404. Le foie peut donc être considéré comme formé de deux glandes distinctes, se pénétrant mutuellement. La glande biliaire, véritable glande en grappe qui sécrète la bile, et la glande qu'on pourrait nommer glande glycogénique, glande imparfaite, analogue à celles que l'on désigne sous le nom de glandes vasculaires sanguines.

§ 405. Le sucre sécrété par le foie n'est pas recueilli, comme la bile, dans un canal particulier : au lieu de se rendre comme elle dans les intestins, il est repris par les veines sus-hépatiques qui l'amènent dans la veine cave inférieure, laquelle aboutit à l'oreillette droite du cœur.

Il arrive, soit aux poumons, pour y être en partie brûlé, soit dans l'intérieur des muscles, et dans d'autres parties du corps, on le trouve, mais en petite quantité, dans le sang des artères et des veines.

Dans les muscles, il fournit à l'oxygène charrié par les globules du sang un combustible destiné à être brûlé et à former de la chaleur, que les muscles par leurs contractions transforment en force mécanique.

§ 406. Quand la fonction glycogénique du foie est exagérée, que la quantité du sucre produite est supérieure à 3 0/0 du résidu du sang, ou 3 grammes par kilogramme du poids du corps, alors le sucre est excrété par les reins et se retrouve dans les urines. C'est là ce qui constitue la maladie appelée glycosurie, ou diabète sucré.

§ 407. La chimie fournit un moyen facile de reconnaître la présence du sucre dans les urines, à l'aide de la liqueur dite de Trommers, formée de sulfate de cuivre et de tartrate de potasse en certaines proportions. Lorsqu'on chauffe avec cette liqueur de l'urine contenant du sucre, il se produit un précipité d'oxydule rouge de cuivre, ce qui n'arrive pas dans le cas d'une urine normale. La potasse donne par la chaleur à ces urines contenant du glucose une couleur foncée comme du café.

Absorption par les veines et les vaisseaux chylifères

(p. 29)

IDÉE SOMMAIRE DE L'APPAREIL LYMPHATIQUE

(suite au § 98 p. 47)

§ 408. *Définition de l'appareil lymphatique.* — On entend par appareil lymphatique l'ensemble des vaisseaux particuliers à travers lesquels circulent la lymphe proprement dite et le chyle. Ces vaisseaux, découverts successivement en 1651 par Rudbeck[1] et, en 1652, par Bartholini[2], forment un

[1] Olaüs Rudbeck, célèbre médecin suédois, naquit à Upsal en 1630, et mourut en 1702.

[2] Thomas Bartholini, l'un des médecins les plus illustres de son siècle, naquit en 1616 et mourut à Copenhague en 1680.

réseau à part, s'étendant non seulement sur toute la périphérie du corps, mais encore dans l'intérieur des organes.

§ 409. *Définition et propriétés de la lymphe.* — La lymphe, du latin *lympha*, eau, peut se définir la partie aqueuse du sang. C'est un liquide très fluide, incolore, plus ou moins transparent, tenant en dissolution, ou en suspension, de la fibrine, de l'albumine, des matières grasses, de l'urée, du glycose, différents sels (chlorure de sodium et carbonates alcalins). Examinée au microscope, la lymphe présente des corpuscules blancs analogues aux globules blancs du sang ; mais sphériques, plus gros et moins nombreux. La lymphe, extraite des vaisseaux et recueillie dans un vase, ne tarde pas à se coaguler et à se séparer en deux parties, savoir : 1° Un caillot formé de fibrine réticulée insoluble, renfermant dans ses mailles tous les globules blancs ; 2° un liquide analogue au sérum du sang, tenant en dissolution de l'albumine un peu différente de celle du sang, divers sels et des gaz, de l'oxygène et de l'acide carbonique, ce dernier en moins grande proportion que dans le sang veineux.

§ 410. *Origine et circulation de la lymphe.* — On peut considérer la lymphe comme résidu de la partie du sang qui n'a pas été employée à la nutrition du corps. Elle sort des vaisseaux sanguins par exosmose (du grec ἔξω, en dehors, et ὠσμὸς, action de pousser, courant de dedans en dehors), et se répand dans des espèces de lacunes qu'on remarque autour des vaisseaux sanguins; de là elle est reprise par endosmose (du grec ἐν, dans ; ὠσμὸς action de pousser, courant de dehors en dedans) par des vaisseaux particuliers, nommés vaisseaux lymphatiques, dans lesquels elle circule. Ces vaisseaux la déversent dans les veines sous-clavières, la ramenant ainsi dans le torrent de la circulation.

§ 411. *Constitution des vaissseaux lymphatiques.* — Les vaisseaux lymphatiques sont formés, comme les artères et les veines, de trois tuniques superposées : une tunique extérieure ou celluleuse, une tunique moyenne ou fibreuse, composée de fibres musculaires lisses et élastiques, une tunique interne ou muqueuse, aux parois internes de laquelle sont fixées les valvules[1].

Les vaisseaux lymphatiques sont très déliés et très minces, ne dépassant pas la grosseur d'un fil. Ils diffèrent des vaisseaux sanguins, en ce qu'ils présentent, de distance en distance, des renflements et des rétrécissements, qui les ont fait nommer vaisseaux à chapelet ou vaisseaux à étranglement. Aux renflements correspondent les valvules.

Les valvules qu'on remarque également dans les vaisseaux sanguins, mais qui, faute d'un moteur principal comme le cœur, sont ici bien plus nécessaires, sont de petites soupapes destinées à faciliter la circulation de la lymphe et à lui fermer tout retour vers son point de départ. Elles sont formées de petites membranes demi-circulaires et distribuées par paires à la même hauteur. L'un des bords de ces membranes est fixé aux parois de la tunique interne, l'autre est libre et flottant. Les bords libres se soulèvent pour laisser circuler la lymphe ; mais, après son passage, ils s'appliquent l'un sur l'autre et ferment ainsi tout retour au liquide.

§ 412. *Origine et distribution des vaisseaux lymphatiques.* — L'origine des vaisseaux lymphatiques n'est pas encore bien déterminée. On admet cependant que les vaisseaux lymphatiques, sans communiquer directement avec les vaisseaux sanguins, prennent naissance, au moyen de capillaires, au sein des organes, dans des espèces de lacunes où nous avons vu que la lymphe se déverse. Ces capillaires, après avoir absorbé la lymphe par endosmose, forment un grand nombre de ramifications, en constituant un système particulier qui accompagne le circuit sanguin sans se confondre avec lui. Ces nombreuses ramifications viennent toutes aboutir à deux gros vaisseaux : l'un nommé canal thora-

[1] Les gros troncs lymphatiques seuls ont les trois tuniques, et encore sont-elles toujours moins riches en fibres élastiques et musculaires, que celles des vaisseaux sanguins, surtout des artères.

cique, l'autre désigné par les auteurs sous le nom de grand vaisseau lymphatique. Le canal thoracique, après avoir réuni les lymphatiques des membres inférieurs, de l'abdomen, de toutes les parties gauches du corps, déverse la lymphe dans la veine sous-clavière gauche, où, mêlée au sang, elle parvient à l'oreille droite du cœur. Le grand vaisseau lymphatique, après avoir réuni les lymphatiques des membres supérieurs, de la tête, de toutes les parties du côté droit du corps situées au-dessus du diaphragme, déverse la lymphe dans la veine sous-clavière droite, d'où elle passe mêlée au sang veineux dans l'oreillette droite du cœur.

Remarque[1]. Quelle que soit l'origine des vaisseaux lymphatiques, il est bien établi par l'expérimentation (Claude Bernard, *Physiologie opérative*, p. 348) que la circulation lymphatique, et la circulation veineuse peuvent être considérées l'une et l'autre comme la continuation de la circulation artérielle. Les rapports de ces deux circulations sont si intimes, que si la circulation veineuse varie dans un sens, la circulation lymphatique varie dans l'autre et *vice versâ*. Si l'on met à nu sur un cheval, un lymphatique et une veine d'une même région, du cou, par exemple, toutes les fois qu'on gêne le cours du sang veineux, on voit augmenter l'écoulement de la lymphe, et dès qu'on laisse couler abondamment le sang veineux, l'écoulement de la lymphe diminue aussitôt.

§ 413. *Ganglions lymphatiques.* — Sur le trajet des vaisseaux lymphatiques, on remarque de petites masses à structure très compliquée, nommées ganglions[2] lymphatiques. Ces ganglions sont formés d'un plexus (entrelacement de vaisseaux) de capillaires lymphatiques, ramifiés, anastomosés, pelotonnés, et constituant le parenchyme (ou tissu

[1] *Cours de physiologie* de Mathias Duval, 4e édition, p. 319.

[2] Dans un ganglion on distingue une enveloppe extérieure, des cellules et des follicules à l'intérieur, puis le hile ou cordon. La lymphe arrive dans le ganglion par les vaisseaux afférents ; elle en sort modifiée par le canal afférent situé à l'intérieur du hile.

propre de cet organe) de ces organes. Le cours de la lymphe, en traversant ces ganglions, se ralentit. Quelques auteurs prétendent que pendant ce ralentissement se formeraient les globules blancs destinés à reconstituer les globules rouges du sang. On trouve de ces ganglions au cou, aux aisselles, où ils constituent ces espèces de glandes susceptibles d'engorgement, surtout quand la lymphe s'y accumule par suite de lésion des organes.

§ 414. *Analogie de la lymphe et du chyle.* — A la lymphe se rattache le chyle, produit de la digestion circulant à travers les vaisseaux chylifères. Ces deux liquides ne sont pas aussi différents que le croyaient les anciens, car ils renferment tous deux les mêmes principes. Le chyle se distingue seulement de la lymphe par son opacité et sa *lactescence* (couleur de lait). Cette couleur particulière du chyle provient des globules blancs qu'il renferme, globules formés de substances graisseuses. Cette différence de coloration entre les deux liquides n'existe que pendant la période de la digestion ; quand le corps est à jeun, les vaisseaux chylifères et le canal thoracique où ils viennent se réunir, ne contiennent plus que de la lymphe proprement dite.

§ 415. *Découverte des vaisseaux chylifères.* — Les vaisseaux chylifères ont été découverts par hasard, en 1622, par Aselli [1], qui leur donna le nom de vaisseaux lactés à cause de la ressemblance du chyle avec le lait. Ces vaisseaux partis des intestins, viennent, après de nombreuses anastomoses [2], aboutir à une espèce d'ampoule située à la base du canal thoracique, et nommé *réservoir* de Pecquet [3], du nom du célèbre anatomiste français qui l'a découvert en 1648.

[1] Aselli, célèbre anatomiste, naquit à Crémone et devint professeur d'anatomie à Pavie.

[2] Anastomose (du grec ἀναστομώσις, communication) indique un croisement de vaisseaux ou d'autres organes.

[3] Jean Pecquet naquit à Dieppe et devint l'un des plus célèbres anatomistes de son temps.

Phénomènes généraux de la circulation (p. 52)

ISTORIQUE DE LA DÉCOUVERTE DE LA CIRCULATION DU SANG

(suite au § 116, p. 56)

§ 416. La découverte de la circulation du sang n'appar-ent pas à un seul homme; elle n'a été faite que peu à peu t partie par partie.

§ 417. Le merveilleux mécanisme de la circulation du ıng était ignoré des anciens. D'après eux, nous n'avions autres canaux pour contenir le sang que les veines; quant ıx artères, ils les croyaient remplies d'air, et en commu-cation avec la trachée artère : de là leur nom.

§ 418. Galien, le plus célèbre médecin de l'antiquité, qui vait cent trente ans après J.-C., sous les empereurs Marc-urèle et Commode, est le premier qui ait commencé à mprendre une partie de la circulation du sang. Il démontra, ı effet, par des vivisections, que les artères ne contenaient ıs de l'air, comme on l'avait cru, mais bien du sang et rien ıe du sang. Il distingua deux espèces de sang : l'un qu'il mma *spiritueux*, qui coule dans les artères; l'autre, qu'il pela *veineux*, charrié dans les veines. Le sang *spiritueux* formait, d'après lui, dans le ventricule gauche, et devait mêler au sang veineux, afin de communiquer à ce der-er les propriétés qui lui sont nécessaires pour remplir s fonctions.

Cette erreur le porta à supposer des ouvertures dans la ›ison qui sépare les deux cœurs, pour favoriser le mélange l'un et de l'autre sang.

§ 419. La science vécut de cette doctrine de Galien jus-'au seizième siècle. Alors parut Vésale[1], le fondateur de

André Vésale naquit à Bruxelles, en 1513. Après avoir étudié la decine à Montpellier et à Paris, il enseigna l'anatomie successive

l'anatomie moderne[1]. Dans un ouvrage intitulé : *De corporis humani fabricâ*, il démontra que la cloison qui sépare les deux cœurs n'est pas perforée chez l'homme une fois arrivé à la vie.

§ 420. Au milieu du seizième siècle, Michel Servet[2] affirma, le premier, que le sang passe du ventricule droit dans le ventricule gauche, par la voie des vaisseaux pulmonaires. Nous citons les expressions employées par Servet, pour expliquer la circulation pulmonaire : « Le passage du sang du ventricule droit au ventricule gauche ne se fait pas, comme on le croit vulgairement, à travers la cloison mitoyenne du cœur, mais par un long et merveilleux détour. Le sang est conduit du ventricule droit au ventricule gauche à travers les poumons, où il est agité, préparé, et devient rouge. Il passe de la veine *artérieuse* (aujourd'hui artère pulmonaire) dans l'artère *veineuse* (veine pulmonaire) ; après s'être combiné avec l'air par l'inspiration dans l'artère pulmonaire et s'être purifié de sa fumée (c'est-à-dire de l'acide carbonique qui n'était pas encore connu) par l'expiration *(et expiratione a fuligine repurgatus)*, le sang, mêlé à l'air, est enfin reçu dans le ventricule gauche. »

Cette explication si nette de la circulation pulmonaire par Servet est tirée de son fameux livre intitulé : *Christianismi restitutio*, rétablissement du Christianisme, principale cause de sa condamnation par Calvin, et destiné à être

ment à Bologne, à Pise et à Padoue. A la suite d'un voyage en Terre Sainte, il fit naufrage sur les côtes de l'île de Zante et périt misérablement.

1 Il est le premier qui ait osé s'élever contre le préjugé de son temps, qui s'opposait à la dissection des cadavres.

2 Michel Servet, célèbre par ses luttes avec Calvin, qui lui attirèrent la mort tragique que tout le monde connaît, était né à Villanova, en Espagne, en 1509. Fougueux dogmatiseur, il s'attira, par ses impiétés, la haine des protestants aussi bien que des catholiques. Après avoir échoué dans le barreau et dans la médecine, il se retira à Genève pour disputer avec Calvin. Ce dernier conçut dès lors une haine implacable contre Servet, et le fit condamner à être brûlé vif, à Genève, en 1553.

ûlé avec lui. Nous l'avons extraite de l'intéressant opus-le du célèbre physiologiste Flourens, intitulé : *Historique la découverte de la circulation du sang* (édité chez aillière en 1853). Après avoir cité le passage que nous nons de rapporter, Flourens ne craint pas de dire qu'il t admirable. Il ajoute, quelques pages plus loin : « Pour homme brûlé vif, et brûlé pour un livre *absurde*, il ne ut pas lui refuser la gloire d'avoir fait une telle décou-rte. »

§ 421. La science de la circulation du sang fit de nouveaux ogrès avec le pieux et célèbre médecin André Césalpin[1]. Dans un ouvrage intitulé : *Quæstionum peripatetica-um libri quinque*, imprimé à Rome en 1603, Césalpin ne contente pas d'affirmer clairement la circulation pulmo-ire, par les expressions caractéristiques : *Vena arteriosa æ ex dextro cordis ventriculo in pulmonem sanguinem rivat*, la veine *artérieuse* qui porte le sang du ventri-le droit aux poumons, mais il pose, le premier, la base de circulation générale. C'est, en effet, lui qui a donné avant arvey la véritable explication du gonflement produit dans s veines, au-dessous de la ligature pratiquée dans la sai-ée. Ce phénomène, d'après lui, indique clairement la arche centripète du sang vers le cœur dans les veines, rce que, s'il s'accumule au-dessous de la ligature, c'est 'elle en empêche le retour vers le cœur. Césalpin dit

Césalpin André, philosophe, médecin et botaniste, naquit à Arezzo 1519, et mourut à Rome en 1603. Après avoir enseigné la botanique Pise, il fut appelé à Rome par le pape Clément VIII, qui en fit son decin et le nomma professeur de médecine au collège de la Sapience. Césalpin fut non seulement un habile médecin, mais encore un aniste célèbre. C'est lui qui, parmi les modernes, remarqua les sexes ns les parties de la fleur et établit les véritables principes de la clas-ication méthodique des plantes.

On conserve à Florence, l'herbier de Césalpin, renfermant sept nt cinquante espèces, nombre considérable pour l'époque. (Voir sur salpin un article intéressant dans le *Cosmos*, ou les *Mondes*, de bbé Moigno, t. III, n° 14, 2 décembre 1882.)

encore que le sang, ramené au cœur par les veines pulmonaires, après avoir été purifié aux poumons, est porté par les artères dans toutes les parties du corps. On ne pouvait pas mieux définir la circulation générale.

§ 422. Après Césalpin, il convient de citer le très habile anatomiste Fabrice d'Aquapendente, professeur d'anatomie à Pavie, en 1574, qui eut la double gloire d'avoir découvert les valvules des veines en expliquant leurs fonctions, et d'avoir été le professeur du célèbre Harvey.

§ 423. Jusqu'ici nous n'avons remarqué, dans les différents auteurs cités, que des découvertes partielles sur le grand phénomène de la circulation du sang. Le point difficile était de lier entre elles les différentes parties. C'est parce que Harvey a été le premier à bien saisir l'ensemble des pièces qui concourent à cet admirable mécanisme de la circulation du sang, qu'on lui a attribué, à juste titre, la gloire de la découverte[1].

La théorie du célèbre médecin anglais est exposée dans son mémorable ouvrage intitulé : *Exercitationes mathematicæ de motu cordis et sanguinis in animalibus*, Démon-

[1] Harvey William naquit à Folkstone, en Angleterre, en 1578. Il montra, dès sa jeunesse, une grande ardeur et des dispositions merveilleuses pour l'anatomie. Le sujet de sa thèse pour le doctorat fut la circulation du sang, et il répondit victorieusement à toutes les difficultés qui lui furent posées par les examinateurs. Après avoir voyagé en France, en Allemagne, et avoir suivi, à Padoue, les leçons du célèbre Fabrice d'Aquapendente, il revint en Angleterre, où sa réputation l'avait précédé. Il fut nommé professeur d'anatomie à Londres, et devint médecin des rois Jacques Ier et Charles Ier d'Angleterre. Son attachement pour ce dernier le fit chasser de Londres. Son musée fut pillé, la plupart de ses manuscrits dispersés. Après la mort de Charles Ier, en 1649, il se retira à Francfort, où il mourut, en 1657, à l'âge de quatre-vingt-neuf ans.

Après avoir enseigné la circulation du sang à ses élèves, à partir de 1619, il resta près de dix ans avant de publier sa découverte, cherchant à démontrer les vérités qu'il avançait par des expériences concluantes.

strations mathématiques des mouvements du cœur et du sang dans les animaux, imprimé, pour la première fois, à Francfort, en 1628.

§ 424. Flourens, dans le petit opuscule déjà cité, dit (p. 30) en parlant de l'ouvrage d'Harvey : « Ce petit écrit de cent pages est un chef-d'œuvre ; c'est le plus beau livre de physiologie. » Harvey, continue Flourens (p. 35), fit peu d'expériences, mais elles sont décisives. Citons-en quelques-unes :

1° Il lia légèrement un membre, et démontra que le sang ne s'arrêtait que dans les veines, parce qu'elles sont superficielles. Il lia plus fortement et montra que le sang s'arrêtait aussi dans les artères qui sont situées à une plus grande profondeur.

2° Il démontra qu'en liant une veine le sang s'accumule au-dessous de la ligature, parce que le sang, dans les veines, va de toutes les parties du corps au cœur; et qu'en liant une artère le sang s'accumule, au contraire, au-dessus de la ligature, preuve que le sang dans les artères va du cœur dans toutes les parties du corps.

3° Quand on ouvre une artère quelconque et qu'on laisse couler le sang, il s'échappe tout entier par cette ouverture ; donc toutes les parties de l'appareil circulatoire communiquent entre elles, le cœur, les artères et les veines.

Harvey a également compris le système des mouvements du cœur. Il démontra que les deux oreillettes se contractent d'abord simultanément, en vidant le sang qu'elles contiennent dans les ventricules, et que ceux-ci se contractent à leur tour simultanément, en chassant le sang dans les artères qui leur correspondent. Harvey démontra encore que les chocs ou battements du cœur correspondent aux mouvements de systole ou de contraction. Il expliqua également le rôle des valvules du cœur et des veines. Il eut à lutter toute sa vie contre de nombreux contradicteurs ; mais la postérité lui a rendu pleine justice, en le proclamant le véritable auteur de la découverte de la circulation du sang.

Harvey, tout en admettant le double cercle décrit par

le sang à travers le corps, n'avait pu constater par lui-même le passage du sang des artères dans les veines, à l'aide des vaisseux capillaires. Cette belle découverte était réservée à Malphigi [1]. Il reconnut les vaisseaux capillaires en observant, à l'aide d'un microscope [2], le précieux instrument qui avait manqué à Harvey, le passage du sang des artères aux veines dans les poumons de la grenouille.

Appareil circulatoire : cœur, artères et veines (p. 52)

APPAREIL DE LA VEINE PORTE

(suite au § 122, p. 61).

§ 425. Nous avons vu, en traitant de la grande circulation du sang, qu'on entend par système veineux l'ensemble des veines, c'est-à-dire, des canaux chargés de ramener au cœur le sang de toutes les parties du corps.

Le système veineux comprend deux parties distinctes : la veine cave et la veine porte.

§ 426. 1° Veine cave. — La veine cave se divise en deux, la veine cave supérieure et la veine cave inférieure, chargées l'une et l'autre de ramener directement à l'oreillette droite du cœur, la première, le sang des membres supérieurs, la seconde, celui des membres inférieurs.

§ 427. 2° Veine porte. — Elle est ainsi nommée parce qu'elle porte dans le foie le sang des intestins, de la rate et de l'estomac. Elle se distingue de la veine cave par sa forme, sa fonction et son absence de valvule.

§ 428. Forme de la veine porte. Cette veine peut être

[1] Malphigi, Emmanuel célèbre anatomiste, né à Crémone, en 1628, mort à Rome, en 1694, enseigna successivement la médecine à Bologne, à Pise et à Messine. Il est le premier qui ait employé le microscope à l'étude de l'anatomie.

[2] Le microscope n'a été inventé qu'en 1590, par Zacharie Jansen, de Midlebourg.

comparée à un arbre vasculaire, présentant un tronc, des racines et des branches.

Le tronc, placé entre les intestins et le foie, a chez l'homme adulte de 8 à 10 centimètres de longueur.

Les racines, situées à la base, consistent en trois veines : 1° la veine mésentérique[1] supérieure, nommée aussi grande veine mésaraïque, chargée d'amener le sang veineux de l'intestin grêle et du côté droit du gros intestin ; 2° la veine mésentérique inférieure ou petite mésaraïque, dont la fonction est d'amener le sang du rectum et du côté gauche du gros intestin ; 3° la veine splénique (de σπλήν, rate) destinée à ramener le sang de la rate dans le foie, comme les deux autres. Dans son trajet, cette dernière reçoit le sang veineux de l'estomac et du pancréas.

Les branches. — Le tronc de la veine porte se divise à son sommet en deux branches, qui, en pénétrant dans le foie, se divisent en rameaux et ramuscules. Pour bien comprendre comment se fait cette distribution des ramuscules de la veine porte dans l'intérieur du foie, nous sommes obligés d'entrer dans quelques détails sur la constitution de cet organe.

§ 429. Lorsqu'on déchire le foie, on voit apparaître dans l'intérieur de la déchirure des grains saillants, gros comme des grains de millet et séparés par des sillons plus ou moins réguliers. Ces grains, dont le diamètre est de 1 millimètre environ, sont appelés les *lobules du foie*. Sur une coupe du foie, examinée au microscope, avec un grossissement de 50 diamètres, on aperçoit au centre de chaque lobule une ouverture béante, point de départ des veines sus-hépatiques ; à la surface des lobules, on découvre les ramifications de la veine porte, qui serpentent entre les lobules, comme on voit les racines d'un arbre pénétrer entre les pierres d'un sol rocailleux. Ces ramifications sont nommées *veines intra-lobulaires* de Kierman.

[1] Mésentérique de μέσον, milieu ; ἔντερον, intestins.

§ 430. En examinant avec plus de soin cette coupe du foie (fig. 45), à l'aide d'un microscope donnant un grossissement de 300 diamètres, on voit les ramuscules ou subdivisions des ramifications de la veine porte pénétrer dans l'intérieur des lobules sous forme de vaisseaux capillaires. Ces vaisseaux amènent directement le sang de la veine porte dans les ouvertures toujours béantes, dont nous avons parlé et qui sont les points de départ des veines sus-hépatiques; ils servent ainsi d'intermédiaires entre ces dernières et la veine porte.

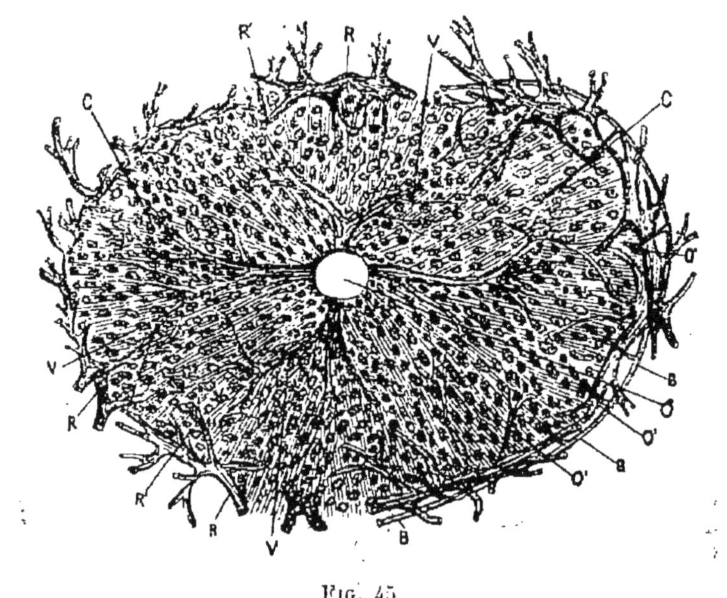

Fig. 45.

Lobule du foie très grossi *.

§ 431. Mode de circulation du sang dans la veine porte. — Nous avons fait remarquer que la veine porte est dépourvue de valvules. Cette disposition tend à ralentir

* RRR, rameaux de la veine porte circulant autour des lobules; R'R'R', ramuscules de cette veine; vvv, vaisseaux capillaires servant de trait d'union entre les ramuscules de la veine porte et les veines hépatiques; O, ouverture toujours béante des veines hépatiques situées au milieu du lobule; BBB, vaisseaux biliaires circulant aut des lobules avec leurs origines O', O'.O'.

la circulation du sang dans cette veine, mais elle est activée par plusieurs causes :

1° Par les mouvements d'inspiration produisant à l'origine des veines sus-hépatiques une espèce d'aspiration qui fait pénétrer le sang dans leur intérieur, pénétration favorisée par les ouvertures toujours béantes des origines de ces veines ;

2° Par les mouvements respiratoires; ces mouvements exercent une pression sur tous les organes intérieurs et forcent le sang à continuer sa marche ascendante ;

3° Par les impulsions imprimées au sang artériel, au moment de la systole du ventricule gauche, et se transmettant à travers les capillaires, origines et racines de la veine porte.

§ 432. FONCTION DE LA VEINE PORTE. — C'est surtout par sa fonction que la veine porte se distingue de la veine cave et qu'elle forme un système à part et tout particulier. Au lieu de conduire directement à l'oreillette droite du cœur le sang qu'elle contient, elle le fait d'abord pénétrer dans le foie, par les branches, ramuscules et vaisseaux capillaires dont nous avons parlé. Du foie, le sang qui a été modifié dans cet organe est conduit par les veines sus-hépatiques dans la veine cave inférieure, qui le déverse dans l'oreillette droite du cœur.

§ 433. Pourquoi la veine porte fait-elle ainsi pénétrer le sang dans le foie?

Ce n'est pas pour le nourrir, cette fonction étant remplie par l'artère hépatique. Le sang amené dans le foie par la veine porte a un rôle important à jouer dans cet organe : il concourt à la formation de la bile et du sucre.

§ 434. La pénétration du sang veineux dans le foie par l'intermédiaire de la veine porte, constitue une anomalie des plus remarquables dans la fonction de sécrétion et fait du foie une glande spéciale. En effet, tandis que les reins, les glandes salivaires, l'estomac et le pancréas, puisent dans le sang artériel les éléments des liquides particuliers qu'ils sécrètent, c'est au sang veineux que le foie emprunte les éléments de sa double fonction, la sécrétion de la bile et celle du sucre.

La rate a une fonction hématopoïétique, du grec αἷμα, sang, et ποιεῖν, faire.

Respiration. — Phénomènes chimiques. — Asphyxie
(p. 74)

MAL DE MONTAGNE. — CLOCHE A PLONGEUR
(suite au § 169, p. 88)

435. *Mal de montagne*[1]. — On donne le nom de mal de montagne à des troubles physiologiques et à certains malaises qu'on éprouve en s'élevant à de grandes hauteurs sur les flancs des montagnes très élevées. Ces troubles et ces malaises, connus depuis longtemps, furent observés au seizième siècle par Da Costa, qui leur a donné le nom sous lequel ils sont aujourd'hui connus.

Tous les savants qui ont gravi les sommets des Alpes, des Andes ou de l'Himalaya, dans le but de faire des observations scientifiques, ont plus ou moins éprouvé ces malaises et ont cherché à les expliquer.

Les différents troubles physiologiques compris sous le nom de mal de montagne peuvent atteindre cinq fonctions principales, savoir : 1° la respiration ; 2° la circulation du sang ; 3° l'innervation ; 4° la digestion ; 5° la locomotion.

§ 436. 1° *Respiration*. — Les troubles de la respiration sont peu sensibles jusqu'à l'altitude de 3.900 mètres environ, surtout pour les voyageurs habitués à marcher dans les montagnes. Mais, à partir de cette hauteur, la respiration devient plus gênée, plus pénible et plus rapide. Au lieu de

[1] Les notions que nous donnons sur cette question sont tirées d'un savant mémoire de M. le docteur Lortet, doyen de la Faculté de médecine de Lyon, inséré dans le numéro du 22 juin 1870 de la *Revue des cours scientifiques* de France et de l'étranger.

vingt-quatre mouvements respiratoires par minute, comme dans l'état normal, on en compte jusqu'à trente-six.

Il est facile d'expliquer cette fréquence toujours croissante dans l'acte de la respiration, par la raréfaction de l'air de plus en plus grande à mesure qu'on s'élève. La quantité d'air absorbée par chaque inspiration allant toujours en diminuant, on sent le besoin impérieux de suppléer par le nombre à une quantité devenue insuffisante pour l'hématose.

§ 437. 2° *Circulation du sang.* — Pendant l'ascension d'une montagne élevée, bien que la marche soit très lente, la circulation du sang s'accélère d'une façon extraordinaire. Le docteur Lortet nous en donne la preuve dans son mémoire. S'étant muni du sphygmographe de Marey[1], il put, dans les deux ascensions successives au Mont-Blanc, le 17 et le 20 août 1869, constater l'accroissement rapide du nombre de ses pulsations. Ainsi de soixante-quatre pulsations par minute en moyenne, à Lyon et même à Chamonix (1.050 mètres d'altitude), le nombre s'éleva successivement : à 116 aux Grands-Mulets (3.050 mètres), à 128 au Grand-Plateau (3.932 mètres), à 136 à la Bosse-du-Dromadaire (4.556 mètres), à 172 au sommet du Mont-Blanc (4.810 mètres).

La diminution progressive de la pression atmosphérique, à mesure qu'on s'élève, explique cette rapidité croissante de la circulation du sang. On sait, en effet, qu'elle est accélérée par la diminution de la pression. De plus, les mouvements musculaires de la marche, comme le fait très bien remarquer Marey, favorisent aussi cette activité, en faisant couler plus rapidement le sang dans les petits vaisseaux.

[1] Le sphygmographe (du grec σφύγμος, pouls, et γράφω, j'écris), est un appareil ingénieux, inventé par Marey pour enregistrer les variations du pouls. Il se compose d'un petit levier, dont l'un des bras s'appuie sur l'artère radiale, à la manière d'un médecin explorant le pouls; tandis que l'autre bras, muni d'un crayon, peut décrire sur une feuille de papier différentes courbes indiquant les variations du pouls.

§ 438. 3° *Innervation.* — Cette fatigue se traduit par une lourdeur de tête, une somnolence très pénible et souvent irrésistible. La cause en est : 1° dans les fatigues excessives, occasionnées par les efforts incessants et énergiques qui sont nécessaires pour se soutenir et s'élever sur des pentes escarpées ; 2° dans la rapidité de la circulation, qui ne laisse plus au sang le temps de se débarrasser suffisamment de son acide carbonique, ce qui occasionne une stase veineuse dans le cerveau, et, par suite, de l'assoupissement.

§ 439. 4° *Digestion.* — Dans l'ascension des montagnes élevées, les produits de la digestion sont rapidement absorbés. C'est pourquoi les guides engagent les voyageurs à ne pas laisser passer deux heures sans prendre de la nourriture.

Cependant, chose remarquable, au lieu du vif appétit que devrait causer cette rapidité dans la digestion, on éprouve des nausées et même un dégoût prononcé pour toute espèce de nourriture, ce qui tient aux fatigues d'une marche longue et pénible.

§ 440. 5° *Locomotion.* — A partir d'une certaine élévation, 3,500 mètres environ, la marche devient très lente, malgré les efforts faits pour avancer. Il faut forcément s'arrêter tous les vingt ou trente pas.

Les célèbres de Saussure et Bravais, dans leurs excursions au Mont-Blanc, ont éprouvé ces fatigues aussi bien que le docteur Lortet et en ont rendu compte dans plusieurs mémoires.

§ 441. 6° *Abaissement de la température intérieure du corps.* — Le docteur Lortet signale encore dans son mémoire une autre fatigue du mal de montagne, qui consiste dans l'abaissement de la température intérieure du corps. Cet abaissement peut aller jusqu'à quatre degrés, chose considérable pour l'homme dont la chaleur intérieure demeure ordinairement constante sur toutes les latitudes et pendant toutes les saisons. Le docteur Lortet a constaté ce phénomène dans sa seconde ascension au Mont-Blanc. Durant la marche, la température intérieure de son corps s'abaissa de 35° 3 à 31° 8.

Pendant le repos et durant les repas, la température revenait à l'état normal [1].

§ 442. La théorie physique de la transformation de la chaleur en forces mécaniques explique facilement ce phénomène. Dans l'état de repos, nous brûlons en respirant le carbone de notre sang et cette combustion produit en nous une chaleur qui maintient constante la température de notre corps, quelles que soient les variations extérieures de l'atmosphère. Dans la marche en plaine, nous transformons, par nos efforts, en mouvements musculaires une grande partie de la chaleur intérieure, il devrait donc résulter de là un abaissement dans la température du corps. Elle reste cependant stationnaire. C'est que la densité de l'air dans la plaine et sa richesse plus grande en oxygène, produisent par nos respirations devenues plus fréquentes une quantité de chaleur plus considérable, capable de compenser celle qui a été transformée en mouvement.

Il en est tout autrement, quand nous voyageons dans des montagnes très élevées ; il n'y a plus alors de compensation entre la chaleur absorbée pour être transformée en mouvements musculaires et la chaleur produite par une respiration devenue plus faible. Il en résulte donc un abaissement proportionnel à l'altitude. Dans ces circonstances, la dépense de forces musculaires use plus de chaleur que l'organisme ne peut en fournir. Aussi est-on obligé de faire des haltes très fréquentes.

§ 443. Il est bien important de remarquer que les troubles physiologiques nommés *mal de montagne* ne sont point

[1] Les variations étaient indiquées à l'aide d'un thermomètre à *maxima* et à *index* de Walferdin. Le réservoir du thermomètre était placé dans la bouche, que l'on tenait fermée assez longtemps pour que l'instrument se mît à l'unisson de la température intérieure ; les variations aux différentes hauteurs étaient indiquées par le déplacement de l'index.

également ressentis par tout le monde. Ils diminuent surtout avec l'*accoutumance*. C'est à cette cause, sans doute, qu'il faut attribuer l'absence du mal de montagne chez les habitants de certaines grandes villes d'une altitude très élevée comme Quito, par exemple, située à 3.000 mètres d'élévation. Quand on a été témoin, dit Boussingault, de la force et de l'agilité des toréadors dans les combats de taureaux à Quito, quand on se rappelle qu'une bataille a été livrée au Pichincha, à une hauteur voisine de celle du Mont-Blanc (4.000 mètres), on est bien forcé d'admettre que l'homme peut s'habituer à vivre au milieu de l'air raréfié.

La hauteur la plus considérable à laquelle l'homme soit parvenu, en gravissant une montagne, est la prodigieuse altitude de 7.419 mètres, à laquelle sont parvenus, le 19 août 1866, sur l'Ibi-Gamin, l'un des pics de l'Hymalaya, les trois frères Schlagintweit, auxquels la science est redevable de plusieurs travaux très remarquables. (Voir le mémoire du docteur Lortet, p. 115.)

§ 444. On peut encore appliquer la dénomination de mal de montagne aux malaises qui se font sentir dans les ascensions en ballon à de grandes hauteurs. Ce sont les mêmes troubles dans les différentes fonctions indiquées plus haut et surtout dans l'innervation.

Cependant le problème n'est pas aussi compliqué, parce que, dans les ascensions en ballon, on n'a plus à tenir compte des efforts musculaires. Ce qui explique pourquoi les aéronautes peuvent s'élever à de plus grandes hauteurs, avant d'éprouver les troubles qui arrêtent bien plus bas le voyageur gravissant péniblement les flancs d'une montagne par la seule puissance de ses muscles.

Bien que l'ascension en ballon soit plus facile que le voyage sur les montagnes, il y a cependant des limites au delà desquelles la vie n'est plus possible, même en suivant le conseil qu'on avait donné d'emporter des provisions d'oxygène. C'est, qu'en effet, parvenus à une certaine hauteur, les aéronautes ne peuvent plus faire usage de leurs membres, les muscles ayant perdu, par suite des fatigues de l'innervation, l'irritabilité nécessaire à leurs mouvements. Dès lors, les provisions d'oxygène deviennent inutiles, puisque les aéronautes ne peuvent pas employer, faute de force, les tubes adducteurs de l'air vital.

Cette remarque est pleinement confirmée par la relation faite à l'Académie des sciences, le 26 avril 1875, par Albert Tissandier, le seul survivant de la terrible catastrophe du *Zénith*. « Je suis assuré, disait M. Tissandier dans son rapport, que, malgré leur séjour prolongé dans ces hautes régions, 8,600 mètres, mes deux compagnons, Crocé-Spinelli et Sivel, vivraient encore, s'ils avaient pu respirer de l'oxygène; mais ils auront perdu subitement, comme moi, la faculté de se mouvoir; et les tubes adducteurs de l'air vital leur seront échappés des mains. » (Journal les *Mondes*, de M. l'abbé Moigno, t. XXXVII, p. 85.)

§ 445. *Cloche à plongeur.* — On appelle cloche à plongeur un appareil[1] en fonte ayant la forme d'une pyramide tronquée à parois très épaisses, creux à l'intérieur, garni tout le tour de plaques de verre très épaisses, pour permettre de voir dans l'eau, et d'y faire des recherches sans la laisser pénétrer. A la partie supérieure se trouvent deux ouvertures; l'une d'elles communique avec un tube flexible et à parois très solides aboutissant à une pompe foulante destinée à faire pénétrer l'air dans la cloche. Cette ouverture est munie d'une soupape s'ouvrant de haut en bas pour laisser pénétrer l'air refoulé; l'autre ouverture est munie d'une soupape s'ouvrant de bas en haut pour laisser passer l'air vicié par la respiration. Cet appareil est destinée à faire descendre des hommes sous l'eau, soit pour y recueillir des objets submergés, soit pour y exécuter des travaux. L'air refoulé dans l'intérieur doit avoir une tension proportionnelle à la profondeur à laquelle on doit descendre,

[1] On attribue l'invention de la cloche à plongeur à un Américain, Wil. Phillips.

pour empêcher l'eau de pénétrer dans l'appareil. On sait qu'une colonne d'eau de 10 mètres représente une pression d'une atmosphère; à vingt mètres de profondeur, il faudra donc une pression de deux atmosphères.

§ 446. *Scaphandre.* — La cloche à plongeur a été remplacée depuis quelques années avec avantages, par un appareil plus ingénieux, nommé *scaphandre* (du grec σκαφη, nacelle, et ανηρ, ανδρος, homme, homme-nacelle), inventé en 1785, par l'abbé de La Chapelle. Cet appareil destiné à permettre d'exécuter des travaux dans l'eau à différentes profondeurs, a rendu de très grands services pour la construction des docks de la marine. Il se compose d'un vêtement imperméable à l'eau, muni, à la hauteur du cou, d'un anneau ou collier de bronze. Sur ce collier se visse un casque enveloppant complètement la tête et la face. Le casque porte en avant une plaque de verre à parois très épaisses, et se trouve muni à la partie supérieure de deux soupapes analogues à celles de la cloche à plongeur et remplissant les mêmes fonctions. Les souliers, faisant partie du vêtement imperméable, sont garnis de lames épaisses de plomb pour que l'ouvrier revêtu de cet appareil puisse se tenir en équilibre dans l'eau et se livrer aux travaux à exécuter. Mais le travail à l'aide de cet appareil ne peut être de longue durée à cause des difficultés que rencontre la fonction importante de la respiration. Dans cet air comprimé soumis à une pression de deux ou trois atmophères, la respiration devient irrégulière, lente et profonde, le pouls se ralentit, le sang refoulé dans les artères produit sur le visage une pâleur livide. L'ouvrier éprouve une fatigue qui l'oblige à interrompre son travail, car l'homme ne saurait supporter sans danger des pressions supérieures à 3 ou 4 atmosphères ni surtout passer brusquement d'une forte pression à la pression ordinaire.

nctions de relation. — Muscles, leur structure. — Mode d'insertion (p. 121)

DÉFINITION. — STRUCTURE. — DIVISION DES MUSCLES, — LEURS PROPRIÉTÉS

(Suite au § 270, p. 138)

§ 447. *Définition des muscles.* — On entend par muscles organes actifs du mouvement. Ils forment ce qu'on appelle lgairement la chair. Ces organes sont destinés à faire ouvoir, sous l'influence du système nerveux, les différentes rties du corps auxquels ils sont fixés, telles que les os, le obe de l'œil, la peau, etc.

§ 448. *Structure des muscles.* — Les muscles sont cons-ués par un tissu particulier, nommé *musculaire*, formé i-même de fibres réunies par du tissu cellulaire ou con-nctif. Les fibres, ou éléments constitutifs des muscles, uvent se définir des filaments organiques, très déliés, plus moins solides et très élastiques.

Division des fibres. — D'après le mode de disposition et nature des cellules qui forment les éléments des fibres, on s a divisées en deux grandes catégories : les fibres *striées* et s fibres *lisses*. Nous étudierons les propriétés particulières ces deux catégories en traitant des muscles qu'elles cons-tuent.

Outre les fibres qui entrent dans leur composition, les uscles reçoivent encore : 1° des vaisseaux sanguins, ar-res et veines, pour servir à leur nutrition, et des vaisseaux mphatiques destinés à entraîner les différents produits de-enus inutiles ; 2° des filets nerveux très déliés et excessi-ement nombreux, accompagnant chaque fibrille, et terminés ar de petits éléments, nommés plaques de Rouget. Le rôle e ces filets nerveux est de communiquer aux muscles la sen-bilité, et de mettre en jeu la contractilité qui leur est propre.

§ 449. *Division des muscles.* — Les muscles peuvent être

partagés en deux grandes catégories, savoir : 1° les muscles *striés* ou muscles proprement dits, nommés aussi muscles de la vie animale ou de relation ; 2° les muscles à fibres *lisses*, nommés aussi muscles de la vie organique, ou de nutrition. Les muscles *striés* sont dépendants de la volonté et placés sous l'influence du système nerveux cérébro-spinal. Les muscles à fibres *lisses*, sont indépendants de la volonté et placés sous l'influence plus particulière du système nerveux grand sympathique. Cette division des muscles est encore justifiée par d'autres caractères différentiels que nous indiquerons plus tard. Nous commencerons à étudier les deux catégories d'après les fibres qui les constituent.

§ 450. *Muscles striés.* — Ces muscles sont ainsi nommés, parce qu'ils se présentent, quand on les examine sous un fort grossissement, comme formés de fibres parallèles, striées transversalement par des lignes très fines, très rapprochées et perpendiculaires à leur axe.

Ces fibres, dont le diamètre varie entre un ou deux *centièmes* de millimètre, sont enveloppées d'une membrane extérieure transparente et très élastique nommée, tantôt *myolemme*, (du grec μύος, muscle, et λέμμα, membrane), tantôt *sarcolemme* (du grec σαρξ, σαρκος, chair, et λεμμα, membrane).

FIG. 46.
Exemple de fibre striée.

Ces *fibres striées* ne sont pas les derniers éléments des muscles qu'elles constituent; elles sont elles-mêmes formées de filaments très déliés, nommés *fibrilles*, qui ont à peine un ou deux millièmes de millimètre, de sorte qu'une fibre ayant un centième de millimètre de diamètre peut contenir cent de ces fibrilles (fig. 46).

Examinées avec un grosissement de 600 diamètres, les fibrilles apparaissent formées d'un tube élastique transparent, contenant une substance éminemment contractile. Dans l'intérieur de cette substance, on découvre de petites nodosités dont la nature n'est pas encore bien connue (désignées sous le nom de *sarcous elements* de owman). Ces nodosités, alternativement claires et obscures, nt placées les unes au-dessus des autres. La striation appartient pas à la membrane enveloppante des fibres; car on isole une fibre de son enveloppe, elle conserve sa striaon. Cette apparence singulière des fibres striées serait le ésultat de la juxtaposition régulière, dans des plans horiontaux parallèles, des nodosités des fibrilles, qui, par leur éunion, constituent les fibres[1].

§ 451. *Muscles à fibres lisses.* — Ces muscles sont ainsi ppelés, parce qu'ils sont formés de fibres lisses, c'est-àire dépourvues de striation. Elles se distinguent des fibres riées par plusieurs caractères : 1° elles sont dépourvues 'enveloppe extérieure; 2° elles sont constituées par des léments très petits, des cellules fusiformes, désignées sous nom de *fibres-cellules* ; 3° les fibres lisses, au lieu de 'étendre d'une manière continue dans toute l'étendue es muscles, n'ont qu'une faible longueur, qui varie de /10 de millimètre à 4 centimètres, de sorte que les fibres isses peuvent être considérées comme formées de fibres usiformes, soudées par leurs parties effilées.

§ 452. *Autres caractères différentiels entre les muscles triés et les muscles lisses.* — Indépendamment de la nature les fibres qui les constituent, les deux classes de muscles ue nous avons indiquées se distinguent encore par d'autres aractères :

1° Sous le rapport de la situation, les muscles striés occuent les parties les plus extérieures du corps et constituent a chair des membres qu'ils sont chargés de mouvoir: e sont les muscles proprement dits. Les muscles à fibres isses, ou de la vie organique, sont cachés dans l'intérieur du orps ; ils se présentent généralement sous forme de membranes et constituent les différentes parties du tube digestif, l'estomac et les intestins. On les retrouve dans la tunique

[1] Les nodosités sont plus souvent désignées sous le nom de disques : disques obscurs et disques clairs.

moyenne ou contractile des vaisseaux sanguins, artères, veines et vaisseaux lymphatiques. La membrane colorée de l'œil, connue sous le nom d'*iris*, est également formée de fibres lisses.

2° Sous le rapport de la contraction, les muscles striés ou de relation se contractent très promptement, sous l'influence du système nerveux excité, soit par la volonté, soit par certains agents. Les contractions cessent dès que la cause qui les produit a été enlevée. Au contraire, les muscles à fibres lisses, ou de la vie organique, soustraits à l'action de la volonté, ne se contractent que lentement, sous l'action d'un courant électrique. Les contractions ne se produisent que successivement, de proche en proche, dans toute l'étendue du muscle, par des mouvements ondulatoires, nommés *péristaltiques*. De plus, contrairement aux muscles striés, les contractions subsistent encore quelque temps, lors même que la cause a été enlevée.

Les muscles striés sont généralement rouges, les muscles lisses sont d'un blanc variable.

Le cœur, qu'on peut définir un muscle creux, d'une grande force contractile, envisagé comme faisant partie du système musculaire, mérite d'être placé dans une catégorie à part. Bien qu'il soit rangé parmi les muscles de la vie organique, parce qu'il est, comme eux, soustrait à l'empire de la volonté, il s'en distingue nettement par la nature des fibres dont il est formé. Il est constitué, en effet, par des fibres *striées*, très fines, fortement entrelacées entre elles, mais dépourvues de *myolemme*, ce qui le distingue des muscles striés.

§ 453. La force d'un muscle dépendant du nombre de fibres dont il est formé, il sera facile de comprendre la force contractile du cœur, en songeant qu'on a pu compter deux cents fibres tendineuses, pour opérer la contraction de la valvule tricuspide, et deux cent vingt, pour la contraction de la valvule mitrale.

§ 454. *Propriétés des muscles en général.* — Pour rem-

leurs fonctions, les muscles sont doués de certaines pro-
és qu'il importe de connaître, telles sont :

455. *Élasticité.* — Les muscles sont doués d'une icité particulière: ils se laissent facilement étirer et mer, et dès que l'action qui les modifiait vient à cesser, eviennent aussitôt complètement à leur première forme. e propriété est surtout sensible dans certains muscles x, comme l'estomac.

élasticité des muscles peut subsister quelques instants s la mort, et même dans les muscles séparés du corps; elle disparaît après un temps plus ou moins long, suivant ture du muscle et de l'animal duquel il a été détaché. élasticité dans les muscles est une fonction vitale qui urait s'exercer sans la nutrition et l'influence du sys- nerveux; aussi voit-on bientôt un muscle se flétrir et re son élasticité, quand on empêche le sang d'y arriver; l'on coupe les nerfs qui y pénètrent, il est aussitôt pa- sé.

456. *Tonicité des muscles.* — On désigne par cette ession, l'état de *demi-tension constante* dans lequel se vent les muscles d'un animal vivant, même pendant le s et l'inaction. Cette tonicité provient des points d'at- e, qui tiennent les muscles aux différentes parties qu'ils ent mouvoir. Elle est très sensible dans certains muscles culiers, nommés sphincters, par exemple, celui de s, chargé par sa demi-contraction constante, de main- cette ouverture fermée.

tonicité est moins apparente dans les muscles des bres; mais il est cependant facile de la constater par érience suivante. Si on sectionne le tendon par lequel uscle biceps [1] est fixé au radius, l'un des deux os de

e biceps, muscle fléchisseur du bras, est ainsi appelé (du latin eux, *caput*, tête), parce qu'il présente à sa partie supérieure deux s d'attaches : l'un court, fixé à l'apophyse coracoïdienne de l'omo- l'autre plus long, fixé au bourrelet de la cavité glénoïdale de plate.

l'avant-bras, on voit aussitôt ce muscle se raccourcir d'une certaine quantité, preuve qu'il était auparavant distendu au delà de sa longueur naturelle, par conséquent dans cet état de demi-tension nommée *tonicité du muscle.*

La tonicité des muscles, n'est pas seulement l'effet d'une élasticité active, mais elle est placée sous l'influence du système nerveux et paraît être la suite d'une action réflexe, exigeant le concours des nerfs sensibles et moteurs. En effet dès qu'on sectionne les filets nerveux qui pénètrent dans un muscle, la tonicité disparaît aussitôt, les sphincters se relâchent et les muscles des membres demeurent paralysés. Une fatigue excessive, survenue à la suite d'un exercice trop longtemps prolongé, ou après des efforts énergiques, fait également cesser la tonicité; elle est, au contraire, favorisée par l'antagonisme des muscles [1].

§ 457. *Irritabilité et contractilité des muscles.* — L'irritabilité peut se définir : la propriété qu'ont les êtres organisés, vivants (plantes et animaux), d'exécuter certains mouvements subits, souvent involontaires, sous l'influence d'excitants, soit intérieurs, soit extérieurs. Cette propriété est purement automatique chez les plantes, comme on peut le constater sur la sensitive *(mimosa pudica)*, ou sur la dionée *(dionea muscipula)*, plus connue sous le nom de *gobe-mouche.* En effet, le mouvement une fois produit dans ces plantes par une première excitation ne se reproduit plus immédiatement après une seconde provocation.

L'irritabilité est volontaire, au contraire, chez les animaux qui manifestent par leurs mouvements qu'ils ont perçu l'impression produite chaque fois qu'on excite leur irritabilité.

[1] Les muscles sont dits antagonistes (du grec ἀντὶ, contre, et ἀγωνίζομαι, je lutte), lorsqu'ils sont fixés à la même partie du corps et agissent en sens contraire. Tels sont les muscles *fléchisseurs* et *extenseurs*, *adducteurs* et *abducteurs*. Par exemple, le *biceps*, muscle *fléchisseur*, a pour antagoniste le *triceps* (trois points d'attache à sa partie supérieure) qui est un muscle *extenseur* chargé de ramener l'avant-bras dans sa position normale après la flexion produite par le biceps.

Remarque. — Glisson est le premier qui ait introduit le t *irritabilité* dans le langage physiologique. On peut le garder comme synonyme de *contractilité*. Ces deux mots ıt souvent employés indifféremment l'un pour l'autre. Il nble cependant que la contractilité a un sens plus resint, car on la définit la simple propriété de rapprocher ıx parties séparées. Toutefois, comme la contractilité est faculté qui préside au phénomène de la contraction muslaire, le mouvement le plus important à étudier dans les ıscles, c'est ce mot que nous emploierons de préférence.

La contractilité a besoin pour s'exercer d'être mise en jeu r certaines causes, soit intérieures, soit extérieures, désiées sous le nom d'excitants. On peut en distinguer pluurs.

Tels sont : 1° la volonté, l'excitant par excellence, pour muscles de la vie animale ; 2° les excitants mécaniques, pincement et le choc ; 3° les excitants chimiques, cerines bases énergiques (potasse caustique) ou certains ides puissants (acide sulfurique) ; 4° des agents physiques, l que le galvanisme ou l'électricité. Ce dernier constitue xcitant expérimental le plus facile à employer pour l'étude la contractilité musculaire. On se sert de cet excitant, ntôt à l'aide de piles, tantôt d'appareils d'induction dont on ut graduer à volonté l'énergie.

Avant de passer à l'étude du phénomène de la contracon, nous placerons une question très importante en physiogie, savoir que la contractilité est une propriété inhérente ıx muscles, pouvant s'exercer sans l'intervention des rfs moteurs.

§ 458. *Contractilité inhérente aux muscles.* — Cette inion émise pour la première fois par Haller, et longmps discutée, est admise aujourd'hui, à la suite des expéences démonstratives de l'illustre Claude Bernard.

Il est cependant nécessaire de faire une exception. Quand contractilité musculaire n'a pour excitant que la volonté ule, cette propriété des muscles ne peut s'exercer sans l'intervention du système nerveux. Dès qu'on interrompt par une section l'union des filets nerveux qui pénètrent dans un muscle avec leurs centres respectifs, le muscle demeure paralysé, et la contractilité ne peut plus s'exercer. Mais on doit admettre que pour des excitants autres que la volonté, la contractilité est une propriété inhérente aux muscles. Pour le prouver, Haller s'appuyait sur les expériences suivantes: 1° il arrachait le cœur de la poitrine d'un animal vivant et constatait que le cœur ainsi séparé des centres, continuait à battre pendant quelques instants. Le cœur d'un supplicié a continué de battre pendant une heure. Mais actuellement cette expérience n'est plus concluante; on a, en effet, découvert depuis dans le cœur [1] trois petits ganglions nerveux disséminés dans la trame de ses parois, à l'aide desquels on peut expliquer la continuité des palpitations; 2° il constatait qu'un morceau de chair détaché du corps d'un animal vivant, et séparé par conséquent, des centres nerveux, continuait encore à palpiter pendant quelque temps. Mais on objecte, avec raison, qu'il est très difficile de séparer les filets nerveux disséminés dans un muscle, et que ces filets nerveux en communication avec de petits ganglions imperceptibles seraient capables de provoquer la palpitation pendant quelques instants.

Claude Bernard, adoptant l'opinion de Haller, en a démontré la justesse par l'expérience suivante plusieurs fois répétée depuis et dont nous donnons la description.

Expérience de Claude Bernard sur l'irritabilité musculaire. — Le célèbre physiologiste pratiqua une incision

[1] Ces trois ganglions nerveux sont:

1° Le ganglion de Remak à l'embouchure de la veine cave inférieure;

2° Le ganglion de Bider, placé dans la cloison auriculo-ventriculaire gauche;

3° Le ganglion de Ludwig, placé dans la cloison inter-auriculaire.

Ces trois ganglions n'auraient pas la même fonction; les deux premiers seraient des centres excitateurs et le dernier un centre modérateur. (Voir Mathias Duval, pp. 275 et 276.)

ır la peau du dos d'une grenouille et fit pénétrer par la laie un petit fragment de curare en dissolution[1], au bout de ·ois ou quatre minutes l'empoisonnement de l'animal fut omplet. Mettant ensuite à découvert les nerfs lombaires de ı grenouille (comme on le pratique pour réitérer l'expérience e Galvani), il excita ces nerfs à l'aide de l'électricité et 'obtint aucune contraction. Portant ensuite l'excitation sur ːs muscles de la grenouille, il les vit aussitôt se contracter. ·onc la contractilité est inhérente aux muscles.

§ 459. *Phénomène de la contraction.* — La contraction st la propriété physiologique essentielle des muscles, la éritable preuve de leur activité vitale ; on peut la définir la ropriété qu'ont les muscles de rapprocher les parties qu'ils ont chargés de mouvoir, en se raccourcissant sans changer e volume. Le plus souvent, l'un des points d'insertion des ıuscles est fixe et l'autre est mobile, par exemple, quand le ıuscle biceps se contracte, c'est le point supérieur d'attache ui devient fixe, et l'avant-bras, qui est la partie mobile, est approché du bras. On voit, en même temps, le biceps se accourcir en gagnant en épaisseur ce qu'il a perdu en longueur, mais sans changer de volume. Il est facile de constater par l'expérience suivante que le muscle, en se contractant, ne change pas de volume. Nous avons vu, en effet, ue le muscle conservait sa contractilité pendant quelque emps, lors même qu'il est séparé de l'animal.

[1] Le curare est un poison terrible, dont les Indiens de l'Orénoque et e l'Amazone se servent pour empoisonner leurs flèches. C'est une substance solide, brunâtre ou noirâtre, soluble dans l'eau, et la solution rend une couleur rouge foncée. C'est une substance extractive, c'est-dire qu'on extrait de diverses espèces de *strychnos*, arbres ou arbustes, ıais spécialement du *strychnos toxifera.* Le curare est devenu n précieux moyen d'analyse physiologique, surtout pour le système erveux. Claude Bernard et après lui Kölliker ont constaté que le urare anéantit simplement les propriétés excito-motrices des extrémités des nerfs moteurs, sans nuire aux centres mêmes des nerfs-moteurs, ni aux nerfs sensibles, non plus qu'à la contractalité musculaire (Béclard, *Physiologie*, 3me édition, 513).

On plonge dans un vase gradué et plein d'eau une cuisse de grenouille après avoir préalablement mis le nerf crural en contact avec deux fils conducteurs isolés, on fait passer un faible courant électrique à travers les deux conducteurs : aussitôt la contraction se produit dans le muscle de la cuisse de la grenouille, et l'on constate que l'eau est restée au même point dans le vase gradué ; donc le muscle, en se contractant, ne change pas de volume.

§ 460. *Analyse de la contraction.* — Pour expliquer le mécanisme de la contraction musculaire, on a imaginé différentes hypothèses qui laissent encore incertaine la solution de ce problème.

L'hypothèse du plissement en zig-zag imaginée, en 1823, par Prévost et Dumas, après avoir été longtemps suivie, est abandonnée, les expériences sur lesquelles elle reposait n'ayant pas été trouvées concluantes.

Aujourd'hui deux théories sont en présence pour expliquer la contraction musculaire. Nous nous bornerons à les citer, renvoyant pour les explications aux auteurs qui les ont développées, spécialement à Mathias Duval (*Cours de physiologie*, 4e édition, p. 164).

La première, soutenue par Marey, est celle des *ondes musculaires.* D'après cette théorie, la contraction musculaire serait produite par des ondulations se propageant dans le liquide qui entoure les fibrilles musculaires ; ces ondulations seraient produites sous l'influence du système nerveux excité par la volonté ou d'autres agents.

La seconde théorie est celle de Rouget : d'après cet auteur, les fibres musculaires pourraient être comparées à des ressorts en spirale, toujours activement distendus dans les muscles à l'état de repos. Pour produire le phénomène de la contraction ces fibres en spirale reviendraient sur elles-mêmes et raccourciraient les muscles, en rapprochant leurs spirales. Cette théorie offre assez d'analogie avec celle du plissement en zig-zag et paraît assez plausible. Cependant la plupart des physiologistes préfèrent celle des ondes mus-

ulaires comme plus conforme aux phénomènes de contrac-
ons observés dans les animaux *vertébrés* et *annelés*.

Mais indépendamment de toute théorie, on peut se rendre ompte du phénomène de la contraction musculaire en appuyant sur la contractilité des globules musculaires. Ces lobules, qui sont les éléments constitutifs des fibrilles, peu-ent, en vertu de la contractilité qui leur est propre, changer e forme, se raccourcir, se rapprocher les uns des autres en accourcissant les fibrilles, et, par suite, tout le muscle.

§ 461. *Bruit rotatoire des muscles.* — Quand, au moyen 'un excitant, on parvient à produire dans un muscle vingt-uit à trente vibrations ou secousses par seconde, on déter-ine dans ce muscle une tension forcée nommée *tétanos* hysiologique (du grec τείνω, je tends). Ces secousses rapides u vibrations produisent dans l'intérieur du muscle un bruit articulier nommé *bruit rotatoire* des muscules ou *ton usculaire*. On peut jusqu'à un certain point se rendre ompte de ce phénomène par les deux procédés suivants : ° en appuyant contre les oreilles, dans un moment de grand lence, les deux poignets fortement contractés, on entend lors un bruit analogue à celui d'une voiture roulant sur des avés ; 2° en essayant de briser avec les dents un noyau très ur, les contractions excessives auxquelles se trouve alors oumis le masséter (muscle concourant aux mouvements de mâchoire inférieure dans la mastication) font entendre le ême bruit.

§ 462. *Phénomènes chimiques de la contraction.* — Le uscle même à l'état de repos absorbe de l'oxygène et dégage e l'acide carbonique. Il est le siège d'une combustion dont le ang apporte les matériaux ; cette combustion continue même ncore, quand le muscle est séparé du corps comme on peut constater en plaçant un morceau de chair dans un vase con-nant de l'oxygène. On voit l'oxygène disparaitre pour faire ace à de l'acide carbonique provenant de la combustion qui est opérée dans le muscle, mais cette combustion est beau-oup plus active pendant les contractions musculaires. En analysant comparativement les résultats de la combustion dans un muscle maintenu à l'état de repos et dans le même muscle exerçant un travail musculaire considérable, on a reconnu que l'absorption de l'oxygène et le dégagement d'acide carbonique étaient doubles dans le second cas que dans le premier.

§ 463. Les résultats de ces combustions musculaires sont, d'une part, des dérivés azotés (créatine, urée, acide urique); d'autre part, des dérivés hydrocarburés, de l'acide lactique, mais plus spécialement et en plus grandes proportions de l'acide carbonique.

Ces divers produits acides rendent le sang de moins en moins alcalin et lui donnent de plus en plus l'aspect du sang veineux, à mesure que le muscle fonctionne plus longtemps. Les matériaux de combustion fournis par le sang consistent surtout en substances grasses et amyloïdes qui sont des aliments respiratoires. Les contractions musculaires oxydent très peu les substances azotées. En effet, la combustion des matières azotées produit de l'urée qui se retrouve en petite partie dans le sang et dans l'urine. Or, les contractions musculaires n'augmentent pas la production de cette substance, comme l'ont fort bien constaté par une expérience directe MM. Fick et Wislicennus. Ces physiologistes ayant fait à jeun l'ascension d'une montagne élevée des Alpes bernoises, mesurèrent la quantité d'urée produite par le travail considérable de leurs muscles développé par la marche, et constatèrent qu'elle n'avait pas subi d'augmentation en la comparant à la quantité secrétée à l'état de repos. Donc le muscle dans ses contractions ne brûle pas des albuminoïdes.

Cette combustion plus active qui se produit dans les muscles pendant la contraction doit être considérée comme l'une des principales causes de la chaleur animale.

Une partie de la chaleur produite par la contraction musculaire est absorbée pour se transformer en force mécanique. On constate, en effet, qu'un muscle qui se contracte sans produire de travail s'échauffe plus que lorsqu'il produit un ffet utile ; ainsi le biceps en se contractant pour amener implement l'avant-bras sur les bras, s'échauffe davantage ue s'il a pour but de soulever un fardeau avec l'avant-bras. Mathias Duval, 4e édition, p. 150.)

Une partie de la chaleur produite par la contraction a onc été transformée en travail mécanique.

§ 464. *Mesure de la force de contraction des muscles u de la force musculaire.* — La mesure de la force vec laquelle les muscles se contractent ne dépend pas uniuement des principes de mécanique. On ne peut l'apprécier ue d'une manière approximative. Cette force de contraction épend, en effet, d'une foule de causes capables de la moifier.

1° De l'énergie de l'excitant. Il est certain, par exemple, ue la volonté, sous l'influence d'une forte passion, pourra ommuniquer aux muscles une puissance de contraction onsidérable; 2° de l'état du système nerveux chargé e communiquer l'excitation aux muscles; 3° du mode 'insertion du muscle sur la partie à mouvoir; 4° de l'état u muscle. Un muscle longtemps en travail se fatigue et evient impuissant à produire de nouvelles contractions. On econnaît qu'un muscle a atteint son plus haut degré de atigue quand il a perdu momentanément son irritabilité; ° de la grosseur des muscles. Plus un muscle renferme de bres élémentaires, en supposant qu'elles soient toutes de la ıême force, plus ce muscle sera puissant. En ramenant, a section des muscles à la même unité de surface (le centimètre carré), on a estimé, à la suite d'expériences, que la orce des muscles du mollet (jumeaux et soléaires) sur homme était de 8 kilogrammes.

§ 465. On constate encore dans les contractions musculaires un phénomène curieux, c'est le changement du courant lectro-moteur. Ce phénomène se constate par l'expérience uivante : sur un muscle en repos, on pratique une section erpendiculaire aux fibres, en appliquant ensuite sur la surace de ce muscle une des extrémités d'un fil conducteur traversant un galvanomètre très sensible et appliquant l'autre extrémité du fil sur la section. On constate à l'aide du galvanomètre un courant dont le sens va de la surface du muscle à l'intérieur; la surface représentant le pôle positif du courant, et la section le pôle négatif. Si on détermine une contraction dans le muscle à l'aide d'un excitant, on voit l'aiguille du galvanomètre revenir au zéro, puis se porter au delà, ce qui indique un changement dans le sens du courant électro-moteur des muscles. L'aiguille reste stationnaire tant que dure la contraction. C'est ce qu'on nomme la variation négative du muscle, l'intérieur représentant le pôle positif, et la surface le pôle négatif.

Système nerveux (p. 156).

DÉFINITION DU SYSTÈME NERVEUX. — SA DIVISION DESCRIPTION DES ÉLÉMENTS QUI LE CONSTITUENT

(Suite au § 310, p. 156)

§ 466. *Définition.* — On entend par système nerveux l'ensemble : 1° de toutes les masses nerveuses, cerveau, cervelet, moelle épinière servant de centres; 2° des nerfs ou cordons nerveux partant des centres auxquels ils servent de conducteurs et se répandant dans toutes les parties périphériques du corps.

Le système nerveux forme avec le cœur et les poumons le trépied de la vie suivant l'expression de Bichat; il appartient en propre aux animaux (les plantes, en effet, n'ont pas de nerfs); il est : 1° l'organe indispensable de la vie de relation, le siège de la sensibilité générale et spéciale, celui des facultés intellectuelles et affectives, l'incitateur des mouvements volontaires et involontaires; 2° il tient sous sa dépendance les fonctions de la vie organique, digestion respiration et circulation; il se divise, par conséquent, en deux systèmes particuliers.

§ 467. *Division du système nerveux.* — Chez l'homme et chez les animaux vertébrés (mammifères, oiseaux, reptiles et poissons) le système nerveux se divise en deux parties :

1° Le système de la vie de relation, désigné souvent sous le nom de système cérébro-spinal à cause des parties qui le composent, cerveau et moelle épinière.

2° Le système de la vie organique, nommé souvent système grand sympathique.

§ 468. *Composition élémentaire du système nerveux.* — Avant d'entrer dans les détails sur les deux parties du système nerveux que nous venons d'indiquer, nous devons donner quelques notions sur les éléments constitutifs de ces deux systèmes.

§ 469. *Tissu nerveux.* — Le système nerveux est constitué par un tissu particulier très différent de tous les autres et facilement altérable. (V. § 21, p. 12.)

Ce tissu, quand on le considère dans de petites masses, telles que la cervelle des animaux, se présente sous l'aspect d'une substance pulpeuse, tantôt grise, tantôt blanche, molle, charnue, non contractile. Elle est essentiellement formée de tissu cellulaire dans la substance grise, de tissu fibreux dans la substance blanche.

Le tissu nerveux est lui-même constitué par des éléments microscopiques de deux sortes : 1° des cellules nerveuses; 2° des fibres nerveuses.

§ 470. 1° *Cellules nerveuses.* — Les cellules nerveuses, souvent désignées sous le nom de globules nerveux, sont généralement de dimensions très petites, de 1 à 8 millièmes de millimètre. On en trouve cependant dans les cornes antérieures de la moelle chez le bœuf, qui ont jusqu'à 1 dixième de millimètre et qui sont presque visibles à l'œil nu. Les cellules nerveuses sont constituées par une substance hyaline (transparente), compacte, très réfringente avec ou sans enveloppe (fig. 47).

Elles sont pourvues à leur intérieur d'un noyau sphérique

renfermant un nucléole très apparent. Leur forme varie beaucoup. Elles sont quelquefois, mais rarement, sphériques et isolées, on les nomme alors *apolaires*. Mais elles se présentent ordinairement sous une forme *étoilée*, c'est-à-dire pourvues de prolongements dirigés tantôt dans le même sens, tantôt dans des sens différents et opposés. Elles sont

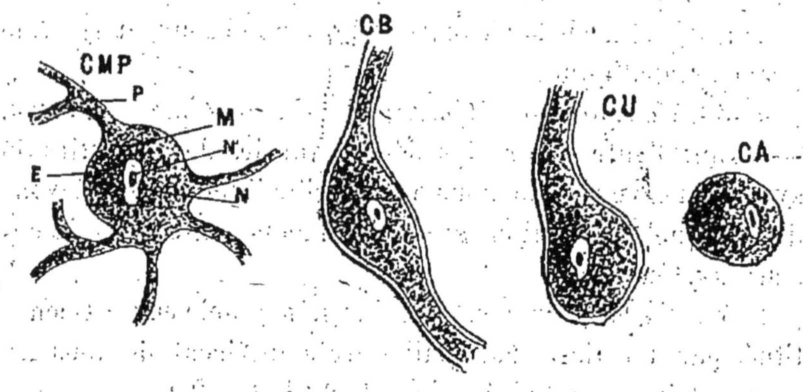

Fig. 47.

Différentes formes de cellules très grossies, différentes parties d'une cellule *

alors désignées sous le nom de unipolaires, bipolaires, multipolaires, suivant le nombre des prolongements. Elles sont le plus souvent multipolaires. Ces prolongements servent tantôt à unir entre elles les cellules, pour former des masses particulières désignées sous le nom de masses grises, tantôt, surtout quand ils sont très longs, à former les fibres nerveuses, second élément du tissu nerveux.

§ 471. 2° *Fibres nerveuses.* — Les fibres nerveuses ont pour point de départ les prolongements des cellules nerveuses. Ce sont des filaments très déliés, d'une longueur variable, s'étendant sans interruption des centres aux organes dans lesquels ils pénètrent. Leur diamètre varie de 1 millième à 2 centièmes de millimètre. Les fibres nerveuses sont constituées par une enveloppe mince et transparente, nommée

* CMP, cellule multipolaire; E, enveloppe; M, protoplasma; N, noyau; N', nucléus; CB, cellule bipolaire; CU, cellule uni-polaire; CA, cellule apolaire.

gaîne de Schwann, ce qui les a fait désigner aussi sous le nom de tubes nerveux. Dans l'intérieur de la gaîne se trouve une substance médullaire demi-fluide espèce de moelle nerveuse, nommée *myéline*, pouvant facilement se décomposer en gouttelettes graisseuses. Au centre de la *myéline*, on remarque une fibre très déliée qui est la partie essentielle des tubes nerveux et désignée sous le nom de *cylindre-axe* (fig. 48). Quand on examine au microscope un nerf frais, extrait récemment d'un animal vivant, les fibres nerveuses apparaissent comme des tubes transparents homogènes, sans qu'on puisse distinguer aucune des parties qui les constituent. Mais au bout de peu de temps, la myéline se coagule en se séparant de la gaîne et laisse apparaître le cylindre-axe.

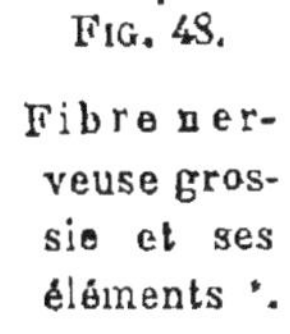

Fig. 48. Fibre nerveuse grossie et ses éléments *.

On peut encore faire apparaître presque instantanément le cylindre-axe, en plongeant un nerf extrait d'un animal vivant dans de l'acide gallique. La gaîne et la myéline ne sont pas indispensables aux fibres nerveuses, on peut les considérer comme des appareils de protection et d'isolement. Aussi lorsqu'une fibre nerveuse pénètre près de l'extrémité de la plaque motrice des muscles, la myéline a disparu et la fibre nerveuse n'a plus que l'enveloppe et le cylindre-axe. C'est la gaîne, au contraire, qui disparaît quand les fibres nerveuses se réunissent pour former les cordons blancs de la moelle. Il est bien reconnu aujourd'hui que le cylindre-axe, quelle que soit sa longueur et en quelques points qu'on le considère, est toujours l'émanation directe d'une cellule nerveuse centrale.

§ 472. *Remarque.* — On trouve dans les rameaux du système nerveux grand sympathique des fibres d'une composition toute particulière. Elles sont plates, pâles, à peine

* E, enveloppe; M, moelle; CA, cylindre-axe de substance grise.

fibrillaires, munies de noyaux très apparents. Ces fibres, longtemps considérées comme appartenant au tissu conjonctif, sont maintenant regardées comme de véritables fibres nerveuses et nommées *fibres de Remak.*

§ 473. *Distribution des éléments constitutifs du système nerveux.* — Nous venons de voir que le système nerveux était constitué par un tissu particulier, formé de deux éléments principaux, les cellules et les tubes nerveux ou fibres nerveuses. Ces éléments sont distribués de la manière suivante :

1° Les cellules, en se groupant à l'aide de leurs prolongements, constituent des masses de substance grise que l'on trouve d'abord dans la partie corticale du cerveau et du cervelet, puis dans le centre de la moelle épinière et enfin dans différents centres nerveux nommés ganglions, disséminés dans les deux systèmes nerveux, mais principalement dans le grand sympathique.

Fig. 49. Faisceau secondaire très grossi pour en montrer les éléments *.

2° Les tubes nerveux, en se groupant, constituent d'abord les masses de substance blanche que l'on trouve dans le centre du cerveau et du cervelet, puis dans la partie extérieure de la moelle épinière. Les tubes nerveux forment encore les cordons nerveux désignés sous le nom de nerfs.

§ 474. *Constitution des nerfs ou cordons nerveux.* — Pour constituer les nerfs visibles à l'œil nu, les fibres nerveuses microscopiques se groupent en s'entourant de tissu conjonctif. D'abord un certain nombre de fibres élémentaires, désignées sous le nom de *tubes primitifs*, sont réunies dans une gaîne tubuleuse de substance homogène un peu striée en long, nommée *périnèvre* par Ch. Robin. Ces groupes de tubes primitifs, forment, en

* PR, périnèvre ; F F' F'', fibres nerveuses, CA, CA', CA'', cylindres-axes.

réunissant, ce qu'on appelle les *faisceaux secondaires* ;. 49).

Ces faisceaux sont enveloppés eux-mêmes par une gaine ;lle, formée de véritable tissu conjonctif dans laquelle nètrent les vaisseaux capillaires sanguins destinés à urrir la substance nerveuse; cette enveloppe porte le m de *névrilème*. Enfin le tronc nerveux lui-même est mpris dans une enveloppe générale de tissu conjonctif dont *névrilème* n'est qu'une dépendance. Sappey a démontré e ces enveloppes névrilématiques reçoivent des filets ner-ux désignés sous le nom de *nervi nervorum*, nerfs des rfs, qui sont au névrilème, ce que les *vasa vasorum* sont x vaisseaux. En poursuivant les nerfs dans leurs trajets ıs ou moins longs, on les voit pénétrer tantôt dans ıutres cellules, tantôt se terminer dans les plaques mo-.ces des muscles, tantôt enfin dans des organes encore oblématiques, nommés corpuscules tactiles.

§ 475. *Nutrition du système nerveux.* — Nous avons t plus haut que des vaisseaux capillaires sanguins péné-ıient dans la membrane névrilématique des nerfs pour les urrir. C'est qu'en effet les éléments nerveux, aussi bien que ; différents centres nerveux ont besoin de recevoir du sang ur leur nutrition. Ces derniers consomment surtout une ande quantité de matériaux apportés par le sang artériel rendent au sang veineux de nombreux produits de décom-sition. Mais le mode de nutrition des nerfs n'est pas même que celui des muscles. Ainsi tandis que les mus-ɜs consomment pour se nourrir une grande quantité principes immédiats ternaires, tels que le sucre, la ɔule, la graisse, pour produire de l'acide carbonique de la chaleur, la substance nerveuse absorbe de préfé-nce les matériaux albuminoïdes quaternaires, et le pro-ıit de la combustion est surtout de l'urée déversée dans ırine et les produits du foie. La quantité d'urée varie oportionnellement à l'activité du travail exécuté par le stème nerveux.

§ 476. *Courant nerveux des nerfs.* — Le système nerveux en se nourissant produit des dégagements de forces qui se manifestent par des courants. On a constaté à l'aide d'un galvanomètre très sensible que les globules nerveux eux-mêmes, mais surtout les nerfs répandus à la surface du corps, étaient, pendant l'état de repos, constamment traversés par un courant allant de la surface du nerf à l'intérieur. Ce phénomène a été désigné sous le nom de force *électro-motrice du nerf.* Mais quand les nerfs fonctionnent ou qu'on les excite, le courant cesse aussitôt. Cette disparition du courant a été désignée sous le nom d'oscillation négative.

§ 477. *Production de chaleur dans les nerfs.* — Mais, par contre, quand les nerfs fonctionnent, ils consomment plus de matériaux et cette consommation plus grande produit de la chaleur. Cette chaleur a été constatée récemment par Schiff jusque dans les centres nerveux à la suite de la peur, de l'excitation des sens. On peut supposer que la cessation du courant électro-moteur dans le nerf qui fonctionne se transforme en chaleur.

Système nerveux. — Indication des parties qui le constituent essentiellement (p. 156)

DESCRIPTION SOMMAIRE DU SYSTÈME NERVEUX

(Voir depuis § 311 jusqu'à § 326 et de la page 157 à la page 168)

§ 478 — I. DESCRIPTION DU SYSTÈME NERVEUX DE LA VIE DE RELATION. — On peut partager ce système en deux parties distinctes, la première comprend l'axe *cérébro-spinal* renfermant les centres nerveux; et la seconde, les nerfs, *ou cordons conducteurs.*

§ 479. *Première partie. Axe cérébro-spinal.* — Elle comprend : 1° la moelle épinière ; 2° le bulbe rachidien ; 3° l'encéphale.

Il est préférable de commencer la description de l'*axe* *·ébro-spinal* par celle de la *moelle épinière*, parce que description des éléments dont elle se compose nous aidera mieux comprendre les deux autres parties, le bulbe :hidien et l'encéphale.

§ 480. 1° *Description de la moelle épinière.* (Voir le 321, page 162 et les notes placées en bas de cette page.) Nous ajouterons quelques détails :

1 Sur les cordons de la moelle.

2° Sur la distribution de la substance blanche et de la ostance grise.

§ 481. *Cordons de la moelle.* — Les deux parties symé- ques de droite et de gauche, dans lesquelles la moelle nble être partagée, en avant par le sillon médian peu ofond, en arrière par le sillon médian postérieur un peu is étroit et profond que l'antérieur, se composent de par- s longitudinales nommées *cordons blancs de la moelle.*

Division des cordons. — On en distingue trois de chaque té : 1° un *cordon antérieur*, situé entre le sillon médian térieur et les racines antérieures des nerfs moteurs qui traversent ; 2° un *cordon postérieur*, placé entre le lon médian postérieur et les racines des nerfs sensibles i le traversent également ; 3° un *cordon* latéral compris tre les deux précédents. Mais on unit généralement ce troisième cor- n au cordon antérieur pour n'en mer qu'un seul, désigné alors sous nom de *cordon antéro-latéral.* On ut donc considérer chaque moitié la moelle comme formée de deux rdons seulement, un cordon antéro- téral et un cordon postérieur.

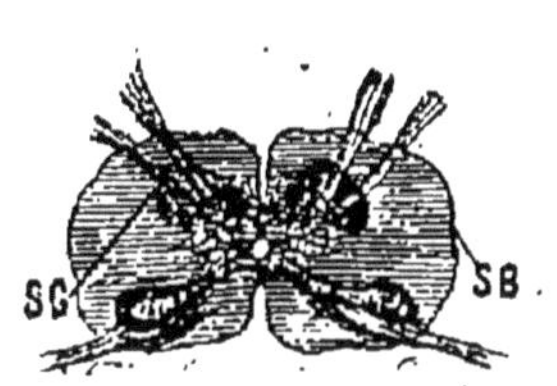

Fig. 50. Substance blanche et substance grise de la moelle*.

§ 482. *Distribution des deux substances* (fig. 50). — La oelle épinière est composée de deux substances, l'une blanche

* SB, substance blanche ; SG, substance grise.

et l'autre grise. La substance blanche, formée de fibres nerveuses, est située à l'extérieur et enferme comme dans un étui la substance grise; c'est elle qui constitue les cordons blancs dont nous venons de parler; elle forme de plus un repli dans le sillon médian antérieur, auquel on a donné le nom de *commissure*[1] *blanche*, servant à réunir les deux parties antérieures de la moelle. La substance grise située à l'intérieur et formée de cellules nerveuses *multipolaires*, garnies de prolongements s'étendant jusque dans la substance blanche. (Voir les éléments du système nerveux.) Elle sert à réunir les deux moitiés de la moelle et porte pour cette raison le nom de *commissure grise centrale*. Elle forme en outre un repli dans le sillon médian postérieur, désigné sous le nom de *commissure grise postérieure*, servant à réunir les deux parties postérieures. On remarque au centre de la moelle épinière, au milieu de la substance grise, un canal longitudinal parcourant toute la longueur de la moelle, et nommé *canal central de la moelle*. Ce canal, en pénétrant dans le bulbe rachidien au sommet de la moelle, se dilate pour former une cavité désignée sous le nom de *quatrième ventricule du cerveau*, dont nous parlerons plus bas. La substance grise forme en outre, par côté, à droite et à gauche du canal central, deux espèces de croissants dont la convexité est tournée en dedans. Les extrémités du croissant, au lieu de se terminer en pointe, présentent des renflements auxquels on a donné le nom de *cornes de la moelle*, et se divisant en *cornes antérieures* ou *motrices* et en *cornes postérieures* ou *sensibles*.

Les cornes antérieures se distinguent des postérieures en ce qu'elles sont plus courtes et plus renflées et garnies à l'intérieur de cellules étoilées (voir fig. 51).

La moelle épinière est terminée à sa partie supérieure

[1] Commissure (du latin *committere*, réunir). On donne ce nom en anatomie : 1° au point de réunion de deux parties, par exemple, *commissure* des lèvres; 2° à des organes destinés à réunir deux parties.

ar un léger étranglement nommé *collet du bulbe* indiquant
ι séparation d'avec cette seconde partie de l'axe cérébro-
pinal, dont nous donnons ci-après la description.

§ 483. 2° *Description du bulbe.* — Le bulbe rachidien 'une longueur de 27 millimètres environ, commence à l'atlas t fait suite à la moelle épinière, ce qui explique le nom de *ioelle allongée* qu'on lui donne souvent. (Voir le § 322, age 163.) Comme cette partie est très importante au point e vue physiologique, nous ajouterons quelques détails : ° sur sa forme ; 2° sur ses deux faces, antérieure et postérieure ; 3° Sur l'entre-croisement des pyramides ; 4° sur le œud vital ; ces deux dernières parties, en raison de leur nportance, seront décrites dans deux articles particuliers.

Forme du bulbe rachidien[1]. — Il ressemble à un cône ronqué, dont la base arrondie et tournée en haut, s'engage ans la partie inférieure du cervelet désignée sous le nom e *sillon médian du cervelet*, et dont le sommet est situé n bas au point dit collet du bulbe.

Faces du bulbe. — On en distingue, deux principales : ° une face antérieure, au milieu de laquelle se trouve un illon, continuation du sillon médian antérieur de la moelle. le sillon est interrompu à sa partie inférieure par l'entre-roisement des pyramides antérieures ou motrices ; 2° une ace postérieure dans le milieu de laquelle on remarque galement un sillon, prolongement du sillon médian posérieur de la moelle. Ce sillon est également interrompu sa partie moyenne par l'entre-croisement des pyramides ostérieures ou sensibles.

Les faisceaux des pyramides postérieures s'écartent du illon postérieur après leur entre-croisement et déterminent ne dépression triangulaire en forme de V de substance rise, dans laquelle se trouve la partie importante désignée

[1] *Bulbe.* En anatomie, on donne le nom de bulbe à différentes parties enflées du corps présentant une ressemblance fort éloignée avec les ulbes de certaines plantes de la famille des Liliacées.

sous le nom de *nœud vital*, laquelle se termine par une pointe nommée *calamus scriptorius*. Le sillon médian postérieur du bulbe se continue au-dessus du V ; il est recouvert de stries blanches transversales, qui sont les origines apparentes du nerf auditif. Le sillon médian représente la tige de la plume, les stries blanches les barbes et la pointe du V le bec : d'où vient le nom de *calamus scriptorius*, donné à cette pointe. Le bulbe rachidien est composé, comme la moelle, de substance blanche et grise. La substance blanche se trouve répandue dans les faisceaux qui, par leur entre-croisement, forment les pyramides antérieures et postérieures ; on la trouve encore dans d'autres petites fibres blanches disséminées dans le bulbe. La substance grise est répandue dans l'intérieur du bulbe en petites masses constituant autant de petits centres d'actions reflexes. Ces petites masses sont aussi désignées sous le nom de noyaux et ces noyaux sont les origines d'un grand nombre de nerfs crâniens ; enfin c'est du bulbe que partent plusieurs nerfs crâniens.

ENTRE-CROISEMENT DES PYRAMIDES

(Addition au § 322)

§ 484. *Remarque*. — Les sciences ont un langage spécial dans lequel les mots prennent une signification souvent très différente de celle qu'ils ont dans le langage ordinaire. Nous en voyons un exemple dans le mot pyramide. En anatomie, on donne le nom de pyramides à des renflements formés par des faisceaux distincts de fibres ou tubes nerveux qui sont le prolongement de cordons blancs de la moelle. On divise les pyramides en pyramides motrices et en pyramides sensitives. Les faisceaux de chaque espèce de pyramide forment en passant de droite à gauche des entre-croisements qui ont lieu en des points différents.

§ 485. 1° *Entre-croisement des pyramides antérieures ou motrices* (fig. 51). — A la partie supérieure de la moelle vers le collet du bulbe, c'est-à-dire au point de séparation le la moelle d'avec le bulbe rachidien, on voit les cordons blancs latéraux ou antéro-latéraux de la moelle se diviser en petits faisceaux distincts qui pénètrent dans la substance grise et la traversent entièrement de dehors en dedans et l'arrière en avant pour s'entre-croiser. Les faisceaux de droite passent à gauche et ceux de gauche passent à droite. Les entre-croisements forment des couches qui se superposent de bas en haut; les couches les plus internes se rapprochent du canal central de la moelle qui se prolonge dans le bulbe. En se rapprochant de ce canal, ils échancrent les cornes antérieures de substance grise de la moelle à l'endroit où ces cornes se réunissent à la couche grise qui entoure le canal central. D'autres couches blanches s'ajoutent à celles des cordons et achèvent de couper entièrement les cornes antérieures. Après leur décussation ou entre-croisement, les faisceaux blancs montent parallèlement sur les côtés du sillon médian antérieur du bulbe.

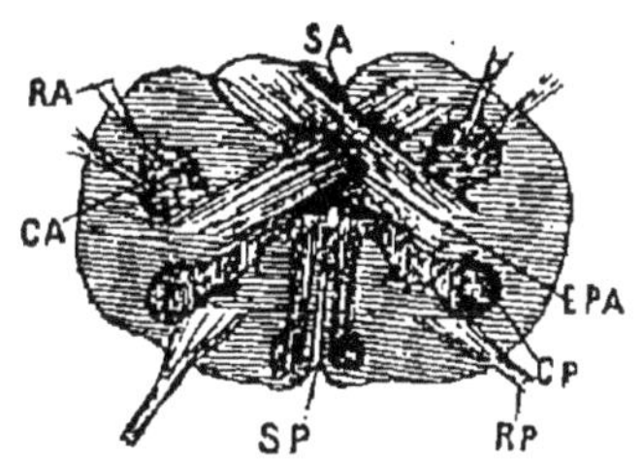

Fig. 51.

Entre-croisement des pyramides antérieures et cornes de substances grises*.

Les faisceaux qui étaient primitivement à droite se trouvent à gauche de ce sillon et réciproquement, et c'est ainsi que sont constituées les pyramides *antérieures* du bulbe ou *pyramides motrices*. Les faisceaux de ces pyramides, continuant leur route ascendante, passent successivement dans la protubérance qu'ils traversent et vont s'étaler sur la face inférieure des pédoncules cérébraux, étage inférieur de ces cordons, et de là se portent sur les corps striés dont ils forment les couches blanches.

§ 486. 2° *Entre-croisement des pyramides postérieures ou sensibles.* — Les cordons blancs postérieurs de

* EPA, entre-croisement des pyramides antérieures; CA, cornes antérieures; CP, cornes postérieures; SA, sillon médian antérieur; SP, sillon médian postérieur; RA, origine des racines antérieures; RP, origine des racines postérieures.

la moelle, parvenus au dessus de l'entre-croisement des pyramides antérieures, se décomposent également en faisceaux distincts qui se croisent à leur tour; les faisceaux de droite passent à gauche et réciproquement. En s'entre-croisant, ces faisceaux coupent les cornes postérieures, contournent la substance grise en avant du canal central, passent entre les cordons antéro-internes de la moelle qu'ils séparent. Ils se présentent alors comme des cordons à coupe rectangulaire, l'un à droite, l'autre à gauche, appliqués contre la partie motrice des pyramides antérieures dont ils forment la couche sensitive et profonde. Les faisceaux des cordons postérieurs continuent leur marche ascendante, s'engagent aussi dans la protubérance, vont prendre part à la constitution des parties supérieures des pédoncules cérébraux et se perdre, suivant Mathias Duval, dans les couches optiques, au lieu d'aller, comme les faisceaux des pyramides motrices, jusqu'au niveau des corps striés.

On remarque encore un troisième croisement formé par les cordons antéro-internes de la moelle. Ces cordons qui étaient à la partie antérieure de la moelle occupent dans le bulbe la partie centrale, et viennent ensuite occuper la partie supérieure. Par suite de leur déplacement successif, ils arrivent à la partie inférieure du quatrième ventricule. De là ils traversent la protubérance, viennent contribuer à la partie supérieure des pédoncules du cerveau et ensuite pénètrent dans les couches optiques.

NŒUD VITAL

(Addition § 322, p. 164)

§ 487. *Définition, position et fonction.* — Le nœud vital, découvert par Flourens (voir note 1, p. 164) fait partie de la moelle allongée plus spécialement désignée sous le nom de *bulbe rachidien* ou simplement de *bulbe*. Il est situé à la partie inférieure du plancher du quatrième ventricule, à la pointe du V de substance grise, désignée sous le nom de *cala-*

nus scriptorius à cause de la ressemblance de cette pointe vec une plume taillée pour écrire. L'expression de *nœud ital* par laquelle Flourens désignait cette partie circonscrite e la substance grise du bulbe rachidien donnerait à entendre ue celle-ci, tient sous sa dépendance toutes les fonc- ions vitales et qu'elle est, comme le supposait Flourens, le iège mystérieux du principe inconnu de la vie. Il n'en est oint ainsi. Cependant cette expression est dans une certaine nesure justifiée, en ce sens que la section ou la simple piqûre le ce point, produit une mort instantanée chez l'homme et es animaux à sang chaud en supprimant immédiatement la espiration, mais non les mouvements du cœur comme on 'avait supposé. La mort est simplement produite, parce ju'en sectionnant ou en piquant ce point important, on a létruit le lieu où s'enchaînent et se coordonnent les mou- vements respiratoires. Si, après la section de ce point, on supplée aux mouvements respiratoires spontanés en intro- duisant de l'air dans les poumons à l'aide d'une respiration artificielle, on peut prolonger pendant quelques instants la vie des animaux.

§ 488. 3° *Description de l'encéphale.* (Voir le § 317, auquel nous ajoutons quelques notes).

Définition. — On a donné le nom d'*encéphale* (du grec ἐν, dans ; κεφαλή, tête) aux parties du système nerveux logées dans le crâne.

Division. — Cette partie en comprend 3 autres : *a* le cervelet, *b* la protubérance annulaire, *c* le cerveau.

Ces trois parties sont protégées par des membranes qui, en se prolongeant tout le long du canal rachidien, protègent également le bulbe et la moelle épinière. (Voir la description de ces membranes et leurs divisions dans les §§ 311, 314 et 315, pages 157 et 158.)

§ 489. *a) : Cervelet.* — Sa définition, sa position, ses divisions, ses faces, supérieure et inférieure. (Voir § 319, page 162 et les notes placées au bas de cette dernière page.)

Nous ajoutons quelques détails.

On remarque dans le cervelet : 1° les pédoncules[1], désignés sous le nom de pédoncules *cérébelleux*, pour les distinguer des pédoncules *cérébraux* partant du cerveau. Les pédoncules cérébelleux se divisent : 1° en supérieurs, qui font communiquer le cervelet avec le cerveau, placé au-dessus de lui ; 2° en inférieurs, designés sous le nom de *corps restiforme*[2], et qui unissent le cervelet au bulbe rachidien ; 3° en moyens qui servent avec les supérieurs à unir le cervelet au mésocéphale, ou protubérance annulaire, dont il sera question tout à l'heure.

Outre les deux lobes latéraux qui constituent les hémisphères du cervelet, on en distingue un troisième nommé *scissure médiane du cervelet*, dans laquelle s'engage, comme nous l'avons dit, la partie supérieure et convexe du bulbe.

Enfin le cervelet est séparé du cerveau par un repli de la dure-mère nommé *tente du cervelet*.

§ 490. *b). Protubérance annulaire.* (Voir § 320, page 162.) On nomme ainsi une bande médullaire de substance blanche servant à réunir le cerveau, le cervelet, le bulbe rachidien et la moelle épinière. Elle enserre, comme d'un anneau, les pédoncules du cerveau et du cervelet. Elle porte différents noms : *mésocéphale* (milieu de l'encéphale), *pont de Varole* (note 4, page 162). La partie inférieure, un peu rétrécie, porte le nom d'*isthme de l'encéphale*. On remarque dans l'intérieur de cette membrane des noyaux distincts de substance grise servant de centres réflexes.

§ 491. *c). Cerveau.* — Partie supérieure de l'encéphale, sa forme, sa face supérieure, sa face inférieure, sa division en deux hémisphères.

Division des hémisphères : 1° en lobes ; 2° en circonvolutions, corps calleux, pédoncules du cerveau, ventricules,

[1] *Pédoncules*, de *pes*, pied ou support, parce qu'en effet ils semblent supporter le cerveau et le cervelet.

[2] Du latin *restis*, corde.

tc. (Voir le § 318, les pages 159, 160, 161, et surtout les otes placées au bas de ces pages.)

§ 492. *Additions à la description du cerveau. Lobes et circonvolutions.* — Chaque hémisphère est divisé n quatre parties nommées lobes, ce sont : 1° le lobe rontal ou antérieur ; 2° le lobe pariétal ; 3° le lobe temporal ; 4° le lobe occipital (voir leurs positions respectives, note 1, page 160 et fig. 54). Chaque lobe se subdivise en circonvolutions.

§ 493. *Circonvolutions du cerveau.* — Toutes les faces lu cerveau sont marquées de sillons à dispositions en appa-

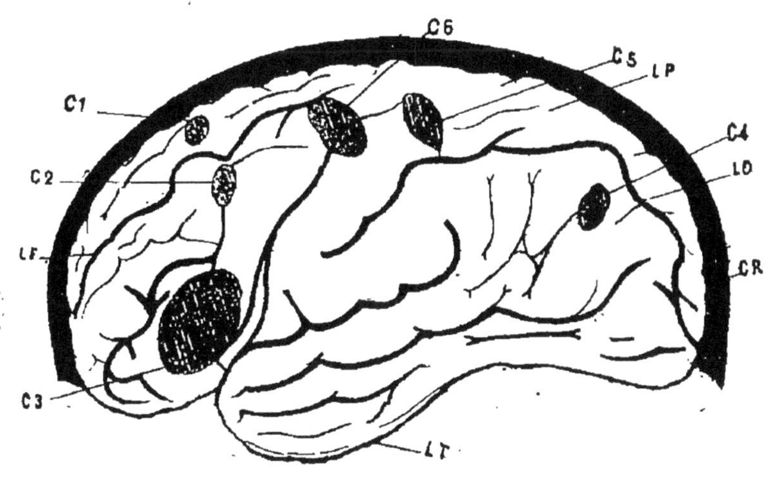

Fig. 52.

Hémisphère gauche avec les lobes et les circonvolutions localisées. *

rence irrégulières, qui séparent des saillies, nommées *circonvolutions cérébrales*, par analogie avec les circonvolutions lâches que présente la masse intestinale. Ces circonvolutions, mieux étudiées depuis quelques années, présentent une certaine régularité qui a permis d'en dénommer plusieurs d'après les fonctions auxquelles elles semblent présider. (Voir fig. 52).

* LF, lobe frontal ou antérieur ; LP, lobe pariétal ; LO, lobe occipital ; LT, lobe temporal ; C1, première circonvolution frontale ; C2, la seconde ; C3, la troisième ; C4, Circonvolution du lobe pariétal ; C5, circonvolution du lobe frontal ; C6, circonvolution du lobe frontal ; CR, Crâne.

Les plus importantes se trouvent dans le lobe frontal, et sont désignées sous les noms de première, deuxième et troisième circonvolution frontale, en commençant par le haut. On a également indiqué certaines circonvolutions du lobe pariétal, comme présidant à des mouvements particuliers.

§ 494. *Ventricules du cerveau.* — On désigne sous ce nom de petites cavités situées à la partie inférieure de cet organe et à la partie supérieure du cervelet; on en distingue quatre principaux : deux nommés latéraux, un troisième dit moyen, et un quatrième appelé quatrième ventricule. Nous allons indiquer brièvement leurs positions respectives, parce que cette indication nous permettra de mieux reconnaître la place de plusieurs parties importantes situées dans l'intérieur du cerveau.

§ 495. *Deux ventricules latéraux.* — Ils sont situés de chaque côté du sillon médian du corps calleux et en dessous de cette membrane.

Pour les apercevoir il faut détacher, avec une lame tranchante passée en dessous, les deux hémisphères du cerveau du corps calleux qui sert à les réunir; on incise ensuite cette membrane de chaque côté à une petite distance du sillon médian ; et en relevant les bords coupés, on voit les deux ventricules latéraux sous forme de petites cavités très étroites et prolongées d'avant en arrière.

§ 496. *Troisième ventricule.* — Il est situé en arrière et en travers des deux précédents. Pour l'apercevoir, on incise le bourrelet que forme le corps calleux à sa partie postérieure, les deux parties se séparent alors d'elles-mêmes par élasticité. En les écartant encore un peu, on aperçoit au-dessous du bourrelet le troisième ventricule comme une cavité en forme d'entonnoir comprimé latéralement, la base en haut, le sommet en bas.

§ 497. *Quatrième ventricule.* — Il est situé sous le lobe médian du cervelet à la partie antérieure et supérieure du bulbe. Il est formé, comme nous l'avons dit, par une dilatation du canal central de la moelle.

§ 498. *Petites masses nerveuses se rattachant au cerveau.* — On remarque encore dans l'intérieur du cerveau plusieurs petites masses nerveuses ; nous citerons seulement les plus importantes au point de vue physiologique ; ce sont : 1° les corps striés ; 2° les couches optiques ; 3° la glande pinéale ; 4° les tubercules quadrijumeaux. La description que nous venons de donner des ventricules nous aidera à reconnaître leur position.

§ 499. *Les corps striés.* — Ils forment dans chaque hémisphère, au-dessous des ventricules latéraux, des saillies situées à la partie antérieure et externe.

Couches optiques. — Elle sont situées également au-dessous des ventricules latéraux, mais à la partie postérieure et interne.

§ 500. *Glande pinéale.* — Elle est ainsi nommée parce qu'elle ressemble à une pomme de pin ; son volume ne dépasse pas celui d'un gros pois.

Elle est située derrière le troisième ventricule. La constitution de cette glande est singulière; elle est formée d'une couche nerveuse grise, qui en constitue comme l'écorce. On trouve dans son intérieur une foule de filets sanguins entremêlés de tissu connectif et le plus souvent de concrétions calcaires. Galien et Descartes plaçaient dans cette glande le siège de l'âme.

§ 501. *Tubercule quadrijumeaux.* — Ils sont ainsi nommés, parce qu'ils se composent de quatre saillies mamelonnées disposées par paires, deux en avant, deux en arrière. Ils sont situés derrière la glande pinéale à la partie antérieure de la protubérance et à la partie supérieure des pédoncules du cerveau.

Remarque. — Pour terminer la description du système nerveux de la vie de relation, il conviendrait de placer ici l'article relatif aux nerfs, lesquels forment, comme nous l'avons dit, la seconde partie de ce système. Mais comme nous aurons à parler des nerfs du grand sympathique, nous traiterons des nerfs après la description de ce second système.

§ 502. II. Description du système de la vie organique ou de nutrition. — Ce second système, plus souvent désigné sous le nom de *grand sympathique*, tient sous sa dépendance les diverses fonctions de la vie organique, telles que la nutrition, la circulation, la respiration, les sécrétions.

C'est lui qui, à l'aide des éléments dont il se compose, ganglions et filets nerveux, détermine les mouvements qu'on remarque dans l'estomac, les intestins, le cœur, les artères, les veines et les poumons. Tous ces mouvements sont, par une sage prévoyance de la divine Providence, soustraits à l'action de la volonté ; c'est ainsi que pendant le sommeil, durant lequel le système nerveux de relation se repose, le cœur, les poumons, l'estomac, les intestins et les glandes continuent mystérieusement leurs importantes fonctions.

Nous verrons cependant par la description de ce système qu'il n'est pas, comme on le croyait, complètement indépendant de la volonté. En effet, il est relié par des filets nerveux au système cérébro-spinal ou de la vie de relation (voir la note du § 326, au bas de la page 326).

§ 503. *Énumération des parties du grand sympathique.* — Il se compose de : 1° d'une série de ganglions (petites masses nerveuses de substance grise) disposés par paires, à droite et à gauche de la colonne vertébrale. Ces ganglions sont échelonnés depuis la tête jusqu'à l'abdomen et réunis par deux cordons de substance blanche qui forment comme deux chaînes parallèles de chaque côté de la colonne vertébrale; 2° de filets nerveux de deux sortes, les uns, désignés sous le nom de *rami communicantes* (rameaux communiquants), partant de la partie antérieure des ganglions que nous venons d'indiquer et pénétrant dans la moelle. Ils sont destinés à unir le grand sympathique au système cérébro-spinal.

Les autres filets nerveux partent également des ganglions

et se répandent en grand nombre et sans ordre apparent dans tous les organes intérieurs, cœur, poumons, estomac et intestins ; 3° on remarque encore sur le trajet de ces différents filets nerveux d'autres petits ganglions, tantôt isolés, tantôt réunis pour former des amas désignés sous le nom de *plexus du grand sympathique*. Tels sont : 1° le plexus cervical formé par la réunion de trois ganglions d'où partent des filets nerveux aboutissant au cœur ; 2° le plexus solaire, situé au-dessous du diaphragme et d'où partent les filets nerveux qui vont à l'estomac, aux intestins, au foie, à la rate et aux reins.

A ce plexus appartient le ganglion semi-lunaire que Bichat appelait *le cerveau abdominal*. Enfin aux points où les filets nerveux du grand sympathique pénètrent dans les viscères, on trouve d'autres séries de ganglions microscopiques disséminés dans les parois des organes. Ce grand nombre de ganglions dont se compose le grand sympathique justifie le nom de *système ganglionnaire* qu'on lui donne souvent.

Nerfs moteurs et sensibles (p. 156)

NERFS EN GÉNÉRAL, DIVISION DES NERFS, NERFS MIXTES, NERFS MOTEURS ET SENSIBLES, PROPRIÉTÉS GÉNÉRALES DES NERFS, EFFETS DE LEUR EXCITATION, NERFS DU GRAND SYMPATHIQUE, NERFS DU CŒUR, NERFS VASO-MOTEURS.

(Suite aux §§ 324 et 325, p. p. 166 et 167).

§ 504. Nous avons vu plus haut les éléments constitutifs des nerfs et leur mode de formation en cordons nerveux. La fonction générale des nerfs est de servir de conducteurs entre les centres nerveux et les parties périphériques du corps. On compte dans le corps humain quarante-trois paires de nerfs, divisés, suivant leur point de départ, en trois catégories : 1° les nerfs rachidiens; 2° les nerfs crâniens; 3° les nerfs du grand sympathique auxquels se rattachent les nerfs du cœur.

§ 505. 1° *Nerfs rachidiens.*— Ces nerfs sont ainsi appelés parce qu'ils sortent de la moelle épinière contenue dans le rachis ou colonne vertébrale. Ces nerfs comprennent 31 paires, dont 8 cervicales, 12 dorsales, 5 lombaires et 6 sacrées.

§ 506. *Point de départ des nerfs rachidiens, racines antérieures et racines postérieures.*— Les nerfs rachidiens sortent de la moelle épinière par deux ordres de racines, les unes antérieures, les autres postérieures. Les premières sont dites inférieures, et les secondes supérieures chez les animaux dont la colonne vertébrale est horizontale. Les racines antérieures naissent en avant de la face latérale de la moelle et sont des prolongements des cellules nerveuses de la substance grise. Elles forment les racines dites motrices. Les racines postérieures, qui sont les racines sensibles, naissent de la face latérale en arrière des précédentes et envoient des faisceaux de fibres qui remontent jusque vers l'encéphale; elles communiquent aussi avec la substance grise de la moelle. Ces deux ordres de racines, après un court trajet, se réunissent de chaque côté de la moelle épinière pour former des cordons qui sortent de la moelle par des trous dits trous de conjugaison de la colonne vertébrale.

Les racines postérieures se distinguent des racines antérieures en ce qu'elles présentent sur leur trajet, à 1 centimètre de distance de la moelle, un petit renflement ganglionnaire qui les a fait nommer racines ganglionnaires (fig. 52).

§ 507. *Nerfs mixtes.* — Ainsi formés par la réunion des deux ordres de racines postérieures ou sensibles, antérieures ou motrices, les nerfs rachidiens sont tous des nerfs mixtes, c'est-à-dire à la fois sensibles et moteurs, dans lesquels il est impossible de distinguer les fibres provenant des deux ordres de racines.

Seulement, en s'éloignant de leur point de départ, ces cordons rachidiens se divisent et se subdivisent, et en pénétrant dans les organes, leurs fibres, d'abord mêlées d'une manière inextricable, semblent se séparer ; les sensibles pénètrent dans des organes particulièrement impressionnables, tels que la peau, les fibres motrices dans les muscles, pour y déterminer les mouvements contractiles. Cependant on trouve encore dans la peau des fibres motrices et dans les muscles

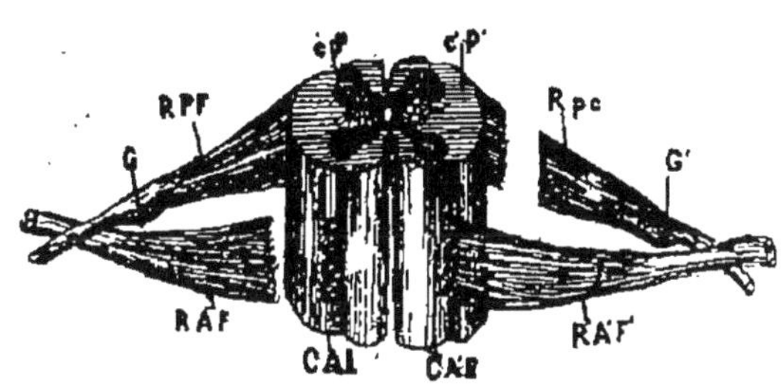

Fig. 53.

Racines postérieures et antérieures des nerfs et cordons blancs de la moelle *.

des fibres sensibles, puisque nous avons vu que les muscles sont sensibles aux excitants.

§ 508. *Plexus nerveux.* — On donne le nom de plexus nerveux à des anastomoses de nerfs. Ainsi les nerfs de certaines paires d'un même côté s'associent entre eux en s'envoyant mutuellement des fibres qui se croisent pour former des plexus. Tels sont le plexus brachial, le plexus lombaire et le plexus sacré.

§ 509. *Distinction des fibres nerveuses sensibles ou nerfs sensibles et des fibres motrices ou nerfs moteurs.* — Dans le système nerveux, l'existence de deux sortes d'éléments, les uns présidant à la sensibilité, les autres aux mouvements, avait été supposée depuis longtemps par les physiologistes. C'est l'anglais Charles Bell qui, le premier, a

* RPF, racines postérieures fixées aux cordons blancs postérieurs ; R'P'C', racine postérieures coupées ; GG' ganglions des racines postérieures ; RAC, racines antérieures coupées ; RAF, racines antérieures fixées aux cordons blancs antéro-latéraux ; CP, C'P'. cordons blancs postérieurs ; CAL, C'A'L', cordons blancs antéro-latéraux.

vérifié expérimentalement cette supposition, en 1811; elle fut ensuite pleinement confirmée, en 1822, par les nouvelles expériences de Magendie. Il est reconnu maintenant que les racines antérieures des nerfs rachidiens renferment des fibres centrifuges ou motrices et les racines postérieures des fibres sensibles ou centripètes.

On peut répéter les expériences de Magendie de la manière suivante : on ouvre sur un animal vivant le canal rachidien sur une partie du dos. On met ainsi à nu la dure-mère qu'on incise et détache avec précaution, alors les racines supérieures qui, chez l'homme, sont les racines postérieures apparaissent à travers l'arachnoïde. On coupe cette seconde enveloppe, ainsi que les ligaments du grand dentelé destinés à mettre les membranes protectrices en communication avec la moelle, les racines inférieures (antérieures chez l'homme) se montrent à découvert. Les deux ordres de racines ainsi dégagés, on les excite mécaniquement en les piquant avec un scalpel, ou les serrant avec une pince (ces excitants sont préférables à l'électricité dont la stimulation n'est pas assez localisée).

En serrant légèrement avec une pince les racines supérieures (postérieures chez l'homme), l'animal accuse immédiatement par des cris qu'il a ressenti de la douleur dans ces racines contenant les fibres sensibles. On serre ensuite les racines inférieures (antérieures chez l'homme), l'animal ne crie plus, il ne s'agite pas, mais le muscle dans lequel pénètrent les fibres parties de ces racines antérieures, entre aussitôt en mouvement en se contractant. Donc les fibres antérieures renferment bien les fibres motrices.

En variant un peu l'expérience, Magendie parvint à montrer de plus que le sens dans lequel cheminent les impressions de sensibilité dans les fibres parties des racines postérieures n'est pas le même que celui du courant qui parcourt les fibres excito-motrices parties des racines antérieures.

Ce courant sensible qui traverse les fibres des racines postérieures, va de toutes les parties périphériques du corps et des organes vers la moelle. C'est donc un courant *centripète:* de là le nom de *centripètes* donné aux fibres *sensibles.* Au contraire, le courant excito-moteur qui parcourt les fibres des racines antérieures, va du centre nerveux ou de la moelle aux parties périphériques du corps; c'est donc un courant *centrifuge:* de là le nom de fibres *centrifuges* donné aux fibres motrices parties des racines antérieures. Pour démontrer l'existence de ces deux courants en sens contraire, Magendie coupe les racines postérieures dans le milieu de leur trajet avant leur réunion avec les racines antérieures; il excite d'abord le bout périphérique [1], lequel n'est plus en communication avec la moelle: l'animal ne manifeste aucune douleur. Il excite ensuite la partie des racines restée unie à la moelle: l'animal manifeste aussitôt de la douleur. Donc le courant sensible va de toutes les parties du corps vers la moelle, puisque ces fibres excitées ont fait pénétrer la douleur dans la moelle et de celle-ci au cerveau centre de perception.

Ayant coupé ensuite de la même manière les racines antérieures, l'excitation des fibres de ces racines restées en communication avec la moelle n'a produit aucun effet chez l'animal, tandis que l'excitation portée sur le bout périphérique en communication avec les muscles a déterminé aussitôt la contraction de ces derniers. Par conséquent, dans les racines antérieures chez l'homme le courant va de la moelle aux différentes parties du corps. (V. la fig. 52, p. 265.)

§ 510. *Fibres récurrentes, sensibilité récurrente.* — Bien que les racines antérieures aient pour fonction principale de déterminer les mouvements et d'être l'origine des nerfs moteurs, elles possèdent cependant des fibres sensibles. Ces fibres, appelées récurrentes, leur sont fournies par les racines postérieures et donnent lieu à une sensibilité particulière, désignée par Magendie et Claude Bernard sous le nom de sensibilité récurrente. Ces fibres sont appelées

[1] Voir la définition au bas de la page 274.

récurrentes (du latin *recurrere*, revenir sur ses pas), parce que ces fibres sensibles vont d'abord rejoindre les racines antérieures pour aller avec elles du centre à la périphérie; puis, arrivées aux plexus cervical, thoracique et lombaire, etc., elles se recourbent pour gagner les racines postérieures d'où elles sont parties et pénétrer dans la moelle.

Ces fibres récurrentes ne changent rien à la propriété des racines antérieures qui restent toujours simplement motrices. La preuve, c'est que si l'on coupe les racines postérieures, les fibres antérieures perdent toute sensibilité.

§ 511. *Nerfs crâniens.* — Ces nerfs sont ainsi appelés parce qu'ils sortent du crâne par des trous situés à sa base. On en compte douze paires, la première comprenant les *nerfs olfactifs*, qui viennent des hémisphères du cerveau; la seconde, les *nerfs optiques* qui émanent des tubercules quadrijumeaux et des couches optiques. Les dix autres paires naissent du bulbe rachidien. Ils se distinguent nettement des nerfs rachidiens non seulement par leur point de départ, mais surtout par leurs propriétés très variées. On trouve, en effet, dans les nerfs crâniens, des nerfs exclusivement sensibles, tels sont les nerfs olfactifs, optiques et auditifs, aboutissant dans des appareils spéciaux et chargés d'apporter de l'extérieur au cerveau les sensations particulières, olfactives, visuelles et auditives. Ces nerfs ne sont sensibles qu'aux seules excitations capables de produire les sensations spéciales qu'ils sont chargés de conduire au cerveau.

2° Il existe des nerfs crâniens exclusivement moteurs, tels sont : 1° le nerf moteur oculaire externe, nerf de la troisième paire; 2° le nerf pathétique, nerf de la quatrième paire; 3° le nerf moteur oculaire externe, nerf de la sixième paire; 4° le nerf facial, nerf de la septième paire; 5° le nerf spinal, nerf de la onzième paire; 6° le nerf hypoglosse, nerf de la douzième paire.

3° Il y a enfin des nerfs crâniens mixtes : 1° les trijumeaux, nerfs de la cinquième paire; 2° les glosso-pharyn-

ens, nerfs de la neuvième paire; 3° les nerfs pneumo-
ıstriques, nerfs de la dixième paire.

Certains nerfs crâniens, en se portant vers les ganglions ı système nerveux grand sympathique, y remplissent une nction modératrice : telle est, en particulier, l'influence du ıeumo-gastrique sur les mouvements du cœur qu'il peut odérer et même suspendre. Aussi quand les fonctions du ırveau et de la moelle sont éteintes, après la mort, on remarque non seulement la persistance, mais encore l'augentation dans les mouvements automatiques du cœur des testins et de la vessie.

§ 512. *Mode de transmission dans les nerfs.* — Les ıpressions de nerfs *moteurs* ou *centrifuges*, de nerfs *sen-bles* ou *centripètes*, n'ont rien d'absolu, elles indiquent mplement le rôle fonctionnel des nerfs. Il n'y a pas, en effet, ıtre les nerfs moteurs et les nerfs sensibles de différence ıatomique essentielle ni de différence entre les propriétés ui sont les mêmes dans ces deux sortes de nerfs. Il n'y a de ifférence que dans les fonctions, sans doute, à cause des ınnexions qu'ils ont soit avec les parties périphériques, soit vec les centres. Il est même permis de penser que chaque bre nerveuse conduit aussi bien les excitations dans un ens que dans un autre et que la conductibilité des fibres erveuses est *indifférente*.

§ 513. *Conductibilité indifférente.* — Paul Bert a émontré par une expérience très ingénieuse l'indifférence de onductibilité dans les fibres nerveuses. Il greffe l'extrémité bre de la queue d'un rat sur le dos du même animal, en ıettant en contact les extrémités des fibres nerveuses de la ueue avec celles du dos, lesquelles sont en communication vec les centres nerveux; la queue forme alors une espèce 'anse. Quand les fibres nerveuses de la queue sont bien oudées à celles du dos, il coupe la queue vers la base, elle-ci devient alors l'extrémité. Il la serre ensuite fortement avec une pince; l'animal manifeste aussitôt de la douleur. On voit par cette expérience que le sens de la conductibilité a été interverti. Au lieu d'aller, comme dans l'état normal, de l'extrémité à la base de la queue, la conductibilité s'est faite de la base à l'extrémité.

§ 314. *Cause de la conductibilité et nature intime de l'action nerveuse.*— En quoi consiste cette propriété de conductibilité des nerfs? Quél est le phénomène intime qui la caractérise? Ces questions sont encore à l'état de problème; la physiologie n'est pas encore parvenue à les résoudre complètement. De nombreuses hypothèses ont été successivement imaginées pour expliquer la transmission des impressions sensibles de la périphérie aux centres nerveux et le transport des excitations nerveuses des centres à la périphérie, en d'autres termes pour expliquer la nature intime de l'action nerveuse.

Plusieurs physiologistes ont admis, chez l'homme et les animaux, dans le système nerveux la fonction ou sécrétion d'un agent impondérable qu'ils ont désigné successivement sous les noms de fluide nerveux, de principe actif des nerfs, de force nerveuse, etc. C'était l'opinion de Cuvier, le célèbre fondateur de l'anatomie comparée.

« Il y a grande apparence, dit-il, que c'est par un fluide impondérable que les nerfs agissent. Tous les fluides animaux étant tirés du sang par sécrétion, on ne saurait douter que le fluide nerveux ne soit dans ce cas et que la matière nerveuse ne le sécrète. » La nécessité de la nutrition pour le fonctionnement des nerfs semblerait justifier cette hypothèse, nous avons vu, en effet, que la nutrition développait dans les nerfs un fluide particulier, désigné sous le nom de fluide électro moteur. Lorsqu'un nerf est privé de vaisseaux sanguins qui doivent le nourrir, il perd aussitôt toutes ses propriétés.

Mais quelle est la nature de ce fluide qui serait sécrété par la substance nerveuse? On ne la connait pas; on a voulu la comparer à l'électricité, mais il est reconnu aujourd'hui que l'agent mystérieux de la substance nerveuse ne saurait être identifié au fluide électrique; il en diffère, en effet, par un 'and nombre de caractères: 1° on a pu mesurer la vitesse de 'opagation du fluide nerveux, et on a trouvé qu'elle n'était ıe de 28 à 30 mètres par seconde, vitesse bien différente ; celle de l'électricité; 2° quand les nerfs fonctionnent, bien in de produire de l'électricité, le courant électro-moteur ıi existait dans l'état de repos cesse aussitôt; 3° si, après 'oir coupé un nerf, on rapproche les deux bouts, la trans-ission ne se fait plus; au contraire, dans la transmission ectrique, il suffit de mettre en contact les deux extrémités un conducteur coupé pour rétablir le courant. Il est absolu-ent nécessaire que les nerfs soient intacts et que leurs com-unications avec la moelle et les autres centres soit directe, ur que les impressions soient transmises aux centres .argés de les recevoir, et pour que ceux-ci, à leur tour, ıissent transmettre à la périphérie les excitations mo-ices; ce qui prouve que l'agent nerveux ne réside pas ıns les nerfs. On a émis encore l'hypothèse que l'action rveuse était le résultat de vibrations moléculaires à avers la substance nerveuse des centres à la périphérie de celle-ci aux centres.

Le mouvement vibratoire se transmettrait avec une vitesse ; 28 à 30 mètres par seconde. Ce qui semblerait justifier tte hypothèse, c'est que le mouvement de transmission rveuse présente ce caractère de s'accroître à mesure qu'il transmet et qu'il progresse dans le conducteur nerveux, ı faisant ce qu'on appelle *boule de neige*. En voici la 'euve: en portant successivement sur divers points une fibre motrice une excitation identique, l'excitation ır le point le plus éloigné de l'extrémité du muscle pro-ıit sur lui une excitation plus forte que celle du point plus rapproché.

§ 515. *Excitants nerveux.* — Les excitants ou causes ıi peuvent amener le fonctionnement du système nerveux nt nombreux. On distingue: 1° les agents physiologiques, ls que la volonté; 2° les agents chimiques, acides et bases ıergiques auxquels les nerfs sont beaucoup moins sensibles que les muscles; 3° les excitants physiques, tels que la lumière pour les nerfs optiques, les odeurs pour le nerf olfactif, les sons pour les nerfs auditifs. Pour les autres nerfs, l'excitant par excellence est l'électricité. Ainsi, des nerfs insensibles à tous les autres excitants ont été mis en activité par l'électricité. Les courants électriques agissent sur les nerfs par les changements brusques qu'ils produisent dans leur état moléculaire. Aussi un courant appliqué à un nerf ne produit-il de réaction que lorsqu'il commence ou qu'il cesse. Mais pendant toute sa durée, l'état nerveux n'étant pas modifié, il ne produit aucune action. Ce qui explique pourquoi il faut interrompre le contact, quand on saisit avec la main les conducteurs d'une pile, pour en ressentir les effets. Pour exciter les nerfs, il est donc nécessaire de leur appliquer de brusques décharges électriques; c'est pourquoi on se sert de préférence dans ce but d'appareils d'induction dans lesquels les courants sont très souvent interrompus. A chaque interruption, il se produit une excitation nerveuse.

§ 516. *Nerfs du grand sympathique.* — On avait cru longtemps que les nerfs du grand sympathique étaient insensibles et incapables de déterminer dans les organes qu'ils innervent des mouvements de contraction, sous l'influence d'une excitation directe. On reconnaît aujourd'hui que ces nerfs jouissent sensiblement des mêmes propriétés que les nerfs du système cérébro-spinal et qu'on trouve également parmi eux des nerfs centripètes ou sensibles et des nerfs centrifuges ou moteurs. Il y a cependant une différence dans le fonctionnement des nerfs du grand sympathique : 1° quand on veut exciter directement la sensibilité de ces nerfs, il faut porter sur eux une irritation intense et longtemps soutenue. Toutefois dans les états pathologiques ou de maladie, les nerfs du grand sympathique sont beaucoup plus excitables et deviennent conducteurs d'un grand nombre de sensations très douloureuses.

2° Quand on cherche à déterminer, à l'aide de l'élecicité ou d'une autre excitation, des mouvements dans les ganes innervés par les nerfs du grand sympathique, on marque que les mouvements sont lents à se produire et essent lentement. Cette nouvelle différence tient à deux uses : 1° à la nature des fibres de Remak dont nous avons rlé, en traitant des éléments du système nerveux ; 2° à la mposition particulière des muscles à fibres lisses dans squels pénètrent les nerfs du grand sympathique.

3° Les nerfs du grand sympathique diffèrent encore des erfs du système cérébro-rachidien en ce qu'ils ne sont as sous la dépendance de la volonté et que les mouvements qu'ils déterminent sont automatiques.

Parmi les filets nerveux du grand sympathique, il en est ui jouent un rôle important, ce sont ceux qu'on a désignés ous le nom de *rami communicantes*, les rameaux communiquants, destinés à relier le système du grand sympathique à la moelle épinière.

Ces rameaux communiquants partent des racines sensibles t motrices de la moelle épinière et transmettent au système u grand sympathique les propriétés de sensibilité et de ouvement. Si on coupe ces rameaux, ces facultés disparaissent aussitôt.

§ 517. *Nerfs du cœur*. — Chez l'homme et chez les ammifères, le cœur reçoit plusieurs filets nerveux. En remier lieu, des fibres nerveuses provenant du *pneumogastrique*, nerf crânien de la dixième paire, tout à la fois ensible et moteur ; elles ont pour fonction de ralentir et nême de supprimer complètement les mouvements du cœur, elon que l'excitation directe portée sur ces fibres est plus ou noins forte. Le cœur reçoit en second lieu des fibres nerveuses venant du grand sympathique ; leur fonction est d'en exciter les mouvements. Il possède enfin dans son intérieur un système ganglionnaire spécial, composé de trois petits ganglions microscopiques, déjà cités dans la question de la contractilité des muscles : (1° ganglion de Remak, 2° ganglion de Bider, qui sont des centres excitateurs, 3° ganglion de Ludwig, qui est un centre modérateur) (voir § 458, page 235).

NERFS VASO-MOTEURS

(Addition au § 326)

§ 518. *Définition.* — On donne le nom de vaso-moteurs, à des filets nerveux pénétrant dans la tunique moyenne ou contractile, des vaisseaux sanguins, artères, veines et capillaires, dont ils déterminent les mouvements. De là vient le nom qu'ils portent.

§ 519. *Historique.* — La question des nerfs vaso-moteurs est toute récente et n'est pas encore pleinement élucidée. En 1840, Henle faisait connaître, le premier, les éléments musculaires de la tunique moyenne des artères et des veines. A la même époque, Stilling découvrait et décrivait, sous le nom de *vaso-moteurs*, les filets nerveux qui pénètrent dans la tunique moyenne des vaisseaux sanguins.

A dater de 1851, Claude Bernard publia ses premières expériences concluantes, et c'est à partir de cette époque, que la physiologie est en posssession de connaissances positives sur cette partie du système nerveux.

§ 520. *Expériences de Claude Bernard.* — Le savant physiologiste français, ayant pratiqué au cou d'un lapin vivant et du côté droit, la section du cordon *cervical* [1] *du grand sympathique*, remarqua aussitôt dans l'oreille de l'animal du même côté, une élévation sensible de température, accompagnée d'un afflux considérable de sang. Ayant ensuite galvanisé le bout périphérique [2] du cordon coupé, il remarqua

[1] Cordon cervical (de *cervix*. nuque), cordon nerveux du grand sympathique, pénétrant dans l'arrière-cou.

[2] Bout périphérique. On entend par bout périphérique d'un nerf, la partie de ce nerf séparée de son centre et qui envoie des ramifications dans tous les muscles, c'est-à-dire dans toutes les parties périphériques du corps.

ıe diminution dans l'afflux du sang, et le retour de la mpérature à l'état normal.

Dès que les expériences de Claude Bernard furent renıes publiques, un grand nombre de physiologistes s'emessèrent de les répéter en les variant de mille manières. itons entre autres : Brown-Séquard, Schiff, Budge et Vulan. Tous ces savants physiologistes arrivèrent aux êmes résultats que Claude Bernard et constatèrent comme i : 1° un afflux du sang qui distend les artères et les eines, fait apparaitre de petits vaisseaux invisibles aupavant; 2° une élévation de température appréciable, même ı toucher, et qui, mesurée à l'aide d'un thermomètre senble, peut s'élever de 5 à 10 et même 15 degrés. (Vulpian, me Ier, p. 95.) La description de l'appareil vaso-moteur et son mécanisme nous aidera à comprendre la raison de s phénomènes.

§ 521. *Appareil vaso-moteur.* — L'appareil vasooteur se compose : 1° des centres nerveux ; 2° des cordons nducteurs.

1° Les centres nerveux se trouvent principalement, ıns les ganglions du grand sympathique et plus rarement ıns la substance grise de la moelle épinière ; 2° les cordons nducteurs, consistent en filets nerveux, accompagnant, soit incipalement les filets nerveux, sensibles et moteurs partis s ganglions du grand sympathique, soit, même plus rareent, les filets nerveux émanant de la substance grise de la oelle épinière. Mais ces différents cordons ne forment pas ı système nerveux particulier, ils pénètrent, avec les ramiations des autres filets nerveux qu'ils accompagnent, dans tunique moyenne des vaisseaux sanguins, pour y opérer, ntôt des contractions (nerfs vaso-constricteurs), tantôt des latations (nerfs vaso-dilatateurs).

§ 522. *Mécanisme de l'appareil vaso-moteur.* — Un it important à constater, c'est que les centres et les corıns conducteurs de l'appareil vaso-moteur sont, pendant la e, dans un état constant d'activité, sans jamais demeurer en repos. Dès lors, les nerfs vaso moteurs sont toujours excités, comme s'ils étaient traversés par un courant galvanique. Il en résulte que la tunique moyenne des vaisseaux sanguins, formée de fibres lisses circulaires, dans laquelle ils pénètrent, est toujours dans un état de demi-contraction, désigné sous le nom de *tonicité vasculaire*, par analogie à la tonicité musculaire.

Il est facile maintenant de comprendre les effets produits dans l'expérience de Claude Bernard, par la section du cordon du grand sympathique. Les nerfs vaso moteurs, qui innervent les vaisseaux sanguins de l'oreille droite du lapin, étant séparés de leur centre (le ganglion cervical du grand sympathique), ont été paralysés. Dès lors, les vaisseaux sanguins, n'étant plus maintenus dans leur état de demi contraction, se sont dilatés et ont déterminé dans l'oreille de l'animal un afflux de sang, et, par suite, une élévation de température. Mais la galvanisation du bout du nerf coupé est venue rendre aux filets nerveux leur activité ; aussitôt la demi-tension des vaisseaux sanguins a été rétablie, et l'afflux du sang a cessé ainsi que l'élévation de la température.

Plusieurs autres causes peuvent agir sur les nerfs vaso-moteurs et leur faire produire des effets analogues à ceux déterminés par la section. Tels sont, par exemple, les différentes colorations du visage, produites par certaines émotions vives de l'âme. Qui n'a remarqué, en effet, la rougeur du visage et du front, à la suite d'un sentiment de honte ou de colère modérée ; la pâleur, au contraire, qui accompagne un sentiment de frayeur ou un violent mouvement de colère?

Ces différents effets sont le résultat d'actions réflexes qui se produisent dans l'appareil *vaso-moteur*. Les nerfs sensibles transmettent les émotions vives de l'âme aux différents centres nerveux ; de ces derniers partent les nerfs vaso-moteurs, qui vont suivant les circonstances, tantôt paralyser les fibres contractiles des vaisseaux sanguins et y amener un fflux du sang, cause de la rougeur du visage et du front intôt augmenter la contraction de ces fibres, resserrer les aisseaux sanguins et amener ainsi la pâleur du visage.

§ 523. *Division des nerfs vaso-moteurs.* — Jusqu'ici ous n'avons parlé que des nerfs vaso-moteurs dont la fonc-on est, comme nous l'avons dit, de maintenir la tunique ioyenne des vaisseaux sanguins dans un état constant de emi-contraction, et nommés, pour cette raison, nerfs vaso-onstricteurs. Mais une expérience de Claude Bernard est enue révéler, dans la catégorie des nerfs vaso-moteurs, un ésultat tout contraire à celui des nerfs vaso-constricteurs. ,e savant physiologiste français a reconnu que certains erfs vaso-moteurs provoquaient directement, par action entrifuge, la dilatation, au lieu de la contraction. A la uite de cette découverte, les physiologistes ont divisé les erfs vaso moteurs en deux catégories, savoir : 1° les erfs *vaso-constricteurs*, et 2° les nerfs *vaso-dilatateurs*.

§ 524. *Expérience de Claude Bernard.* — C'est en oursuivant ses études au sujet de l'influence du système erveux sur la sécrétion salivaire, que le savant physio-ogiste français fut amené à sa découverte.

Ayant excité, à l'aide d'un courant électrique, le filet ner-eux connu sous le nom de *corde du tympan* (branche du erf facial), qui envoie des ramifications dans la glande ous-maxillaire, il remarqua une turgescence dans cette lande, accompagnée d'un gonflement et d'une circulation lus active dans les vaisseaux sanguins qui y aboutissent. a corde du tympan était donc un nerf *vaso-dilatateur*, le remier qu'on ait découvert. A la suite des travaux de MM. les octeurs Dastres et Moro, et des récentes expériences des octeurs Lafon et Jolyet, on considère encore comme nerfs *aso-dilatateurs* : 1° le nerf *glosso-pharyngien*, nerf rânien de la neuvième paire ; 2° le maxillaire supérieur.

Les physiologistes n'ayant pas encore donné des explica-ons bien concluantes des phénomènes produits par les nerfs *vaso-dilatateurs*, nous nous bornerons aux conclusions suivantes.

Les nerfs *vaso-dilatateurs* se distinguent des nerfs *vaso-constricteurs* par plusieurs caractères : 1° ils n'agissent pas directement sur la tunique contractile des vaisseaux sanguins, comme les nerfs *vaso-constricteurs;* mais ils ne jouent le rôle de *vaso-dilatateurs* qu'en paralysant l'action des nerfs vaso-constricteurs; 2° ils ne fonctionnent pas constamment comme les nerfs *vaso-constricteurs*, qui maintiennent la tunique moyenne des vaisseaux sanguins dans une demi-tension constante; ils n'agissent que dans certaines circonstances et à la suite d'une excitation.

On ne saurait non plus les regarder comme des antagonistes des nerfs vaso-constricteurs, car la section de ces nerfs singuliers n'amène aucun trouble dans le fonctionnement de ces derniers, ce qui arriverait s'ils étaient leurs antagonistes.

Fonctions du Système nerveux (p. 156)

FONCTION DES CENTRES NERVEUX

(Voir les §§ 327 et 328, pp. 168 et 169 et les notes placées au bas de ces pages et de la suivante)

§ 525. Nous distinguerons cinq centres nerveux principaux : 1° les centres formés par la substance grise et la substance blanche; 2° la moelle épinière; 3° le bulbe rachidien ; 4° le cervelet ; 5° le cerveau.

§ 526. Premier centre nerveux. — 1° *Substance grise et substance blanche.* — La masse pulpeuse qui constitue le système nerveux, tant de la vie de relation que de la vie organique, se présente sous deux aspects différents désignés sous le nom de substance grise et de substance blanche.

§ 527. *Substance grise.* — Elle est formée, comme nous l'avons déjà dit en traitant des éléments du système nerveux, par des agglomérations de cellules nerveuses

:unies entre elles à l'aide des prolongements dont elles sont ırnies et qui se croisent en tout sens. Sa couleur, qui varie ı gris clair au gris foncé presque noir, provient de cellules gmenteuses (sécrétant une matière colorée) disséminées ıns l'intérieur.

§ 528. *Distribution de la matière grise.* — La subs-nce grise se trouve répandue dans un très grand nombre ; points du système cérébro-spinal et du grand sympa-ıique. Dans le système nerveux cérébro-spinal, on la trouve ›it dans la moelle épinière dont elle forme le cordon central, ›it dans le bulbe rachidien dont elle occupe encore le centre où elle forme différentes petites masses de centres réflexes, ›it encore dans le cervelet et le cerveau dont elle constitue partie extérieure ou verticale. Elle forme, en outre, dans ntérieur du cerveau, différents petits îlots dont nous avons ;jà parlé, tels que les corps striés, les couches optiques, etc.

Dans le système nerveux du grand sympathique, c'est la ıbstance grise qui constitue les différents ganglions ser-ant de centres réflexes.

§ 529. *Propriété particulière de la substance grise.* — On lmet généralement, sans qu'on en ait la preuve certaine, ıe la substance grise n'est pas *directement excitable.*

§ 530. *Fonctions de la substance grise.* — La subs-nce grise joue deux rôles principaux dans les différents stèmes nerveux : 1° le rôle de conducteur de la sensibilité ; le rôle de centre nerveux réflexe. Comme conducteur de sensibilité, c'est elle qui, dans la moelle, sert de trait union entre les nerfs sensibles qui y aboutissent de toutes s parties du corps, et le cerveau. Les nerfs sensibles, en fet, pénètrent dans la substance grise par les racines pos-rieures ou sensibles formées de substance grise. Ces ıcines, après avoir contribué à la constitution des cordons ancs postérieurs (cordons de sensibilité), pénètrent avec ıx dans le cerveau. La sensibilité, pour arriver à cet organe, ırcourt donc le trajet suivant : nerfs sensibles, racines ›stérieures de substance grise et cordons postérieurs.

Comme centre nerveux réflexe, la substance grise remplit ce rôle dans toutes les parties du système nerveux, en renvoyant les impressions dans les nerfs moteurs, lesquels déterminent à leur tour dans les organes les différents mouvements.

§ 531. 2° *Substance blanche.* — Elle est constituée, comme nous l'avons dit en traitant les éléments du système nerveux, par des fibres ou tubes nerveux, accolés les uns aux autres et formant des cordons plus ou moins considérables.

Distribution de la substance blanche. — La substance blanche est, comme la substance grise, répandue dans les deux sytèmes nerveux.

Dans le sytème cérébro-spinal on la trouve d'abord dans la moelle épinière dont elle occupe la partie extérieure et où elle forme plusieurs cordons ; puis dans le bulbe où elle constitue les pyramides, ensuite dans le cerveau et le cervelet dont elle occupe les parties centrales ; c'est elle enfin qui forme le cylindre-axe des nerfs.

Dans le système grand sympathique la substance blanche forme les différents filets nerveux doués de certaines propriétés qui les distinguent des nerfs du système rachidien.

§ 531 *bis*. *Fonction de la substance blanche.* — Le rôle de la substance blanche dans les deux systèmes est essentiellement *conducteur*, par suite des fibres nerveuses dont elle est composée. Elle sert à transmettre de la périphérie centres nerveux les impressions sensibles, et des centres aux nerveux à la périphérie les excitations motrices.

La substance blanche se distingue de la substance grise en ce qu'elle est *directement excitable*, surtout dans les cordons blancs de la moelle.

L'irritabilité directe des cordons blancs postérieurs, reconnue par tous les physiologistes, après Magendie, a été démontrée depuis à l'aide de différentes expériences par plusieurs physiologistes, entre autres par Longet, C. Bernard et dernièrement par le docteur Vulpian. Celle des cordons antéro-latéraux a été prouvée par les expériences récentes de M. Vulpian. Flourens n'avait pas réussi à démontrer cette irritabilité parce qu'il n'avait pas appliqué à ces cordons des excitants assez puissants. Il faut, en effet, comme l'a constaté M. Vulpian, appliquer à ces cordons une excitation très énergique, par exemple, les serrer fortement avec une pince.

§ 532. Deuxième centre nerveux. — *La moelle épinière.* — La moelle épinière joue deux rôles principaux: 1° celui de conducteur; 2° celui de centre réflexe. Sa conductibilité s'exerce à l'aide des deux parties dont elle se compose, les cordons blancs et l'axe central de substance grise.

C'est par les cordons antéro-latéraux unissant les centres encéphaliques (cerveau et cervelet) à la substance grise, que la moelle transmet les déterminations de la volonté.

C'est par les cordons postérieurs unis à la substance grise par de nombreuses commissures que la moelle devient un conducteur de la sensibilité. Toutefois ces cordons postérieurs ne sont pas conducteurs de toute espèce de sensibilité. Si l'on vient, en effet, à les séparer de l'axe gris central en coupant toutes les commissures, ils ne conduisent plus les impressions douloureuses, mais ils demeurent conducteurs des impressions tactiles. Sappey a démontré cette curieuse propriété des cordons postérieurs par les expériences suivantes faites sur des animaux vivants. Après avoir pratiqué sur eux la séparation des cordons postérieurs d'avec l'axe gris central, il cautérise leurs membres postérieurs. Ces animaux ne manifestent aucune impression de douleur et tournent simplement la tête pour regarder la partie cautérisée.

La transmission de la sensibilité a lieu surtout par l'axe gris central. Vulpian a, en effet, constaté par de nombreuses expériences qu'après avoir sectionné les différents cordons blancs de la moelle, la sensibilité n'était pas abolie. La conductibilité n'est pas le seul rôle rempli par la moelle épinière, elle en joue un second très important, comme *centre réflexe.* Les cellules de sa substance grise, servent de trait d'union entre les fibres nerveuses centripètes qui y amènent les impressions de sensibilité et les fibres centrifuges qui en partent pour produire la contractilité dans les muscles; ces cellules président aux actes des phénomènes désignés sous le nom de *réflexes*.

L'importance de ce rôle de la moelle comme *centre réflexe*, nous engage à en faire un article spécial.

ACTIONS RÉFLEXES (§ 322)

§ 533. *Définition.* — On entend par actions réflexes certains mouvements pour ainsi dire automatiques, qui se produisent, sans l'intervention de la volonté, dans différentes parties du corps d'un animal, à la suite d'une excitation quelconque survenue dans ces parties. Des exemples nous aideront à mieux comprendre la nature de ces actes. Nous appuyons par mégarde le bout du doigt sur une épine ou sur un corps brûlant, notre bras s'écarte aussitôt sans l'intervention de notre volonté: ce mouvement est appelé une action réflexe. Une parcelle d'aliment vient-elle à s'introduire dans la partie supérieure du larynx : une toux violente survient aussitôt pour l'expulser au dehors. On peut ainsi attribuer aux actions réflexes la plupart de nos mouvements involontaires. Une remarque importante à faire, c'est que les actions réflexes sont sous la dépendance immédiate du système nerveux.

§ 534. *Historique des actions réflexes.* — L'étude des actions réflexes date seulement de la fin du siècle dernier. Astruc, il est vrai, dès l'année 1743, avait appliqué le nom de *réflexe* à la transformation d'une impression en mouvement, en la comparant au phénomène physique de la réflexion d'un rayon lumineux tombant obliquement sur une surface polie et retournant dans le même milieu. Mais c'est Prochaska qui, en 1784, à la suite de recherches sur les fonctions de la moelle épinière, a donné aux actions réflexes le nom qu'elles portent, en se servant des expressions suivantes : *impressionum sensoriarum in motorias reflexio.* Ce savant physiologiste indiqua la moelle épinière comme le siège principal de ces singuliers phénomènes.

Enfin les études nombreuses faites par les physiologistes de nos jours, tels que Flourens, Longet et surtout Claude Bernard, sur les centres nerveux et leurs rapports avec les fibres nerveuses sensitives et motrices, ont permis de se rendre compte du mode de production des actions réflexes. On a pu les classer et étudier leurs modifications. Avant d'en indiquer les divisions et les modifications, disons un mot du mécanisme de ces actions réflexes.

§ 535. 3° *Mécanisme des actions réflexes.* — Bien différentes des actes volontaires, pour l'exercice desquels l'intervention du cerveau est nécessaire, les actions réflexes peuvent se produire chez les animaux, lors même qu'on leur a enlevé cet organe important. Ces actions sont placées tout spécialement sous l'influence des centres de substance grise de la moelle épinière ; il suffit pour leur production que les filets nerveux sensitifs et moteurs soient en communication directe avec les centres nerveux.

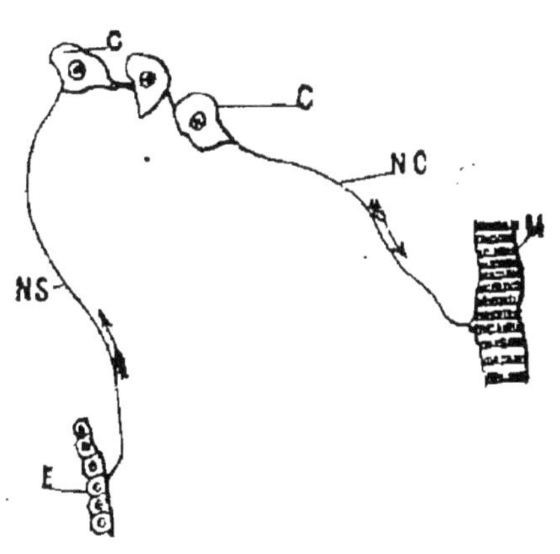

Fig. 54.
Action réflexe simple *.

D'après cette remarque, il nous sera facile de comprendre le mécanisme de ces actions. Les impressions produites sur les différentes parties du corps sont transmises par les filets sensitifs jusqu'aux centres correspondants de substance grise de la moelle épinière. Ces derniers réfléchissent ensuite les impressions sur les nerfs moteurs aboutissant aux parties impressionnées ou même à d'autres, suivant les circonstances, et déterminent les contractions des muscles.

* E, épitelium (peau ou membrane muqueuse) ; NS, nerfs sensibles ; CC, cellules nerveuses ; NM, nerfs moteurs ; M, muscle avec fibres striées.

Pour étudier expérimentalement le mécanisme des actions réflexes, on opère sur des animaux dépouillés du cerveau, afin d'intercepter tout mouvement volontaire. En prenant une grenouille à laquelle on a enlevé le cerveau, il sera facile de se rendre compte de ces actes. Si nous pinçons fortement une des pattes postérieures préalablement étendue, nous verrons aussitôt l'animal la retirer brusquement. Quelle a été la cause de ce mouvement? La douleur produite sur la patte pincée a été transmise au centre de substance grise de la moelle, ce dernier a réfléchi l'impression sur les nerfs moteurs, qui sont venus déterminer les contractions des muscles de la patte, pour la soustraire à la cause de la douleur.

§ 536. *Division des actions réflexes.* — On peut diviser les actions réflexes en deux catégories principales, savoir : 1° les actions réflexes *adaptées;* 2° les actions réflexes *sympathiques*, nommées *sympathies*.

§ 537. 1° *Actions réflexes adaptées.* — On entend par là les actions réflexes ayant rapport aux organes de la vie de relation, et produisant dans les animaux décapités des mouvements analogues à ceux qu'ils feraient s'ils étaient doués de volonté. En général, ce sont des mouvements de progression ou de défense.

On peut constater plusieurs de ces mouvements chez l'homme vivant. Tels sont les mouvements qui se produisent pendant le sommeil. Si on impressionne douloureusement un membre d'une personne endormie, sans la réveiller, on la voit retirer aussitôt brusquement le membre, sans avoir conscience de ce qu'elle fait. Un apoplectique qui porte la main vers la tête, siège de la douleur, offre aussi un exemple d'action réflexe adaptée. La marche est encore un exemple d'action réflexe, car le plus souvent nous marchons sans nous rendre compte de ce que nous faisons. La volonté n'intervient que lorsqu'il s'agit de changer le sens ou le mode de la marche. On cite des personnes qui ont marché en dormant.

Les mouvements respiratoires nous offrent encore exemple d'actions réflexes adaptées. Bien que nous puis-ions varier à volonté l'amplitude de nos respirations, éanmoins, la plupart du temps, les actes se font sans l'in-ervention de la volonté comme pendant le sommeil. Les npressions produites par l'air sur les nerfs sensibles des iembranes muqueuses, sont transmises aux centres ner-eux, qui les réfléchissent sur les nerfs moteurs, et mettent n mouvement les muscles respiratoires.

§ 538. *Modifications dans les actions réflexes.* — D'a-rès certains physiologistes (Voir Mathias Duval, *Physio-ogie*, p. 78). On peut distinguer dans la production des ac-ions réflexes cinq modes particuliers, suivant l'excitant em-loyé pour les produire, et désignés par des noms spéciaux.

Nous étudierons ces cinq modes, sur la grenouille à iquelle on a enlevé le cerveau.

1° *L'unilatéralité.* — Si on excite légèrement la patte roite postérieure de cette grenouille, après l'avoir préala-lement étendue, on voit cette patte seule se retirer, la auche restant immobile.

2° *La symétrie.* — Quand l'irritation produite sur la patte roite devient plus forte, la patte gauche se met aussi en iouvement. Ici l'irritation produite s'est transmise sur le entre nerveux tout entier des deux côtés, et a été réfléchie ar lui sur les nerfs moteurs des musles des deux pattes.

3° *Différence d'énergie.* — Dans ce dernier cas, on cons-ate que le mouvement de la patte droite a été plus pro-oncé que celui de la gauche, parce que c'est elle qui a été irectement irritée.

4° *L'irradiation.* — L'irritation de la patte droite de-ient-elle plus forte, elle est transmise alors de bas en haut ur une série de centres nerveux qui mettent en jeu un grand ombre de muscles.

5° *Généralisation.* — Enfin l'irritation sur la même patte evient-elle très énergique, elle se transmet alors de bas en aut jusqu'au bulbe rachidien, et l'excitation des muscles devient générale. L'animal agite tous les membres comme s'il voulait fuir et sauter. Fait plus curieux encore : si on applique une goutte d'acide sulfurique sur la peau de l'abdomen de la grenouille, on voit ses membres faire des mouvements pour enlever cette cause de douleur. Tous ces actes s'expliquent par l'action réflexe des centres nerveux qui transportent l'excitation sur les nerfs moteurs. Ceux-ci après avoir reçu l'impression, déterminent des contractions dans les muscles auxquels ils se distribuent.

§ 539. *Seconde catégorie des actions réflexes, actes sympathiques.* — La sympathie (du grec, σὺν, avec ; πάθος, souffrance) désigne, dans le langage ordinaire, le penchant instinctif qui attire deux personnes l'une vers l'autre, par la conformité d'humeurs et d'inclinations. En physiologie, on peut définir la sympathie : la relation mystérieuse qui existe entre l'excitation d'un organe et les mouvements spontanés et involontaires produits par cette excitation dans cet organe, ou dans des organes plus ou moins rapprochés. Citons, par exemple, l'éternuement. Si l'on vient à irriter d'une manière quelconque la membrane pituitaire (à l'aide du tabac pour les personnes qui n'ont pas l'habitude de priser), l'irritation est transmise par les nerfs sensibles de cette membrane (les trijumeaux) jusqu'au centre nerveux de la moelle allongée ou bulbe rachidien, qui la réfléchit aussitôt sur les nerfs rachidiens, moteurs des muscles expirateurs, et détermine leurs contractions subites. Alors, l'air violemment chassé des poumons, vient heurter les anfractuosités des fosses nasales en produisant le bruit plus ou moins éclatant que tout le monde connaît.

Les actions réflexes sympathiques ont surtout rapport à la vie organique ou de nutrition. Qu'on vienne à placer, par exemple, un corps sapide sur la langue, on sent aussitôt la salive arriver avec abondance dans la bouche. Que s'est-il passé ? les nerfs sensibles ont transmis l'impression aux centres nerveux qui l'ont réfléchie sur les nerfs moteurs des glandes, et ont déterminé une contraction énergique des muses de ces organes sécréteurs. La simple vue d'un mets 'éféré sollicite une action réflexe qui fait venir « l'eau à bouche ». Excite-t-on la luette avec une barbe de plume, enfonce-t-on le doigt profondément dans le gosier, il se oduit aussitôt des actes violents de vomissement suivant même mécanisme. L'impression a été transmise par flexion aux nerfs moteurs du diaphragme et de l'estomac, les muscles de ces organes se sont aussitôt contractés. est par la même transmission qu'un grain de poussière troduit sous les paupières produit une sensation pénible ansmise aux nerfs constricteurs de la glande lacrymale et termine une abondance de larmes, destinées à expulser la use de la douleur.

§ 540. La digestion nous offre surtout une série d'actions flexes, se produisant tout le long du tube digestif. Pour aler, il est nécessaire qu'une excitation soit produite vers base de la langue, afin de déterminer la contraction des uscles du pharynx, présidant au phénomène de la déglution. Tant que l'excitation ne sera pas produite, la déglution ne saurait avoir lieu. Ce qui peut nous expliquer la fficulté qu'on éprouve à avaler les pilules; celles-ci, faute volume suffisant, ne parviennent pas à provoquer le mouement de déglutition. Par contre, l'excitation une fois proite, la déglutition a lieu nécessairement ; de là le danger mettre à la bouche des épingles qui peuvent être avalées volontairement.

Le cheminement du bol alimentaire tout le long du tube gestif excite les nerfs sensibles de la membrane muqueuse : ux-ci transmettent par le moyen des centres nerveux ganglions du grand sympathique) l'excitation aux nerfs oteurs de la tunique musculaire, et déterminent les conactions péristaltiques qui font cheminer les aliments.

§ 541. Troisième centre nerveux, le bulbe. — Le bulbe achidien, appelé aussi moelle allongée, est plutôt une éunion de petits centres nerveux, qu'un centre unique. our bien comprendre les rôles remplis par ces différents centres, il faut distinguer ceux qui appartiennent à la substance blanche et ceux plus nombreux qui se trouvent dans la substance grise.

§ 542. *Centres nerveux de la substance blanche du bulbe.* — Ces centres sont constitués par l'entre-croisement des pyramides dont nous avons fait une question spéciale dans la description des différentes parties du bulbe. Nous avons vu, en effet, que la substance blanche du bulbe n'était en grande partie que le prolongement des cordons blancs de la moelle. Par suite de ces entre-croisements, toutes les lésions du côté gauche du bulbe où se trouvent les faisceaux blancs antérieurs entraînent la paralysie des mouvements de la partie droite du corps et réciproquement les lésions des cordons blancs antérieurs du côté droit entraînent la paralysie des parties gauches du corps. Il en est de même pour les cordons blancs postérieurs relativement à la sensibilité.

§ 543. *Centres nerveux de la substance grise du bulbe.* — L'axe central de substance grise de la moelle en pénétrant dans le bulbe se divise en plusieurs petites masses distinctes, qui sont autant de centres nerveux d'actions réflexes involontaires pour un grand nombre de nerfs crâniens partant de cet organe. Nous en citerons quelques-uns. Le plus important de tous est, sans contredit, le nœud vital, constitué comme nous l'avons dit par le V de substance grise et situé à la partie inférieure du bulle. Nous avons expliqué son rôle dans un article précédent. Ce centre est souvent désigné sous le nom de *centre respiratoire* parce qu'il tient sous sa dépendance la fonction de respiration.

On trouve dans le bulbe plusieurs petits centres dont la la position n'est pas déterminée et qui donnent lieu à des phénomènes involontaires très curieux de déglutition, d'audition, de phonation et de circulation. Citons quelques faits rapportés dans la description de plusieurs expériences faites sur des animaux vivants par le docteur Vulpian. Après avoir enlevé à un animal toutes les parties situées au-dessus

ι bulbe, en respectant cet organe, on le voit avaler si on
ace des aliments dans son pharynx ; exécuter de brusques
ubresauts chaque fois que l'on produit près de lui un
uit capable de le faire tressaillir; pousser des cris de
uleur, si l'on pince fortement un de ses membres. Une
citation produite sur le bulbe par un fort courant d'induc-
on détermine un arrêt des mouvements du cœur en systole.
Les expériences de Claude Bernard ont encore fait dé-
uvrir dans le bulbe un centre présidant à différentes
crétions. Ce centre, mieux déterminé que les précédents,
t situé dans la partie de substance grise formant ce qu'on
pelle le plancher du quatrième ventricule (nous avons
diqué la position de ce ventricule § 497). La piqûre de ce
ntre en divers points voisins de l'origine du pneumo-gas-
ique (nerf crânien de la dixième paire à la fois moteur
sensible) produit soit un diabète temporaire, soit de l'al-
minurie, soit un excès de sécrétion salivaire.
Enfin la protubérance annulaire qui se rattache au bulbe,
re un centre d'expressions émotionnelles, telles que le rire
les cris de douleur. En effet, lorsque, après avoir enlevé
ccessivement à un animal, comme l'a pratiqué le docteur
ılpian, les corps striés, les couches optiques (voir § 499),
s tubercules quadrijumeaux (§ 501) et le cervelet (§ 489),
excite un nerf ou que l'on serre fortement un membre
tre les mors d'une pince, l'animal pousse des cris plaintifs
montre par son agitation qu'il a ressenti la douleur.
Mais si on enlève la protubérance (§ 490), l'animal ne ressent
us les impressions. Il conserve cependant encore la respi-
tion, et la circulation qui dépendent des centres particu-
ırs du bulbe dont nous avons parlé plus haut (§ 483).
après certains auteurs la protubérance serait encore le
ntre d'impressions ordinairement passagères, mais très
nibles désignées sous le nom de crampes.
§ 543 *bis*. — *Crampe*. — On entend par *crampe* la con-
ıction involontaire, spasmodique (spasme, du grec σπασμός,
ntraction) et douloureuse de certains muscles, particulière-

ment ceux de la cuisse, de la jambe, de la main et du cou. Les crampes de la jambe surviennent surtout la nuit. On y est aussi fort sujet en nageant. On la fait cesser en appuyant fortement le pied sur le sol, ou si elles se prolongent, comme il arrive dans le choléra, en frictionnant les jambes à rebrousse-poil à l'aide d'une brosse. La crampe résulte ordinairement de la compression directe d'un nerf par suite d'une fausse position ; elle est un des symptômes caractéristiques du choléra.

§ 544. — QUATRIÈME CENTRE NERVEUX. — *Le cervelet.* — On admet communément que le cervelet est complètement étranger aux fonctions intellectuelles et aux manifestations de la mémoire, de la volonté et de la sensibilité. Sa fonction spéciale est de coordonner les mouvements. C'est l'opinion généralement adoptée par tous les physiologistes ; confirmée depuis par les recherches de P. Flourens et par les expériences d'ablation du cerveau faites, en respectant le cervelet, sur différents animaux. Nous citons quelques-unes de ces expériences. Ainsi l'ablation du cerveau sur une grenouille ne change rien à son attitude ordinaire, elle demeure immobile si on ne la touche pas, mais si on la place sur le dos, elle se retourne ; mise dans l'eau elle exécute des mouvements de natation très bien coordonnés ; lui place-t-on un morceau de viande dans le pharynx, elle l'avale ; si on la pose sur une planche inclinée, elle saute au moment où elle est sur le point de tomber. Si dans l'ablation du cerveau on a eu soin de respecter les nerfs optiques, on voit alors la grenouille éviter en sautant les obstacles placés devant elle ; elle crie quand on vient à la toucher même doucement entre les épaules ou sur le dos (Goltz).

L'ablation du cerveau sur un pigeon produit des effets analogues à ceux de la grenouille : il reste immobile et ne laisse apercevoir que les mouvements respiratoires ; si on l'irrite, il ouvre les yeux, agite les ailes et retombe dans son immobilité ; si on le lance en l'air, il vole, et mis à terre il marche quand on le pousse. Les mêmes phénomènes se reproduisent également chez les mammifères, mais ces animaux supérieurs ne tardent pas à succomber après cette cruelle opération.

§ 545. — *Centres nerveux placés dans l'encéphale.* — Avant de traiter des fonctions du cerveau, il est bon de dire quelques mots sur les rôles, encore mal définis, de certains petits centres nerveux indiqués plus haut en traitant des ventricules du cerveau. Les plus importants de ces centres, sont : 1° *les tubercules quadrijumeaux* (§ 501). Ces centres nerveux, paraissent avoir des rapports intimes avec la vision, leur destruction entraîne immédiatement la cécité. Il est probable que ces organes président en outre à des fonctions encore indéterminées jusqu'à ce jour, puisqu'on les voit très développés chez les animaux complètement privés de la vue, tels que la Cécilie[1] et la Myxine[2]; 2° *les couches optiques* (§ 499). Les fonctions de ces gros noyaux de substance grise, sont encore peu connues malgré les nombreux travaux dont ils ont été l'objet. Parmi les opinions émises à leur sujet, nous citerons d'abord celle de Luys qui fait de ces organes un foyer de convergence de sensations olfactives, visuelles, auditives et de sensibilité générale, à l'aide des quatre noyaux dont ils sont formés ; et ensuite celle de M. Meynert qui fait de ces organes un centre d'impressions tactiles et de mouvements locomoteurs (voir Mathias Duval, nos 112 et 113). Enfin 3° *les corps striés* (§ 499). On a constamment considéré les corps striés comme les centres des mouvements des membres chez l'homme. La lésion des corps striés du côté droit entraîne toujours la paralysie des mouvements de gauche et réciproquement.

§ 546. Cinquième centre nerveux.— *Le cerveau* (§ 491). — De tous les centres nerveux le cerveau est sans contredit

[1] Cécilie (de *Cœcus* aveugle), genre de reptile de l'ordre des Ophidiens, famille des *Serpents nus*, voisins des Bathraciens.

[2] Myxine, genre de poissons chondroptérygiens à branchies fixes dont le nom scientifique est *Gastrobranche aveugle* ou *Myxine glutinosa*.

le plus important. Son office est de recueillir les excitations produites sur nos organes et sur toutes les parties du corps, et de les transmettre à l'âme, à qui seule est départie la puissance de percevoir. Les théologiens aussi bien que les physiologistes peuvent donc considérer le cerveau comme une sorte de foyer, où viennent s'unir la vie de l'âme et la vie du corps. (Descuret, *Merveille du corps humain*, page 241). Le cerveau, malgré la délicatesse de la substance dont il est formé, est insensible aux lésions directes : on peut le déchirer sans que l'âme éprouve de la douleur.

Le cerveau ne communique pas directement avec des parties périphériques, si ce n'est avec l'œil et la membrane olfactive, par l'intermédiaire du nerf optique et du nerf olfactif, qui émanent de lui. Il ne peut percevoir que les impressions qui lui sont transmises par la moelle épinière, avec laquelle seule il communique directement, et c'est par elle qu'il agit à l'extérieur, dans les différents actes de la volonté. Les deux hémisphères dont il se compose sont plus spécialement le siège de l'intelligence et de l'instinct (voir les notes placées à la page 169).

TENTATIVES DE LOCALISATIONS CÉRÉBRALES

(Addition au § 328, page 168)

§ 547. — On entend par tentatives de localisations cérébrales les recherches faites par différents physiologistes pour déterminer dans les hémisphères du cerveau les parties servant de siège, soit à certaines facultés intellectuelles, soit à la production de mouvements volontaires particuliers.

Nous avons dit que le cerveau est le centre où aboutissent toutes nos sensations et en même temps le point de départ de tous nos actes volontaires. De même qu'on ne saurait supposer les facultés intellectuelles sans l'âme, on ne saurait non plus admettre que ces facultés soient indépendantes du cerveau, cet organe étant l'instrument spécial de l'intelligence et la condition matérielle de ses opérations.

La première tentative de localisations cérébrales remonte au médecin allemand Gall, dont le système, bien connu des gens du monde sous le nom de système des bosses, a eu un grand retentissement au commencement de ce siècle.

Gall croyait à l'existence d'un rapport constant entre le développement de certaines circonvolutions du cerveau et celui des facultés morales et intellectuelles dont il les faisait dépendre. Il supposait de plus, que les différents os du crâne étaient exactement moulés sur les circonvolutions du cerveau. Il concluait de là que les saillies et les dépressions qu'on remarque dans ces os doivent représenter la configuration intérieure du cerveau et permettre de reconnaître, par la simple inspection de ces éminences ou *bosses*, les tendances bonnes ou mauvaises d'un individu.

Mais ce système, complètement dépourvu de bases anatomiques et physiologiques certaines, fut bientôt abandonné de tous les esprits sérieux. On s'étonne aujourd'hui avec raison du succès immense qu'il obtint pendant quelque temps.

La chute du système de Gall a jeté pendant longtemps un profond discrédit sur la recherche des localisations cérébrales; mais depuis plusieurs années, grâce aux progrès de l'anatomie et de la physiologie, des notions plus précises ont été acquises sur les différentes parties du cerveau et les fonctions auxquelles ces parties semblent servir de centre. On a cru reconnaître que les circonvolutions des hémisphères du cerveau sont jusqu'à un certain point des organes distincts, pouvant avoir des attributions particulières.

Pour arriver à la détermination des fonctions propres à telle ou telle circonvolution, les physiologistes occupés de ces questions délicates, ont employé successivement deux principaux moyens : 1° l'électricité et 2° l'anatomie pathologique.

Les premières recherches de localisation cérébrale par l'excitation à l'aide de courant électrique de certaines circonscriptions corticales des hémisphères remontent aux expériences faites par les physiologistes Fritsch, Hitzig et Ferrier, d'abord sur des chiens, puis par Hitzig sur des singes.

Ces physiologistes procédaient de la manière suivante : mettant à nu une certaine étendue du cerveau de l'animal soumis à leurs investigations, ils excitaient l'une après l'autre, à l'aide d'un courant électrique, différentes parties de l'écorce corticale de substance grise du cerveau. Après avoir produit l'excitation dans un point déterminé des hémisphères du cerveau, ces physiologistes observaient les parties du corps dans lesquelles cette excitation avait déterminé des mouvements.

Les résultats principaux de ces recherches furent les suivants : 1° les parties antérieures et supérieures des hémisphères sont les seules dont l'excitation produise des mouvements dans le corps; 2° on trouve dans ces parties des hémisphères certains points bien circonscrits, et tels que leur excitation amène des mouvements bien déterminés.

§ 548. — Nous nous bornerons à citer les principales localisations cérébrales indiquées par les physiologistes Fritsch, Hitzig et Ferrier à la suite de leurs expériences.

La figure 52, page 259, représentant l'hémisphère gauche du cerveau avec les lobes et les circonvolutions localisées, peut nous donner une idée de la topographie probable chez l'homme des circonvolutions servant de centres à des mouvements volontaires déterminés.

On voit par cette figure, que les centres moteurs des hémisphères du cerveau seraient situés chez l'homme principalement dans les circonvolutions du lobe frontal ou antérieur. En commençant par en haut on remarque (C 1, fig. 52) une première circonvolution ascendante qui serait le centre des mouvements de la tête et du cou; (C 2) une seconde, un peu au-dessous et à droite qui serait le centre des mouvements des lèvres; (C 3) une troisième plus bas, la mieux déterminée de toutes, servirait de centre au langage articulé; (C 4) une circonvolution dans le lobe pariétal à droite formerait le centre pour le mouvement des yeux; (C 5) encore dans le lobe frontal se trouverait le centre des mouvements du membre postérieur droit; (C 6) enfin le centre des mouvements du membre supérieur droit serait également dans le lobe frontal.

§ 549. — Malheureusement la détermination des localisations cérébrales à l'aide d'excitations électriques, appliquées directement sur la substance corticale grise des hémisphères du cerveau, n'est pas à l'abri des objections :

1° Ce moyen de détermination, va contre l'opinion généralement admise que la substance grise n'est pas directement excitable. Toutefois cette opinion n'est pas tellement établie, qu'on doive rejeter les résultats contraires qui seraient solidement démontrés par l'expérience; 2° L'emploi de l'électricité n'est pas un moyen bien précis. On sait, en effet, combien il est difficile de limiter l'action des courants électriques, aux seules parties sur lesquelles sont appliqués les électrodes. Il est plus naturel de penser que les excitations électriques employées dans les expériences citées plus haut, se seront transmises à travers la substance grise corticale, jusqu'aux fibres motrices de la substance blanche situées au-dessous. On sait que la substance blanche est directement excitable.

§ 550. — L'emploi des données de l'anatomie pathologique, pour la détermination des localisations cérébrales, est un second moyen plus rationnel que le précédent. Il consiste à faire l'autopsie des cadavres de personnes atteintes pendant leur vie de certaines paralysies particulières pour découvrir dans leur cerveau les circonvolutions dont les lésions avaient dû occasionner ces paralysies. M. Charcot, qui a poussé activement les recherches sur ce sujet, a reconnu que dans ces cas les circonvolutions lésées occupaient généralement les positions indiquées par Fritsch, Hitzig et Ferrier. Nous devons ajouter cependant que la plupart des localisations cérébrales indiquées sont loin d'être établies d'une manière certaine. (Voir Mathias Duval, *Cours de physiologie*, 4me édition, p. 121.)

§ 551. — Mais il n'en est pas de même du siège de la faculté du langage articulé, dont la découverte attribuée à Broca est généralement admise.

D'après ce physiologiste, le siège de cette noble faculté, dont l'homme seul est en possession, est situé *dans le tiers postérieur de la troisième circonvolution du lobe frontal ou antérieur de l'hémisphère gauche* du cerveau (voir fig. 52, C. 3, p. 259). Broca fut amené à cette découverte, en étudiant le cerveau de quelques personnes qui avaient présenté pendant leur vie des symptômes d'*Aphasie* (du grec ἀφασια, privation de la faculté de parler), sans paralysie des muscles de la langue ni des lèvres.

§ 552. — On est naturellement porté à se demander pourquoi cette troisième circonvolution du lobe frontal reconnue comme le centre du langage articulé, est plus spécialement située dans l'hémisphère gauche, que dans l'hémisphère droit, qui présente les mêmes circonvolutions et dans les mêmes positions. L'explication de ce singulier phénomène a été donnée par Broca, dès l'année 1863 (voir *Société anatomique*, juillet 1863) ; elle repose sur le fait bien démontré de l'entrecroisement des filets nerveux chargés de transmettre aux muscles les mouvements volontaires partis des hémisphères du cerveau. Cet entrecroisement a lieu, comme nous l'avons expliqué (§ 485), dans le bulbe rachidien et dans toute l'étendue de la protubérance annulaire. En d'autres termes, les excitations parties de l'hémisphère gauche sont transmises par suite de cet entrecroisement, aux muscles de la partie droite du corps ; et réciproquement, les excitations de l'hémisphère droit, déterminent les contractions des parties gauches du corps. Or, de même, dit Broca dans son explication, que la plupart des hommes sont *droitiers*, c'est-à-dire se servent plus spécialement de la main droite pour exécuter les actes qui exigent le plus de force et d'adresse (exemple l'écriture), actes dirigés par l'hémisphère gauche, à cause de l'entrecroisement ; de même aussi le langage articulé composé de signes conventionnels, ne s'acquéant que par une éducation spéciale et une longue habitude, n conçoit que l'enfant puisse contracter l'habitude de diriger lus spécialement, à l'aide de l'hémisphère gauche, la gymastique de sa langue en s'exerçant à parler.

Cette explication de Broca a été pleinement justifiée par lifférentes observations. Ainsi, on a trouvé des *gauchers* ion *aphasiques* malgré la lésion de la troisième circonvoluion du lobe frontal de l'hémisphère gauche, parce que chez ux le langage articulé était dirigé par la même circonvoution située dans l'hémisphère droit, et par contre des *gauhers* devenus *aphasiques* par suite des lésions de la troiième circonvolution du lobe frontal de l'hémisphère droit qui était pour eux le centre actif.

PHÉNOMÈNES INTELLECTUELS

(Addition au § 328, page 168)

§ 553. On entend par *phénomènes intellectuels* les différents actes par lesquels l'âme manifeste à l'extérieur les merveilleuses facultés intérieures dont elle a été douée par Dieu. Cette question est particulièrement du ressort de la philosophie, aussi nous nous bornerons à citer un passage du livre admirable de M. Descuret intitulé les *merveilles du corps humain*. Nous tirons cette citation du chapitre second intitulé des *fonctions cérébro-intellectuelles*.

§ 554. Rayon de lumière et d'amour émané de Dieu, l'âme est faite pour connaître et pour aimer. Intelligence et volonté tout ensemble, elle perçoit, elle sent, elle compare, elle juge, elle veut ; et par l'exercice varié de son activité toujours une, elle ne cesse de tendre à la triple fin de son être, le vrai, le beau, le bien. L'ensemble des facultés par lesquelles l'âme tend à la vérité et réalise en soi la connaissance, se nomme l'*entendement*. Tout acte par lequel l'âme connaît est une *perception*. Que l'âme considère deux idées et qu'elle en cherche les rapports, c'est la *comparaison*.

Qu'elle prononce sur les mêmes idées, qu'elle les unisse par l'affirmation, ou qu'elle les sépare par la négation, c'est le *jugement*. Qu'elle opère de la même façon sur deux jugements ; qu'elle les compare, qu'elle en déduise un jugement nouveau affirmant ou niant la convenance mutuelle des deux premiers, c'est le *raisonnement*. On dit qu'une personne a du jugement quand elle raisonne juste ; en ce sens le jugement n'est autre chose que la *droite raison ;* et la *raison* n'est que l'âme distinguant le vrai du faux. Voilà pourquoi l'homme seul peut être défini une *créatur raisonnable*.

§ 555. *Esprit* est encore un terme générique applicable aux divers modes de l'âme intelligente, mais ce mot a aussi un sens particulier et distinct. Le propre de l'esprit est de combiner et de mettre en saillie les rapports des choses, puis de donner du tour à ce qu'il dit, de la grâce à ce qu'il fait ; flamme vive et brillante, il est plus voisin de l'imagination que du jugement.

§ 556. L'âme possède en outre la faculté précieuse de conserver, de se rappeler les perceptions passées et les phénomènes intellectuels qui les ont accompagnées ; cette faculté est connue sous le nom de *mémoire*.

§ 557. On a consacré celui d'*imagination* à cette autre faculté magique, non seulement de conserver les perceptions, mais de les combiner, de les colorer et d'en créer de nouvelles, puis de trouver des rapports inconnus entre les idées et les faits déjà connus.. Ne pourrait-on pas appeler cette faiseuse d'images le *prisme de l'intelligence?*

Montaigne se complaît à la nommer la *folle du logis*.

§ 558. En résumé, l'*entendement* est l'âme qui *perçoit;* la *sensibilité* l'âme qui *sent;* la *mémoire* l'âme qui se *souvient;* l'*imagination* l'âme qui *colore* et qui *crée;* le *jugement* l'âme qui *voit juste;* comme la *volonté* l'âme qui *choisit*.

§ 559. Mais, pour choisir, l'âme doit être libre; et malheureusement, elle ne jouit pas toujours de sa liberté, entravée qu'elle se trouve, hélas! trop souvent, par les besoins déréglés connus sous le nom de *passions*. Du moment, en effet, qu'elle s'abandonne à leur fougue, elle intervertit l'ordre établi par le Créateur; faite pour commander au corps, elle se laisse régir par lui; alors ses déterminations sont aveugles et vicieuses, parce que l'imagination a faussé la conscience en matière de morale, et le jugement en matière de goût.

§ 560. La *conscience*, juge intérieur du bien et du mal, est encore l'âme mécontente ou satisfaite de nos actions ; sa joie nous paye comptant du sacrifice fait au devoir ; sa tristesse nous en fait expier d'avance la violation. Au moment de commettre un acte coupable, l'homme sent vers la région du cœur, quelque chose qui se remue et un frémissement intérieur. Quant au siège de l'âme, on ne saurait lui en attribuer aucun, sans tomber dans le matérialisme.

Organes des sens. — Organes du toucher, du goût et de l'odorat (p. 172)

SENSIBILITÉ GÉNÉRALE, SENSIBILITÉ SPÉCIALE, SENSATION

§ 561. *Définition de la sensibilité.* — On entend par sensibilité la faculté qu'ont les êtres *animés* de percevoir ou de sentir les impressions produites sur leur organisme par les agents soit intérieurs, soit extérieurs; elle est sous la dépendance du système nerveux, et par conséquent appartient exclusivement aux animaux. Les plantes sont simplement douées d'irritabilité organique.

On peut distinguer deux espèces de sensibilité : 1° l'une dite *générale*, 2° l'autre *spéciale*.

§ 562. La *sensibilité générale* est celle qui nous avertit simplement des modifications subies dans nos organes, sans nous donner de renseignements sur la nature des agents qui amènent ces modifications.

§ 563. La *sensibilité spéciale* a pour fonction de nous faire connaître les différentes propriétés des corps. C'est elle qui s'exerce dans nos cinq sens : le toucher, l'odorat, le goût, l'ouïe et la vue.

Une expérience bien simple nous aidera à comprendre la distinction de ces deux sensibilités. Si l'on applique sur une partie quelconque de notre peau le tranchant d'un couteau ou d'un rasoir, le sens du toucher nous permettra de distinguer le tranchant de l'instrument. Nous aurons alors une *sensibilité spéciale.* Si nous appuyons fortement la lame du couteau ou du rasoir, de manière à entamer la chair, nous ressentirons alors une douleur, et nous ne rapporterons plus cette sensation au tranchant de l'instrument, mais bien à la partie du corps qui a été blessée ; nous aurons une *sensibilité générale.*

Il existe encore entre la sensibilité générale et la sensibilité spéciale une autre différence essentielle qui nous permettra de les distinguer facilement. La sensibilité générale n'a besoin pour s'exercer d'aucun organe particulier, elle n'exige que le fonctionnement régulier du système nerveux ; la sensibilité spéciale, au contraire, a besoin, pour pouvoir s'exercer, d'instruments particuliers, tels que les organes des sens dont quelques-uns sont très compliqués.

Cette condition d'avoir besoin, pour s'exercer, de certains organes spéciaux, permet de rattacher à la *sensibilité spéciale* une foule de sensations attribuées autrefois à la sensibilité générale. Nous en citerons quelques-unes :

1° La faim et la soif, tout en étant des sensations vagues, se rattachent cependant à la sensibilité spéciale, parce qu'elles se font sentir dans des organes particuliers. Ainsi la faim, ou besoin de manger, sensation désagréable occasionnée par le manque de nourriture, a son siège dans l'estomac qui appelle les aliments. La soif, sensation désagréable occasionnée par la diminution de la quantité d'eau nécessaire au sang, a son siège dans l'arrière-bouche, dont les papilles nerveuses sont desséchées par la suppression de la sécrétion salivaire.

2° Le sens musculaire, qui nous fait apprécier le poids des

corps en les soulevant et nous fait proportionner nos contractions musculaires à l'effort nécessaire pour vaincre une résistance, se rattache aussi à la sensibilité spéciale, bien qu'on n'en connaisse pas encore parfaitement le siège.

3° On doit encore rattacher à la sensibilité spéciale les sensations vagues de chaud et de froid, que certains auteurs attribuent à des nerfs particuliers qu'ils appellent *thermiques*, mais dont l'existence n'est pas encore démontrée. Bien que ces sensations de température, semblent avoir leur siège en général sur toute la surface du corps, certaines parties cependant, comme les lèvres, les joues et le dos de la main, sont plus propres que les autres à les percevoir. Ainsi le médecin qui veut apprécier la température de la peau d'un malade, applique sur celle-ci le dos de sa main et non la paume. C'est pour la même raison, que nous exposons du côté du ciel le dos de la main plutôt que la paume, lorsque nous voulons constater la chute de quelques gouttes imperceptibles de pluie. Pour que la sensibilité thermique soit mise en jeu, il faut que les températures appréciées soient entre 0 et 70° ; en dehors de ces extrêmes, nous n'éprouvons que des impressions douloureuses de froid ou de chaud et nous ne pouvons plus estimer une différence de quelques degrés. Nous ne pouvons pas juger d'une manière absolue de la température des corps, mais simplement par comparaison, de l'abaissement ou de l'élévation de celle-ci. Ainsi c'est en appliquant la main sur le front que nous apprécions la différence de température de ces deux parties de notre corps.

INTELLIGENCE ET INSTINCT

(Addition au § 328)

§ 564. *Intelligence.* — Ce que nous venons de dire à propos des phénomènes intellectuels et la note 2 de la page 169, nous semble suffire pour répondre à cette question ;

nous ajouterons quelques détails à la note 1 de la même page 169, au sujet de l'*Instinct*.

§ 565. *Instinct, définition.* — L'instinct (du latin *instinguere*, pousser, exciter) peut se définir un penchant intérieur irréfléchi, qui porte les animaux à exécuter naturellement certains actes sans en comprendre le but ; à employer certains moyens toujours les mêmes, sans en prévoir l'utilité ; soit pour leur propre conservation, soit pour perpétuer leur espèce.

§ 566. *Division de l'Instinct.* — On peut distinguer dans les animaux, deux espèces d'instinct : 1° celui qui a pour but leur propre conservation et 2° celui qui préside à la propagation de l'espèce.

§ 567. 1° *Instinct de conservation.* — C'est à lui qu'il faut attribuer les actes si multiples, si variés, et souvent si admirables et si curieux, exécutés par les animaux, pour se procurer leurs aliments et les choses nécessaires à leur conservation. C'est cet instinct qui pousse les castors à construire des digues en travers des courants d'eau, pour cacher à leurs ennemis l'entrée de leurs demeures. C'est à cet instinct qu'il faut attribuer les ruses employées par les animaux carnassiers de toutes les classes : mammifères, oiseaux de proie, reptiles, poissons pour se procurer leur proie. Ces ruses paraissent encore plus surprenantes chez les insectes chasseurs : coléoptères, hyménoptères et autres. Qui n'a vu l'araignée dresser sa toile pour capturer les mouches dont elle doit se nourrir ? Qui ne connaît les ruses du fourmilion ? blotti au fond de son entonnoir de sable mouvant, il attend qu'un insecte vienne s'engager imprudemment sur le bord glissant de cet abîme ; ou lance sur lui, s'il veut fuir, une grêle de sable destinée à l'entraîner jusqu'au fond. C'est encore à ce même instinct de conservation qu'il faut attribuer ces associations passagères qu'on voit s'établir parmi les animaux carnassiers dans les temps de disette, surtout parmi les loups et les chacals, pour attaquer avec plus d'audace et se partager leurs proies. Beaucoup d'oiseaux voyageurs se réunissent de même en troupe pour partager les difficultés d'un long voyage. Qui n'a vu, pendant l'automne, à des hauteurs plus ou moins élevées, ces troupes d'oies et de canards sauvages, de cigognes ou de hérons disposées en deux files convergentes imitant un triangle, pour vaincre plus facilement la résistance de l'air. On a pu remarquer aussi que chacun de ces oiseaux occupe successivement la première place, pour tracer le sillon, et vient se mettre au dernier rang quand il est fatigué. Arrivés à leur destination, ils se dispersent aussitôt.

§ 568. 2° *Instinct de propagation de l'espèce.* — Cet instinct n'est pas moins admirable, c'est à lui qu'il faut attribuer chez les oiseaux la construction des nids, si variés mais toujours les mêmes pour les mêmes espèces. C'est le même instinct qui pousse certaines espèces de poissons à émigrer à des époques déterminées, pour déposer leurs œufs dans des lieux favorables à leur progéniture. C'est de lui que procède surtout cet amour de la femelle pour ses petits, qui lui donne le courage de les défendre au péril de sa vie. Mais l'amour maternel des animaux qui nous paraît si tendre est un instinct éphémère qu'il faut bien se garder d'élever à la hauteur d'un sentiment. A peine, en effet, les petits peuvent-ils se suffire à eux-mêmes, que la tendresse des parents s'évanouit ; l'instinct de conservation reprend le dessus ; le père et la mère disputent la nourriture à leurs petits, les enfants sont devenus des ennemis, la famille disparaît. (Béclard, *Physiologie*, 3me édition, page 865).

Indépendamment des sociétés passagères dont nous avons parlé plus haut, on trouve chez les animaux des sociétés permanentes dont les abeilles, certaines guêpes et les fourmis nous donnent des exemples.

Dans ces sortes de sociétés, les deux instincts de conservation personnelle et de propagation se trouvent réunis. A peine la jeune abeille est-elle sortie de son sommeil de chrysalide, à peine est-elle née, qu'elle s'envole et se dirige vers la fleur, pour y puiser non seulement sa propre nouriture, mais des provisions pour l'essaim. Elle sait retrouver sa ruche à travers l'espace. Voilà bien le type de l'instinct, penchant aveugle et inné. L'abeille n'a pas eu besoin d'éducation pour exécuter les actes que nous venons de décrire : elle se livre exactement aux mêmes fonctions, et les exécute de la même manière que ses ancêtres sans les avoir vus à l'œuvre, elle n'agit pas différemment que la première abeille sortie, comme tous les autres animaux, de la main du Dieu créateur.

§ 569. — Outre l'instinct, les animaux possèdent encore une faculté plus ou moins élevée, désignée sous le nom d'*Intelligence des bêtes*, qui ne saurait être complètement assimilée à celle que Dieu a donnée à l'homme. Cette faculté réside dans un principe nommé *âme des bêtes* dont la nature n'est pas bien définie par les philosophes. *L'intelligence des bêtes* provient exclusivement des sensations, et ne s'élève jamais jusqu'aux idées métaphysiques. Les animaux n'ont pas la prévision de l'avenir ; ils ne redoutent pas la mort : en effet, le mouton qui voit égorger son voisin à la boucherie, ne cherche pas à fuir pour éviter le même sort. Les animaux surtout, n'ont pas la notion de la divinité ; ce qui faisait dire à Lactance, que la notion de Dieu, commune à tous les hommes, est le véritable caractère distinctif de l'homme d'avec les animaux. Ceux-ci, n'ont généralement que des sensations ; ou s'ils ont des idées, ces idées sont toujours concrètes, c'est-à-dire liées inséparablement à l'objet lui-même. Ainsi pour les animaux il y a des corps sapides, des corps chauds, des corps froids, des corps colorés, mais aucun d'eux ne possède les notions abstraites de saveur, ni de chaleur, ni de froid, ni de couleur.

Les animaux n'ont pas le libre arbitre, bien qu'ils semblent parfois avoir la conscience de leurs actes. Un chien, par exemple, qui a commis un méfait, fuit son maitre, mais c'est simplement par souvenir des châtiments qui lui ont été infligés à la suite du premier acte coupable. Les animaux ınt la mémoire : ils se souviennent des coups ou des bien-aits reçus. Ils ont aussi des passions : on a vu souvent des .nimaux chercher l'occasion favorable pour se venger des nauvais traitements qu'ils avaient reçus. On cite des ânes :t des chevaux qui, maltraités pendant un voyage et une fois .rrivés au logis et dételés, se sont rués sur leurs conduc-eurs et les ont tués. La rancune des éléphants maltraités est :ncore plus manifeste et plus dangereuse. Qui ne sait qu'il :xiste des animaux vicieux : des chevaux qu'on est obligé l'abattre, des vaches, des taureaux auxquels on est obligé le mettre des entraves pour les empêcher de blesser avec eurs cornes? Les animaux ont de la reconnaissance : les :hiens nous en fournissent de nombreux exemples. Tout le nonde connaît le trait du lion d'Androclès.

Plusieurs espèces d'animaux sont susceptibles d'éduca-ion : nous en trouvons une preuve dans les chiens savants :t les chevaux de manège auxquels on apprend, par un ong exercice, à exécuter certains actes, plus ou moins sur-renants et qu'on ne se lasse pas d'admirer dans les cir-ques.

Les insectes eux-mêmes peuvent aussi être apprivoisés, ınsi que le prouve l'exemple de l'araignée de l'infortuné ?élisson.

SOMMEIL, RÊVES, HALLUCINATIONS

(Addition au § 328)

§ 570. *Sommeil, définition.*— On peut définir le *sommeil :* e repos périodique des organes des sens et des mouvements, ›endant lequel le corps répare ses forces. Le sommeil ›st pour l'homme aussi bien que pour les animaux, un besoin mpérieux, comme la soif et la faim, besoin de conservation 'evenant à des moments réglés, ordinairement pen-lant la nuit. En ce qui concerne la durée nécessaire à sa atisfaction, elle a été ainsi formulée dans les préceptes de l'École de Salerne : « *Sex horas domire, sat est juvenique senique ; vix septem pigro ; nulli concedimus octo.*

§ 571. — Pendant le sommeil les fonctions du système nerveux cérébro-spinal ou de relation sont seules suspendues ; mais celles qui dépendent du grand sympathique ou de nutrition subsistent toujours, telles sont : la digestion, les sécrétions, la respiration et la circulation ; ces deux dernières sont seulement un peu ralenties.

§ 572. *Cause du sommeil.* — Elle est encore inconnue. Certains physiologistes ont voulu l'attribuer à une congestion sanguine *veineuse* du cerveau, mais ils n'en ont pas fourni la démonstration.

Peut-être pourrait-on attribuer le besoin de sommeil à un excès périodique d'acide carbonique dans le sang. Ce qui tendrait à le faire croire, c'est la profonde somnolence par laquelle débute l'asphyxie produite par la combustion du charbon de bois, et aussi celle qui accompagne l'ivresse due aux vapeurs alcooliques.

§ 573. — Différentes causes peuvent amener ou favoriser le sommeil, telles sont : la fatigue, l'obscurité et le silence qui suppriment l'excitation des organes de l'ouïe et de la vue, la monotonie, le froid, et certaines substances dites anesthésiques.

Le plus souvent le sommeil n'arrive pas subitement : les membres et surtout les inférieurs commencent à s'engourdir par la cessation de l'activité musculaire, les bras tombent, les sensations d'abord confuses, finissent par disparaître.

§ 574. — Pendant le sommeil l'homme perd le sentiment de son existence, et de ses rapports avec le monde extérieur. Il y a cependant quelque chose qui veille en lui, c'est l'âme, toujours active, pendant que son serviteur se repose.

§ 575. *Rêve.* — Nous venons de voir que pendant le sommeil l'âme est toujours active, nous en trouvons une preuve dans les rêves qui se présentent souvent dans le sommeil.

§ 576. *Définition du rêve.* — Le rêve est un assemblage

'images ou d'idées, le plus souvent confuses, quelquefois, ependant, assez nettes et suivies, qui se présentent à esprit pendant le sommeil, avec les apparences de la éalité.

§ 577. *Songes.* — Le rêve prend le nom de songe (du itin *somnium*) quand les idées ou les images, fournies endant le sommeil, sont mieux enchaînées et présentent une ertaine apparence de raison. Les poètes tragiques ont sou-ent fait intervenir les songes dans leurs compositions poé-iques. De tout temps, on a vu dans les songes quelque hose de prophétique. La sainte Écriture nous montre en ffet par plusieurs exemples que Dieu s'est servi des songes our dévoiler l'avenir.

§ 578. *Explication physiologique des rêves.* — Les êves sont le résultat d'un travail cérébral, non réglé par e jugement. Pendant le sommeil, l'activité des sens est uspendue, le jugement ne vient plus régler les écarts de imagination qui règne seule alors en souveraine.

Les rêves sont le signe d'un sommeil léger pendant lequel ertaines parties du cerveau, organe de la pensée, restent veillées. On rêve rarement pendant les premières heures e sommeil parce qu'alors l'engourdissement est très pro-ond ; les rêves ont lieu plus spécialement pendant les heures ui précèdent le lever, parce qu'à ce moment les orga-es du cerveau se sont reposés. L'imagination évoque alors ne série d'images capables d'acquérir une vivacité égale à elle des sensations réelles et dans certains cas assez fortes our déterminer l'action.

Le plus souvent les idées fantastiques des rêves se ratta-hent aux dernières pensées qui nous ont préoccupé la veille. Les rêves sont plus fréquents chez les personnes adonnées ux travaux de l'esprit que chez celles qui se livrent à des ccupations manuelles.

§ 579. — De même que le caractère des individus se ré-èle pendant l'ivresse, de même aussi, les penchants se mani-estent pendant les rêves. De toutes les passions, l'ambition, la colère, l'amour et l'avarice, sont celles qui produisent le plus de rêves.

§ 580. *Cauchemar.* — Le cauchemar (dérivé, selon Ménage, de *calcatio mala*, oppression pénible) est une variété de rêve accompagné d'impressions pénibles, pendant lequel celui qui l'éprouve, croit voir un fantôme qui le poursuit, sans pouvoir lui échapper; ou bien se figure tomber d'un toit, malgré ses efforts pour éviter le danger. Souvent l'émotion est telle qu'il s'éveille en sursaut, poussant des cris de terreur.

Le cauchemar est ordinairement occasionné par une digestion difficile ou par une position gênant la fonction de respiration ou celle de circulation. Par suite de l'instinct de conservation, le système du grand sympathique qui tient les fonctions de nutrition (digestion, respiration, circulation) sous sa dépendance, réagit sur le système cérébro-spinal et éveille dans l'imagination ces idées vives et pénibles qui déterminent le réveil. Enfin, pour terminer ce qui regarde les rêves, disons un mot d'une autre variété de rêve désigné sous le nom de Somnambulisme.

§ 581. *Somnambulisme.* — On entend par somnambulisme, (du latin *somnus*, sommeil, et *ambulare*, marcher, marcher pendant le sommeil) un état singulier caractérisé par l'aptitude, à produire pendant le sommeil, certains mouvements et à exercer même des facultés intellectuelles avec plus d'aisance, de facilité et de précision, que pendant la veille et sans en conserver le souvenir. C'est un sommeil en action. Le Somnambule à son réveil n'a aucun souvenir de ce qu'il a fait pendant son sommeil. Dans l'état de somnambulisme, il semble que les fonctions mises en exercice, profitent de l'engourdissement des autres et de l'absence de toute crainte du danger à courir. On a vu des somnambules exécuter les actes les plus difficiles, terminer des compositions littéraires beaucoup mieux qu'ils ne l'eussent fait éveillés; composer et transcrire des morceaux de musique, marcher avec assurance sur le bord de toits élevés ou de précipices.

§ 582. *Hallucinations.* — Il ne faut pas confondre le ve avec les hallucinations. On entend par *hallucination* u latin *hallucinari*, se tromper) toutes les erreurs des sens r lesquelles un individu, bien qu'éveillé, croit voir, enndre, toucher des objets qui n'existent pas ou ne sont pas sa portée. Les *hallucinations* sont une conséquence du iénomène désigné sous le nom d'*excentricité des sensaons*, lequel nous porte à placer le siège d'une sensation ns un organe non impressionné en ce moment, ou même qui existe plus, comme il arrive aux personnes amputées, rsqu'elles rapportent certaines impressions de douleur aux embres perdus.

Les hallucinations diffèrent des sensations subjectives, ii sont aussi un effet de l'imagination, en ce qu'elles impliıent un état pathologique : 1° elles sont un des éléments ı délire que l'on observe dans les maladies, qui attaquent cerveau, comme les fièvres cérébrales ; 2° elles sont un 'mptôme très fréquent des affections mentales. Sur 100 iénés, 80 au moins ont débuté par des hallucinations. Diırses substances toxiques, telles que l'opium, la stramoine, belladone[1] et surtout le haschich[2], peuvent également nener des hallucinations. Les solanées produisent un délire ırieux[1], tandis qne le haschich amène des hallucinations aies[2].

SENSATIONS

§ 583. *Définition.* — La sensation (du latin *sentire*, entir) est une conséquence de la sensibilité. On peut la dénir une modification éprouvée par l'âme, à la suite d'une

[1] Les principales solanées vireuses (de *virus* « poison », c'est-àıre douées de propriétés malfaisantes) sont : la Stramoine, la Bellaone, la Jusquiame, la Mandragore.

[2] Le Haschich est un extrait du chanvre indien usité en Orient et ı Afrique pour la composition de liqueurs enivrantes.

impression faite sur les organes extérieurs ou sur les organes intérieurs.

Il ne faut pas confondre, l'impression qui est un fait purement matériel, avec la sensation, qui est un phénomène interne et purement immatériel, il peut y avoir impression sans sensation comme dans le cas de paralysie; et sensation, sans qu'il y est impression, comme dans les rêves.

§ 584. *Mécanisme de la sensation.* — Trois conditions principales sont généralement requises pour qu'il y ait sensation : 1° Qu'un ébranlement quelconque soit imprimé à une partie vivante par un agent extérieur ou intérieur qui vient frapper cette partie vivante. Dans les rêves, c'est l'imagination vivement excitée qui produit l'ébranlement.

2° Il faut que l'ébranlement produit, soit transmis au centre nerveux, par l'intermédiaire des nerfs sensibles et du centre nerveux à l'âme.

3° Enfin il faut l'attention, car sans elle, l'impression même transmise, ne serait pas perçue, comme cela arrive aux personnes profondément préoccupées d'une idée.

Il est important de remarquer que le siège ou point de départ de la sensation, se trouve dans l'organe d'où partent les nerfs conducteurs sensibles, et non dans ces nerfs conducteurs eux-mêmes, ni dans le centre nerveux. Les faits suivants le prouvent suffisamment :

1° Si une cause vient agir sur un nerf en un point quelconque de son trajet, nous percevons la sensation qui en résulte, comme se produisant vers le point de la surface du corps d'où part le nerf en question. Par exemple, si l'on vient à comprimer brusquement le nerf cubital, vers la partie postéro-interne du coude, dans la petite cavité qui se trouve entre la jointure de l'humerus et du cubitus, c'est vers l'extrémité cutanée de ce nerf, c'est-à-dire vers la partie interne de la main et surtout vers le petit doigt que nous supportons l'impression douloureuse ainsi produite.

2° Il n'est pas rare d'entendre des personnes amputées,
nsibles aux influences atmosphériques, se plaindre à cerines époques de changement de temps, de douleurs, qu'elles
tribuent aux membres qu'elles ont perdus.

§ 585. *Excentricité des sensations.* — Ces phénomènes
nt désignés sous le nom d'excentricité des sensations. Quel
e soit le point où le nerf est ébranlé, la sensation est tou-
urs excentrique; ainsi même quand le centre nerveux est
teint, c'est toujours à l'extrémité du nerf sensitif en rap-
rt avec ce centre, que nous supportons la sensation. Ce
i explique pourquoi les malades atteints d'apoplexie céré-
ale se plaignent de douleurs périphériques dont la cause
t entièrement centrale.

§ 586. *Sensations subjectives.* — On entend par sensaons subjectives, ces sensations particulières, ressenties par
rtaines personnes en l'absence de tout excitant matériel,
rs même que ces personnes sont parfaitement éveillées
dans l'intégrité de leurs fonctions cérébrales. Ce sont des
uits de cloches dans les oreilles, des saveurs amères dans
bouche, etc. Ces sensations sont appelées *subjectives* pour
s distinguer des sensations ordinaires dites *objectives*
rce que ces dernières ont toujours pour cause un objet
atériel.

§ 587. *Sentiments.* — On peut définir les sentiments des
pressions produites dans l'âme sans le concours d'agents
atériels. On éprouve une sensation en goûtant un mets
en préparé, on éprouve un sentiment au récit ou au sou-
nir d'une belle action.

Organes des sens — Organe de toucher

LA PEAU — LES POILS — LES ONGLES, ETC.

(§ 335-340, pages 173 et 176).

§ 588. *Sens du toucher, sa définition* (voir § 335, p. 173).
convient de commencer l'étude des sens par celui du tou-

cher. C'est lui en effet dont l'usage est le plus fréquent; le goût et l'odorat ne sont en quelque sorte que des touchers modifiés :

§ 589. *Division du toucher* (voir § 335).— Il faut distinguer deux espèces de toucher : 1° le *tact* ou *sensibilité tactile*, qui est un toucher purement passif; 2° le *toucher proprement dit*, désigné quelquefois sous le nom de *palpation*, qui est un toucher actif. On peut dire qu'il y a entre ces deux touchers la même différence qu'entre voir et regarder, entendre et écouter. La palpation est un toucher attentif.

Le tact ou toucher passif nous révèle simplement la présence des corps extérieurs et quelques-unes de leurs propriétés, comme la consistance et la température. Mais il faut pour cela que les corps soient mis en contact avec la peau ou les membranes muqueuses. Ce tact ou toucher passif s'exerce par l'intermédiaire des filets nerveux répandus en si grande abondance sur les parties de notre corps qu'il en est bien peu de complètement insensibles. Le toucher actif ou palpation a besoin pour s'exercer d'organes particuliers, capables de se mouler en quelque sorte sur les corps pour en explorer toutes les parties et en étudier les différentes propriétés. Ces organes merveilleusement appropriés à leur fin sont les mains dont l'homme seul est doué, et les corpuscules du tact, qu'on remarque dans les extrémités des doigts. Nous reviendrons sur ces organes particuliers du toucher actif après avoir traité de la peau.

§ 590. *La peau.* — Envisagée comme le siège de la sensibilité tactile, la peau dont il a déjà été question à propos des sécrétions (voir § 211, p. 110) mérite une étude toute particulière.

§ 591. *Sa définition.* — On peut définir la peau. *l'enveloppe extérieure du corps.* Nous disons enveloppe extérieure, parce qu'elle prend le nom plus particulier de *membrane muqueuse* quand elle se replie pour tapisser certaines cavités intérieures du corps telles que la bouche et toutes les parties du tube digestif, les fosses nasales et les orbites, etc.

ı peau est un tissu très compliqué dans lequel on peut disıguer différentes couches.

§ 592. *Structure et composition de la peau.* — La peau compose de deux parties principales : 1° le *Derme*, l'*Épiderme*. Après avoir décrit ces deux parties et expliıé leurs fonctions particulières, nous ajouterons quelques tails sur les annexes de la peau.

§ 593. *Derme, définition.* — Le *derme* nommé aussi *choon* (du grec χοριον, enveloppe) peut se définir : la partie la us profonde et la plus épaisse de la peau. Son épaisseur varie ivant les régions du corps ; elle est en moyenne de deux illimètres à deux millimètres et demi, mais aux paupières le n'a plus qu'un demi-millimètre.

§ 594. *Composition du derme.* — Le derme est constitué r un tissu connectif ou conjonctif élastique, formé luiême de fibres et de lamelles très fines entremêlées dans tous ; sens d'une manière inextricable. Ces fibres ainsi entreées forment une membrane résistante d'un blanc variable demi-transparente. C'est le derme de certains animaux rtout des ruminants et des pachydermes, qui, préparé par ; différentes opérations du tannage, forme le cuir.

Pour la facilité de la description nous distinguerons dans paisseur du derme trois régions superposées et intimeınt unies entre elles : une couche superficielle, une couche oyenne et une couche profonde.

1° *La partie superficielle* ou supérieure supportant l'épirme présente un grand nombre de petites aspérités rouâtres nommées *papilles du derme* (on donne le nom de *pilles* à des saillies de différents organes). Ces papilles du rme sont de différente nature : on y distingue surtout les *pilles nerveuses*, épanouissement des filets nerveux séminés dans le derme.

2° *La partie moyenne* ou épaisse du derme contient, ou- ; les filets nerveux, des *vaisseaux sanguins* (artères et nes) ramifiés dans tous les sens, et des *vaisseaux lymatiques* : on y remarque enfin de petites fibres musculaires lisses disséminées, mais en petit nombre, dans différentes parties.

Dans certaines régions ces petites fibres sont annexées aux bulbes des poils qu'elles peuvent redresser en se contractant à l'aide des filets nerveux qui les accompagnent. Ce sont les contractions de ces fibres qui produisent ce qu'on appelle la *chair de poule*. Cette expression, employée pour désigner l'aspect particulier que prend la peau de l'homme, soit sous l'impression du froid, soit à la suite d'une émotion vive de l'âme, telle qu'une terreur subite ou une profonde horreur, se comprend facilement; c'est qu'alors les bulbes pileux étant redressés, le derme se montre couvert d'aspérités qui le font ressembler à la peau d'une poule plumée.

3° *La face profonde* du derme reçoit dans certains cas des fibres striées provenant des muscles peaussiers particulièrement au cou et à la face. Ce sont ces fibres qui déterminent le plissement de la peau du front et les mouvements expressifs de la face. Mais les muscles peaussiers, peu développés chez l'homme, le sont beaucoup plus chez certains animaux surtout chez les ruminants et les pachydermes. C'est à l'aide de ces muscles qu'ils produisent les mouvements de leur peau que tout le monde connaît.

La face profonde du derme est unie aux parties sous-jacentes (muscles, os et aponévroses) par un tissu cellulaire ou conjonctif. C'est dans les mailles de ce tissu que se dépose la graisse en couche plus ou moins épaisse suivant les régions et les sujets.

§ 595. *L'Épiderme.* — (Du grec ἐπι sur, et δέρμα peau) peut se définir le dessus de la peau. Cette couche extérieure n'a pas partout la même épaisseur. Fine et mince en certains points, elle présente dans d'autres une épaisseur assez considérable, surtout à la paume de la main et à la plante des pieds. Cependant, comme tout le monde a pu le remarquer, ces parties sont très sensibles à la sensation particulière du chatouillement.

§ 596. *Composition de l'épiderme.* — L'épiderme se

ompose de deux couches: 1° d'une couche profonde, couhe muqueuse de Malpighi, 2° d'une couche superficielle ouche cornée ou épidermique.

1° *La couche muqueuse de Malpighi* repose immédiateıent sur le derme qu'elle recouvre en se moulant sur les apilles. Elle renferme dans sa couche profonde le *pigment*[1] estiné à produire suivant diverses influences la coloration e la peau particulière à certaines races. D'après Sappey, ɜs grains de pigment sont susceptibles de prendre dans les ıdividus de la race blanche un plus ou moins grand déve-ɔppement sous l'action prolongée du soleil. Ce sont les ıêmes grains de pigment qui forment ces *taches de rousɘur* que l'on aperçoit à travers l'épiderme chez certains ıdividus. C'est encore dans la couche muqueuse de Malighi qu'on voit se former suivant différentes causes telles ue les brûlures ou un rude frottement, ces espèces de tuıeurs désignées sous le nom d'ampoules, contenant de la ɛ́rosité.

2° *Couche cornée ou épidermique.* — Cette couche est ɔute superficielle. C'est une membrane insensible, transarente, plus ou moins épaisse suivant les régions. Elle ɔrme une espèce de vernis protecteur servant à modérer ı trop grande évaporation des fluides du corps et à empêher l'absorption par le derme des matières dangereuses vec lesquelles il pourrait se trouver en contact.

On observe à la surface de cette couche épidermique difɛ́rentes petites ouvertures : les unes nommées pores par ɘsquelles s'échappe la sueur ; elles sont très nombreuses ans certaines parties, comme nous le verrons en traitant ɘs glandes sudoripares, principalement dans la paume de ı main et à la plante des pieds. D'autres petites ouvertures ɔnt destinées à livrer passage aux poils et à la substance ıctueuse nommée *sebum.*

[1] Le pigment (du latin *pigmentum*, couleur) est une substance brune ıraissant noire en masse.

Malgré les ouvertures dont nous venons de parler, la surface épidermique paraît peu propre à l'absorption des liquides[1].

Aussi lorsque les médecins veulent administrer des médicaments par cette voie, ont-ils soin de les incorporer à des matières onctueuses dont on frictionne la peau afin qu'elles pénètrent mécaniquement à travers les pores de la peau ou à la faveur d'une solution de continuité de la couche épidermique. Lorsqu'ils veulent obtenir le même résultat d'une manière plus prompte et plus sûre. ils détruisent préalablement l'épiderme au moyen d'une substance vésicante, ou bien encore ils font une très légère incision à travers laquelle ils injectent quelques gouttes du liquide médicamenteux. C'est par un procédé analogue que se pratiquent les vaccinations destinées à préserver l'homme de la variole et les animaux des maladies charbonneuses.

§ 597. *Mode de formation des couches épidermiques.* — Les deux couches dont se compose l'épiderme et que nous venons de décrire, bien que souvent difficiles à discerner l'une de l'autre, sont cependant bien différentes entre elles par leur structure et leur mode de formation. La couche muqueuse de Malpighi peut être considérée comme la génératrice de l'autre. En effet cette couche profonde de l'épiderme est composée de cellules vivantes remplies de substances albuminoïdes protoplasmiques et par conséquent capables de se régénérer constamment. A mesure qu'il se forme de nouvelles cellules, les plus récentes poussent au dehors les anciennes ; il se forme alors plusieurs couches successives dont la structure et la composition varient à mesure qu'elles s'éloignent du derme. De sphériques qu'elles étaient dans les couches inférieures du corps muqueux, les

[1] Homolle a fait sur lui-même un grand nombre d'expériences qui le prouvent. Ayant pris des bains prolongés, soit dans une solution étendue d'iodure de potassium, soit dans une solution de prussiate de potasse il n'a pu constater le passage de ces sels dans ses urines.

llules deviennent successivement polyédriques de même mension dans tous les sens, puis plus larges que hautes, enfin entièrement aplaties et réduites à de simples plaques. A mesure que les cellules anciennes se déforment, elles rdent en même temps peu à peu leur vitalité, et ne forent plus alors par leur ensemble que des couches insenbles composées de plaques cornées, dans lesquelles l'albuine des cellules vivantes s'est oxydée pour se transformer ı *kératine* 1. Il est facile maintenant de comprendre la fférence essentielle qui existe entre les deux couches dont compose l'épiderme: la couche muqueuse profonde de alpighi est vivante; la couche épidermique ou cornée est sensible parce qu'elle est formée par l'ensemble des plaıes cornées insensibles, ce qui lui a fait donner le nom ı'elle porte. Les débris de cellules mortes dont la couche perficielle est formée constituent ce qu'on nomme *le fur-r*: cette furfuration devient quelquefois très abondante ıns certaines maladies telles que la rougeole et le pityriasis, u grec πιτυριον, son, pellicules analogues à celles du son).

La couche cornée insensible est susceptible d'acquérir une sez grande épaisseur dans certaines parties du corps expoes à de nombreux frottements, comme la paume de la ain chez les ouvriers, obligés de manier des outils, et la ante des pieds chez les gens de la campagne, habitués à archer pieds nus. Cette épaisseur a pour résultat de dimiıer la sensibilité en protégeant les couches profondes.

§ 598. *Mécanisme du toucher.*—Nous avons vu qu'il fallt distinguer deux touchers : un purement passif, le *tact*, l'autre actif, la *palpation*. Les deux parties de la peau e nous venons de décrire concourent au merveilleux ménisme de ces deux touchers, le derme par les papilles dont

1 La *kératine* (du grec κέρας, κέρατος, corne) est la substance proe des cheveux, des poils, des ongles, des cornes, constituant un ncipe particulier caractérisé par son insolubilité dans une dissolution ble de potasse.

sa partie supérieure est garnie, et l'épiderme en recouvrant les papilles pour protéger les filets nerveux dont elles sont garnies. Le revêtement épidermique des papilles est nécessaire pour le mécanisme du tact et du toucher ; si ce revêtement vient à manquer, la sensation du toucher disparaît pour faire place à une vive douleur quand un corps extérieur est mis en contact avec la peau ainsi dépouillée. Certaines parties épidermiques sont douées d'une sensibilité très délicate : tout le monde a pu remarquer combien la paume de la main et la plante du pied sont sensibles dans les parties où l'épiderme n'a pas été épaissi par le frottement ou la marche.

Mais les véritables organes du toucher sont les papilles nerveuses de la peau.

§ 599. *Papilles de la peau.* — On donne ce nom à de petites saillies ou aspérités situées à la surface extérieure du derme auquel elles appartiennent ; elles y sont distribuées sous forme de séries tantôt régulières et tantôt irrégulières et séparées par de petits sillons. Les papilles sont constituées par un tissu cellulo-fibreux analogue à celui du derme et reçoivent dans leur intérieur des vaisseaux sanguins, artères et veines, le plus ordinairement aussi des filets nerveux : nous disons ordinairement, car suivant les observations de Wagner et Kölliker, toutes les papilles de la peau ne contiennent pas des nerfs ; ce qui permettrait de les diviser en papilles vasculaires et en papilles nerveuses. Dans certaines parties de la peau, on compterait quatre papilles vasculaires pour une seule nerveuse.

Les papilles nerveuses sont au contraire très développées et très nombreuses dans certaines parties de la peau destinées à un toucher plus actif et plus délicat, telles sont la paume de la main, l'extrémité des doigts, la partie externe des lèvres et le bout de la langue.

§ 600. *Corpuscules du tact.* — On a découvert dans chacune des papilles nerveuses de petits organes terminaux désignés sous le nom de *corpuscules tactiles* de Meisser et Kölliker, sur l'organisation desquels les physiologistes ne ont pas bien d'accord. Cependant on considère généralement es organes singuliers comme formés de petits corps ovoïdes onstitués par un tissu fibreux plus résistant que celui des apilles, destiné à servir de point d'appui aux nerfs dont ces rganes sont garnis. Les dernières ramifications des filets erveux du derme viennent s'enrouler et se perdre dans le orps ovoïde après s'être dépouillées de la membrane de *'chwann* et de la *myéline*, et s'être réduits aux *cylindres-xes*. C'est donc par l'intermédiaire de ces petits corps ner-eux que les papilles de la peau remplissent le rôle d'organe rincipal du tact et du toucher.

§ 601. Il est facile maintenant de comprendre le méca-isme du toucher. Les impressions tactiles provenant pour e *toucher passif* du simple contact des corps extérieurs ou e leur palpation pour le *toucher actif* sont d'abord trans-nises, à travers la couche épidermique, jusqu'aux dernières amifications des nerfs sensibles, disséminées et comme erdues dans les corpuscules tactiles dont sont munies les apilles de la peau. Les ramifications nerveuses des corpus-ules tactiles transmettent ensuite à l'aide des cordons ner-eux dont elles sont le prolongement, les impressions tactiles usqu'au cerveau, et de cet organe central elles sont trans-nises à l'âme, seule capable d'apprécier les sensations par-iculières du toucher.

§ 602. *Corpuscules de Pacini.* — Outre les corpuscules actiles on rencontre encore dans l'épaisseur du tissu con-ectif sous-cutané et du derme, des corpuscules plus volu-nineux appendus aux filets nerveux comme des fruits aux ranches d'un arbre : ce sont les corpuscules de *Pacini*. Ces etits corps, de forme elliptique ayant à peine 2 millim. lans la partie la plus large et 1 millim. aux deux extrémi-és, sont supportés par un pédoncule creusé d'un canal. Ils ont formés de plusieurs membranes fibreuses d'un blanc rillant et renferment dans leur intérieur une cavité allon-gée dans laquelle pénètrent par le canal du pédoncule un ou lusieurs filets nerveux qui s'y terminent d'une manière peu connue. Ces petits corps sont répandus dans tout l'organisme : on les rencontre principalement dans la paume de la main, sur le trajet des nerfs collatéraux des doigts, dans l'intérieur même des muscles.

Les savants ne sont pas d'accord sur le rôle physiologique des corpuscules de *Pacini* : on les trouve répandus en des points si différents de l'organisme qu'ils ne paraissent pas servir aux sensations du tact proprement dit. Ils paraissent très sensibles aux compressions et c'est sans doute à ce mode de sensibilité que se rapporte leur fonction. Ils donneraient, par exemple, suivant le degré de compression qu'ils subissent de la part des muscles, des sensations particulières indiquant la mesure de contraction de ceux-ci.

§ 603. *Historique de leur découverte.* — En 1831, Pacini, médecin, à Pistoia (Italie), découvrit sur les nerfs de la main de petits corps blanchâtres, de forme elliptique, qu'il crut n'être qu'un durcissement du tissu cellulaire et à l'examen duquel il ne s'arrêta point. Quelques temps après des médecins français et allemands firent la même découverte. Ces corpuscules furent dès lors étudiés par ces derniers et par Pacini lui-même qui crut trouver dans ces corps des organes analogues à l'appareil électrique des torpilles.

TOUCHER ACTIF

(Addition au § 335, p. 173 et 174)

§ 604. *La main.* — Il a été dit à la page 174, où se trouve la description de la main, qu'elle est l'organe du toucher actif ou de la *palpation*. Ce merveilleux instrument nous a été donné par Dieu, à l'exclusion de tous les autres animaux, et même des singes. Ces hideux porteurs du masque humain, dont les matérialistes voudraient nous faire descendre, n'ont à l'extrémité de leurs membres que des *pattes préhensiles*, mais non de véritables mains. Le caractère distinctif de la main, consiste en effet dans la possiilité d'opposer à volonté le pouce aux autres doigts. Or, ans les pattes préhensiles des singes, le pouce, bien que éparé des autres doigts, est trop éloigné d'eux pour pouoir leur être opposé.

Afin de mieux faire ressortir les nombreux services que ous pouvons retirer de cet organe si précieux, qu'il nous oit permis d'emprunter quelques citations aux auteurs ui les ont le mieux exposés. Nous renvoyons 1° à la age 174 de ce livre; 2° à la page 249 de l'ouvrage ntéressant intitulé *Merveilles du corps humain*, par le r Descuret. Cet auteur, après avoir décrit l'organisation e la main ajoute : « C'est surtout par sa prodigieuse mobité, que la main se rend l'interprète de nos pensées et de os sentiments. Il semble en effet que chacun de ces mouvements parle; aussi est-elle le langage usuel des sourdsmuets, et ses gestes accompagnent-ils tout naturellement os paroles. » Le même auteur cite ensuite un passage des *Essais* de Montaigne, dans lequel cet auteur, dans un style riginal, décrit merveilleusement les nombreux services ue nous rend la main comme interprète de nos sentiments ntérieurs [1].

[1] « Avec la main, dit Montaigne, nous requerons, nous promettons, ppelons, congédions, menaceons, prions, supplions, nions, refusons, nterrogeons, admirons, nombrons, confessons, repentons, craignons, ergoignons, doubtons, instruisons, commandons, incitons, encourageons, iurons, tesmoignons, accusons, condemnons, absolvons, injurions, mesprisons, desfions, despitons, flattons, applaudissons, bénissons, humilions, mocquons, réconcilions, recommandons, exaltons, estoyons, résiouïssons, complaignons, attristons, desconfortons, désespérons, estonnons, escrions, taisons, et quoy non? d'une variation et multiplication à l'envy de la langue. » *Essais*, l. II, ch. 12.

Nous ne pouvons résister au plaisir de rapporter un passage admirable de Galien. Cet auteur, tout païen qu'il était, dans son *Traité de utilité des parties du corps humain* débute par cette phrase bien souvent citée « En écrivant ce livre, je compose un hymne à la gloire u Créateur. »

Quelques lignes plus loin, il ajoute: « C'est en vue du caractère

Le pied de l'homme n'a pas, comme les pattes postérieures des singes la faculté de pouvoir saisir. En effet le peu de longueur et de mobilité de ses orteils, le pouce, placé sur le même plan que les autres doigts, tout chez lui indique un organe de *sustentation*, parce que seul l'homme est fait pour se tenir debout[1]. Parfois cependant la nécessité qui tire parti de tout, aidée d'une volonté énergique et persévérante, peut transformer le pied en une espèce de main. Ainsi, l'artiste Ducornet, privé des deux mains écrivait et peignait aussi facilement avec ses orteils qu'un autre avec la main.

Le toucher, ce sens si important, paraît acquérir d'autant plus de finesse et de précision que les autres sont moins développés. Ce qui ferait supposer que les polypes qui n'ont en partage pour tout sens que le seul toucher, auraient ce sens si développé qu'ils seraient capables de *palper la lumière.*

auguste de l'homme, que l'ouvrier suprême l'a doué d'un instrument spécial qui est la main. L'homme seul a la main, comme seul il a la sagesse en partage. C'est pour lui l'instrument le plus merveilleux et le mieux approprié à sa nature supérieure. »

Après avoir énuméré dans une page éloquente tous les services que la main rend à l'homme, il termine par les réflexions suivantes que les matérialistes de nos jours feraient bien de méditer. « En présence de ce merveilleux instrument, ne prend-on pas en pitié, l'opinion de ces philosophes qui ne voient dans le corps humain que la combinaison fortuite des atômes?

Tout dans notre organisation, ne jette-t-il pas un éclatant démenti à cette fausse doctrine? Osez invoquer le hasard pour expliquer cette disposition admirable! Non, ce n'est pas une puissance aveugle qui a produit toutes ces merveilles. Connaissez-vous parmi les hommes un génie capable de concevoir et d'exécuter une œuvre aussi parfaite? Un pareil ouvrier n'existe pas. Cette organisation sublime est donc l'œuvre d'une intelligence supérieure dont celle de l'homme n'est qu'un faible reflet sur la terre. » Galien, *De l'utilité des parties du corps humain*. Traduction du docteur Daremberg, tome Ier, p. 117 à 122.

1 *Os homini sublime dedit, coelumque tueri*
Jussit, et erectos ad sidera tollere vultus. (OVIDE, *Métam.*)

On sait en effet combien le sens du toucher est développé
iez les aveugles.

Le docteur Descuret rapporte à la page 490 de l'ouvrage
jà cité, auquel nous avons fait de nombreux emprunts,
trait d'un aveugle qui, malgré son infirmité, avait été
ndant la vie un habile sculpteur. Nous donnons au bas de
page quelques mots sur cet intéressant personnage [1].

ANNEXES DE LA PEAU

Outre le derme et l'épiderme dont elle se compose, la
au comprend encore des organes particuliers désignés
us le nom d'*annexes de la peau*, Ces organes sont :
les glandes sudoripares ; 2° les follicules sébacés ; 3° les
ils; 4° les ongles.

§ 605. 1° *Glandes sudoripares. Définition.* — Ces
andes sont ainsi appelées à cause de la propriété qu'elles
t de sécréter la sueur. (Nous ajouterons quelques détails
ce qui a été dit sur ces glandes à la page 110 où il a été
aité des sécrétions.)

§ 606. *Composition des glandes sudoripares.* — Elles
nt formées d'un tube dont la grosseur ne dépasse pas
lle d'un cheveu très fin. Ce tube à sa partie inférieure se

[1] Joseph Kleinhans, mort à Nuders, près Inspruck, le 11 juillet 1853, ait perdu la vue dès l'âge de cinq ans à la suite de la petite vérole. jeune aveugle se rendait souvent dans l'atelier d'un menuisier voi-; grâce aux leçons du brave artisan, il sculpta bientôt de petits objets bois. Voyant ces heureuses dispositions, ses parents le placèrent ez un statuaire. Au bout de quelques semaines, Kleinhans devint sez habile pour pouvoir gagner sa vie en se livrant à la sculpture. mme il était fort religieux, il s'appliquait surtout à la confection bjets pieux, tels que des madones et surtout des crucifix, ces der-rs au nombre de trois cent cinquante. On conserve au musé d'Inspruck buste en bois de l'empereur Ferdinand fait sur un modèle par rtiste aveugle, et la copie ne cède en rien, pour la ressemblance, 'original.

contourne et se pelotonne sur lui-même pour former ce qu'on nomme le *glomérule* partie essentielle des glandes sudoripares.

§ 607. *Le glomérule* est situé dans la couche graisseuse et généralement en contact avec la face profonde du derme. Au-dessus du *glomérule* le tube qui a servi à le former, se redresse et traverse toute l'épaisseur de la peau (derme, épiderme). A sa partie supérieure il se contourne irrégulièrement en spirale allongée et vient déboucher à la surface de l'épiderme par de petites ouvertures logées dans les sillons qui séparent les papilles de la peau. La partie du tube qui surmonte le glomérule joue le rôle de canal excréteur des glandes sudoripares.

Les ouvertures destinées à livrer passage à la sueur, quoique très petites, sont cependant assez visibles pour qu'on puisse les compter à l'aide d'une loupe. On a pu ainsi évaluer jusqu'à un certain point le nombre des glandes sudoripares contenues dans la peau. Le nombre est prodigieux. Il s'élèverait jusqu'à deux et même trois millions pour toute la surface du corps. Ces glandes ne sont pas également distribuées dans la peau ; elles sont plus nombreuses dans certaines parties surtout à la paume de la main qui en renfermerait 800 par centimètre carré et à la plante des pieds qui en comprendrait un plus grand nombre encore. On les trouve aussi très grosses et très nombreuses à l'aisselle où elles donnent à la peau qui recouvre cette cavité une couleur particulière d'un rouge jaunâtre. Le nombre considérable des glandes sudoripares justifie le calcul suivant d'ailleurs très curieux : les tubes excréteurs des glandes ont à peine 2 millimètres de long, cependant en les plaçant bout à bout on obtiendrait une longueur totale équivalente à 4 kilomètres.

§ 608. *Structure des glandes sudoripares.* — Le tube qui constitue les glandes sudoripares est formé d'une enveloppe extérieure fibreuse, revêtue à l'intérieur d'une couche de cellules polygonales. Cette couche s'arrête à la surface du derme, tandis que l'enveloppe fibreuse va jusqu'à la surıce de l'*épiderme*. Le glomérule est enveloppé de toutes arts d'un réseau vasculaire à mailles très serrées formé ar l'entrecroisement de capillaires sanguins qui lui appor- ›nt les éléments nécessaires à la sécrétion de la sueur.

Avant de passer à la fonction des glandes sudoripares, ous devons dire un mot de certaines glandes nommées landes *cérumineuses*, situées dans la membrane muqueuse ui tapisse l'intérieur du canal auditif. Ces glandes qui se attachent aux glandes sudoripares s'en distinguent cepen- ant par leur texture et leur produit.

§ 609. *Glandes cérumineuses*. — Ces glandes sont ainsi ommées du mot *cérumen* employé pour désigner le pro- uit de leur sécrétion. Le *cérumen* (du latin *cera*, cire, à ause de l'analogie de sa couleur avec la cire) est une subs- ance onctueuse, épaisse, de couleur jaune, d'une odeur articulière et désagréable, d'une saveur amère. La fonc- ion du *cérumen* est de maintenir la souplesse de la mu- ueuse qui tapisse le conduit auditif, d'arrêter les corpus- ules tenus en suspension dans l'air et qui pourraient se xer contre la membrane du tympan, de repousser par son deur et son amertume les insectes qui chercheraient à 'introduire dans l'oreille externe.

§ 610. *Texture des glandes cérumineuses*. — Elles se listinguent des glandes sudoripares en ce qu'elles sont noins profondément situées dans la peau ; leur canal excré- eur au lieu d'être contourné en spirale est dirigé en ligne lroite à la surface de la peau. L'intérieur du cul-de-sac de a glande, au lieu de présenter une cavité libre comme dans es glandes sudoripares, est rempli de la matière cérumi- ıeuse ; celle-ci est peu à peu poussée au dehors à mesure ıu'elle est sécrétée par le glomérule. Son accumulation et on épaississement dans le conduit auditif externe sont, sur- out chez les vieillards, une cause fréquente de surdité qu'il st d'ailleurs facile de faire disparaître au moyen d'injec- ions détersives.

§ 611. *Composition de la sueur*. — La sueur a été l'objet de nombreuses analyses. Le travail chimique le plus complet sur ce liquide est dû au Dr Favre. D'après cet auteur, la sueur est composée ainsi qu'il suit : sur 100 parties en poids, on trouve par l'évaporation environ 99 parties d'eau, une partie de résidu solide renfermant : des acides, des sels, des corps gras et de l'urée. Les principaux acides contenus dans la sueur sont : les acides lactique, butyrique, formique, et un acide particulier, l'acide sudorique découvert par le Dr Favre ; aussi la sueur quand elle est fraîche a-t-elle une saveur acide. Les sels de la sueur sont d'abord ceux qu'on trouve dans le sang, les chlorures de sodium et de potassium, puis d'autres sels provenant de la combinaison des acides de la sueur avec différentes bases, principalement la soude. On trouve dans la sueur des corps gras qui proviennent sans doute des glandes sébacées, et en outre certaines substances volatiles résultant de la décomposition des corps gras et qui lui donnent cette odeur, particulière à certaines personnes et à certaines races. C'est grâce à ces odeurs particulières exhalées de la sueur, que le chien peut suivre les traces de son maître, même après l'avoir perdu depuis un certain temps. Enfin, la sueur renferme de l'urée, principale substance solide de l'urine. La présence de cette dernière dans la sueur établit une analogie remarquable entre la sécrétion sudorale et la sécrétion urinaire. Au surplus la quantité de la première est en raison inverse de la seconde, de telle sorte que plus on sue, moins on urine. C'est pour cela que la sécrétion de l'urine est très faible en été, saison où l'on transpire beaucoup, et qu'elle est très abondante en hiver. Par une disposition analogue et toute providentielle la perspiration pulmonaire augmente précisément sous l'influence du froid, pour suppléer à la transpiration extérieure. Il est bon de remarquer que la composition de la sueur doit varier suivant les circonstances et les personnes. Il est difficile du reste de l'obtenir à l'état de pureté parce qu'en se répandant sur l'épiderme, elle doit se mêler aux différents produits provenant de cette partie de la peau.

§ 612. *Fonctions des glandes sudoripares et effets de la sueur.* — Les glandes sudoripares fonctionnent constamment en soutirant du sang principalement sa partie aqueuse et les autres éléments dont se compose la sueur. Mais dans les circonstances ordinaires, c'est-à-dire, quand la température est peu élevée et qu'aucune cause ne vient exciter leur activité, les glandes sudoripares ne sécrètent qu'une faible quantité de sueur. Le liquide au sortir du glomérule suit le canal excréteur, vient se déverser par son ouverture à la surface de l'épiderme et disparaît bientôt par l'évaporation, ce qui constitue le phénomène de l'*exhalation insensible de la peau.* L'effet de cette sueur est alors de maintenir la peau dans ce faible degré d'humidité désigné sous le nom de *moiteur.* Ce n'est que dans le cas où la sueur est très abondante qu'après s'être infiltrée dans la couche *furfuracée* de l'épiderme, elle déborde et apparaît sous forme de gouttelettes au niveau des canaux excréteurs. Lavoisier est le premier qui ait cherché à mesurer numériquement la quantité de vapeur d'eau exhalée par l'intermédiaire des glandes sudoripares.

On estime en général qu'une personne qui ne sue pas, perd en moyenne 1 kilogramme de vapeur d'eau en vingt-quatre heures, ou environ 40 grammes par heure. Mais à la suite d'un exercice plus ou moins violent ou simplement par une élévation considérable de la température extérieure, la même personne peut perdre en une heure 200 grammes de vapeur d'eau et même davantage. C'est surtout quand le liquide sécrété par les glandes sudoripares est versé en abondance à la surface de la peau qu'on lui donne plus spécialement le nom de *sueur.*

On voit alors le produit des glandes sudoripares suinter à travers les orifices des canaux excréteurs sous forme de gouttelettes et couvrir la peau d'une couche plus ou moins considérable de sueur.

Mais cette sueur s'évapore bientôt, en produisant une perte de chaleur d'autant plus considérable que la température est plus élevée et la sueur plus abondante. Sous ce rapport le corps humain peut être comparé à ces vases poreux nommés *alcarazas*, dont on se sert dans les pays chauds pour avoir de l'eau bien fraiche grâce à l'évaporation qui se produit à la surface de ces vases.

La sueur en produisant ainsi une perte de chaleur par son évaporation, nous rend de très grands services en nous permettant de lutter contre l'accumulation de la chaleur intérieure. On sait en effet que la température intérieure de notre corps ne saurait s'élever sans danger au delà de 40°. Or, quand cette limite tend à être dépassée, la sueur en s'évaporant rétablit l'équilibre, en enlevant une quantité de chaleur intérieure d'autant plus considérable que la température extérieure est plus élevée. Pour bien comprendre le refroidissement considérable qui se produit alors, il suffit de se rappeler que la chaleur latente de vaporisation de l'eau, est de 540 calories. Mais si la réfrigération produite par l'évaporisation de la sueur entretient dans le corps humain un équilibre salutaire de température, elle peut aussi lorsqu'elle est excessive, ainsi qu'il arrive sous l'influence des courants d'air, devenir la cause de désordres organiques plus ou moins graves, et engendrer, par une sorte de répercussion mal expliquée jusqu'à ce jour, l'inflammation aiguë des organes respiratoires depuis le coryza, l'angine, la laryngyte et la bronchite jusqu'à la pneumonie et la pleurésie, ou encore l'irritation des tissus fibreux des articulations, des muscles et de l'enveloppe des nerfs, c'est-à-dire le rhumatisme et les diverses formes de névralgie.

D'autres causes, indépendamment de celles que nous venons d'indiquer, peuvent amener des sueurs abondantes. Nous citerons, en premier lieu, l'excitation du système nerveux. On sue sous l'impression d'idées pénibles, ou de certaine émotions de l'âme telles que la frayeur, en second lieu une gêne considérable dans la respiration produit aussi la sueur. C'est à cette cause qu'il faut attribuer les sueurs froides dites *sueurs de la mort*. On voit alors le corps, bien que glacé, se couvrir de sueur.

ANNEXES DE LA PEAU. — FOLLICULES OU GLANDES SÉBACÉES

(Addition au § 213 — pp. 110 et 111)

§ 613. *Follicules sébacés.* — On entend par *follicules sébacés*, de petits organes sécréteurs disséminés dans les différentes parties de la peau, excepté à la paume de la main et à la plante des pieds. On les trouve surtout partout où il y a des poils. La composition et la fonction de ces petits organes varient suivant leur position. Ils sont tantôt logés dans le derme et portent alors plus spécialement le nom de *follicules* à cause de leur simplicité; tantôt ils accompagnent les poils et paraissent comme appendus à la paroi du follicule pileux dans l'intérieur duquel ils débouchent; comme ils sont alors plus compliqués, on les désigne sous le nom de *glandes sébacées.*

Le nom de *sébacé* donné à ces organes vient du mot latin *sebum*, substance grasse, onctueuse, plus ou moins épaisse qu'ils sont chargés de sécréter dans le double but de maintenir la souplesse de la peau et de la préserver des effets nuisibles de la sueur.

§ 614. *Structure des glandes sébacées.* — Les glandes sébacées se présentent sous la forme de petits tubes terminés en cul-de-sac, tantôt simples et tantôt ramifiés; la forme simple se rencontre surtout dans les glandes sébacées isolées comme celles qui sont logées dans le derme, ce sont alors, comme nous l'avons dit, de simples *follicules.* La forme ramifiée se rencontre dans les glandes sébacées qui accompagnent les poils; leur composition est alors plus compliquée, ce qui les fait ressembler à de véritables glandes en grappe. Les glandes sébacées qui accompagnent les poils sont formées d'une enveloppe externe composée de tissu conjonctif, dans l'intérieur de laquelle se trouvent des cellules polyédriques analogues à celles de la couche de

Malpighi. On ne connaît pas à ces glandes de vaisseaux particuliers, les phénomènes de sécrétion qui s'y passent puisent leurs éléments dans les vaisseaux sanguins et les filets nerveux du derme.

§ 615. *Mode de sécrétion des glandes sébacées.* — La matière sébacée, produit de la sécrétion de ces glandes, n'est autre chose que le résultat de l'évolution cellulaire de la couche qui revêt l'intérieur de ces organes. En effet, quand on examine le produit d'une glande sébacée, on le trouve composé de débris de cellules plus ou moins infiltrées de granulations graisseuses. A la périphérie on retrouve les cellules bien constituées, mais à mesure qu'on se rapproche du centre, les parois des cellules disparaissent, et, finalement au centre de la glande, on ne trouve plus que des granulations de la matière sébacée. La nature de la matière sébacée varie suivant les différentes espèces de glandes. Dans celles qui accompagnent les poils, la substance sébacée est fluide ; après avoir rempli l'intérieur de la glande elle se déverse sur le poil à mesure qu'il se développe, le revêt d'une couche graisseuse destinée à lui donner sa souplesse et son lustre particulier ; puis le sebum, accompagnant le poil dans son mouvement ascensionnel jusqu'à sa sortie de l'épiderme, vient se déverser à la surface de la peau pour remplir les fonctions que nous avons indiquées.

§ 616. *Tannes.* — Dans l'intérieur de la peau qui recouvre les ailes du nez et le front, se trouvent de petites glandes sébacées d'une grande simplicité, dont le contenu, trop épais pour s'écouler à l'extérieur, s'arrête à l'ouverture. Les grains de poussière venant s'y fixer forment sur la peau de petites taches noires appelées *tannes*. Quand on presse les glandes on en fait sortir le contenu sous forme de petits cylindres blancs, contournés, vulgairement appelés *vers du nez*.

§ 617. *Glandes de Meibomius.* — Dans l'épaisseur des paupières on trouve de petites glandes de même nature que les glandes sébacées, mais d'une composition toute spéciale qui les a fait appeler glandes de Meibomius, du nom de celui qui les a signalées le premier. Le produit de la sécrétion de ces glandes particulières porte le nom de *chassie*. Nous indiquerons leurs fonctions en traitant des organes accessoires de l'œil.

§ 618. *Amygdales*. — Les amygdales (du grec ἀμυγδάλη, amande, à cause de la forme de ces organes) peuvent être comparées à des espèces de glandes sébacées, développées dans la muqueuse de la gorge, ce qui les fait nommer *glandes de la gorge*. Les *amygdales* sont de petits ovoïdes de la forme des amandes à surface rugueuse, d'un gris rougeâtre à l'intérieur placés près de la base de la langue[1]. Elles sont en communication avec les vaisseaux lymphatiques et sécrètent un liquide muqueux, dont les usages ne sont pas très bien connus, mais servant probablement à la déglutition. Ces glandes sont quelquefois désignées sous le nom de *tonsilles*.

Les *amygdales* sont sujettes à une inflammation ordinairement occasionnée par un refroidissement subit et désignée sous les noms : d'*esquinancie*, d'*amygdalite*, d'*angine tonsillaire*. Les suites de cette inflammation sont : la difficulté d'avaler et de respirer, la sensation d'un corps étranger dans la gorge, la parole confuse et gênée.

Le rôle physiologique des *amygdales* est peu important et ne saurait être comparé à celui des glandes salivaires, comme le prouve le résultat insignifiant, sous le rapport fonctionnel, de l'extirpation des amygdales lorsqu'elles sont chroniquement hypertrophiées.

ANNEXES DE LA PEAU, POILS

§ 619. *Poils, définition*. — Les poils sont des filaments flexibles, d'une nature cornée, analogues aux plaques de la couche épidermique.

1 Voir page 21, fig. 5.

§ 620. *Organe producteur du poil.* — L'organe générateur du poil est désigné sous le nom de *follicule pileux* : il est situé dans l'épaisseur du derme dont il atteint, en s'enfonçant, les couches profondes. La forme du follicule est celle d'un tube terminé en cul-de-sac. Après s'être renflé à sa partie inférieure, il se replie en dedans pour former une saillie analogue à un fond de bouteille. Cette saillie, désignée sous le nom de *papille du bulbe*, contient les vaisseaux sanguins, les vaisseaux lymphatiques et les filets nerveux chargés de fournir les éléments nécessaires à la production du poil.

§ 621. *Constitution du follicule.* — Le follicule est composé de deux couches, l'une externe, formée de tissu conjonctif analogue au tissu du derme ; l'autre interne formée d'éléments cellulaires analogues aux cellules de la couche de Malpighi dont elle dérive. Cette seconde couche s'arrête à sa partie supérieure à l'ouverture des glandes sébacées, à sa partie inférieure elle se perd dans la masse cellulaire qui remplit la dilatation ampullaire du follicule et constitue ce qu'on nomme le *bulbe* du poil. Ces deux couches sont séparées l'une de l'autre par une membrane amorphe sans organisation apparente. Quand on arrache un poil on entraine ordinairement avec lui la plus grande partie de la masse cellulaire qui remplissait le renflement intérieur du follicule, cette masse cellulaire est bientôt renouvelée à l'aide de la paroi interne du follicule qui la régénère tant que le follicule reste intact.

§ 622. *Composition du poil.* — Le poil est lui-même composé de deux parties : 1° d'une couche corticale formée d'éléments cornés, analogues aux plaques épidermiques et soudés entre eux ; 2° d'une couche centrale médullaire, composée de cellules qui par leur réunion forment ce qu'on appelle la moelle du poil. Tel est le poil dans son développement complet ; mais, quand on l'examine dans la partie profonde du follicule, on ne trouve plus qu'une masse cellulaire sous forme de renflement appelé bulbe pileux ou, im-

'oprement, racine du poil. Ce renflement bulbaire est constué par des éléments cellulaires tassés les uns contre les ıtres et dont la différenciation ne commence à se montrer ı'à une certaine partie intérieure du follicule et c'est en co ɔint que commence le poil. Le follicule pileux n'est pas nplanté verticalement dans l'épaisseur du derme. A la base ı follicule se trouve fixé un petit ruban composé de petites bres musculaires lisses qui, en se contractant sous l'inuence de certains excitants, produisent l'érection du poil ı redressant le follicule. Le poil peut se régénérer à l'aide ə son follicule tant que ce dernier reste intact, malgré la estruction du bulbe. La croissance du poil n'est pas indénie, abandonné à lui-même il ne dépasse pas une certaine ɔngueur qui varie suivant les sujets. L'usage de les couper ıvorise leur développement. Les poils prennent différents oms suivant leur position : on les nomme *barbe* au menɔn, *cils* aux paupières, *sourcils* au-dessus des yeux, *cheeux* à la tête. La couleur des cheveux et des poils en énéral provient de granulations pigmentaires contenues ans l'intérieur des cellules du bulbe. Vauquelin en analyant ces granulations y a reconnu du fer, du manganèse t du soufre. Cette dernière substance dominerait dans əs cheveux blonds, la couleur rousse des cheveux serait ue à une grande proportion d'oxyde rouge de fer. ɩe Dr Massé fait la remarque que cette analyse de Vauuelin paraît justifiée par la pratique des Chinois d'administrer à l'intérieur des substances ferrugineuses pour aire redevenir noirs des cheveux qui commencent à blanhir.

La couleur blanche des cheveux est le résultat des prorès de l'âge; d'autrefois, de maladies ou de certaines vives motions de l'âme. Les poils, comme la plupart des substances rganiques, sont hygrométriques, mais pour constater cette ropriété utilisée, comme on le sait, dans l'hygromètre à heveu de Théodore de Saussure, il faut les dépouiller réalablement de la couche graisseuse dont ils sont revêtus ; les glandes sébacées déversent en effet sur les poils, à mesure qu'ils se développent, la substance onctueuse qu'elles sécrètent.

ANNEXES DE LA PEAU, ONGLES

§ 623. *Ongles, définition.* — Les ongles sont des productions analogues aux poils. Chez l'homme ils ont la forme de petites lames cornées qui recouvrent la face dorsale des dernières phalanges des orteils et des doigts.

§ 624. *Conformation des ongles.* [1] — Les ongles sont formés d'une lame sensiblement rectangulaire convexe sur la face supérieure, concave sur la face inférieure. Le bord antérieur est libre, le bord postérieur est reçu dans un repli de la peau désigné sous le nom de *racine* de l'ongle ; les bords latéraux sont engagés dans des sillons de la peau presque nuls à la partie antérieure et dont la profondeur va en augmentant à mesure qu'on se rapproche du bord postérieur. La face supérieure présente de petites stries longitunales ; sa couleur varie du rose au blanc suivant que l'épaisseur de cet organe permet d'apercevoir plus ou moins facilement par transparence le réseau vasculaire sous-jacent.

§ 625. *Face profonde de l'ongle.* — Lorsqu'on examine par sa face profonde un ongle qui vient d'être arraché on aperçoit une série de saillies longitudinales séparées par autant de sillons de même direction. Ces saillies et ces dépressions s'emboîtent avec des dépressions et des saillies correspondantes de la couche sous-jacente du derme sur laquelle l'ongle repose. Cette couche porte le nom de *lit de l'ongle ;* on donne le nom de *matrice de l'ongle* à l'ensemble composé de la racine et du lit.

§ 626. *Composition de l'ongle.* — La partie cornée, ou ongle proprement dit, est formée de cellules correspondantes

[1] Chez l'homme.

à celles qui constituent la partie superficielle de l'épiderme. Ces cellules se présentent sous l'aspect de lamelles très aplaties dont on ne reconnaît la provenance qu'à l'aide d'artifices et de préparations particulières. Au niveau de la racine et dans la partie profonde des sillons latéraux, le tissu de l'ongle présente une certaine mollesse qui permet de reconnaître plus facilement l'origine cellulaire de cet organe.

§ 627. *Croissance de l'ongle.* — Elle se fait à l'aide de deux organes dont nous avons parlé et dont la réunion constitue la matrice de l'ongle ; *la racine* dans laquelle pénètrent les vaisseaux sanguins et les filets nerveux nécessaires à la sécrétion, produit sans cesse de nouvelles couches cornées. Les plus récentes poussent les plus anciennes, l'ongle s'étend en longueur. Le *lit* fournit à son tour de nouveaux éléments qui renforcent les premières couches et l'épaisseur de l'ongle va ainsi en croissant du bord postérieur où se trouve la racine jusqu'au bord antérieur libre qu'on est dans l'usage de couper. On a remarqué que les ongles cessent de croître au bout d'un certain temps quand on ne les coupe plus. On a pu le constater chez certains peuples, notamment chez les Chinois qui laissent croître leurs ongles sans jamais les couper. Quand l'ongle est arraché à la suite d'un accident, il repousse régulièrement pourvu que la matrice (racine et lit) reste intacte. Mais si l'un de ces organes générateurs est oblitéré, le nouvel ongle qui se forme présente plusieurs irrégularités, jusqu'à ce que la matrice soit rétablie dans son intégrité.

§ 628. *Fonction des ongles.* — Chez l'homme qui seul possède de véritables ongles (ces organes prennent le nom de griffes chez les animaux), les plaques larges qui les constituent servent à soutenir la pulpe des doigts, lui permettent d'explorer avec plus de soin les propriétés des corps, ils la protègent contre les chocs des corps durs ; ils aident la main à saisir les corps très petits et à diviser ceux qui ont peu de consistance.

Sens du goût.

(Addition aux §§ 342-347, pp. 178-180)

§ 629. *Sens du goût, définition.* — Le sens du goût est celui qui nous fait percevoir les impressions particulières produites par certaines substances désignées sous le nom de sapides.

§ 630. *Saveur.* — On donne le nom de saveur tantôt à l'impression spéciale que certains corps sont capables de produire sur l'organe du goût, tantôt à la sensation elle-même, c'est-à-dire à la perception de cette impression spéciale.

§ 631. *Corps sapides.* — On entend par corps sapides tous ceux qui jouissent de la propriété de produire sur le sens du goût l'impression spéciale désignée sous le nom de saveur. Mais la nature intime des saveurs nous est inconnue et nous ne saurions non plus analyser le phénomène intime de l'impression que ces corps sapides produisent sur notre organisme.

§ 632. *Corps insipides et corps fades.* — Les corps qui n'ont pas la propriété d'impressionner le sens du goût sont appelés *insipides*. Les corps *fades* sont ceux qui l'impressionnent, mais faiblement, sans produire de sensations agréables. Ce qui est *fade* ne pique pas le sens du goût, ce qui est *insipide* ne l'impressionne d'aucune manière ; il ne manque à la saveur *fade* qu'un certain degré d'intensité, tandis que ce qui est *insipide* n'a point de saveur.

§ 633. *Organe du goût.* — On cite souvent et à tort le palais comme étant l'organe du goût : des expériences physiologiques ont démontré que le siège de cette sensation particulière qui est circonscrite dans l'intérieur de la bouche, ne se trouve que sur la langue et même sur certaines parties assez restreintes de cet organe. Ainsi on a reconnu que la partie intérieure du dos de la langue de même que toute sa surface inférieure et le filet ne donnent lieu à aucune sensation de saveur. Quand nous voulons nous rendre un compte plus exact de la saveur précise d'une substance, nous avons l'habitude de la placer sur notre langue ; en appliquant ensuite celle-ci fortement contre le palais, nous cherchons à écraser cette substance, afin de multiplier par ce moyen les contacts avec les parties gustatives de la langue. De là l'erreur qui attribue au palais une propriété gustative, tandis que sa fonction est purement mécanique.

La langue, comme organe du goût, demande une description particulière.

§ 634. *Structure de la langue.* — La langue est un organe charnu, très mobile, composé de nombreuses fibres musculaires entrecroisées dans tous les sens. Elle est fixée à sa partie postérieure, par sa base à l'os *hyoïde*, et par ses côtés aux os de la mâchoire inférieure. Libre à son extrémité antérieure désignée sous le nom de pointe de la langue, elle est liée en dessous à la muqueuse de la bouche par un repli triangulaire de cette membrane nommé *filet* ou *frein de la langue*, parce qu'il restreint ses mouvements et limite sa sortie de la bouche. La surface supérieure de la langue est garnie de nombreuses papilles qui sont les organes spéciaux de la gustation, de même que les papilles de la peau sont les organes spéciaux du toucher.

635. *Papilles de la langue.* — On les divise en trois catégories suivant leurs formes et leurs fonctions. Ce sont : 1° *les papilles filiformes* terminées en pointe. Elles sont répandues sur toute la surface de la langue, mais plus spécialement au bout antérieur, leur rôle est plutôt simplement tactile que gustatif ; 2° *les papilles fungiformes* ainsi appelées à cause de leur ressemblance avec un champignon (en latin *fungus*). Elles sont, en effet, composées, comme ces plantes, d'un petit pédicule ou support et d'une partie supérieure en forme de chapeau ou de cône, ce qui les fait quelquefois désigner sous le nom de *papilles coniques*. Ces papilles sont distribuées sur le dos et les côtés de la langue ;

3° *les papilles caliciformes*, ces dernières sont larges et aplaties, elles sont logées dans de petites cavités de la muqueuse de la langue en forme de *calices*, ce qui leur a fait donner le nom qu'elles portent. Ces papilles, au nombre de 15 à 18 environ, sont situées à la surface postérieure de la langue et disposées sur deux lignes convergentes formant une espèce de V *(V lingual)* dont l'ouverture est en avant. Un grand nombre de filets nerveux provenant des dernières ramifications des nerfs sensibles de la langue, viennent se terminer dans l'intérieur de ces papilles, d'une manière encore peu connue, probablement dans des espèces de *corpuscules* analogues aux corpuscules du tact. C'est à l'aide des papilles que la langue remplit le rôle d'organe du goût, mais ces petits corps ne concourent pas tous également à lui faire remplir la fonction gustative. Les papilles *filiformes* paraissent plus propres à recevoir et à transmettre les impressions purement *tactiles* que les *saveurs*. Les papilles *fungiformes* et surtout les *caliciformes* sont plus spécialement les organes du goût. C'est pour cela que les saveurs sont perçues avec plus d'intensité et d'une façon plus durable lorsque les corps sapides sont mis en contact avec la partie postérieure de la surface de la langue où se trouvent ces dernières papilles.

§ 636. *Nerfs de la langue.* — La langue reçoit dans son intérieur trois espèces de nerfs l'*hypoglosse*, le *lingual* et le *glosso-pharyngien*, dont les fonctions ne sont pas identiques. L'*hypoglosse* (nerf crânien de la douzième paire) est un nerf exclusivement moteur [1], il est complètement insensible aux impressions des corps sapides. Sa fonction se borne à répandre des filets dans les muscles nombreux de la langue pour les exciter et les diriger dans les mouvements si variés que ces différents muscles peuvent imprimer à notre langue parfois trop mobile. (Voir la note 1 au bas

[1] Lorsqu'on coupe à un chien le nerf hypoglosse, la langue de cet animal reste pendante, il la mord en mangeant sans pouvoir la retirer.

de la page 179 pour les noms et les fonctions de ces différents muscles). Les deux autres nerfs, le *lingual* et le *glosso-pharyngien* président spécialement à la sensibilité gustative, mais cependant à des degrés différents. Le *glosso-pharyngien* remplit plus spécialement le rôle de nerf du goût.

Ces deux nerfs sont essentiellement des nerfs sensibles, mais on peut distinguer dans ces nerfs deux espèces de fibres : des fibres de sensibilité spéciale, chargées de recevoir les impressions des corps sapides et de transmettre au cerveau la sensation de saveur ; et des fibres de simple sensibilité tactile qui ne transmettent au cerveau que les impressions de tact. La preuve que ces deux sortes de fibres sensibles sont séparées, c'est qu'on peut perdre le sens du goût sans que la langue soit privée de la sensibilité tactile.

Le *lingual*, branche du maxillaire inférieur qui lui-même fait partie du *trijumeau* (nerf crânien de la cinquième paire) se distribue aux deux tiers antérieurs de la langue en leur communiquant la sensibilité tactile et la sensibilité gustative, mais cette dernière à un faible degré. Le véritable nerf gustatif est le *glosso-pharyngien* (nerf crânien de la neuvième paire) qui se distribue à la partie postérieure de la muqueuse de la langue précisément à l'endroit où se trouve le *V lingual* formé par les papilles caliciformes, ce qui explique pourquoi ces papilles sont, comme nous l'avons dit, plus sensibles aux impressions des corps sapides.

Remarque. — En parlant des nerfs de la langue nous les avons désignés au singulier, comme nous le ferons en traitant des autres organes des sens. Mais il est bon de remarquer que ces nerfs sensoriaux sont des nerfs crâniens tous pairs et se distribuent symétriquement dans chaque organe, l'un à droite, l'autre à gauche.

§ 639. *Mécanisme du goût.* — Les corps insolubles sont incapables d'impressionner le sens du goût. Une substance ne peut donc être sapide qu'autant qu'elle est soluble. Pour pouvoir apprécier les propriétés des corps sapides, il faut qu'ils soient dissous afin que les différentes parties qui les composent puissent se trouver plus immédiatement en contact avec les filets des nerfs du goût. La sécrétion de la salive est donc nécessaire à la dégustation ; une bouche sèche apprécie difficilement les saveurs, aussi les impressions gustatives sont-elles très propres à provoquer des réflexes de la sécrétion salivaire et à déterminer un afflux de salive. On sait que la simple vue ou même le seul souvenir d'un mets particulièrement agréable suffit pour *faire venir l'eau à la bouche.* En montrant un morceau de viande à un chien, on voit aussitôt la salive couler avec abondance des conduits des glandes sous-maxillaires. Aussi, Claude Bernard a-t-il proposé de considérer les glandes sous-maxillaires comme concourant à la fonction gustative.

Dès qu'un aliment est introduit dans l'intérieur de la bouche, la salive arrive aussitôt pour en dissoudre les parties solubles qui sont ainsi mises en contact avec les papilles de la langue. Les impressions produites sur les papilles sont transmises par l'intermédiaire des filets nerveux dont elles sont garnies aux nerfs sensibles conducteurs, qui les amènent aux cerveau ; cet organe transmet à son tour ces impressions à l'âme, seule capable d'apprécier les sensations de saveur.

SENS DE L'ODORAT

(Addition aux §§ 347, 353, pp. 180-183)

§ 638. *Odeur.* — Dans le langage physiologique, le mot odeur s'applique à l'impression produite sur la membrane olfactive par les corps dits odorants.

Dans le langage vulgaire, ce mot, au lieu d'avoir une acceptation subjective, désigne les particules odorantes émanées des objets.

§ 639. *Corps odorants.* — Il est fort difficile de définir d'une manière exacte la cause objective, c'est-à-dire extrin-

;èque, de l'odeur. On suppose que celle-ci est produite par les particules matérielles d'une ténuité extrême et volatili-:ables par la chaleur. Il est, en effet, digne de remarque qu'un grand nombre de matières volatiles, comme le cam-)hre, les essences végétales, la benzine, le sulfure de car-)one, ont une odeur qui est caractéristique pour chacun de :es composés, tandis que les matières fixes sont le plus sou-/ent inodores. Cependant tous les corps vaporisables ne sont)as nécessairement odorants comme le prouve l'exemple de a vapeur d'eau, laquelle est dépourvue d'odeur.

§640. *Olfaction.* — On entend par *olfaction* (du latin *)lfacere,* flairer) la sensation particulière résultant de la)erception par l'âme des impressions produites sur le nerf)lfactif par les corps odorants et transmises par ce nerf et e cerveau jusqu'au principe immatériel seul capable d'ap-)récier les impresssions.

§641. *Organe de l'odorat.* — L'organe de l'odorat com-)rend deux parties, le nez et les fosses nasales (voir la des-:ription de ces parties au §349). On remarque dans les fos-;es nasales, de chaque côté de la cloison médiane, trois lames)sseuses repliées sur elles-mêmes en forme de cornets et sé-)arées entre elles par des intervalles nommés *méats.* Ces :ornets se divisent en supérieurs, moyens et inférieurs. Les leux premiers sont les plus importants. Les narines com-nuniquent en outre avec trois cavités nommées *sinus,* creu-;ées: 1° dans les os maxillaires; 2° dans le frontal; 3° dans e sphénoïde. Ces cavités sont destinées à renforcer le son lans la parole.

§642. *Membrane pituitaire.* — Les fosses nasales sont apissées dans toute leur longueur par une membrane par-iculière nommé *pituitaire* (du latin *pituita* ou *mucus*). C'est ıne membrane muqueuse, vasculaire, molle, très épaisse, :ontenant des plexus veineux en grand nombre revêtus d'un *pithélium* garni de *cils vibratils.* Elle contient dans son ·paisseur une grande quantité de petites glandes dont la fonc-ion est de sécréter un liquide épais nommé *mucus nasal,* destiné à la lubrifier constamment pour lui permettre de résister à l'action desséchante de l'air extérieur.

§ 643. *Nerf olfactif.* — Le nerf olfactif (nerf crânien de la première paire) est le nerf spécial de l'odorat. C'est un nerf uniquement sensitif, et d'une sensibilité spéciale, insensible aux excitations mécaniques. C'est lui qui communique à la membrane pituitaire, la sensibilité particulière qui lui est propre et la rend capable de recevoir les impressions des odeurs. Ce nerf qui a son point de départ à la partie inférieure du lobe frontal antérieur, se divise en une multitude de petits filets nerveux très déliés qui, après avoir traversé les trous de l'*ethmoïde*, se répandent dans la partie de de la membrane pituitaire, tapissant les cornets supérieurs et moyens.

Les filets du nerf olfactif ne pénètrent pas dans les cornets inférieurs; ils sont remplacés par des filets nerveux provenant du nerf *trijumeau* (nerf crânien de la cinquième paire), nerf à la fois sensible et moteur, mais doué d'une *sensibilité générale.*

§ 644. *Mécanisme de l'odorat.* (voir § 351,352). — L'*Olfaction* s'exerce uniquement sur les particules odorantes tenues en suspension dans l'air, à condition qu'elles seront amenées à la membrane olfactive par un courant d'air lent et faible venant de l'extérieur. En effet, si l'on place un morceau de camphre dans le nez en maintenant l'air immobile dans les narines, on n'éprouve aucune sensation.

Le courant d'air doit venir de l'extérieur pour être introduit pendant le mouvement d'inspiration ; l'air expiré de l'arrière cavité des fosses nasales, quelle que puisse être sa richesse en corpuscules odorants, ne produit presque aucune impression en traversant les fosses nasales.

Les fosses nasales remplissent encore une autre fonction : elles préparent l'air qui doit pénétrer dans les poumons, en lui communiquant la température et le degré d'humidité convenables pour ne pas léser la muqueuse des bronches et des poumons.

Sens de l'ouïe

ldition aux § 357 et suivants, pp. 184-187). (Voir la définition de ce sens page 184)

COMPOSITION DE L'OREILLE

§ 645. *L'organe de l'ouïe est l'oreille.* Cet organe est ès compliqué, et comprend trois parties distinctes chez ıomme, savoir : 1° l'oreille externe ; 2° l'oreille moyenne ; l'oreille interne.

§ 646. 1° *Oreille externe.* (Voir sa description à la ıge 185 avec la note placée au bas de cette page.)

§ 647. 2° L'*oreille moyenne*, nommée aussi *caisse du ·mpan*, est une cavité irrégulière, creusée dans la partie ıtérieure à la base de l'os temporal nommé *rocher* à cause ꞉ sa dureté. Cette seconde partie de l'oreille présente plueurs particularités remarquables : 1° elle est tapissée térieurement par une membrane muqueuse; 2° elle est ꞉parée de l'oreille externe par la membrane du tympan; ꞉ elle est traversée d'avant en arrière par la chaîne des ꞉selets ; 4° elle communique avec l'oreille interne par deux ıvertures nommées *fenêtres*, fermées toutes deux par des embranes. L'une, située au bas, est désignée sous le nom ꞉ *fenêtre* ronde, l'autre, située plus haut, sous celui de *enêtre ovale;* 5° on remarque à la partie postérieure de ꞉ cette petite caisse, une ouverture communiquant avec ꞉s cavités appelées *cellules mastoïdiennes*, parce qu'elles ınt creusées dans l'apophyse de ce nom située à la base de os temporal (voir fig. 43, p. 185); 6° la caisse du tympan ꞉t mise en communication avec l'air extérieur à l'aide d'un ınal nommé trompe d'Eustache, du nom de celui qui l'a écouvert (voir note 2 à la fin de la page 186) ; 7° la caisse ı tympan est traversée par un filet nerveux nommé *rde du tympan*, qui est une division *du nerf facial*, (nerf crânien de la septième paire, à la fois moteur et sensitif). Ce filet qui communique avec les glandes salivaires, vient s'appliquer contre la membrane du tympan à laquelle il est collé. Nous entrerons dans quelques détails sur les principales parties de l'oreille moyenne que nous venons de citer.

§ 648. *Membrane du tympan.* — Cette membrane est composée de fibres connectives et élastiques. Elle est traversée dans son épaisseur par un grand nombre de vaisseaux sanguins, destinés à maintenir sa température constante afin de lui permettre de lutter contre les variations de l'air extérieur avec lequel elle est en contact. Elle est située au fond du conduit auditif externe, mais elle n'est pas tendue verticalement devant l'ouverture de ce canal; elle fait avec elle, un angle d'environ 45° . Les bords de cette membrane sont fixés sur une espèce d'anneau cartilagineux appliqué contre l'ouverture circulaire du canal auditif externe, que cette membrane est destinée à boucher. Elle n'est pas plane, mais bombée en dedans et présente la forme d'un cône surbaissé et émoussé dont le sommet est dans l'intérieur de la caisse.

§ 649. *Chaîne des osselets.* — Cette chaîne s'étend de la membrane du tympan à la fenêtre ovale et se compose de quatre très petits os, nommés osselets de l'oreille, dont les noms sont tirés de la forme de chacun d'eux, savoir : 1° le marteau, 2° l'enclume, 3° l'os lenticulaire, 4° l'étrier (voir la forme de ces os, fig. 43, p. 186). 1° Le *marteau* présente deux parties, le manche et la tête. Le manche est engagé dans l'épaisseur de la membrane du tympan. Ce manche est muni d'un très petit muscle *(muscle interne du marteau)*, dont les contractions ont pour effet de tirer la membrane du tympan au-dedans et d'augmenter ainsi sa convexité et sa tension. Les physiologistes ne sont pas d'accord sur les nerfs qui innervent ce petit muscle. La tête du marteau est articulée avec l'enclume; 2° l'*enclume* présente aussi deux parties: une tête et une tige; cette tige est articulée à la partie inféure avec le troisième os; 3° l'*os lenticulaire* articulé -même avec la tête du quatrième os ou l'étrier; 4° l'*é-er*, cet os est fixé par sa base contre la membrane de fenêtre ovale qu'il maintient appliquée contre cette ouver-e; l'étrier est muni d'un petit muscle innervé par un filet nerf facial, mais dont la fonction est encore peu connue.

§ 650. *Trompe d'Eustache.* — La trompe d'Eustache .cée en avant de l'oreille moyenne, à l'opposé des *cellules istoïdiennes*, est un canal rectiligne et *infundibuliforme* stiné à établir la communication entre l'oreille moyenne la partie supérieure et latérale du pharynx. Il débouche is cette cavité par un orifice évasé nommé *pavillon de trompe* (voir fig. 42, p. 185).

Les parois de ce conduit sont de deux sortes: les unes érieures cartilagineuses, adossées contre le rocher; les res extérieures sont membraneuses. Les deux parois sont linairement appliquées l'une contre l'autre, et le canal neure fermé; il ne s'ouvre que par la contraction de deux iscles particuliers nommés *peristaphylins* (du grec περι, our et σταφυλή, luette) : le *peristaphylin externe*, é d'un côté à l'os du palais, et de l'autre à la partie mem-ineuse de la trompe d'Eustache, et le *peristaphylin interne* é, en haut, à la face inférieure du rocher et à la partie car-agineuse de la trompe d'Eustache; en bas, il se termine is le voile du palais qu'il sert à relever. Ces deux muscles contractent à chaque mouvement de déglutition. La paroi mbraneuse est écartée de la paroi cartilagineuse. Le con-it s'ouvre et établit la communication entre l'air de reille moyenne et l'air extérieur; mais dès que les mus-s se relâchent, les deux parois s'appliquent l'une contre utre et le conduit est de nouveau fermé. La trompe Eustache a pour fonction : 1° de laisser écouler le liquide rété par la membrane muqueuse qui tapisse l'oreille yenne; 2° d'établir l'équilibre entre l'air de l'oreille yenne et l'air extérieur; c'est pour obtenir ce dernier sultat que nous faisons des mouvements de déglutition afin de faire entrer l'air dans la caisse du tympan. Quand le conduit de la trompe d'Eustache est bouché, comme cela arrive dans le catarrhe de la caisse du tympan, il survient une certaine difficulté dans l'audition et un bourdonnement dans les oreilles. Le même bourdonnement se produit aussi quand on fait plusieurs mouvements de déglutition en maintenant le nez bouché; parce que l'air extérieur, ne pouvant plus pénétrer, il se produit une raréfaction de l'air contenu dans l'intérieur de la caisse du tympan. La fonction physiologique du filet nerveux dont nous avons parlé, *corde du tympan*, est, sans doute, d'établir les rapports nécessaires entre la sécrétion salivaire, la déglutition et l'ouverture du conduit de la trompe d'Eustache, pour maintenir l'équilibre entre la pression de l'air extérieur et celle de l'air contenu dans la caisse du tympan. Cette communication se fait par l'intermédiaire du pharynx, afin que l'air extérieur s'échauffe avant de pénétrer dans l'oreille moyenne. L'air froid pourrait gêner le fonctionnement des muscles délicats chargés de faire mouvoir les petits os de la chaîne des osselets.

§ 651. 3° *Oreille interne.*—L'oreille interne appelée aussi *labyrinthe*, à cause de la complication de sa structure est sans contredit, la partie la plus importante de l'organe de l'ouïe. Elle constitue à elle seule cet organe chez les poissons dépourvus d'oreilles externes et d'oreilles moyennes, et doués cependant de sensibilité auditive. Chez l'homme, elle peut suppléer au défaut des deux autres.

§ 552. *Composition de l'oreille interne.* — L'oreille interne se compose de trois parties ou cavités distinctes : 1° d'une partie centrale nommée *vestibule* ; 2° d'une partie supérieure et postérieure désignée sous le nom de *canaux semi-circulaires* ; 3° d'une partie antérieure et inférieure appelée *limaçon* (voir fig. 42, p. 185).

Nous entrerons dans quelques dédails sur chacune de ces trois parties.

§ 653. 1° *Vestibule.* — Le vestibule est une cavité irrégulièrement ovoïde. Il est ainsi appelé parce que, dans son érieur se trouvent d'abord la fenêtre ovale qui fait commuuer l'oreille interne avec l'oreille moyenne, puis différentes vertures, qui le font communiquer d'une part, avec les aux semi-circulaires et de l'autre avec le limaçon.

§ 654. 2° *Les canaux semi-circulaires*, sont ainsi noms, à cause de leur forme en demi-cercle. Ils sont au nom de trois : un vertical supérieur, un vertical inférieur et horizontal. Ces trois canaux communiquent avec le vestie par cinq ouvertures dilatées nommées *ampoules*.

Une de ces ampoules établit la communication entre une branches du canal vertical supérieur et une des brans du canal horizontal.

§ 655. *Le limaçon*, est ainsi appelé parce que la cavité, nt il est formé, est contournée en spirale, comme la colle d'un escargot. Ce canal spiral fait deux tours et demi spire autour d'une colonne nommée *columelle*.

Le limaçon est divisé, en deux parties nommées *rampes*, une cloison osseuse appelée *lame spirale*. Cette lame, commence au-dessus de la fenêtre ronde, est soudée à la rtie interne avec la *columelle*, ou *axe du limaçon*, exté à la partie supérieure où les deux rampes communient entre elles. Elle est soudée à sa partie externe avec la ne contournée. L'une des rampes du limaçon aboutit à la être ronde et porte le nom de *rampe tympanique* ou *erne*, l'autre commmnique avec le vestibule et se nomme *npe vestibulaire* ou *externe*.

§ 656. Les trois cavités, dont nous venons de parler, sont usées dans l'intérieur de la portion de l'os temporal nome *Rocher*. Elles sont osseuses et constituent en quelque te le squelette d'un second labyrinthe, nommé *labythe membraneux*. On distingue, en effet, dans le stibule et dans les canaux semi-circulaires des parties mbraneuses unies entre elles et formant un second stibule, et d'autres canaux semi-circulaires membraneux. s parties membraneuses constituent en quelque sorte une *nde oreille interne*, laquelle est séparée de *l'oreille interne osseuse*, par un liquide nommé *périlymphe* ou humeur de *Cotugno*. Le vestibule et les canaux semi-circulaires membraneux contiennent aussi un liquide nommé *Indo-lymphe* ou humeur de *Scarpa*.

§ 657. *Le vestibule membraneux*, qui présente la même forme que le vestibule osseux, dont il est séparé par le *périlymphe*, est divisé en deux parties : l'une nommée *utricule* communique avec les canaux semi-circulaires, l'autre nommée *saccule* occupe la partie hémisphérique du vestibule et communique avec la rampe externe ou vestibulaire du limaçon.

Ces deux parties, *utricule* et *saccule* du vestibule membraneux, sont lisses à l'intérieur, excepté en un point, où l'on remarque dans chacune d'elles une saillie ovoïde de couleur blanche. Ces saillies ont été désignées sous le nom de *taches auditives (macula acoustica)*. Enfin dans l'*indolymphe* de l'*utricule* et du *saccule* on a découvert de petits cristaux microscopiques de carbonate de cháux nommés *otolithes* ou *otoconies* désignés aussi sous le nom de *poussière auditive*.

Ces petits cristaux atteignent chez les reptiles et les poissons osseux des volumes assez considérables, tandis qu'ils sont très petits chez les oiseaux, les mammifères et chez l'homme. Chez ce dernier, ils sont si nombreux au milieu des taches auditives, qu'ils donnent à ces taches une couleur blanche particulière; ces cristaux joueraient un rôle par leur vibration dans le mécanisme de l'audition.

§ 658. Les canaux semi-circulaires membraneux forment également des ampoules à leur point de jonction avec l'*utricule*. Ils sont séparés des canaux osseux par le *périlymphe* et contiennent dans leur intérieur l'*indolymphe*. Sur la surface interne de ces ampoules membraneuses on a constaté aussi des espèces de saillies, en forme de replis et désignées sous le nom de *crêtes auditives*.

Pour terminer ce qui regarde la partie membraneuse du vestibule et des canaux semi-circulaires, nous ajouterons 'après Schultze (cité par Mathias Duval, à la page 605 de quatrième édition de sa *Physiologie*) que la membrane de es deux parties contiendrait dans son épaisseur de petits *rins*, très mobiles, faisant saillie en dehors dans le *liquide érilymphe*. Ces petits crins auraient pour fonction de ransmettre les vibrations du *périlymphe* aux dernières amifications de la partie du nerf acoustique nommé *utri-ulaire*.

NOTA. — M. Hensen dans ses études sur l'origine de l'ouïe es crustacés décapodes, a signalé dans l'oreille interne de es animaux des poils analogues, qu'il désigne sous le nom e *poils auditifs*.

Le périlymphe destiné à séparer les parties osseuses des arties membraneuses de l'oreille interne pénètre également ans les deux rampes du limaçon par la partie supérieure ui les fait communiquer entre elles. Ce liquide est main-enu renfermé dans l'oreille interne d'un côté par la mem-rane de la fenêtre ovale du vestibule et de l'autre par la embrane de la fenêtre ronde, qui termine la rampe interne tympanique.

§ 659. *Limaçon membraneux*. — On distingue égale-ent dans l'oreille interne un limaçon membraneux, il con-ste essentiellement en une membrane qui recouvre la artie supérieure de la lame osseuse divisant le limaçon en eux rampes. Cette membrane est désignée sous le nom de *me basilaire*. Elle recouvre un canal particulier, situé ntre elle et la lame osseuse et appelé canal *cochléarien* 'est-à-dire en spirale). Cette membrane constitue comme ne partie moyenne dans le limaçon, en séparant la *rampe mpanique* de la *cloison osseuse*, située au-dessus de la *ampe vestibulaire*.

NOTA. — A la suite de Mathias Duval, dans la 4me édition e sa *Physiologie*, page 601, nous nous bornerons à indi-uer les parties de la membrane basilaire les plus en rap-ort avec la théorie physiologique de l'audition.

§ 660. *Membrane basilaire du limaçon*. — Cette membrane très compliquée a été et est encore l'objet d'études spéciales de la part d'un grand nombre de physiciens, de physiologistes et de médecins. D'après les notions admises aujourd'hui, elle serait composée de deux parties : 1° l'une interne, désignée sous le nom de *zone lisse*, et, 2° d'une partie externe, nommée *zone striée*.

§ 661. La *zone lisse* est constituée par une substance homogène, la *zone striée*, au contraire, est formée de fibres droites placées en travers et comparées à des cordes par *Hensen*. Ces fibres occupent toute la longueur de la lame basilaire, depuis la base de la rampe tympanique à partir de la fenêtre ronde, jusqu'au sommet. Ces fibres, placées immédiatement au-dessus de la partie interne ou lisse de la lame basilaire, ont été désignées sous le nom de *fibres* ou mieux d'*arcades de Corti*, du nom de celui qui les a découvertes.

Les *fibres de Corti* seraient très nombreuses, on n'en compterait pas moins de trois mille. Elles seraient rangées les unes à côté des autres, à la manière des touches d'un piano. Ces petites fibres microscopiques seraient fixées par une de leurs extrémités à la lame basilaire, et par l'autre aux dernières ramifications de la portion du nerf acoustique nommé *rameau cochléarien*.

A la suite de la découverte des *fibres de Corti*, on a imaginé une théorie acoustique, hypothétique, il est vrai, mais assez vraisemblable. On a supposé que chacune de ces petites fibres devait être accordée avec une note particulière et qu'elle devait vibrer avec elle. Ces petites fibres auraient la propriété de décomposer un son fondamental en sons harmoniques, comme le fait un piano. Les vibrations de ces petites fibres, transmises d'abord aux différents filets nerveux de la branche cochléarienne du nerf acoustique, et de ces filets au cerveau, produiraient les sensations particulières correspondantes à chaque note.

Cette théorie acoustique vraiment séduisante, basée sur les *fibres de Corti*, a dû être abandonnée à la suite de la écouverte de l'absence de ces fibres dans le canal cochléa-en du limaçon chez les oiseaux. Ces animaux sont cepen-ant doués, comme on le sait, d'un sens auditif très n et très musical. C'est alors que les physiologistes it porté leur attention sur la *zone striée* de la lame asilaire.

§ 662. *Zone striée.* — On a remarqué que cette partie e la lame basilaire présentait une composition sensiblement ı même chez tous les animaux, et offrait des dispositions 'ès propres à remplir le rôle attribué d'abord aux *fibres e Corti.* La *zone striée* serait formée de fibres transver-ıles analogues à des cordes tendues et présenterait des ɪngueurs croissantes depuis la base de la lame basilaire, u niveau de la fenêtre ronde, jusqu'au sommet du limaçon, e sorte que cette lame avec sa *zone striée* étant déroulée, ffrirait l'aspect d'un coin et les fibres une disposition ana-ɪgue aux cordes d'une harpe.

Les fibres les plus longues situées au sommet du limaçon eraient destinées à vibrer à l'unisson des sons les plus gra-es ; et les plus courtes, à partir de la fenêtre ronde, entre-aient en vibration sous l'influence des sons les plus élevés.

Telle est l'hypothèse admise aujourd'hui par les physi-iens et les physiologistes, surtout par Helmholtz, Berns-ein et Gavarret [1].

Les fibres de la zone striée rempliraient donc le rôle ttribué d'abord aux fibres ou *arcades de Corti.* Chacune 'elles correspondrait à un son particulier, pour lequel elle erait accordée.

On a reconnu que ces fibres étaient assez nombreuses our correspondre à la série des sons appréciables par une reille exercée et musicienne. La série des sons perceptibles omprend sept octaves, chaque octave se compose de douze emi-tons.

[1] Consulter l'ouvrage de Gavarret intitulé: *Acoustique physiolo-ogique, phonation et audition.* Paris, 1877.

D'après Weber, l'oreille la plus exercée n'est pas capable d'apprécier un intervalle musical inférieur à un soixante quatrième de demi-ton. Le nombre des sons ou intervalles musicaux capables d'être appréciés par une oreille exercée s'obtiendra donc par le calcul suivant : 7 octaves multipliées par 12 demi-tons et chaque demi-ton multiplié par 64 = 5376. L'échelle des sons musicaux appréciables par l'oreille la mieux exercée, ne renfermerait donc pas plus de 5376 intervalles. Or, on compte 3000 arcades de Corti. Chacun de ces arcs comprend deux fibres radiales de la zone striée, qu'elle maintient tendues. Le nombre de ces fibres radiales est donc plus que suffisant pour que le clavier cochléarien corresponde par une corde à chacun des sons compris dans l'échelle musicale appréciable par l'oreille la mieux exercée (Mathias Duval, page 604).

En supposant, comme nous l'avons fait pour les arcades de Corti, que chacune des fibres radiales de la zone striée corresponde avec un des filets nerveux particuliers de la branche cochléaire du nerf acoustique, il sera facile de comprendre qu'à la vibration de chacune de ces cordes correspondra une excitation des filets nerveux, et par suite la perception distincte du son correspondant.

Cette théorie hypothétique, mais assez vraisemblable, comme nous l'avons dit, semblerait être confirmée par la découverte récente faite par M. Hessen de poils auditifs dans l'oreille interne des décapodes. D'après M. Hessen ces poils vibrent sous l'influence des sons extérieurs, et chacun d'eux sous l'influence d'une note spéciale.

Pour terminer la description de l'organe de l'ouïe, il nous reste à parler du nerf acoustique.

§ 663. *Nerf acoustique.* — Le nerf acoustique (nerf crânien de la huitième paire), est un nerf exclusivement sensible et d'une sensibilité spéciale, *sensibilité auditive.* Ce nerf comprend deux racines dont les points de départ ne sont pas encore bien déterminés. Ces deux racines en se réunissant forment un tronc unique. Ce tronc pénètre avec le nerf facial, sur lequel il se moule comme une gouttière, dans le canal osseux, nommé conduit auditif interne (voir p. 185).

En pénétrant dans l'oreille interne, le nerf acoustique se divise en trois branches, l'une pénètre dans le vestibule, la seconde dans les canaux semi-circulaires, et la troisième, désignée sous le nom de branche *cochléaire*, pénètre dans le limaçon.

La branche qui pénètre dans le vestibule se subdivise en deux autres suivant les deux parties dans lesquelles se divise le vestibule. L'une de ces branches pénètre dans l'utricule, l'autre dans le saccule. La branche des canaux semi-circulaires se subdivise à son tour en cinq branches qui vont aboutir aux ampoules par lesquelles les canaux semi-circulaires communiquent avec le vestibule. Toutes les subdivisions des branches du nerf acoustique, se distribuant dans les différentes parties du vestibule et des canaux semi-circulaires, se terminent par une multitude de filets nerveux.

Ces petits filets nerveux, après avoir pénétré dans la membrane qui constitue le vestibule et les canaux semi-circulaires *membraneux* débouchent au niveau des *taches* et des *crêtes auditives*, dont nous avons parlé et flottent dans le liquide contenu dans l'oreille interne.

Quant à la branche qui pénètre dans l'intérieur du limaçon, après avoir suivi un trajet plus ou moins compliqué dans la *columelle*, ou axe du limaçon (voir § 655), elle pénètre d'abord dans la lame spirale osseuse, puis vient déboucher dans le *canal cochléarien* qui lui a fait donner le nom de *rameau cochléarien*. Elle vient ensuite s'étaler en nombreux filets nerveux, à la surface de la *lame basilaire*, membrane constituant, comme nous l'avons dit, le *limaçon membraneux*.

Les filets nerveux de la *branche cochléarienne* du nerf acoustique flottent également dans le liquide de l'oreille interne. On peut porter le nombre de ces filets nerveux à près de six mille, puisque chacun de ces filets est en communication avec une des six mille fibres radiaires de la zone striée, constituant, comme nous l'avons dit, la face externe de la lame basilaire.

§ 664. *Mécanisme de l'audition.* — Nous définirons d'abord le son et ses différentes qualités, puis nous examinerons comment les différentes parties de l'ouïe, contribuent au phénomène de l'audition.

§ 665. *Son.* — Le son peut être envisagé de deux manières : 1° dans sa cause extérieure ; 2° en lui-même comme la sensation particulière perçue par l'organe de l'ouïe, c'est-à-dire subjectivement.

1° Envisagé dans sa cause extérieure, le son est un phénomène physique qu'on peut définir : *le résultat de vibrations plus ou moins nombreuses et rapides imprimées à un corps élastique quelconque solide, liquide ou gazeux et transmises par l'air ou par tout autre milieu pondérable ;* on sait que le son ne se transmet pas dans le vide.

2° Le son envisagé par rapport à l'organe de l'ouïe, ou subjectivement, peut être défini : *une sensation particulière résultant d'impressions produites par les vibrations des corps élastiques sur l'organe de l'ouïe et transmises par cet organe, d'abord au cerveau, puis à l'âme seule capable d'apprécier.*

Nous avons dit que le son ne se transmet pas dans le vide ; on le prouve facilement à l'aide d'une clochette suspendue dans l'intérieur d'un ballon dans lequel on a fait le vide au moyen de la machine pneumatique ; cette clochette ne rend aucun son, lors même qu'on l'agite ; mais, le son est perçu si on laisse rentrer l'air. Il est donc nécessaire, pour avoir la sensation du son, qu'il y ait entre l'organe de l'ouïe et le corps vibrant un corps capable de transmettre les vibrations du corps élastique jusqu'au nerf acoustique chargé de recevoir les impressions et de les transmettre à l'âme par l'intermédiaire du cerveau. Il est inutile d'ajouter, cela se comprend, qu'il est nécessaire que l'organe de l'ouïe, u du moins la partie la plus importante, soit en bon état our qu'il y ait sensation.

§ 666. *Mode de transmission du son.* — Le corps transnetteur des sons est généralement l'air atmosphérique. Il st facile de se rendre compte du mode de propagation. Les nolécules d'air, en contact immédiat avec le corps vibrant, uivent en vertu de leur élasticité les mouvements de celuii et exécutent une série d'allées et de venues nommées *scillations*. Les molécules d'air en contact avec le corps ibrant transmettent, sans se déplacer, leurs oscillations aux nolécules d'air voisines, qui agissent de même de proche en roche. Il se produit alors dans la masse d'air ébranlée une érie de mouvements nommés *ondes sonores*. Ces ondes sonores sont recueillies par l'oreille externe, qui les transmet à oreille moyenne. Cette dernière les fait pénétrer par l'intermédiaire des membranes de la fenêtre ovale et de la enêtre ronde jusqu'au liquide contenu dans l'oreille interne.

Mais, à mesure que la masse d'air ébranlée par la transmission des ondes sonores, devient plus considérable, les vibrations des corps sonores perdent de leur force et finissent, suivant les circonstances et les individus, par ne plus produire d'impressions sur le nerf acoustique, et dès lors la sensation cesse. Tout le monde sait combien le son se propage plus facilement et plus loin, quand la masse d'air est limitée, comme elle l'est dans les tubes dit *parlants* employés pour communiquer à distance. Le célèbre physicien Biot entendait distinctement, à l'extrémité d'un tube de fonte de 951 mètres, tous les mots prononcés à voix basse par une personne placée à l'autre extrémité de ce tube.

Avant de définir les qualités du son, il est bon de remarquer que les liquides et les solides conduisent encore mieux le son que l'air, aussi les plongeurs entendent-ils au fond de l'eau la voix des personnes qui parlent sur le rivage. En appliquant l'oreille à l'extrémité d'une longue poutre, on entend très distinctement les vibrations produites à l'autre extrémité par le frottement d'une épingle.

§ 667. *Qualités du son.* — On distingue dans le son trois qualités particulières que le sens de l'ouïe est capable d'apprécier. Ces qualités sont : 1° la force ou intensité ; 2° le ton ou hauteur ; 3° le timbre.

1° *Force ou intensité du son.* — Cette qualité dépend de l'amplitude des oscillations. Plus les oscillations seront grandes, plus le son sera fort ou intense.

2° *Hauteur ou ton.* — La hauteur du son qu'on appelle aussi le *ton* dépend du nombre d'oscillations exécutées dans l'unité de temps. Selon que les vibrations seront plus ou moins nombreuses dans l'unité de temps, le son sera grave ou aigu.

3° *Le timbre.* — Le timbre, qu'il est difficile de bien définir, est cette qualité qui permet de distinguer deux sons de même intensité et de même hauteur. On peut considérer le timbre comme la superposition des *harmoniques* d'un son fondamental, qui, en se combinant entre eux, donnent pour effet un son particulier résultant de la variété des combinaisons. On sait que tout son fondamental est accompagné d'une série de sons secondaires appelés *harmoniques.*

Quoi qu'il en soit, le timbre nous permet de reconnaître la nature du corps sonore ou l'instrument de musique. On peut le considérer, en quelque sorte, comme la saveur du son, ou mieux encore comme sa physionomie. C'est, en effet, le timbre qui nous permet de distinguer l'âge et le sexe d'une personne qui nous parle, et jusqu'à un certain point les sentiments qui agitent son âme.

C'est, sans doute, à cause de cette propriété de distinguer les différentes qualités du son que l'oreille interne présente une si grande complication.

MÉCANISME DE L'AUDITION

(Supplément au § 353, p. 187)

xaminons maintenant le concours apporté par les diffé-
tes parties de l'organe de l'ouïe au mécanisme complet
'audition.

668. 1° *Rôle de la conque ou oreille externe.* — La
que, par les nombreux replis qu'on y remarque, tend à
e converger vers le conduit auditif externe, les sons qui
ment de différentes directions. Schneider a constaté ce
, par l'expérience suivante : ayant fait disparaître dans
e des oreilles, les différents sillons de la conque, en les
plissant à l'aide d'un mélange malléable de cire et
ile, tout en laissant le conduit auriculaire toujours
ert, il constata que l'oreille dont la conque avait été
i rendue plane ne recevait plus aussi facilement que
tre les sons venus de différentes directions, et qu'on ne
vait plus distinguer nettement la provenance des tons.

669. *Rôle du conduit auriculaire externe.* — Le
duit auriculaire externe recueille les ondes sonores ras-
blées par la conque, et les fait pénétrer jusqu'à la mem-
ne du tympan. Le conduit auriculaire externe n'est pas
eul mode de transmission des sons, les os maxillaires et
tout l'os temporal, dans lequel se trouve creusé le con-
t auditif externe, peuvent servir à cette transmission. Ce
le particulier est facile à constater, en saisissant une
tre entre les dents et en bouchant les conduits auricu-
es externes, on entend alors assez distinctement le *tic-*
de la montre.

Remarque. La membrane qui tapisse l'intérieur du con-
t auriculaire externe, est douée d'une *sensibilité spé-
le*, qui donne lieu à des actions réflexes très curieuses.
l'on vient à enfoncer trop profondément, dans le conduit

auriculaire externe, la tête d'une épingle ou un cure-oreille on éprouve aussitôt dans la gorge une sensation pénible accompagnée d'envie de vomir.

§ 670. *Rôle de l'oreille moyenne.* — En arrivant contre la membrane du tympan, les ondes sonores la font entrer en vibration. Les vibrations de cette membrane doivent se communiquer jusqu'au liquide de l'oreille interne, et par lui aux filets du nerf acoustique, qui plongent dans ce ilquide. Or, l'oreille moyenne présente deux moyens de transmettre les vibrations du tympan au liquide de l'oreille interne.

1° A l'aide de la chaîne des osselets. Nous avons vu que le manche du marteau est engagé dans l'épaisseur de la membrane du tympan ; cette membrane en vibrant met en mouvement le marteau, qui à son tour fait mouvoir l'enclume, puis l'os lenticulaire et enfin l'étrier : ce dernier, en vibrant à l'aide du petit muscle et du filet nerveux dont il est muni, fait vibrer la membrane de la fenêtre ovale, contre laquelle il est appliqué. Cette dernière transmet les vibrations au liquide interne, et de là au filet nerveux plus spécialement du vestibule et des canaux semi-circulaires. Quand les ondes sonores deviennent trop fortes et occasionnent une sensation pénible, le manche du marteau, à l'aide du muscle et du filet nerveux, dont il est muni, tend plus fortement la membrane du tympan en la tirant en dedans et diminue ainsi l'amplitude des vibrations de cette membrane, pour tempérer l'intensité des ondes sonores.

2° Le second mode de transmission des ondes sonores du tympan à l'oreille interne, se fait par l'intermédiaire de l'air contenu dans l'oreille moyenne, qui, entrant en vibration, fait vibrer la membrane de la fenêtre ronde, laquelle transmet ses vibrations au liquide de l'oreille interne et par lui aux filets nerveux de la branche cochléarienne.

Remarque. — C'est par une disposition admirable de la Providence que les filets nerveux du nerf acoustique flottent librement dans le liquide de l'oreille interne. On sait, en et, que les liquides, en vertu de leur incompressibilité, ansmettent *intégralement et dans tous les sens avec la ême intensité, les pressions même les plus faibles ercées en un point quelconque de leur masse.*

Les vibrations imprimées aux membranes des deux fenê- es sont donc fidèlement transmises aux filets du nerf acous- ue par le liquide contenu dans l'oreille interne.

Les vibrations transmises par la chaîne des osselets à la embrane de la fenêtre ovale, peuvent devenir parfois ès fortes et causer des désordres, à cause de l'incompres- bilité du liquide auquel elles sont transmises. Dans s circonstances la membrane de la fenêtre ronde, qui est re et très élastique, sert en quelque sorte de soupape de reté, en cédant plus facilement aux pressions qui pour- ient devenir dangereuses.

§ 671. La perforation de la membrane du tympan, la- struction des osselets, à l'exception de l'étrier, peuvent minuer la sensibilité de l'organe de l'ouïe, mais ne la pprimentpas entièrement. La chute de l'étrier au contraire ène la surdité, parce que la chute de cet os a pour con- quence la destruction de la membrane de la fenêtre ovale, ntre laquelle il est appliqué et par suite l'écoulement du uide contenu dans l'oreille interne. Dès lors, les filets rveux du nerf acoustique ne recevant plus les impressions s ondes sonores, la surdité survient.

§ 672. Les trois cavités qui se trouvent dans l'oreille terne, ne rempliraient pas toutes les mêmes fonctions. insi le limaçon, à l'aide de la branche cochléarienne du rf acoustique qui y pénètre, aurait pour fonction spéciale apprécier les diverses qualités du son. Cette cavité fait faut dans l'oreille interne de plusieurs animaux. La des- uction de la branche cochléarienne chez l'homme n'en- aînerait pas la surdité.

Le vestibule et les canaux semi-circulaires seraient plus écialement destinés à percevoir les sensations générales audition, tels que les bruits et les sons ordinaires.

§ 673. Le nerf auditif étant un nerf d'une sensibilité toute spéciale, les différentes excitations portées sur lui déterminent généralement une sensation auditive. Si on fait traverser ce nerf par un faible courant galvanique, en plaçant l'un des pôles dans le conduit auditif externe et l'autre dans le pharynx au voisinage de la trompe d'Eustache, on fait naitre un bourdonnement confus et persistant. Indépendamment de cette sensation spéciale, ce nerf parait susceptible de sensation générale, sa lésion ou sa destruction est accompagnée de douleur de même que les sons trop intenses sont aussi une cause de douleur.

§ 674. *Subjectivité des sensations auditives.* — Le nerf acoustique peut devenir le siége de sensations subjectives analogues à celles du nerf optique, comme nous le verrons en étudiant le sens de la vue.

Ainsi, au milieu du profond silence, en l'absence de tout corps vibrant, le sens de l'ouïe peut devenir le siège de sensations sonores, tels sont les bourdonnements, les tintements d'oreille. Ces sensations subjectives de l'organe de l'ouïe sont surtout fréquentes dans les insomnies, dans les congestions cérébrales. Tout le monde a pu remarquer qu'à la suite d'un voyage prolongé dans une voiture roulant sur des pavés, il reste souvent une sensation de roulement qui se prolonge souvent longtemps et ne cesse qu'après le sommeil.

Ce n'est pas sans raison, dit le Dr Descuret, qu'on appelle l'ouïe le *sens de l'intelligence*.

Les notions que ce sens nous fait acquérir sont innombrables. C'est par l'intermédiaire de ce sens précieux que se fait l'éducation de la parole. On sait en effet que les sourds de naissance sont généralement muets. C'est par ce sens que s'établit parmi les hommes le commerce de pensées, si propre à perfectionner leur être moral et à développer l'intelligence.

SENS DE LA VUE

(Addition aux §§ 372-397, pages 190-202.)

§ 675. *Vue. Définition.* — La vue est le sens qui nous ;vèle, par l'intermédiaire de la lumière, la présence des corps :térieurs et nous en fait connaître la forme, les dimensions, s couleurs, la position et les mouvements.

L'exercice de ce sens se nomme *vision.*

§ 676. *Appareil de la vision.* — L'appareil de la vision t très compliqué. On peut le diviser en deux parties : ' Le globe de l'œil et les parties dont il se compose ; ' les annexes de l'œil (fig. 55.)

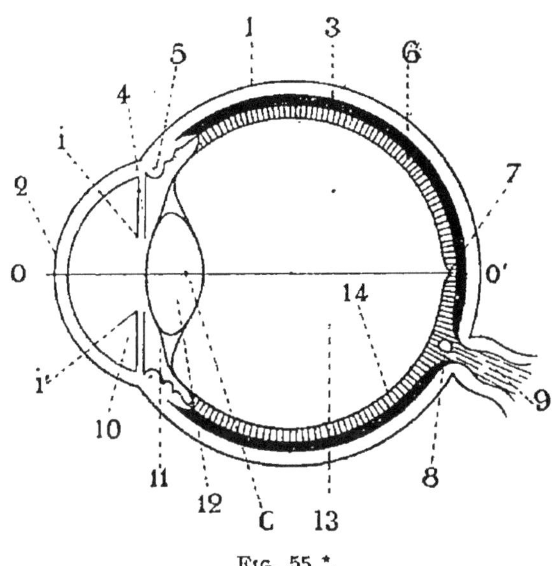

Fig. 55 *.

§ 677. 1° *Globe de l'œil.* — Le globe de l'œil est or- ane principal de la vision ; il est logé dans une cavité sseuse de la face composée de plusieurs os et nommée rbite. Cette cavité est tapissée intérieurement d'une

* O, O'. Axe de l'œil ; I, I'. Pupille ; C. Centre optique ; 1. Sclérotique ; 2. Cornée trans- rente ; 3. Choroïde ; 4. Iris ; 5 Procès ciliaires ; 6. Rétine ; 7. Fosse centrale, tache une ; 8. Papille du nerf optique, *punctum cæcum* ; 9. Nerf optique ; 10 Chambre térieure de l'œil ; 11. Ligament suspenseur du cristallin ; 12. Cristallin et sa capsule ; . Corps vitré ; 14. Hyaloïde.

couche graisseuse servant de coussin au globe de l'œil qui y est maintenu par des muscles dont nous parlerons plus loin. Ces muscles, insérés par une de leurs extrémités sur le globe de l'œil, sont fixés par l'autre aux os qui forment la cavité orbitaire.

§ 678. *Forme du globe de l'œil.* — La forme du globe de l'œil est celle d'un sphéroïde, le diamètre antéro-postérieur dépassant en longueur les dimensions des autres diamètres d'environ un millimètre. A sa partie postérieure, il est percé d'une ouverture par laquelle entre le nerf optique.

§ 679. *Axe de l'œil.* — On nomme axe de l'œil une ligne imaginaire passant par le centre de la cornée et par le centre du globe de l'œil.

§ 680. *Pôles de l'œil.* — On nomme pôles de l'œil, les deux extrémités de l'axe, c'est-à-dire les deux points où cette ligne perce les surfaces du globe de l'œil.

§ 681. *Équateur de l'œil.* — On nomme ainsi un plan imaginaire qui perpendiculairement à l'axe partagerait le globe de l'œil en deux hémisphères : l'antérieur et le postérieur.

L'entrée du nerf optique est située à trois ou quatre millimètres en dedans du pôle postérieur du globe de l'œil et à un millimètre en dessous de l'axe.

§ 682. *Éléments constitutifs du globe de l'œil.* — Le globe de l'œil comprend deux sortes d'éléments : 1° des membranes, 2° des milieux transparents.

§ 683. *Membranes du globe de l'œil.* — Les membranes, au nombre de trois, sont, de l'extérieur à l'intérieur : 1° la sclérotique avec la cornée transparente, 2° la choroïde et l'iris, 3° la rétine.

§ 684. 1° *Sclérotique et cornée transparente.* — La sclérotique (du grec Σκληρός dur) est une membrane fibreuse, très résistante, un peu aplatie d'avant en arrière, d'un blanc légèrement bleuâtre (vulgairement le blanc de l'œil) ; elle recouvre les 5/6 du globe de l'œil en constituant une espèce de coque qui enveloppe les parties intérieures de l'œil et sert à maintenir sa forme. Elle sert encore d'insertion aux muscles chargés de faire mouvoir cet organe.

La sclérotique repose, par sa face extérieure, sur la couche de tissu cellulo-adipeux dont nous avons parlé, qui tapisse la cavité orbitaire. Sa face interne est en contact avec la choroïde située au-dessous. La sclérotique est opaque et présente deux ouvertures importantes : l'une postérieure, servant de passage au nerf optique, l'autre antérieure, circulaire, taillée en biseau aux dépens de sa face interne. Cette dernière est fermée par la cornée transparente. La sclérotique est constituée par des faisceaux de tissu conjonctif, enroulés d'avant en arrière et de gauche à droite et réunis entre eux par un tissu élastique. Elle est traversée dans son épaisseur par un grand nombre de vaisseaux sanguins (artères et veines), destinés à la nourrir, et par des filets nerveux. A la sclérotique se rattache la cornée transparente.

§ 685. *Cornée transparente.* — Cette membrane est ainsi appelée à cause de sa ressemblance à de la corne, elle est enchassée par son bord circulaire (également taillé en biseau aux dépens de sa partie externe), dans l'ouverture de la sclérotique, à la manière d'un verre de montre dans son anneau ; elle achève ainsi de former l'enveloppe extérieure du globe de l'œil dont elle n'occupe qu'un sixième de la surface totale. Elle fait saillie en avant de la sclérotique et se montre plus ou moins convexe suivant les individus.

§ 686. *Composition de la cornée.* — La cornée se compose d'un tissu spécial formé de couches parallèles et superposées, interceptant dans leur intérieur des espaces cellulaires, qui communiquent entre eux dans le même plan et avec ceux des plans voisins. Cette substance propre est en continuation directe avec le tissu de la sclérotique dont elle diffère par sa transparence. Cette substance propre de la cornée est comprise entre deux couches de cellules épithéliales constituant deux membranes amorphes.

La membrane antérieure est la continuation de la *conjonctive* (surface interne du derme des paupières). La membrane postérieure, constituée également par une couche de cellules épithéliales est désignée sous le nom de *membrane de Demours* ou de *Descemet*. Cette membrane forme à sa jonction périphérique avec l'iris un organe particulier nommé ligament pectiné ; elle envoie également quelques-unes de ses fibres au canal de *Schlemm*, canal situé à l'union de la cornée avec la sclérotique.

§ 687. *Vaisseaux et nerfs de la cornée.* — On suppose que la circulation destinée à nourrir la cornée se fait par l'intermédiaire des intervalles signalés plus haut, dans la couche propre, car on n'y trouve pas de vaisseaux.

Les nerfs de la cornée sont excessivement nombreux ; ils forment des plexus et des réseaux entre les différentes couches de la substance propre ; ils pénètrent même jusqu'à la membrane antérieure, en s'insinuant entre les cellules épithéliales qui se trouvent dans cette membrane.

Remarque. — Ce sont ces filets nerveux si nombreux, répandus dans la cornée transparente, qui communiquent à cette membrane la vive sensibilité que tout le monde connaît. Le plus léger contact avec cette partie délicate de notre œil produit immédiatement une sensation pénible, qui transmise au cerveau par des nerfs sensibles centripètes, détermine une action réflexe, amenant aussitôt l'abaissement de la paupière supérieure. Cet abaissement est produit par la contraction du muscle nommé *sphincter palpébral*. On sait également par expérience combien il est difficile de tenir l'œil ouvert quand le moindre petit grain de poussière vient s'appliquer sur la cornée.

§ 688. *Choroïde.* — La choroïde est une membrane cellulo-vasculaire mince, appliquée contre la face interne de la sclérotique à laquelle elle est collée et recouvrant la rétine située au-dessous. Elle s'étend depuis l'entrée du nerf optique jusqu'à la cornée. La choroïde est divisée en deux parties par une ligne circulaire dentelée, autrefois nommée *ora serrata*, qu'on aperçoit dans l'intérieur de l'œil, un peu avant l'équateur. Ces deux parties sont l'une postérieure et l'autre antérieure. La partie postérieure est la choroïde proprement dite ; c'est surtout dans cette partie qu'on remarque de nombreux vaisseaux sanguins, artères et veines, disposés en plusieurs couches superposées et d'autant plus fins qu'ils appartiennent à des couches plus profondes.

La choroïde proprement dite est tapissée de noir par une couche de cellules pigmentaires dont le but est analogue à l'enduit noir dont sont revêtus à l'intérieur nos instruments d'optique.

La couche antérieure de la choroïde porte le nom de couche *ciliaire*. Elle comprend trois parties qui sont : 1° le muscle ciliaire, 2° les procès ciliaires, 3° l'iris.

§ 689. 1° *Muscle ciliaire*. — Le muscle ciliaire est un muscle en forme d'anneau composé de fibres musculaires lisses. La section de ce muscle est triangulaire. Il présente par conséquent 3 faces ; il est en rapport par sa face externe avec la sclérotique, par sa face postérieure avec les procès ciliaires et par sa face antérieure avec l'iris.

§ 690. 2° Les *procès ciliaires* sont des plis cellulo-vasculaires, au nombre de 70 à 80, analogues aux plis d'une collerette et faisant saillie dans la chambre antérieure de l'œil autour du cristallin, mais sans l'atteindre.

§ 691. L'*Iris* (voir fig. 44, page 101) est une membrane musculaire mince, tendue verticalement un peu en avant du cristallin et en arrière de la cornée transparente, au point de jonction de cette dernière avec la sclérotique.

On a donné à cette membrane le nom d'*Iris*, à cause de la variété des couleurs dont elle est parée. C'est elle en effet qui donne aux yeux leurs couleurs particulières[1]. L'*Iris*

[1] La couleur de l'iris peut être ramenée à quatre nuances fondamentales : le brun, le vert, le gris et le bleu. Ces nuances peuvent

est percé à son centre d'une ouverture circulaire désignée sous le nom de *Pupille*, dont les dimensions varient suivant les circonstances et les personnes. On prend généralement par erreur cette ouverture pour une tache noire.

§ 692. *Constitution de l'iris.* L'iris se compose de deux membranes : 1° de la membrane propre de l'iris située en avant, 2° de l'*uvée* ou membrane pigmentaire, située en arrière. La membrane antérieure porte plus particulièrement le nom d'iris. Elle est formée d'un tissu lâche et comme spongieux, renfermant des vaisseaux sanguins et des fibres musculaires. Elle est recouverte en avant par un prolongement de la membrane de *Descemet* dont nous avons parlé plus haut (dernière membrane de la cornée transparente).

Les vaisseaux sanguins, destinés à nourrir l'iris, ont une direction radiée ; ils sont plus fins dans la zone interne et seraient, d'après Henle, disséminés dans plusieurs plans superposés. Les fibres musculaires sont lisses, disposées en anneaux circulaires autour de l'ouverture pupillaire, et constituent un muscle particulier désigné sous le nom de *sphincter* de la *pupille*. Suivant Henle il existerait un second muscle nommé *dilatateur*, formé de fibres radiaires interposées entre l'uvée et la partie postérieure de la membrane propre de l'iris. L'existence de ce muscle n'est pas admise par tous les anatomistes. Les muscles de l'iris seraient innervés par des filets nerveux partis des *plexus ciliaires* ; mais les terminaisons de ces filets ne sont pas bien connues.

d'ailleurs varier du ton le plus clair au ton le plus foncé, suivant les différentes personnes. On a cru remarquer que l'iris est le plus souvent de couleur bleue chez les personnes blondes, et d'un noir brun chez celles qui ont les cheveux noirs. La coloration, du reste, n'est pas uniforme ; la zone la plus interne diffère de la zone externe. On remarque de plus dans chaque zone de petites taches chatoyantes irrégulières. La couleur de l'iris n'est pas due à la couche de pigment, qui tapisse la face postérieure, mais uniquement au tissu particulier de la membrane propre de l'iris et dépend des fibres contenues dans ce tissu.

L'*uvée* ou membrane postérieure de l'iris, est formée par un repli de la partie antérieure de la choroïde et renferme comme elle, plusieurs couches de cellules pigmentaires.

§ 693. *Mouvements de la pupille.* A l'aide des muscles, dont elle est garnie, la pupille est sujette à deux mouvements différents : l'un de contraction à l'aide du *sphincter pupillaire*, qui diminue l'ouverture ; l'autre de dilatation à l'aide des fibres radiaires, suivant les uns, ou simplement dû au relâchement des fibres circulaires, suivant d'autres. La pupille se dilate quand les objets sont éloignés ou peu éclairés, elle se contracte, au contraire, quand les objets sont près ou trop vivement éclairés. Ces mouvements sont lents à cause de la nature des fibres lisses chargées de les exécuter. Ils sont généralement dus à des actions réflexes. La volonté est impuissante à produire ces mouvements. Cependant on peut arriver à dilater la pupille en regardant un objet très éloigné ou en regardant dans l'espace céleste. Les peintres ont souvent profité, de cet effet particulier produit dans les yeux, pour leur donner la physionomie de l'extase caractérisée dans ces organes, par une grande dilatation de la pupille.

Les mouvements de contraction et de dilatation de la pupille peuvent se produire à l'aide de certains médicaments (voir la note 2 au bas de la page 193). On avait cru que les mouvements de la pupille jouaient un rôle dans les différents phénomènes de la vision, spécialement dans l'adaptation, mais l'iris ne parait pas avoir d'autre fonction que celle d'écran, ne laissant passer que la quantité de lumière nécessaire pour produire le phénomène de la vision.

§ 694. *Rétine.* — La *rétine* (du latin *rete*, réseau) est une membrane mince, molle, transparente, essentiellement nerveuse et sensible, d'une sensibilité particulière (sensibilité lumineuse). Sa fonction est de recevoir les impressions lumineuses, et c'est sur elle que viennent se peindre les images des objets extérieurs aperçus par l'œil. C'est sans contredit la membrane la plus importante du globe de l'œil.

Elle est comprise entre la choroïde qu'elle tapisse intérieurement et la membrane hyaloïde qui sert d'enveloppe à l'humeur vitrée.

§ 695. *Structure de la rétine.* — La rétine est une membrane très compliquée, elle est divisée en deux parties, l'une antérieure, l'autre postérieure, par l'*ora serrata* (voir § 682). La partie antérieure ou ciliaire dépourvue d'éléments nerveux est réduite à une membrane très mince désignée sous le nom de couche limitante interne qui s'étend au delà de l'*ora serrata* jusqu'aux procès ciliaires en se confondant avec l'hyaloïde de l'humeur vitrée.

La partie postérieure, renfermant les éléments nerveux, constitue la rétine proprement dite. C'est surtout cette partie qui est très compliquée. En effet, malgré son peu d'épaisseur, qui ne dépasse pas trois ou quatre dixièmes de millimètre elle ne comprendrait pas moins de dix couches concentriques, différentes, distribuées de la manière suivante, en allant de l'intérieur à l'extérieur, c'est-à-dire de l'humeur vitrée à la choroïde.

Couches de la rétine proprement dite

1° Membrane limitante interne.

2° Couche des fibres du nerf optique.

3° Couche ganglionnaire ou des cellules nerveuses.

4° Couche moléculaire ou granulée interne.

5° Couche granuleuse interne.

6° Couche intermédiaire ou granulée externe.

7° Couche granuleuse externe.

8° Couche limitante externe.

9° Couche des cônes et des bâtonnets, véritable couche impressionnable désignée autrefois sous le nom de *membrane de Jacob*.

10° Couche pigmentaire de la choroïde.

Les dix couches, dont se compose la rétine, ne renferment pas toutes les mêmes éléments. Les unes au nombre de sept seraient constituées par des éléments nerveux. deux autres par un tissu connectif servant à relier entre elles les couches nerveuses. Cette distinction des éléments dont se composent les différentes couches, est difficile à établir et ne date que des derniers temps.

1° Les couches à éléments nerveux sont de l'extérieur à l'intérieur, en commençant par la plus importante la couche des *cônes* et *des bâtonnets.* Ces éléments nerveux sont dirigés perpendiculairement à la surface de la rétine. Ils sont d'autant plus nombreux qu'on s'éloigne davantage de l'ora serrata (limite de la rétine proprement dite.) Ces éléments de très petites dimensions se distinguent entre eux par leur forme et leur fonction. Les cônes sont moins allongés que les bâtonnets. Les cônes auraient pour fonction principale de recevoir les impressions produites par les différentes couleurs et nuances de la lumière. La fonction des bâtonnets se bornerait à percevoir les variétés d'intensité de la lumière.

Remarque. — Cette différence, dans les fonctions des cônes et des bâtonnets, correspondant aux différences de forme, a été établie d'après les recherches et les travaux de Schultze. Elle serait justifiée par l'anatomie comparée. On a remarqué en effet que la rétine de la plupart des mammifères, renferme comme celle de l'homme des bâtonnets et des cônes, et que la tache jaune ne renfermerait comme celle de l'homme que des cônes. Au contraire la rétine des mammifères nocturnes, tels que les chauves-souris, les hérissons et les taupes, serait dépourvue de cônes et ne renfermerait que des bâtonnets ; il en serait de même chez les oiseaux nocturnes, tandis que les oiseaux diurnes, dont la plupart se nourrissent d'insectes aux couleurs variées, auraient la rétine plus riche en cônes que celle de l'homme. Comme on ne peut distinguer les couleurs pendant la nuit, il est facile de comprendre pourquoi la rétine des animaux nocturnes ne renferme pas de cônes. A partir de la couche des bâtonnets et des cônes, les autres couches nerveuses sont celles qui se trouvent désignées par les numéros 7, 6, 5, 4, 3, et 2; cette dernière, située immédiatement au-dessous de la couche limitante interne, désignée par le numéro 1, est formée par les nombreuses fibres nerveuses du nerf optique, lesquelles à partir de la papille s'irradient dans tous les sens, pour constituer une membrane parallèle aux différentes couches de la rétine.

2° Les couches de tissu connectif servant à relier entre elles les couches nerveuses sont: 1° la couche limitante interne, distincte de l'hyaloïde selon Schultze, confondue avec elle d'après Henle; 2° la couche limitante externe placée entre la couche des cônes et des bâtonnets et la couche granuleuse. Ces deux membranes sont reliées entre elles par des fibres radiaires (fibres de Müller), disposées perpendiculairement aux surfaces de la rétine, et les traversant toutes sans pénétrer dans la zone des bâtonnets et des cônes.

§ 696. *Vaisseaux sanguins de la rétine.* — La rétine possède dans son intérieur des vaisseaux sanguins, artères et veines, destinés à la nourrir. Ces vaisseaux sont des branches terminales de l'artère et de la veine centrale, qui accompagnent le nerf optique. Ces deux canaux, arrivés à la papille du nerf optique, se divisent et se subdivisent en vaisseaux très fins, qui traversent toutes les couches de la rétine à l'exception de la couche des bâtonnets et des cônes et de la couche granuleuse.

§ 697. *Sensibilité de la rétine.* — Les différentes couches de la rétine ne sont pas toutes également sensibles. La couche des bâtonnets et des cônes est la seule impressionnable à la lumière. Les deux éléments dont elle se compose cônes et bâtonnets, n'ont pas comme nous l'avons remarqué les mêmes fonctions. Les autres couches, même celle qui est formée par l'épanouissement des filets nerveux du nerf optique, ne seraient pas sensibles à la lumière et ne rempliraient que le rôle d'organes conducteurs, de telle sorte que les rayons lumineux traverseraient toute l'épaisseur de la rétine et n'impressionneraient que la dernière couche. En ɔutre, il importe de savoir que la rétine tout entière es nsensible aux différentes excitations mécaniques telles que raction et section, lesquelles n'occasionnent aucune douleur. Ainsi Magendie, ayant, un jour, piqué la rétine d'une peronne avec une aiguille à cataracte, le malade opéré ne 'essentit aucune douleur, mais seulement une sensation de rès vive lumière.

On remarque dans la rétine deux points importants au ujet desquels nous devons entrer dans quelques détails, es deux points sont : 1° la tache jaune ; 2° le *punctum œcum.*

§ 698. *Tache jaune.* — La tache jaune, désignée encore ous les noms de *macula lutea*, est un point de la rétine itué exactement au fond de l'œil, à l'extrémité du diamètre ntéro-postérieur à 4 millimètres en dehors et au-dessus de a papille. Elle doit son nom à une couleur jaune d'or, proenant d'un pigment spécial. Son étendue est d'environ millimètre carré. Elle présente à son centre une petite épression, désignée sous le nom de *fosse centrale.*

Au niveau de la tache jaune, l'épaisseur de la rétine se rouve moindre, par l'absence de plusieurs des couches qui a composent. Les fibres nerveuses qui se trouvent dans la ache jaune sont très courtes, s'étendent directement de la apille et ne sont terminées que par des cônes.

La *fosse centrale* en renfermerait à elle seule environ eux mille. Dans les autres parties de la rétine les bâtonets et les cônes sont entremêlés. Ces derniers éléments ont d'autant plus rares que la partie de la rétine est lus éloignée de la tache jaune. Aussi la tache jaune et pécialement la *fosse centrale* constituent-elles la partie ı plus sensible de la rétine, le point où la vue est la plus ette.

Les mouvements du globe oculaire et du muscle ciliaire, nt pour but d'amener toujours l'image des objets sur ce oint particulier.

La surface entière de la rétine est à peu près égale à

15 centimètres carrés, et l'étendue de la tache jaune, d'un millimètre carré.

Nous ne nous servons donc dans la vision distincte que de la 1500me partie de la surface rétinienne. Aussi en lisant nous n'apercevons distinctement que deux ou trois mots dont l'image vient se faire précisément sur la tache jaune. Pour lire toute la ligne, l'œil est donc obligé de la parcourir successivement, afin d'amener l'image de tous les mots sur la tache jaune.

§ 699. *Punctum cæcum.* — Si la tache jaune est la partie de la rétine la plus sensible à la lumière, il en est une autre, par contre, qui y est complètement insensible et qu'on a pour cette raison nommée *punctum cæcum*, c'est-à-dire *point aveugle.*

Ce point remarquable est situé sur la *papille du nerf optique.* Son existence peut se démontrer par les deux expériences suivantes : 1° [1] Si l'on regarde deux cercles placés à une petite distance l'un de l'autre sur un même plan horizontal, l'un noir à gauche, l'autre rouge à droite, on peut en fixant le cercle noir avec un seul œil se placer à une certaine distance pour apercevoir en même temps le cercle rouge, mais si l'on déplace ce dernier, en faisant occuper à son image successivement tous les points de la rétine, il arrive un moment où cette image disparait, c'est précisément quand elle vient se placer sur la papille. Donc la papille du nerf optique est le *punctum cæcum.*

2° L'autre expérience est connue sous le nom d'expérience de Mariotte, du nom du célèbre abbé qui l'a imaginée. On marque sur une muraille une série de points équidistants en allant de gauche à droite, 1, 2, 3; puis se plaçant à 15 centimètres de la muraille (distance de la vue distincte) on regarde fixement le premier avec l'œil droit et en général, à cause de l'étendue du champ de vision on voit également tous les autres, bien qu'un peu confusément ; en

[1] Mathias Duval, p. 630.

s'éloignant peu à peu le n° 2 s'efface pour reparaître ensuite, puis le n° 3 devient invisible et chacun des autres à son tour. La disparition a lieu pour chacun des points quand la distance de l'œil à la muraille est trois fois égale à celle qui sépare le point qui disparaît du point n° 1 ; or, cette disparition a précisément lieu quand l'image que fait ce point au fond de l'œil, se trouve sur la papille optique.

§ 700. *Milieux transparents et réfringents de l'œil.* — Les milieux transparents et réfringents de l'œil sont, en allant d'avant en arrière : 1° la cornée transparente ; 2° l'humeur aqueuse ; 3° le cristallin ; 4° l'humeur vitrée.

§ 701. 1° *Cornée transparente.* — Cette partie la plus antérieure de l'œil, bien qu'indiquée parmi les membranes de l'œil, doit aussi figurer parmi les milieux transparents et réfringents de l'œil, puisqu'elle a un indice de réfraction particulier qui est 1,33 et qu'elle contribue pour sa part à faire converger les rayons lumineux qui pénètrent dans l'œil.

§ 702. *Humeur aqueuse.* — L'humeur aqueuse, dont l'indice de réfraction est 1,33, est ainsi nommée à cause de sa grande analogie avec l'eau dont elle diffère très peu. C'est un liquide très transparent, tenant en dissolution un peu d'albumine et quelques sels. Il est sécrété par la membrane intérieure de la cornée, nommée, comme nous l'avons dit, *membrane de Demours*. L'humeur aqueuse est renfermée dans l'espace compris entre la face postérieure de la cornée et la face antérieure du cristallin. Cet espace est divisé en deux compartiments inégaux, par l'iris ; celui qui se retrouve en avant de cette cloison membraneuse est désigné sous le nom de *chambre antérieure* de l'œil ; celui qui se trouve en arrière porte le nom de *chambre postérieure*. Les deux chambres communiquent entre elles par l'ouverture de la pupille (voir fig. 44, p. 191).

1re Remarque. — Certains physiologistes prétendent que la chambre postérieure de l'œil n'existerait pas et que le cristallin serait appliqué contre l'iris (voir *Physiologie* de Mathias Duval p. 624); mais on admet généralement qu'il existe un petit espace entre cette membrane et les bords du cristallin.

2e Remarque. — Certains auteurs ont considéré l'ensemble des milieux transparents et réfringents de l'œil (la cornée transparente, l'humeur aqueuse, le cristallin et l'humeur vitrée), comme formant une seule lentille biconvexe ayant sa face antérieure sur la cornée transparente, et sa face postérieure sur la partie convexe de l'humeur vitrée. Malgré la justesse de cette réflexion, on doit considérer le cristallin dont l'indice de réfraction 1,49 est plus considérable que celui des autres milieux transparents de l'œil, comme remplissant à peu près seul le rôle de lentille. C'est donc à lui qu'appartient principalement la fonction de faire converger sur la rétine les rayons lumineux qui traversent les différents milieux transparents de l'œil.

§ 703. *Cristallin.* — Le cristallin ainsi nommé du mot cristal, à cause de sa grande transparence dans l'état ordinaire, est une espèce de lentille biconvexe, plus bombée en arrière qu'en avant, (en effet le rayon de la face postérieure est de 0m006 et celui de la face antérieure de 0m010) composée de couches concentriques dont la densité et la dureté vont en croissant de dehors en dedans. L'indice de réfraction et l'épaisseur vont également en croissant de l'extérieur à l'intérieur. L'épaisseur du cristallin formée par l'ensemble de ces différentes couches donnerait pour le diamètre horizontal du cristallin une longueur d'environ de 4 à 7 millimètres.

[1] Note sur les épaisseurs approximatives des différentes parties de l'œil.

1° Cornée transparente.	1mm
2° Humeur aqueuse.	3mm
3° Cristallin.	7mm
4° Humeur vitrée.	12mm 5
5° Rétine et choroïde.	0mm 3 ou 4
6° Sclérotique.	1mm 3

§ 704. *Structure du cristallin.* — Le cristallin se compose de deux parties distinctes: 1° de la capsule ou enve-oppe extérieure; 2° du corps du cristallin.

1° *Capsule du cristallin.* — Le cristallin est enfermé ans une enveloppe extérieure, nommée *capsule du cris-allin* ou *cristalloïde.* Cette enveloppe est constituée par ne membrane amorphe ou sans structure, d'une transpa-ence parfaite. Elle est très élastique ; en effet lorsqu'elle st incisée, elle tend à expulser son contenu, comme il rrive dans l'opération de la cataracte par extraction, ui est le mode le plus généralement pratiqué La surface nterne de cette membrane est revêtue d'une couche de cel-ules analogues à celles de la couche de Malpighi. Ce sont es métamorphoses de ces cellules qui constituent les diffé-entes couches du cristallin.

2° *Corps du cristallin.* Le cristallin est formé d'un issu propre, composé de fibres prismatiques, transparentes, dhérentes par leurs bords et disposées par couches con-entriques. La dernière de ces couches contient un petit orps dur nommé noyau du cristallin, qui devient légère-nent opaque au moment de la mort. La substance propre u cristallin est molle et se laisse facilement déformer dans e phénomène de l'adaptation.

Mode de suspension du cristallin. — Le cristallin est naintenu dans une position verticale par une disposition articulière de la membrane hyaloïde, qui contient l'humeur itrée, située derrière cet organe et dont nous parlerons plus oin. Cette membrane arrivée à l'*ora serrata,* s'épaissit et se dédouble en deux feuillets, l'un postérieur et l'autre antérieur. Le feuillet postérieur contourne la face postérieure du cristal-in en se soudant à la capsule, qu'il dépasse un peu, pour aller nsuite rejoindre le feuillet antérieur. Ce dernier désigné ous le nom de ligament de Zinn, se prolonge jusqu'aux pro-ès ciliaires, en se soudant à la couche limitante interne et a se fixer à la partie antérieure de la capsule cristalline. Le cristallin est donc ainsi suspendu à l'aide de ces deux feuillets, qui jouent un rôle important dans le phénomène de l'accommodation. Entre les deux feuillets dont nous venons de parler et les bords du cristallin se trouve un canal prismatique annulaire, nommé *canal de Petit.*

Le cristallin ainsi suspendu verticalement derrière l'iris, ayant son centre en face de l'ouverture pupillaire divise l'intérieur de l'œil en deux cavités inégales, l'antérieure d'environ 3 millimètres d'épaisseur d'avant en arrière, contient l'humeur aqueuse, la postérieure contenant l'humeur vitrée a 12 à 13 millimètres d'épaisseur.

§ 705. *Humeur vitrée.* — L'humeur vitrée, dont la masse porte le nom de *corps vitré*, à cause de sa ressemblance avec du verre fondu, comprend deux parties: 1° la membrane hyaloïde qui lui sert d'enveloppe; 2° le corps vitré.

1° *Hyaloïde.* L'hyaloïde est une membrane très mince, d'une grande transparence, formée d'une substance amorphe.

2° *Corps vitré.* Le corps vitré, qui occupe la partie la plus intérieure de l'œil présente la forme d'une sphère, creusée en avant d'une cavité destinée à recevoir le cristallin. Il est constitué par une substance molle, tremblante, gélatineuse, transparente. Cette substance occupe les 3/4 de la cavité intérieure de l'œil, et s'étend depuis le fond de cet organe jusqu'au cristallin.

§ 706. *Nerf optique.* — Le nerf optique, ainsi appelé du grec οπτομαι, voir, est comme son nom l'indique l'organe principal de la vision. De tous les nerfs, qui se trouvent dans l'œil, il est le seul chargé de transmettre au cerveau et par cet organe à l'âme, les impressions lumineuses produites sur la rétine. Quand il est coupé, les images peuvent encore se former sur la rétine, mais elles ne sont plus transmises au cerveau, la vision est abolie.

§ 707. *Nature du nerf optique.* — Le nerf optique est un nerf crânien, (nerf de la deuxième paire) à la fois sensible et conducteur, mais d'une sensibilité toute spéciale (sensibilité lumineuse), comme la rétine dont il est la continuaon. Il est bon de remarquer qu'indépendamment des im-ressions lumineuses produites sur la rétine, il sert encore e conducteur à certaines impressions pénibles, qui déter-ninent des actions réflexes. Ainsi quand la rétine est désa-réablement impressionnée par une lumière trop vive, il ransmet cette impression douloureuse au centre nerveux ui lui sert de point départ; ce centre réfléchit l'impression ur le *nerf moteur oculaire commun* (nerf crânien de la roisième paire), lequel détermine la contraction du muscle phincter de l'iris; contraction dont l'effet est de diminuer ouverture de la pupille.

De même que la rétine, le nerf optique est complètement nsensible aux excitations mécaniques, telles que les com-ressions, les tiraillements et même les sections. Ces diffé-entes excitations ne donnent lieu qu'à des sensations lu-nineuses sans causer aucune douleur. Les chirurgiens l'ont onstaté plusieurs fois en pratiquant la section du nerf opti-ue dans le cas de l'extirpation de l'œil : le malade n'a prouvé qu'une vive sensation de lumière sans ressentir ucune douleur.

§ 708. *Origine du nerf optique.* — On n'est pas d'accord ur l'origine des deux nerfs optiques. Cependant les anato-nistes admettent aujourd'hui que les deux nerfs prennent aissance par différentes racines dans la petite masse ner-euse désignée sous le nom de *tubercules* quadrijumeaux voir § 501, page 261). A partir de cet organe, on découvre leux lames nerveuses blanchâtres nommées *bandelettes op-iques*, qui cheminent à la base du cerveau en se dirigeant n avant, l'une à droite et l'autre à gauche parallèlement u sillon, qui partage le cerveau en deux hémisphères. Ces leux bandelettes en se dirigeant l'une vers l'autre s'arron-lissent et finissent par se rencontrer avant leur sortie du erveau. L'union de ces deux cordons forme une petite nasse nerveuse, présentant la forme d'un quadrilatère al-ongé transversalement et désigné sous le nom de *chiasma* lu nerf optique (voir fig. 56). Cette petite masse reçoit à sa partie antéro-postérieure une lame de substance grise constituant les racines grises des nerfs optiques.

§ 709. *Chiasma des nerfs optiques.* — On désigne par le mot *chiasma* (du grec χιασμα, entre-croisement,) l'adossement et l'entre-croisement partiel des deux bandelettes optiques constituant une petite masse nerveuse, qui affecte, comme nous l'avons dit, la forme d'un quadrilatère allongé transversalement. Pour mieux expliquer l'entre-croisement partiel des bandelettes optiques nous diviserons les quatre angles du quadrilatère en deux catégories : 1° Les angles *postérieurs* du côté des tubercules quadrijumeaux; 2° les angles *antérieurs*, par où sortent les bandelettes après leur entrecroisement partiel, en prenant le nom plus spécial de *nerfs optiques*.

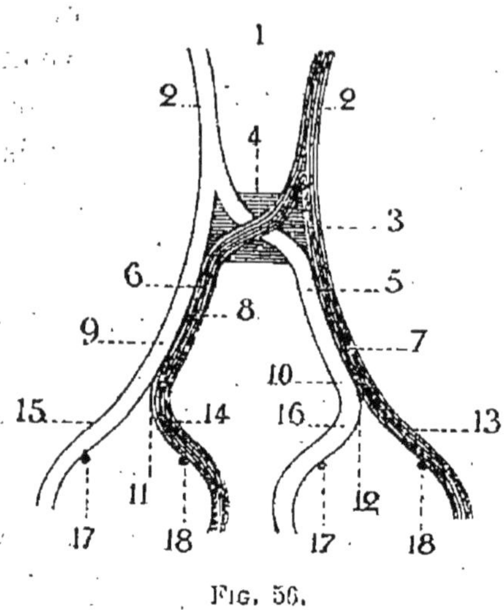

Fig. 56.

§ 710. *Mode de l'entre-croisement partiel.* — En arrivant au *chiasma* par les angles postérieurs, les deux bandelettes optiques transformées en cordons nerveux éprouvent l'une et l'autre une espèce de décussation ou dédoublement des fibres qui les composent. De telle sorte qu'on peut considérer dans chacune d'elles des fibres externes et des fibres internes.

[1] 1. Place des tubercules quadrijumeaux; 2. 2. Bandelette droite et bandelette gauche; 3. Chiasma; 4. Entrecroisement partiel; 5. Nerf optique droit; 6. Nerf optique gauche formés l'un et l'autre par le mélange des fibres internes et externes des bandelettes; 7. Fibres externes de la bandelette droite; 8. Fibres internes de la même bandelette; 9. Fibres externes de la bandelette gauche; 10. Fibres internes de la même bandelette; 11. Rétine de l'œil gauche; 12. Rétine de l'œil droit; 13. Partie droite et externe de la rétine de l'œil droit; 14. Partie droite et interne de la rétine de l'œil gauche; 15. Partie gauche et externe de la rétine de l'œil gauche; 16. Partie gauche et interne de la rétine de l'œil droit; 17. 17. Points identiques des parties gauches des deux rétines; 18. 18. Points identiques des parties droites de chaque rétine.

La *bandelette droite* (voir docteur Fort, page 206), en rivant au chiasma se dédouble et va former directement, r les *fibres externes*, la partie droite ou externe de la ine de l'œil droit et par les fibres internes qui sont croi-s, la partie droite ou interne de l'œil gauche. La *ban-lette gauche* arrivée au chiasma se dédouble également va former directement par les fibres externes la partie uche ou externe de la rétine de l'œil gauche, et par les res croisées la partie gauche ou interne de l'œil droit oir fig. page précédente).

En sortant du chiasma par les angles antérieurs, les ux nerfs optiques renferment donc chacun des fibres pro-nant des deux bandelettes optiques.

Cette division de chaque rétine en deux parties, l'une oite et l'autre gauche (quand on les regarde devant soi), le à comprendre ce que les physiologistes désignent sous nom de *points identiques*.

§ 711. *Points identiques*. — On désigne par cette pression des points situés sur les deux parties de chaque ine, ayant la même position (les deux parties droites ou deux parties gauches). Ces points importants ne donnent u qu'à une seule et même sensation quand ils sont impres-nnés en même temps.

L'entre-croisement partiel des deux bandelettes optiques, la théorie des points identiques, concourent à faire com-endre la vue simple avec les deux yeux. On voit en effet la figure et par l'explication donnée précédemment que deux impressions, faites simultanément sur les deux rties de même position de chaque rétine (par exemple sur deux parties droites), sont transmises par un seul et me nerf optique (le nerf optique droit pour les parties oites), en un même point du cerveau ; de sorte que les ux impressions viennent en quelque sorte se superposer ur ne donner lieu qu'à une seule et même sensation.

Au sortir des deux angles antérieurs du chiasma, les ux nerfs optiques se dirigent en avant, se rapprochent l'un de l'autre en décrivant deux courbes à concavités internes. Ils sortent ensuite du cerveau en pénétrant dans les cavités orbitaires par le *trou optique*, situé au fond de ces cavités.

§ 712. *Mode de pénétration du nerf optique dans l'intérieur de l'œil.* — Le nerf optique de chaque œil, avant de pénétrer dans l'intérieur de cet organe, se montre enveloppé de deux membranes névrilématiques : l'une externe communiquant avec la *sclérotique*, l'autre interne plus mince s'unissant à la choroïde. Arrivé dans l'intérieur de l'œil ce nerf rencontre une membrane désignée sous le nom de *lame criblée*, formée de tissu connectif.

Le nerf optique ne perce pas la sclérotique et la choroïde par le centre du globe de l'œil, mais il traverse ces deux membranes à $0^m,003$ en dedans de l'axe visuel et à $0^m,001$ au-dessous de cet axe.

Au niveau du point où le nerf optique perce les membranes sclérotique et choroïde, il éprouve une espèce d'étranglement; les fibres qui le composent s'amincissent et deviennent transparentes ; elles forment un petit cône, dont le sommet situé dans l'intérieur de l'œil porte le nom de papille (terminaison du nerf optique). A partir de cette papille (punctum cæcum décrit plus haut) les fibres des nerfs optiques s'éparpillent en irradiant dans tous les sens pour constituer la rétine [1].

[1] On entend par Hémiopie (du grec ημι, moitié, et ωψ, ωπος, œil) une maladie singulière dans laquelle on n'aperçoit plus que la moitié gauche ou la moitié droite de chaque objet.

Cette maladie observée pour la première fois par Wollaston sur lui-même et que les oculistes ont constatée assez fréquemment, semble justifier la division de la rétine en deux parties et la théorie des points identiques.

Tout se passe, en effet, dans cette maladie, qui est une paralysie partielle de la rétine, comme si les points identiques de chaque rétine étaient frappés de paralysie dans les segments correspondant à un même nerf optique.

PARTIE ACCESSOIRE DE L'ŒIL

(Supplément au § 385, p. 194).

§ 713. Les parties accessoires de l'œil sont au nombre de
q : 1° les *orbites*, 2° les *muscles*, 3° les *paupières*, 4° l'*ap-
reil lacrymal*, 5° les *sourcils*. (voir § 387, page 195.)

§ 714. 1° *Les orbites.* — Les *orbites*, du latin *orbis*
cle, sont des cavités pyramidales creusées dans la partie
périeure de la face. Elles sont formées par le concours de
pt os : en haut par le *frontal*, en bas par le prolongement
s *palatins* et des *maxillaires supérieurs*, au côté ex-
ne par certaines parties des *sphénoïdes* et des *jugaux*,
fin au côté interne, par des parties de l'*ethmoïde* et les
unguis ou *lacrymaux*.

Un tissu *cellulo-adipeux*, accumulé principalement au
ıd de l'œil, forme en s'étendant dans toute la cavité, une
pèce de coussin graisseux, sur lequel repose encore le
obe de l'œil. On remarque encore dans les orbites la
psule de Tenon, sorte de capsule fibreuse fixée en avant
x orbites et aux paupières, et formant au fond de la ca-
té une capsule analogue à celle du gland de chêne. Cette
psule enveloppe le fond du globe de l'œil ; elle est percée
une ouverture pour le passage du nerf optique et des
uscles. La capsule de Tenon a pour fonction de maintenir
globe de l'œil en avant et d'empêcher les contractions
s muscles moteurs de l'œil, de l'entraîner en arrière. Ce-
ndant dans certaines maladies, telle que le choléra, ou
ır suite d'une maigreur extrême, l'espèce de tampon formé
ı fond de l'œil, par le tissu cellulo-adipeux, dont nous
ons parlé, se détruit. La pression atmosphérique refoule
ors le globe de l'œil au fond de l'orbite, en exerçant
ıe tension sur la capsule de Tenon, et les yeux se *creu-
nt*.

§ 715. 2° *Muscles moteurs de l'œil.* (supplément au § 386 p. 195.) — Ces muscles, sont au nombre de six désignés par des noms qui indiquent leur position et leurs fonctions respectives. Ce-sont : 1° les deux muscles droits, le supérieur et l'inférieur, le premier nommé *releveur* et le second *abaisseur*; 2° deux autres muscles droits, l'externe nommé aussi *abducteur* et le droit interne nommé *adducteur*; 3° deux obliques, le petit oblique et le grand oblique, appelés rotateurs, parce qu'ils font tous deux, par leurs contractions, tourner le globe de l'œil autour d'un axe antéro-postérieur, tantôt à droite tantôt à gauche.

Les muscles de l'œil sont des *muscles striés*, qui exécutent leurs mouvements sous l'influence de plusieurs nerfs crâniens. Nous citerons les principaux : 1° *le nerf moteur* oculaire commun (3e paire) distribuant ses filets aux trois muscles droits (*supérieur*, *inférieur*, *interne*) et au petit oblique; 2° le nerf moteur oculaire externe (6e paire) animant le droit externe ; 3° le nerf *pathétique* (4e paire) se portant au grand oblique.

Les mouvements des deux yeux sont solidaires, c'est-à-dire se produisent en même temps. Les six muscles, qui font mouvoir le globe de l'œil, peuvent, en combinant leur action, produire les mouvements les plus variés. Mais ces mouvements ont tous pour but de diriger l'axe optique de l'œil de telle sorte que les images des objets viennent se faire sur la rétine et surtout sur la tache jaune.

§ 716. *Paupières* (supplément au § 388, p. 96). — Les paupières (en latin *palpebræ*) sont des replis membraneux constituant des espèces de voiles mobiles, tendus au devant du globe de l'œil, et destinés à le protéger contre l'introduction des grains de poussière soulevés par le vent, contre l'action d'une lumière trop vive et certaines vapeurs irritantes.

Les paupières sont au nombre de deux, la supérieure et l'inférieure. La première est plus mobile et plus étendue que la seconde et peut couvrir à elle seule, au moment de occlusion, les trois quarts du globe de l'œil. En se rappro iant l'une de l'autre, elles recouvrent entièrement le globe e l'œil, phénomène désigné sous le nom d'*occlusion*. ntre les deux paupières, ainsi rapprochées, se trouve une nte nommée *fente palpébrale*. Les deux paupières se réu- ssent en dedans et en dehors. Les points de réunion por- nt le nom de *commissures*, et constituent les angles de œil. La commissure située en dedans forme l'angle interne u le grand angle de l'œil, la commissure située en dehors rme l'angle externe ou petit angle. Ce dernier est à un ni- eau un peu plus élevé que l'angle interne, ce qui donne à i fente palpébrale une obliquité qui varie suivant les indi- idus et surtout suivant les races. Cette obliquité est à son iaximum chez les peuples appartenant à la race mongolique t surtout chez les Chinois et les Japonais.

Les paupières présentent deux faces, l'une extérieure, ppelée aussi *tarsienne*, convexe en avant, où elle se moule ır le globe de l'œil, l'autre intérieure est tapissée par la *onjonctive*; cette membrane, ainsi nommée, parce qu'elle elie les paupières au globe de l'œil, se replie en effet de la ice postérieure de chaque paupière sur le globe de l'œil, en rmant deux culs-de-sac. Dans la face intérieure de chaque aupière on remarque des stries blanchâtres parallèles. irigées de haut en bas, qui sont les glandes de *Meibomius*, ogées dans l'intérieur du cartilage tarse et dont nous par- erons plus bas. Les bords libres de chaque paupière sont iillés en biseau aux dépens de la face interne pour le ord supérieur et de la face externe pour le bord infé- ieur. Ces bords présentent deux lèvres, l'une intérieure ur laquelle sont disposés les orifices des glandes de *Meibomius*, et l'autre externe, formant un petit bourrelet ui porte des poils raides nommés *cils*, disposés sur deux u trois rangées.

§ 717. *Constitution des paupières.* — Les paupières, ıalgré leur peu d'épaisseur qui n'est que de $0^{m},0025$, se omposent de quatre couches distinctes, qui sont de l'extérieur à l'intérieur : 1° La peau ; 2° la couche musculaire ; 3° les tarses ; 4° la conjonctive.

1° *La peau*, qui constitue la couche extérieure et visible des paupières est très mince ; elle comprend cependant dans son intérieur des glandes sébacées et sudoripares, et dans l'intérieur de son bord libre, les follicules des cils.

2° La *couche musculaire* constitue un petit muscle nommé sphincter palpébral, se rattachant aux muscles de la face. Il est composé, comme tous les sphincters, de fibres circulaires, qui, par leurs contractions, abaissent la paupière supérieure et relèvent l'inférieure pour déterminer l'*occlusion*. Ce sphincter se contracte également sous l'influence d'actions réflexes. Un corps étranger, un petit grain de poussière vient-il s'appliquer sur la cornée, la sensation pénible causée par le contact détermine aussitôt l'occlusion des paupières. Ce muscle adhère d'une part avec la peau et intérieurement avec les tarses.

3° *Les tarses*, qui constituent la troisième couche des paupières, désignées aussi sous le nom de *cartilages tarses*, sont constitués par deux lames fibreuses, souples, élastiques, une pour chaque paupière, et logées dans leur épaisseur. Ces cartilages adhèrent fortement à la peau et à la conjonctive dans les bords libres des deux paupières. Le cartilage de la paupière supérieure sert d'attache au muscle releveur de cette paupière. Aux cartilages tarses se rattachent des glandes sébacées logées dans leur épaisseur et désignées sous le nom de glandes de Meibomius. Ces glandes au nombre de trente ou quarante pour la paupière supérieure et de vingt seulement pour l'inférieure sont disposées en grappes et aboutissent chacune à un canal excréteur, qui déverse leur produit sur la lèvre postérieure des paupières, où il forme une rangée de stries blanches, perpendiculaires aux bords libres des paupières. Le produit de ces glandes, analogue à de la cire et de couleur blanche, porte le nom de *chassie* et se montre quelquefois accumulé, après le sommeil, à l'angle interne. La chassie a pour fonction npêcher les larmes de couler sur les joues et de protéger lobe de l'œil contre les effets nuisibles de ce liquide.

o *La conjonctive.* — La conjonctive, dont nous avons .é à l'occasion de la face interne des paupières, est une nbrane muqueuse, qui après avoir formé la dernière che des paupières, immédiatement en contact avec le be de l'œil en avant, se réfléchit par derrière pour enve-ıer tout le globe de l'œil. Arrivée au niveau de la cor-transparente, elle s'amincit et ne conserve que sa couche héliale diaphane.

'aisseaux et nerfs des paupières. — On remarque s l'épaisseur de la peau et de la conjonctive palpébrale ombreux vaisseaux sanguins, artères et veines, et des seaux lymphatiques. Les nerfs, qui se distribuent dans paupières, sont : 1° les uns sensitifs provenant des nches du nerf *ophthalmique* et *sous-orbitaire;* 2° les es moteurs proviennent du *Facial* (septième paire). s l'influence de ce nerf le muscle sphincter palpébral proche les deux paupières en abaissant la paupière érieure et en relevant l'inférieure.

718. *Clignement.* — On nomme ainsi le mouvement des pières.

a paupière supérieure est relevée par les contractions ı muscle particulier nommé releveur de la paupière, qui ble doubler le muscle droit supérieur, mais qui joue ndant un rôle particulier pour maintenir l'ouverture ıébrale largement ouverte. Ce muscle ne se repose pen-t la veille qu'à de rares intervalles, et se meut par sac-es pour produire le *clignement.* Sous l'influence du meil, ce muscle se relâche et laisse la paupière supérieure ssée. La paupière inférieure ne se meut que sous l'action phincter palpébral, qui la relève par ses contractions et aisse en se relâchant.

e *clignement* a pour fonction d'étendre constamment armes sur la surface du globe de l'œil, pour le maintenir s un état d'humidité favorable à la vue. La volonté peut maintenir les paupières écartées, mais au bout d'un court instant une sensation pénible de picotement se fait sentir et oblige bientôt à les fermer.

§ 719. *Appareil lacrymal* (suppl. au § 389, p. 196). — L'appareil lacrymal se compose chez l'homme de plusieurs parties : 1° de la glande lacrymale avec ses conduits excréteurs ; 2° des voies lacrymales comprenant elles-mêmes les points et les conduits lacrymaux, le sac lacrymal et le conduit nasal.

§ 720. 1° *Glande lacrymale* et *conduits excréteurs.* — La glande lacrymale est une glande en grappe analogue aux glandes salivaires. Elle comprend deux parties : une partie orbitaire convexe logée à la partie supérieure du globe de l'œil, dans une cavité située à l'angle externe des orbites nommée *fossette lacrymale*, et une partie palpébrale située dans l'épaisseur de la paupière supérieure derrière le tendon du releveur.

Les conduits excréteurs sont de petits canaux rectilignes et sans anastomoses, au nombre de 5 à 6, s'ouvrant dans le sinus conjonctival supérieur externe destinés à livrer passage aux larmes.

§ 721. *Larmes.* — Les larmes sécrétées par les glandes lacrymales sont formées d'un liquide clair, limpide, inodore, alcalin, légèrement salé, contenant différents sels, principalement du chlorure de sodium, du phosphate de soude et de chaux. On y trouve encore de l'albumine et une petite quantité de matières organiques.

La sécrétion des larmes est continue, mais elle devient plus abondante sous l'influence d'actions réflexes produites par des causes physiques ou morales.

§ 722. 2° *Voies lacrymales* et *cours des larmes.* — Au sortir des canaux excréteurs, les larmes se répandent sur la conjonctive, et, par l'effet du clignement, s'étalent sur toute la surface antérieure du globe de l'œil. Il est facile de constater que cette surface est toujours humide. Une partie des larmes s'évapore, le surplus du liquide arrive au bord libre es paupières où il est arrêté par la substance onctueuse des ·landes de *Méibomius*; il coule alors le long de la partie ntérieure des bords libres par l'effet de son obliquité et arrive deux petites ouvertures situées à l'extrémité du bord iterne de chaque paupière, nommés *points lacrymaux*. Ces oints sont de petites ouvertures circulaires, élastiques et oujours béantes, situées l'une à la paupière supérieure s'ouvrant de haut en bas, l'autre à la paupière inférieure, s'ouvrant de bas en haut. Des points lacrymaux, les larmes passent dans les conduits lacrymaux qui les amènent dans le ac lacrymal et de là au canal nasal.

Caroncule lacrymale. A la suite des points lacrymaux, on emarque à l'angle interne de chaque œil une petite ampoule iriforme et rougeâtre. La conjonctive, après avoir recouvert ce petit organe, va tapisser les conduits lacrymaux, ont la longueur est d'environ sept à huit millimètres et le iamètre un demi-millième de millimètre.

Le *sac lacrymal* par lequel passent les larmes au sortir es conduits lacrymaux présente la forme d'un cylindre plati de droite à gauche. Du sac lacrymal, les larmes arrivent dans le conduit nasal. Aussi, quand les larmes coulent vec abondance, éprouve-t-on le besoin de se moucher fréuemment. Quand les conduits des larmes sont obstrués, elles-ci coulent alors sur les joues et forcent les personnes tteintes de cette infirmité à s'essuyer constamment. Pour uérir cette infirmité, on pratique une opération appelée opération de la fistule lacrymale.

§ 723. *Mécanisme* de *l'écoulement* des *larmes*. — Le node de l'écoulement des larmes n'est pas encore parfaitement éterminé. On admet cependant que la pression des paupières ur le globe de l'œil par le clignement amène les larmes dans es points lacrymaux. Pendant l'occlusion, les conduits acrymaux sont fermés par une espèce de systole lacrymale; uand les paupières se relèvent, les conduits lacrymaux se ilatent par une sorte de *diastole lacrymale* pour recevoir es larmes. Puis pendant la systole, ils déversent le liquide dans le sac lacrymal. De ce réservoir, les larmes sont amenées dans le canal nasal par l'aspiration qui se produit dans les fosses nasales à chaque mouvement d'inspiration.

Ce vide qui se fait sentir jusqu'au sac lacrymal, détermine l'écoulement des larmes. Voilà pourquoi quand les larmes sont très abondantes sous l'impression d'une peine morale, sentons-nous le besoin de faciliter leur écoulement par une forte inspiration comme dans le sanglot[1].

§ 724. *Cause de la sécrétion des larmes.* — La sécrétion des larmes s'opère généralement par suite d'actions réflexes déterminées tantôt par des causes physiques tantôt par des causes morales. Dans les circonstances ordinaires le réflexe qui détermine le fonctionnement des glandes lacrymales provient de l'action de l'air extérieur sur la face antérieure du globe de l'œil. Les nerfs répandus dans cette surface transmettent, comme conducteurs, l'impression pénible causée par l'action desséchante de l'air jusqu'au cerveau. Celui-ci la réfléchirait sur le nerf lacrymal qui déterminerait la fonction de la glande du même nom[2]. Dans les cas exceptionnels les causes physiques qui déterminent l'écoulement des larmes sont : 1° la présence de corps étrangers introduits entre la cornée et la conjonctive, comme des grains de poussière et surtout de tabac. Les larmes coulent alors avec abondance pour entraîner la cause de la douleur ; 2° certaines vapeurs irritantes, particulièrement celles de l'essence de moutarde et d'oignon et même la sensation âcre produite sur l'organe du goût par une moutarde trop forte ou des grains de piments. Les causes morales sont : les émotions vives de joie ou de douleur, les chagrins, ou encore la vue d'un accident. Ces causes

[1] *Physiologie* de Mathias Duval, 4e édition, p. 643 et *Manuel physiologique* du docteur Fort, p. 680.

[2] Le nerf lacrymal est un des trois rameaux dans lequel se divise le nerf optique de Willis, qui est la première branche du trijumeau, nerf crânien de la sixième paire.

ıgissent avec plus ou moins d'intensité suivant l'impres-
ionnabilité.

Lorsque sous l'influence de ces différentes causes les armes coulent avec abondance, elles échappent des bords ibres des paupières malgré les produits graisseux des ;landes de Meibomius et tombent sur les joues en prenant e nom de *pleurs*.

§ 725. *Fonctions des larmes.* — Les larmes ont pour onctions principales : 1° d'amortir le frottement de l'œil ontre les paupières ; 2° de répandre sur la surface antéieure de l'œil une certaine humidité qui donne plus de clarté . la vue; 3° elles entrainent les grains de poussière qui ıeuvent se trouver sur la cornée. Quand les larmes sont upprimées pour une cause quelconque, le globe de l'œil st irrité et devient rouge; 4° enfin les larmes en coulant lans le canal nasal lubréfient les voies respiratoires et comnuniquent à l'air qui les traverse un certain degré d'humidité avorable à l'échange de gaz, qui doit se produire dans les ıoumons.

Les larmes ont parfois aussi un effet moral; elles ramèıent le calme dans l'âme en enlevant le trop plein du cœur. *Dieu se révèle au cœur quand les yeux ont pleuré*, a dit ın poète contemporain. Saint Augustin appelait les larmes e sang de l'âme.

§ 726. *Cils.* — Aux bords libres de chaque paupière se rouvent les cils, poils raides disposés sur deux ou trois angs, ayant pour fonction de tamiser les rayons de lumière rop vifs et d'arrêter les grains de poussière qui tendraient ı s'introduire dans l'intérieur de l'œil.

§ 727. 5° *Les sourcils.* — On entend par sourcils de ıetites éminences arquées, convexes en dessus, concaves en lessous, garnies de poils couchés et dirigées de dedans en lehors, s'élevant au-dessus de chaque œil. Les sourcils sont ın rapport rvec l'arcade sourcilière, dont ils sont séparés ıar le muscle sourcilier. Les poils des sourcils sont imılantés dans une peau très épaisse, munie dans son intérieur d'un muscle particulier, nommé muscle sourcilier, appartenant à la section des muscles de la face.

Le but providentiel de la fonction de ces organes, consiste : 1° à arrêter les rayons lumineux qui viennent d'en haut ; 2° à empêcher la sueur, qui découle du front, de pénétrer dans l'œil ; 3° à donner une expression à la physionomie, par des mouvements qui concourent au jeu des différentes passions dont ils finissent par conserver les traces. Ils s'élèvent et se redressent dans la fureur, s'abaissent dans la tristesse, la haine et le mépris [1].

§ 728. *Mécanisme de la vision.* — On a souvent comparé, avec raison, le globe de l'œil à l'instrument d'optique connu sous le nom de chambre noire.

La pupille est l'ouverture par laquelle pénètrent les rayons lumineux ; le cristallin représente la lentille destinée à former les images et la rétine l'écran sur lequel elles doivent se peindre.

Kepler paraît être le premier, qui ait bien compris la fonction de l'œil, en démontrant que les images des objets viennent se peindre renversées sur la rétine. On voit, en effet en se servant d'une loupe, l'image d'une bougie allumée se peindre renversée au fond de l'œil d'un lapin albinos.

On peut encore constater par l'expérience suivante que les images des objets viennent se peindre renversés sur la rétine.

[1] En terminant la description de l'œil et de ses organes protecteurs, qu'il nous soit permis de rapporter un passage du Dr Descuret. (*Merveilles du corps humain*, p. 293.) « Telles sont les pièces nombreuses qui constituent l'œil, le plus magnifique appareil de nos sensations et qui est en quelque sorte le miroir de l'âme, puisqu'il reflète la lumière de l'intelligence et les mille nuances du sentiment. Oui ! comme l'a si bien dit un poète trop peu connu :

« L'œil sait toujours du cœur les premières nouvelles ;
C'est lui qui le premier épouse ses querelles,
Qui sert ses passions, qui suit ses intérêts,
Qui n'est point en repos, si le cœur n'est en paix. »

On fixe, à l'ouverture du volet d'une chambre noire, un œil de bœuf, en ayant soin d'amincir la partie postérieure de la sclérotique afin de la rendre transparente. Devant l'œil de bœuf ainsi préparé, on place un objet bien éclairé; en regardant par derrière on aperçoit alors à travers la sclérotique et la choroïde l'image très nette et renversée de cet objet.

Pour se rendre compte de la formation de *l'image rétinienne*, il suffit d'appliquer au cristallin la théorie de la formation des images réelles dans une lentille bi-convexe.

REMARQUE. — Pour mieux saisir la formation de l'image des objets sur le rétine, nous croyons utile de rappeler brièvement les notions de physique. Sur les lentilles, sur leurs axes et leurs foyers.

§ 729. *Lentilles en général.* — On donne en optique le nom de lentille à tout milieu transparent limité par des surfaces courbes (convexes ou concaves), ayant la propriété de faire converger ou diverger les rayons lumineux qui les traversent. De là deux espèces de lentilles, les lentilles convergentes et les lentilles divergentes.

§ 730. *Lentilles convergentes.* — Les lentilles convergentes sont celles qui ont la propriété de faire converger, vers un seul et même point nommé foyer, les rayons lumineux qui les traversent. Elles sont généralement comprises entre deux surfaces convexes ayant le même rayon de courbure. Les deux surfaces convexes peuvent être cependant à courbures inégales, comme le cristallin nous en offre un exemple. Il existe des lentilles convergentes dites *plan-convexe*, n'ayant qu'une surface convexe, l'autre étant plane. Les lentilles convergentes peuvent avoir leurs deux faces courbes très rapprochées l'une de l'autre. On les dit alors *aplaties*, ou bien très éloignées l'une de l'autre, se rapprochant de la forme d'une sphère. Les globes de verre remplis d'eau, dont se servent les cordonniers, forment de véritables lentilles. Chez les nouveau-nés le cristallin est presque sphérique, et il est plus ou moins aplati chez les vieillards.

§ 725. *Lentilles divergentes.* — Les lentilles divergentes sont terminées par deux surfaces concaves ou plans-concaves, et ont la propriété de faire diverger, c'est-à-dire d'écarter les rayons lumineux qui les traversent.

§ 732. *Centre optique.* — On donne le nom de centre optique à un point généralement situé dans l'intérieur des lentilles et sur l'axe principal. Ce point jouit d'une propriété spéciale, telle que les rayons lumineux, qui passent par ce point, en traversant la lentille, n'éprouvent pas de déviation angulaire, et sortent dans une direction parallèle à celle suivant laquelle ils y étaient entrés. Vu le peu d'épaisseur générale des lentilles, on peut dire que les rayons qui traversent les lentilles, en passant par le centre optique, ne forment qu'une seule ligne droite, appelée axe.

Remarque. On admet que le cristallin possède aussi son centre optique, qui se trouve situé dans l'intérieur de cette lentille, près de la face postérieure. Tel est le point *c* indiqué dans la figure.

§ 733. *Axe en général.* — On donne, en optique, le nom d'axe à des lignes droites imaginaires passant par le centre optique des lentilles. On en distingue de deux espèces savoir : 1° l'axe principal ; 2° les axes secondaires.

§ 734. *Axe principal.* — On entend par axe principal, dans les lentilles, une ligne imaginaire passant à la fois par le centre optique et les centres de courbure (ces points représentent les centres des surfaces sphériques des lentilles).

Remarque. Dans l'œil considéré comme lentille, l'axe principal est celui que nous avons désigné sous le nom d'axe *antéro-postérieur*, en décrivant les parties du globe de l'œil (§ 672).

§ 735. *Axes secondaires.* — On désigne, sous le nom d'axes secondaires, des lignes imaginaires passant par le centre optique, sans passer par les centres de courbure. C'est sur les axes secondaires que se trouvent situés, dans la construction des images dans les lentilles, le point lumineux et son foyer.

§ 736. *Foyers.* — On donne le nom de *foyers*, dans les lentilles, aux points où viennent concourir les rayons lumineux réfractés ou leur prolongement. On les divise en foyers *réels*, ainsi appelés parce que les foyers existent réellement et peuvent être reçus sur un écran, et en foyers virtuels, ainsi appelés parce que les foyers n'existent pas et qu'on ne les obtient qu'en prolongeant de l'autre côté de la lentille et suivant leur direction, les rayons lumineux qui sortent en divergeant de la lentille.

Les foyers réels se subdivisent en foyer réel principal et en foyers réels secondaires.

§ 737. *Foyer réel principal.* — Le foyer réel principal peut se définir : *le point de rencontre des rayons réfractés provenant de rayons incidents parallèles à l'axe principal.* Tel est le foyer qu'on obtient en concentrant à l'aide d'une lentille convergente, les rayons solaires sur de l'amadou ou de la poudre qu'on veut enflammer.

Pour obtenir ce foyer on place la lentille parallèlement au disque du soleil et à cause de la grande distance de cet astre, les rayons incidents sont presque parallèles à l'axe de la lentille, et vont se concenrer en un même point, qui est le foyer principal. Ce foyer est invariable et la distance du point où il se forme à la lentille se nomme *distance focale principale*. Cette distance varie suivant la nature et les dimensions des lentilles ; mais elle est invariable comme le foyer principal pour chaque lentille en particulier.

§ 738. *Foyers réels secondaires* ou *conjugués*. On entend par foyers réels secondaires ou conjugués *les points où viennent se rencontrer les rayons réfractés provenant de rayons incidents partis d'un point situé en avant de la lentille, à une distance qui n'est ni très considérable, ni plus petite que la distance focale principale*. Ces foyers ne sont pas fixes comme le foyer principal, mais varient de position avec celle de l'objet. C'est pour cette raison qu'on les appelle foyers conjugués parce qu'ils sont liés (*conjugati*) à la position de l'objet. Plus les objets se rapprochent de la lentille, plus leurs foyers s'en éloignent ; si un objet était placé, par exemple, en avant d'une lentille à une distance égale à celle que nous avons nommée distance *focale principale*, les rayons incidents partis de cet objet, ne pourraient plus se rencontrer après leur réfraction dans la lentille, attendu qu'ils sortiraient parallèlement à l'axe. Dans les phares, l'objet lumineux est placé en avant des lentilles à la distance focale principale et les rayons incidents sortent des lentilles dans une direction parallèle, ce qui leur permet de transmettre la lumière à une grande distance.

Si les objets, placés devant une lentille convergente, se trouvent à une distance plus petite que la distance focale principale, les rayons incidents, après leur réfraction dans la lentille, au lieu de converger à un même point, sortiront en divergeant ; il n'y aura plus alors de *foyers réels* mais des *foyers virtuels*. C'est ce qui a lieu dans les lentilles convergentes désignées sous le nom de loupes, dont on se sert pour grossir les objets. Le corps qu'on veut examiner est placé derrière la lentille par rapport à l'œil, entre elle et son foyer principal. L'œil, placé en avant de la lentille, aperçoit alors l'objet agrandi en recevant les rayons réfractés, qui viennent former en avant de l'œil un foyer virtuel.

Quand l'objet placé devant une lentille convergente n'est qu'un point lumineux, ce point ne donne lieu qu'à un seul foyer. Mais si l'objet lumineux a une certaine dimension (comme par exemple la flamme d'une bougie), ou si l'objet simplement éclairé a une certaine dimension lors même qu'elle serait très petite, chaque point de l'objet émet des rayons incidents, qui donnent lieu, après leur réfraction, à autant de foyers différents. L'ensemble des foyers forme ce qu'on appelle l'image des objets.

§ 739. *Images dans les lentilles*. — On donne le nom d'image dans les lentilles à l'ensemble des foyers, auxquels donnent lieu les rayons incidents partis des différents points de l'objet.

Ces images se divisent comme les foyers qui concourent à les former en images réelles qu'on peut recevoir sur un écran, telles sont les images qui viennent se former dans l'œil sur la rétine ; et en images virtuelles qu'on ne peut recevoir sur un écran, comme celles qui se forment avec la loupe.

§ 740. *Cônes objectifs et cônes oculaires.* — Pour expliquer plus facilement la formation des images dans l'intérieur de l'œil, on est convenu de désigner par *cônes objectifs* l'ensemble des rayons incidents qui, partant des différents points de l'objet, viennent tomber sur la cornée transparente de l'œil. Ces cônes ont leur sommet sur chaque point de l'objet lumineux ou éclairé et leur base sur l'ouverture de la pupille. Cette ouverture limite en effet les rayons incidents qui doivent concourir à former l'image. Tels sont les cônes A I P et B D D' (voir figure 57).

On distingue sous le nom de *cônes oculaires* ou de *cônes rétiniens* comme les appelle le docteur Fort, l'ensemble des rayons réfractés, qui viennent se réunir sur la rétine pour former les différents foyers. Ces cônes ont leur sommet sur la rétine et leur base sur une partie de la face postérieure du cristallin. Tels sont les cônes *a c c'* et *b d d'* de la figure indiquée.

REMARQUE. Les axes des cônes objectifs et des cônes oculaires sont formés par les rayons incidents qui passent par le centre optique, en traversant la lentille, telles sont les lignes A *c a* et B *c b* (voir fig. 57). Ces lignes se croisent au centre optique. Par suite de ce croisement la partie supérieure de l'objet vient faire son image en bas de la rétine et la partie inférieure en haut; l'image est renversée comme nous l'avons constaté.

Les sommets des cônes oculaires représentent ce que nous avons désigné sous le nom de foyers. Or nous avons dit que les foyers varient avec la position des objets supposés placés au sommet des cônes objectifs. Les deux cônes varient en sens inverse ; plus le cône objectif est allongé, plus le cône oculaire est court. Quand l'objet sera placé à une distance considérable comme celle d'une étoile par exemple, le cône objectif aura sa plus grande longueur et par contre le cône oculaire sera le plus court possible. La distance du sommet de ce cône à la lentille représentera alors ce que nous avons appelé la distance focale principale.

Dans l'œil dit emmétrope (du grec εν dans μέτρον mesure et ωψ, ωπος œil) ou œil normal, la distance focale du cristallin est estimée être de 17 millim. C'est aussi à cette distance que se trouve placée la rétine. Or, comme nous l'avons dit toutes les fois que les objets sont placés à une distance considérable, leurs images viennent se faire à la distance focale principale. Dans l'œil normal toutes les fois que les objets seront situés à une distance considérable, au-delà de 65 mètres, eurs images viendront se former sur la rétine. L'œil normal est constitué pour voir les objets éloignés.

Mais si les objets sont placés à une petite distance de l'œil; le cône objectif devenant plus court le cône oculaire deviendra plus grand. Le foyer ne se fera plus sur la rétine, mais plus loin, et le cône oculaire donnera lieu sur la rétine à des cercles nommés cercles de diffusion, l'image ne sera plus nette.

§ 741. *Construction de l'image rétinienne et marche des rayons lumineux dans l'intérieur de l'œil.*

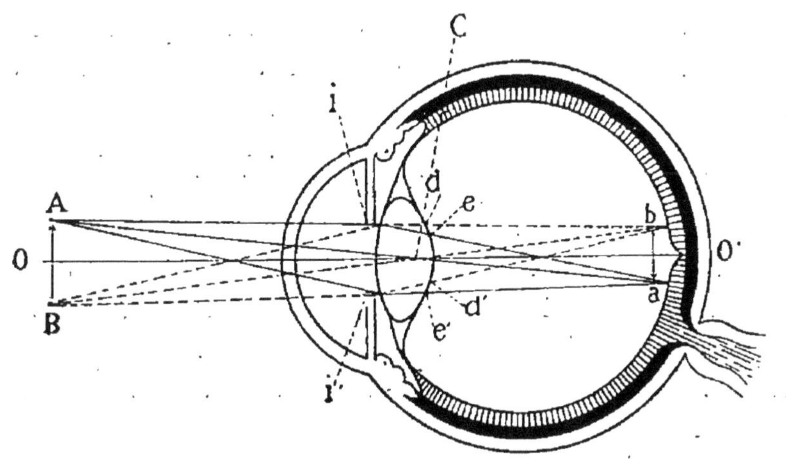

Fig. 57 *.

Soit A B un objet éclairé placé devant l'œil (voir fig. 57). Le point A de cet objet émet des rayons lumineux divergents dans toutes les directions. Ceux qui tombent sur la cornée forment un cône lumineux A I I' nommé cône objectif, dont le sommet est au point A et la base sur l'ouverture de la pupille i i'. Ce cône est compris par les rayons lumineux incidents extrêmes A I et A I'. Un certain nombre de rayons incidents tombant sur la cornée sont réfléchis par elle et lui donnent cet éclat particulier qu'on nomme le brillant de l'œil. Ceux qui la traversent et pénètrent dans cette partie de l'œil nommée *chambre antérieure* (voir p. 361 fig. 55. n° 10) sont réfractés par l'humeur aqueuse qu'elle

* O, O'. Axe visuel ; A, B. Objet considéré ; C. Centre optique ; A, c, a ; B, c, b. Axes secondaires ; A, I, I'. Cône objectif du point A, a, e, e'. cône oculaire du même point A. A son image ; B, I, I. Cône objectif du point B ; b, d, d'. Cône oculaire du point B ; Son image b, a. Image renversée de l'objet, A, B.

Les rayons, qui n'ont pas traversé la pupille, sont réfléchis par l'iris et font apercevoir la couleur particulière de cette membrane. Après avoir traversé l'ouverture de la pupille, les rayons lumineux continuent leur route et arrivent sur la face antérieure du cristallin ; quelques-uns sont réfléchis par elle ; les autres, en traversant le cristallin, éprouvent une double réfraction, l'une en entrant, l'autre en sortant qui a pour effet de les dévier deux fois dans le même sens et de les faire converger en un même point petit *a*, situé sur la rétine dans une position inverse du point A de l'objet. Au sortir du cristallin les rayons émergents, forment un nouveau cône lumineux e a é', dont le sommet est en *a* et la base sur la face postérieure du cristallin. Ce second cône, désigné sous le nom de *cône oculaire*, est représenté dans la figure par les rayons émergents extrêmes é a et e' a. Le point a est l'image du point A de l'objet. On voit que les deux points A et a sont situés sur l'axe secondaire A c a : le point c représentant le *centre optique*.

Les rayons incidents partis du point B du même objet forment également l'image de ce point en *b*. Il en est de même pour tous les points de l'objet situés entre A et B, de sorte que l'image de l'objet A B, viendra se peindre très petite et renversée sur la rétine en a b.

L'impression de cette image, reçue par la rétine, est transmise par le nerf optique jusqu'au cerveau, et de cet organe à l'âme qui perçoit la sensation de la vue de l'objet.

Remarque. — Nous pouvons distinguer dans le phénomène de la vision deux actes différents : le *voir* et le *regarder*.

§ 742. Le *voir* est une vision purement *passive*. Il nous suffit d'ouvrir les yeux pour apercevoir aussitôt, assez distinctement, des objets placés à des distances très différentes.

§ 743. Le *regarder*, au contraire, est une vision attentive qui demande une certaine modification dans notre œil, quand nous voulons voir distinctement des objets placés à des distances différentes.

ıtient. Cette première réfraction a pour effet de rappro-
er les rayons lumineux et de les laisser passer en plus
and nombre, à travers l'ouverture de la pupille.

Nous savons, en effet, par les explications données plus
ut, que la vision ne peut être distincte qu'autant que les
ages des objets viennent se faire sur la rétine.

Mais d'un autre côté, nous avons vu aussi que la position
s images variait avec celle des objets. Comment se fait-il
e l'œil puisse nous permettre de voir distinctement des ob-
s placés à des distances très différentes, puisque la rétine,
r laquelle doivent se peindre les images, reste toujours à la
ème position[1] ? C'est que l'œil, le plus merveilleux des ins-
uments d'optique, jouit d'une propriété remarquable, à la-
elle on a donné le nom d'*adaptation* ou d'*accommodation*.

§ 744. *Adaptation* ou *accommodation*. — On entend
r ces expressions, qui sont synonymes, la faculté qu'a
eil de modifier ses milieux réfringents, de façon à ame-
r toujours sur la rétine les images des objets quelles
ıe soient les distances auxquelles ils puissent être placés
r rapport à l'œil. Il faut cependant admettre une
rtaine limite dans la variation des distances. D'après
rtains auteurs l'accommodation ne commencerait à s'exer-
r qu'à la distance de 65 mètres, qui serait un *punctum*
motum, et elle ne pourrait plus s'exercer quand les objets
raient placés à une distance plus petite que 12 centimètres,
ésignée sous le nom de *punctum proximum*[2].

On a longtemps nié la faculté accommodatrice de l'œil.
agendie admettait bien que l'image des objets devait se
ire toujours sur la rétine, mais il croyait que ce phéno-
ène était inexplicable. Aujourd'hui on admet cette faculté
ccommodatrice, mais, comme nous le verrons, les auteurs
ı ont donné des explications fort différentes. Nous étudie-
ons plus loin le mode qui paraît le plus probable.

[1] Cette position se trouve dans l'œil normal à 17 mm du cristallin.

[2] Voir pages 254, 255 du *Manuel de physiologie humaine* du
octeur Fort.

§ 745. *Preuves de l'accommodation.* — Il est facile de constater par plusieurs expériences que l'œil a la propriété d'accommodation, et qu'il se produit dans son intérieur des changements plus ou moins sensibles, quand on veut regarder successivement avec attention des objets placés à différentes distances.

1° Si après avoir considéré pendant un certain temps des objets placés très près, on porte le regard au loin, on éprouve un délassement, une espèce de bien-être qui s'explique par la détente qu'éprouvent alors les organes de l'adaptation.

2° De même si après avoir regardé pendant longtemps des objets éloignés on veut en fixer d'autres placés très près, il faut attendre un moment avant de pouvoir les distinguer nettement, preuve que les organes de l'adaptation ont dû subir une modification.

3° Fixons perpendiculairement sur une règle placée horizontalement entre nos yeux deux épingles, A et B, assez rapprochées l'une de l'autre; regardons-les toutes les deux dans la même direction, nous les apercevrons toutes deux; mais quand nous fixerons spécialement l'épingle A la plus rapprochée nous la verrons très nettement, tandis que la seconde B ne sera aperçue que confusément, parce que son image ne se fera pas sur la rétine, les milieux réfringents de notre œil ayant été adaptés pour amener sur la rétine l'image de l'épingle A. Il en sera de même quand nous fixerons l'épingle B la plus éloignée; son image viendra se fixer sur la rétine, tandis que l'épingle A ne formera plus sur la rétine que des cercles de diffusion et ne sera aperçue que confusément.

Toutes ces expériences et bien d'autres encore que nous pourrions citer, nous montrent donc que l'œil, pour apercevoir distinctement les objets placés à différentes distances, doit subir une modification pour s'adapter à chaque distance différente.

§ 746. *Hypothèses sur l'adaptation.* — Comment se fait-il que dans l'œil les images viennent toujours se faire au ême point, c'est à dire sur la rétine malgré les différentes stances des objets?

Les physiologistes et les physiciens ont imaginé une foule hypothèses pour expliquer le phénomène de l'adaptation. es uns l'ont attribuée à des changements de courbure dans cornée transparente; d'autres ont cherché à l'expliquer ır des raccourcissements et des allongements alternatifs du obe de l'œil, par l'effet des contractions et des dilatations s muscles chargés de le faire mouvoir. On a encore ıerché à l'expliquer par des déplacements du cristallin, ıalogues à ceux qu'on est obligé de faire subir dans les nettes à la lentille dite oculaire pour voir à des distances fférentes. On a prétendu encore que ce phénomène dé- ndait des contractions et des dilatations de la pupille.

§ 747. *Théorie d'Helmholtz et de Cramer*. — La véri- ble solution du problème de l'accommodation n'a été trou- e que dans ces derniers temps presque simultanément par ux physiologistes : 1° par Cramer en Hollande (*Sur le uvoir accommodateur de l'œil*, Harlem 1853) ; 2° par elmholtz en Allemagne (de 1853 à 1860). Ces physiolo- stes ont donné du phénomène de l'accommodation une monstration expérimentale très précise, en montrant ıe ce phénomène dépend uniquement des changements de urbure survenus dans les deux faces du cristallin, mais ırtout dans la face antérieure qui se bombe de plus en plus mesure que l'œil considère des objets plus rapprochés et aplatit au contraire quand il regarde des objets éloignés.

§ 748. *Justification de cette nouvelle théorie*. — Il t facile de constater, à l'aide de l'ophthalmoscope ces modi- ations subies par la courbure du cristallin dans le phéno- ène de l'adaptation. On fixe invariablement la tête d'une rsonne placée dans une chambre obscure; puis on pose à té d'elle une lampe munie d'un écran qui la sépare de la rsonne; un observateur, muni d'un ophthalmoscope,[1] reçoit

[1] Description de l'ophthalmoscope. Ce petit appareil, inventé en 1851

sur son appareil les rayons lumineux partis de la lampe et les dirige dans l'intérieur de l'œil qui se trouve alors éclairé.

Nota. — Comme une lumière trop éclatante pourrait fatiguer la personne, on place entre la lampe et l'ophthalmoscope, une lame de verre bleu afin d'adoucir l'éclat de la lumière.

Les choses ainsi disposées, on prie la personne de fixer une bougie placée à une distance assez grande dans la chambre obscure. L'observateur, examinant alors à l'aide d'une loupe l'intérieur de l'œil, éclairé par l'ophthalmoscope, constate l'existence simultanée de trois images de la bougie situées à la suite les unes des autres : 1° une image droite, très lumineuse, fournie par la cornée transparente jouant le rôle de miroir convexe ; 2° une seconde image, également droite, plus grande que la première, et moins lumineuse fournie par la surface convexe, antérieure du cristallin faisant également fonction de miroir convexe ; 3° une image renversée, très petite, formée par la partie interne et concave de la face postérieure du cristallin jouant le rôle de miroir concave.

Après avoir ainsi constaté la position respective et les dimensions de ces images, on rapproche la bougie de la personne en la plaçant dans la même direction et en invitant cette personne à fixer de nouveau la flamme de la bougie. En regardant une seconde fois les images à l'aide de l'ophthalmoscope et de la loupe l'observateur constate que la première image fournie par la cornée transparente n'a pas changé ; la seconde au contraire, fournie par la face antérieure du cristallin est devenue plus petite, plus nette et plus rapprochée de la cornée, ce qui montre que cette face est devenue plus convexe ; la troisième image a subi aussi un

par le physicien allemand Helmholtz, est destiné, comme son nom l'indique, à observer l'intérieur de l'œil. Il se compose d'un petit miroir sphérique, concave, en verre étamé ou en métal, ayant une distance focale de 20 à 25 centimètres. Il est percé à son centre d'une petite ouverture circulaire de 4 millimètres de diamètre. Ce petit réflecteur est en outre muni d'un manche par lequel l'observateur le saisit.

;er changement ; elle est devenue plus petite, ce qui ›ntre que la face postérieure du cristallin est devenue ;èrement plus convexe.

A la suite de cette expérience, souvent réitérée et vérifiée r les oculistes, on est en droit de conclure que l'accom-›dation de l'œil, pour voir nettement des objets placés à ; distances plus ou moins rapprochées, consiste dans l'aug-ntation de la convexité des faces du cristallin, principa-ient de la face antérieure.

Par suite de cette convexité plus grande de ses faces paisseur du cristallin augmente. Cette augmentation a ır but de faire réfracter plus fortement les rayons lumi-ıx partis des objets, de telle sorte qu'au lieu d'aller for-r leurs foyers et leurs images au delà de la rétine, ils ›nnent les former sur cette membrane et la vision devient ite au lieu d'obscure qu'elle était avant l'accommodation.

On comprend également que pour apercevoir des objets ıcés à des distances plus ou moins grandes, sans être pendant considérables, l'adaptation doit consister dans une ninution de convexité du cristallin, parce qu'alors les ages qui tendraient à se former, en avant de la rétine, endraient se former sur cette membrane.

Mais comment se produit cette variation dans l'épaisseur cristallin ? et quels sont les organes qui concourent à oduire ce phénomène ?

§ 749. *Mécanisme de l'accommodation.* — Les physio-gistes ne sont pas encore bien d'accord là-dessus. On ad-›t généralement que trois organes principaux concourent la produire : 1° le ligament de *Zinn* ; 2° le muscle ci-ire ; 3° les procès ciliaires.

1° *Le ligament de Zinn.* — Nous avons vu en parlant cristallin, (voir figure 56), qu'il était suspendu vertica-nent à l'aide de deux ligaments dont l'un, nommé ligament Zinn, était fixé à la membrane qui enveloppe le cristallin. ıand l'œil est au repos, le ligament de Zinn est générale-ent tendu ; par suite la face antérieure du cristallin est un peu aplatie. On a remarqué, en effet, que si l'on vient à couper ce ligament la face antérieure du cristallin se bombe aussitôt.

2° *Le muscle ciliaire* a été décrit plus haut comme un anneau dont la face interne entoure le cristallin, qui n'en est séparé que par les procès ciliaires.

3° *Les procès ciliaires.* — Les procès ciliaires sont, comme nous l'avons dit, des espèces de replis formés par la choroïde et entourant le cristallin, sans cependant le toucher. Quand le muscle ciliaire se contracte, il force le sang contenu dans les nombreuses veines disséminées dans la choroïde, à se répandre dans les procès ciliaires, qui se gonflent alors et pressent sur les bords du cristallin. Cet organe étant d'une substance molle et élastique se laisse comprimer et déformer, et se bombe en avant.

Les contractions du cristallin sont involontaires et proviennent d'actions réflexes. Il semble que la rétine, ne recevant plus l'image des objets d'une manière nette, réagisse sur le muscle et les procès ciliaires, pour en déterminer la contraction.

Les organes qui concourent au phénomène de l'accommodation paraissent placés dans la dépendance du *nerf moteur oculaire commun* (nerf de la 3me paire). En effet, lorsqu'il est coupé ou lésé, l'œil ne peut plus s'adapter aux faibles distances.

§ 750. *Distance de la vue distincte.* — On entend par cette expression la distance à laquelle il faut placer des objets de petites dimensions et suffisamment éclairés, tels que des caractères ordinaires d'imprimerie, pour les apercevoir distinctement et sans fatigue.

Cette distance est loin d'être la même pour toutes les personnes et varie avec la constitution de l'œil. Elle est d'environ 25 à 30 centimètres, pour les personnes dont la vue est ordinaire. Chez ces personnes l'œil est dit *emmétrope* ou normal. L'œil est constitué en effet pour voir les objets éloignés; ainsi nous apercevons avec assez de netteté des bjets de grandes dimensions lors même qu'ils sont placés :ès loin ; mais, quand les objets sont de petites dimensions, n est toujours obligé de les rapprocher à une distance de 5 à 30 centimètres, qui porte spécialement le nom de *istance de la vue distincte.* A cette distance l'œil normal ɔerçoit distinctement les objets sans avoir recours à l'ac- ommodation. Les personnes qui ne peuvent lire distinc- ement qu'à la distance de 50 à 80 cent. sont dites *pres- ytes.* Celles, au contraire, qui sont obligées de placer un vre en caractères communs d'imprimerie à une distance de à 20 centimètres pour pouvoir lire facilement sont dites *ıyopes.*

§ 751. *Presbytie.* — Ce défaut dans la vision est ainsi ɔpelé parce qu'il se remarque surtout chez les personnes ;ées (πρεσβυς, πρεσβυτος vieillard) et se développe avec ìge. Ce défaut provient d'un aplatissement de la cornée surtout du cristallin, et du défaut d'accommodation. Le istallin, en effet, perd de sa souplesse avec l'âge ; il arrive ı moment où les muscles qui doivent agir sur lui ne peu- ınt plus donner à sa face antérieure le degré de convexité ulue pour amener l'image des objets sur la rétine quand les place à la distance de la vue distincte. Placés à cette stance, les objets ne forment plus leur image qu'au delà de rétine, et à une distance de cet écran d'autant plus grande e l'objet est placé plus près de l'œil. Les presbytes sont s lors obligés d'éloigner les objets de leur œil pour ame- r leur image sur la rétine.

On remédie à cette infirmité à l'aide de lentilles d'une nvergence convenable pour suppléer à celle du cristallin. s lentilles seront d'autant plus convexes que le cristallin sera moins.

§ 752. *Myopie.* — Cette infirmité est le contraire de la ɜsbytie ; elle est ainsi appelée, (du grec μύω je ferme, ὤψ ώς œil), parce que les personnes atteintes de cette infir- té ont l'habitude de cligner, c'est-à-dire de fermer les ux à demi.

Les myopes sont obligés pour apercevoir distinctement les objets de les placer à une distance plus ou moins rapprochée de l'œil, distance qui varie de 5 à 3 et même 2 centimètres, parce que quand les objets sont placés à la distance de la vue distincte leurs images au lieu de se faire sur la rétine vont se former dans l'humeur vitrée et à une distance d'autant plus rapprochée qu'ils sont placés à une distance plus éloignée. De là la nécessité pour les myopes de placer les objets très près de l'œil. Cette imperfection de la vue provient d'une convexité trop grande dans la cornée et le cristallin ; l'œil étant alors trop convergent, les images des objets au lieu de venir se fixer sur la rétine se forment en avant et ne sont pas vues nettement. Les myopes n'ont généralement pas la faculté d'accommodation parce que cette faculté a, comme nous l'avons dit, pour limite la distance de 12 centimètres.

La myopie diminue souvent avec les progrès de l'âge qui ont pour effet, comme nous l'avons vu, de diminuer la convexité du cristallin ; ce qui fait dire cette parole plus consolante que vraie que les meilleures vues sont celles des myopes.

On y remédie à l'aide de lentilles concaves dont l'effet est de disperser les rayons lumineux qui pénétrent dans l'œil et de diminuer, par conséquent, leur trop grande convergence.

§ 753. *Vision droite malgré l'image renversée peinte sur la rétine.* — La théorie que nous avons donnée plus haut sur la formation de l'image rétinienne et les expériences que nous avons citées, nous montrent que les images des objets placés devant notre œil, viennent se peindre renversées sur la rétine. Comment se fait-il que malgré le renversement de leurs images nous voyons les objets droits ? Cette question a beaucoup embarrassé les physiologistes et les physiciens. De nombreuses hypothèses plus ou moins plausibles ont été imaginées pour expliquer ce phénomène.

Müller et Volkmann prétendaient que l'idée d'objets droits

et d'objets renversés n'existe que par opposition, et comme les objets sont tous peints renversés, il en résulte que tous sont droits (Béclard, *Physiologie élémentaire*, 3me édition page 674, § 291). Cette prétendue explication est le renversement de la logique, car de ce que tous les objets se peignent renversés, on ne saurait conclure qu'ils doivent nous paraître tous droits. Pour lui donner un sens raisonnable il faudrait dire, avec Buffon et Lecat, que par une longue expérience et surtout par le toucher, notre esprit corrige l'illusion de la vue qui nous montre les objets renversés.

Sachant en effet que notre tête est en haut et nos pieds en bas, nous jugeons immédiatement et sans effort de la véritable position et conformation des objets situés près de nous et par extension de tous ceux qui sont plus éloignés.

Cette explication ne peut être admise par les motifs suivants :

1° Les animaux, qui n'ont pas le jugement en partage, ne se trompent jamais sur la véritable position des objets, bien que cependant les images des objets qu'ils aperçoivent viennent également se peindre renversées sur leur rétine.

2° Jamais on n'a vu les petits enfants, dès que leurs yeux sont ouverts à la lumière, se tromper une seule fois sur la situation respective des diverses parties des corps qu'ils aperçoivent? Ils se trompent souvent, il est vrai, sur la distance des corps en cherchant à saisir de leurs petites mains les objets éloignés. Ils se trompent aussi malheureusement trop souvent sur la nature des corps en portant leurs mains inexpérimentées sur des corps brûlants ou en les plongeant dans des liquides bouillants. Mais ils n'ont pas besoin d'éducation pour reconnaitre le haut ou le bas des objets aperçus.

3° Ce qui démontre surtout la fausseté de la théorie de Buffon et de Lecat, ce sont certaines observations faites plusieurs fois sur des adultes aveugles depuis leur naissance et auxquels on avait procuré le bienfait de la vue par différentes opérations consistant soit dans l'extraction d'un cristallin resté opaque depuis la naissance, soit dans la création d'une pupille artificielle, c'est-à-dire d'une ouverture circulaire dans un iris imperforé dès la naissance, les parties intérieures de l'œil étant du reste bien constituées [1].

Helmholtz (*Optique physique*, Paris 1867), rapporte longuement les observations faites sur les aveugles-nés ainsi opérés, et il constate qu'ils n'ont montré aucune hésitation à reconnaître immédiatement la partie supérieure et la partie inférieure des objets placés devant eux, et qu'ils virent comme les autres hommes dès que leurs yeux furent ouverts. Or, d'après la théorie de Buffon, il eût fallu à ces personnes une expérience de plus d'un mois pour acquérir la connaissance de la position et de la forme des corps, tandis qu'ils les virent aussitôt après l'opération dans leur véritable position. Ces opérés éprouvèrent d'abord une grande surprise en découvrant dans les corps certaines qualités, surtout les couleurs, dont ils n'avaient eu jusque-là aucune connaissance. Ils eurent besoin, il est vrai, du sens du toucher, comme les enfants, pour reconnaître la distance des objets. de même que les renseignements restreints du toucher ont besoin d'être complétés par ceux tout différents de la vue.

Certains physiologistes s'appuyant sur le fait de paralysies du côté droit du corps, produites par une lésion de l'hémisphère gauche du cerveau et *vice versa*, ont soupçonné l'existence d'un second entrecroisement des nerfs optiques ayant pour effet de redresser l'image renversée; mais un pareil entrecroisement n'a pas encore été observé.

Le professeur Rouget, de Montpellier [2], avait cherché à expliquer le redressement de l'image rétinienne, en supposant que la choroïde située derriere la rétine joue, vis-à-vis de cette image, la fonction d'un miroir concave. On sait, en

[1] Le docteur Wardrop rendit la vue en 1826 à un homme de 46 ans, dont les pupilles étaient restées closes depuis l'âge de six mois. Cet homme avait des yeux excellents, qui reçurent aussitôt qu'ils furent ouverts l'impression de la lumière.

[2] Examen des titres scientifiques du docteur Rouget. Paris, 1880.

ɜffet, que les miroirs concaves donnent des images renver- ꞉ées des objets lorsqu'on les place en avant de leur foyer ɔrincipal. D'après cette théorie, l'image renversée qui se ɔeint sur la rétine, écran diaphane, serait réfléchie par le mi- 'oir choroïdien et conséquemment redressée. C'est cette der- ıière image redressée qui seule serait perçue par la rétine.

Étant connues la minceur des couches rétiniennes, leur uxtaposition immédiate sur la choroïde, considérant aussi la ꞉ourbure concave du miroir choroïdien, il est difficile de ꞉omprendre comment la rétine pourrait percevoir l'image éflèchie de la première image reçue par elle.

Au surplus nous estimons que les efforts faits par les hysiologistes pour expliquer le prétendu redressement de 'image sont complètement inutiles, attendu que la rétine .e se voit pas elle-même et n'aperçoit pas l'image renversée eçue par elle, comme il arriverait à un observateur placé en rrière, ainsi que nous l'avons expliqué à propos de l'expé- ience de l'œil de bœuf. En réalité la rétine reçoit l'impres- ion rectiligne des faisceaux de rayons lumineux émanée des bjets, et par conséquent voit chaque point de ceux-ci dans ı position réelle qu'il occupe.

Pour plus de clarté, reprenons l'explication donnée plus aut sur la formation des images rétiniennes.

Les rayons lumineux partis du point A, sommet de l'ob- ɜt, étant venus impressionner notre rétine en bas au point *a* otre sensorium remonte de ce point *a* au point A en suivant n sens inverse de la marche des rayons lumineux la ligne c A qui représente l'axe secondaire et arrive ainsi naturel- ɜment à la véritable position du point A de l'objet. Il en est e même pour le point *b* situé également sur l'axe secon- aire *b c B*. De même également pour tous les points de objet situés entre A et B ; de sorte que nous apercevons objet A B dans sa véritable position. L'image, renversée ar suite du croisement des axes formés par les rayons lu- .ineux qui ont passé par le centre optique, est perceptible ɔur un observateur, mais non pour le sujet lui-même.

La tendance invincible qui nous porte à placer les objets que nous apercevons sur la direction des rayons ayant impressionné notre rétine sert en physique à expliquer une foule de phénomènes optiques; tels sont: les images agrandies des objets examinés à la loupe, la position des objets vus à travers un prisme, la position d'un bâton plongé dans l'eau, etc.

Notre esprit agit du reste dans la vue comme dans les autres sensations. Ce n'est pas en effet à l'organe affecté que nous rapportons nos sensations d'odeur, de son ou de saveur, mais bien à la cause qui est venue impressionner les nerfs de sensibilité particulière.

Une expérience curieuse prouve, du reste, que ce n'est point l'image renversée des objets que nous apercevons dans le phénomène de la vision, mais bien la véritable position des objets. Voici en quoi consiste cette expérience : si après avoir considéré jusqu'à la fatigue un objet obscur, un clocher par exemple, sur un ciel vivement éclairé, nous fermons les yeux, nous continuons alors à voir le clocher dans sa véritable position, par suite du phénomène physiologique bien connu sous le nom de persistance des impressions.

On a donc attaché beaucoup trop d'importance à l'image renversée qui se peint sur la rétine. Cette image n'intervient en aucune manière dans la vision.

Par conséquent tout ce qu'on a écrit au sujet du prétendu redressement de l'image peinte au fond de l'œil doit être considéré comme non avenu et sera relégué dans l'histoire de la science.

Outre les impressions d'images des objets qui se font sur la rétine, cette membrane est encore le siège de plusieurs phénomènes qu'il importe d'étudier.

§ 754. 1° *Persistance de l'image rétinienne.* — La nature de l'impression produite sur la rétine par la lumière nous est inconnue. On admet cependant, assez généralement aujourd'hui, qu'elle est le résultat d'un certain ébranlement moléculaire, en rapport avec les ondulations de la lumière, produit par les rayons lumineux dans la couche sensible de rétine (couche des cônes et des bâtonnets, dont nous avons ·lé en décrivant cette membrane). Or cet ébranlement ne produit ni ne cesse instantanément ; de là deux consé-ences :

1° Il pourra arriver qu'un objet placé devant nos yeux .it pas été aperçu, s'il a passé trop rapidement devant us, à moins que cet objet ne soit très lumineux et très louissant comme un éclair ou bien encore une étincelle ctrique (éclair en miniature).

2° La seconde conséquence, c'est que l'ébranlement pro-it persiste pendant un certain temps. La durée de la per-tance de l'image rétinienne est estimée être en moyenne ın tiers de seconde. Qui ne s'est amusé étant jeune à faire ırner rapidement une petite baguette de bois présen-ıt un point en ignition à une de ses extrémités. Ce point mineux, en passant avec rapidité devant les yeux, pro-isait des images semblables à des rubans circulaires ou s dessins de feu, variés suivant les mouvements imprimés :e point en ignition. L'explication de ce phénomène se ouve dans la durée de l'ébranlement de la rétine. Une nou-lle impression vient se produire sur la rétine avant que précédente ait disparu ; il se produit alors une série mpressions empiétant les unes sur les autres et formant ıe chaîne continue.

C'est le même principe qui sert à expliquer l'expérience ı disque de Newton, appareil imaginé par ce célèbre phy-:ien pour démontrer que la lumière blanche se compose de pt couleurs primitives considérées comme simples, violet, digo, bleu, vert, jaune, orangé, rouge.

En faisant tourner rapidement un disque, sur lequel les pt couleurs sont représentées dans l'ordre indiqué plus ıut, un certain nombre de fois, les couleurs disparaissent et : laissent plus apercevoir sur le disque qu'une couleur un blanc grisâtre (les couleurs artificielles appliquées sur disque n'étant pas toujours très pures). La rotation rapide ıprimée au disque fait que les impressions produites successivement par la vue des sept couleurs, viennent toutes se superposer sur le même point de la rétine, avant que les images particulières, formées par chacune d'elles, aient eu le temps de disparaître.

C'est encore pour la même raison, que les rayons des roues d'une voiture roulant très rapidement offrent l'aspect d'un disque. C'est encore sur le même principe que repose l'appareil bien connu sous le nom de phantasmoscope (du grec φάντασμα fantôme, σχοπεῖν examiner). Cet appareil consiste en un disque de carton sur la circonférence duquel on figure plusieurs fois un homme ou un animal pris dans les divers moments successifs de la course. En imprimant à ce disque un mouvement de rotation tel qu'il décrive une circonférence entière en moins d'un tiers de seconde, l'impression du second dessin commence avant que celle du premier soit terminée et ainsi de suite ; toutes ces impressions se reliant entr'elles, il semble qu'on voit l'homme ou l'animal courir. La persistance de l'image rétinienne peut donc être une des causes de ce qu'on appelle *illusion d'optique*.

§ 755. *Images consécutives.* — On entend par images consécutives celles qui persistent malgré l'occlusion des paupières. Ces images sont une conséquence de la persistance de l'ébranlement.

Expérience. — Si après avoir fixé pendant un certain temps la flamme d'une bougie nous venons à fermer les yeux en y appliquant nos mains, nous continuerons à apercevoir l'image de la flamme pendant un temps plus ou moins long, qui pourra même durer plusieurs secondes, suivant la vivacité ou la durée de l'impression.

Remarque. — Les images peuvent, suivant les circonstances, se diviser en positives quand les parties claires et obscures des objets sont également claires et obscures dans l'image, et en négatives quand les parties éclairées de l'objet se changent en obscures dans l'image et réciproquement.

§ 756. *Phosphènes ou images subjectives.* — On a rénont donné le nom de phosphènes (du grec φως lumière ιίνειν faire voir) à des sensations lumineuses qui se pro- ent dans l'intérieur de l'œil, en l'absence de toute lu- 'e ou de tout corps éclairé. Tels sont certains cercles neux, qui vont en s'élargissant ou se rétrécissant, qu'on çoit dans l'intérieur de l'œil, lorsque les paupières t abaissées ou fermées, on comprime le globle de l'œil les doigts. Ce sont également certains points lumineux se manifestent dans l'intérieur de l'œil, les paupières ıées, lors qu'on comprime le globle de l'œil avec un 'on ou tout autre objet. Les points varient de forme et de tion, suivant la forme et la position de l'objet compri- t [1].

es phosphènes sont encore désignés sous le nom de *ations subjectives*, parce qu'elles proviennent d'une n spéciale nommée *vision subjective*.

n entend par *vision subjective* une vision particulière à ue *sujet* et provenant d'une cause intérieure qui est ralement une compression de la rétine. Nous avons vu, ffet, que la rétine dans ses différentes modifications ne ıait lieu qu'à des sensations lumineuses.

757. *Fatigue rétinienne.* — On entend par cette ex- sion, une diminution plus ou moins grande dans la sen- ité de la rétine, par suite d'une vision trop prolongée op intense, qui nécessite un repos dans cette mem- e. On conçoit en effet que cette membrane nerveuse uve comme tous les autres nerfs sensibles et moteurs omme les muscles, une diminution d'excitabilité à la d'un exercice trop violent ou trop longtemps soutenu. est par suite de cette fatigue rétinienne que se forment *mages consécutives négatives*, dont nous avons parlé, laissent voir des images dont les parties, trop fortement

. Serre d'Uzès s'est livré en 1853 à des recherches sur ces phé- nes et a adressé à l'Académie des sciences un mémoire très inté- ıt sur ce sujet.

éclairées, deviennent obscures. Le repos au contraire que procure à cette membrane un long séjour dans l'obscurité, explique cette grande sensibilité qu'éprouve la rétine, lorsqu'on passe subitement de l'obscurité à une vive lumière.

§ 758. *Vision des couleurs, contrastes simultanés et successifs.* — On sait qu'il existe des couleurs dites *complémentaires* l'une de l'autre, ainsi appelées parce que leur mélange forme du blanc. Ainsi le vert est complémentaire du rouge. Cette propriété des couleurs sert à expliquer certains phénomènes particuliers de la vision, auxquels on a donné le nom de *contrastes* ou *oppositions*. Exemple : si après avoir fixé longtemps un disque peint en rouge, nous portons nos regards sur un fond blanc, nous verrons apparaître la couleur verte, qui est complémentaire du rouge. Si après avoir longtemps regardé un disque bleu, nous portons la vue sur une surface blanche, celle-ci nous paraîtra orangée. Ces changements de couleurs sont appelés *contrastes successifs*. Si au contraire nous fixons un disque rouge, sur une feuille de papier blanc, le pourtour de ce disque nous paraîtra vert; et si nous plaçons l'une à côté de l'autre deux couleurs complémentaires, le vert et le rouge par exemple, ce voisinage aura pour effet de renforcer les deux couleurs. Ces effets sont désignés sous le nom de *contrastes simultanés*.

Voici un effet plus curieux encore : si nous plaçons perpendiculairement près de nos deux yeux un écran moitié rouge et moitié vert, en regardant le rouge de l'œil gauche et le vert de l'œil droit, nous ne verrons plus qu'une couleur blanche (Béclard, § 206 page 687).

§ 759. *Irradiation.* Cette expression, tirée du latin (*irradiare*, rayonner) signifie en optique *une expansion et comme un débordement de lumière environnant les astres*, et les faisant paraître plus grands qu'ils ne le sont en réalité. En physiologie cette expression signifie *prolongement d'ébranlement au centre nerveux excité.* Exemple : si nous plaçons un disque blanc sur un fond noir, le disque nous paraîtra plus grand qu'il ne l'est en réalité, parce que l'ébranlement nerveux, produit par la couleur blanche sur un point de la rétine, s'est étendu tout autour et nous a fait apercevoir une surface blanche plus considérable. Le contraire se produirait si nous placions un disque noir sur un fond blanc; le disque noir paraîtrait plus petit parce qu'il serait envahi, tout autour, par la lumière blanche. C'est par ce principe que les personnes vêtues de blanc paraissent plus grosses, et par contre celles qui sont vêtues de noir paraissent plus minces.

§ 760. *Vision simple malgré les deux yeux.* — Comment se fait-il qu'en fixant un objet avec nos deux yeux, chaque œil recevant sur sa rétine l'empreinte de l'image de cet objet, nous n'apercevions cependant qu'un seul objet, malgré cette double image?

Ce phénomène peut s'expliquer de deux manières 1° par la convergence des axes optiques des deux yeux. On entend par axe optique, dans chaque œil, la ligne droite, qui partant du point considéré, passe par le centre optique du cristallin et aboutit à la tache jaune de la rétine.

C'est le rayon lumineux qui forme l'axe du cône objectif et du cône rétinien; telles sont les lignes A c a et B c b (voir figure 57).

Pour que la vision soit simple avec nos deux yeux, il faut que les axes optiques des deux yeux convergent vers l'objet regardé ou, plus simplement, que le sommet de l'angle optique [1] soit placé sur cet objet; si cette condition n'est pas remplie la vue devient double. L'infirmité désignée sous le nom de *strabisme* (du grec στραβός louche) n'a pas d'autre cause. Les sujets atteints de cette infirmité ne peuvent diriger simultanément les axes optiques de leurs deux yeux

[1] *Angle optique.* On entend par angle optique l'angle formé par la rencontre de deux axes optiques. Cet angle, qui a son sommet sur l'objet considéré est très petit, puisqu'il n'a pour ouverture que la distance qui sépare les deux yeux ou plus nettement la distance qui sépare les deux tâches jaunes.

sur le même objet et sont par conséquent obligés de ne considérer l'objet qu'ils veulent observer, qu'avec un œil, tantôt l'un tantôt l'autre. Mais s'ils veulent considérer le même objet de leurs deux yeux, ils voient double. Il est facile de constater la verité de cette explication par plusieurs expériences.

1re Expérience : Pendant que l'on fixe un objet avec les deux yeux, si l'on vient à déplacer l'un d'eux en changeant son axe, ce qui s'obtient en appuyant avec la pulpe du doigt sur le globe de l'œil qu'on veut déplacer, on remarque aussitôt que l'objet paraît double, les deux axes ne se rencontrant plus.

2me Expérience : si nous conservons dans le champ de vision [1] deux objets peu éloignés et si nous voulons considérer plus spécialement le plus rapproché de notre œil, en dirigeant sur lui les axes optiques de nos deux yeux, l'objet le plus éloigné nous paraîtra double ; il en sera de même du plus rapproché, si nous voulons fixer le plus éloigné.

3me Expérience. — Marquons sur une règle placée horizontalement à la racine du nez entre nos deux yeux des points différents a, b, c, etc., si nous fixons plus spécialement un des points, les autres nous paraîtront doubles.

§ 761. *La vision simple avec les deux yeux* peut encore s'expliquer par la théorie des points identiques. Nous renvoyons à ce que nous avons dit en parlant du chiasma des nerfs optiques (fig. 56, p. 378).

Nous avons vu que les impressions faites sur les deux

[1] On entend par champ de vision, ou champ visuel, la portion de l'espace embrassée par notre regard. Si nous ne regardons qu'avec un seul œil, le champ visuel ou la vision se nomme *monoculaire*. Si nous regardons, comme cela a lieu ordinairement avec les deux yeux, la vision et le champ visuel se nomment *binoculaires*.

Le champ de vision suit naturellement les mouvements de l'œil ou des deux yeux et se déplace avec eux. Le centre du champ visuel est situé sur la tâche jaune, point particulièrement sensible de la rétine. Quand nous voulons considérer plus spécialement un objet, nous cherchons à l'amener sur ce point.

rétines étaient reçues par deux bandelettes optiques concourant à la formation d'un seul nerf optique. Ces deux impressions transmises au cerveau par le nerf unique n'y produisaient qu'une seule impression. Les mouvements qui se produisent dans les deux yeux pour amener les impressions sur les points identiques, se confondent avec ceux qui ont pour but de faire converger les axes optiques. La théorie des points identiques est celle qui généralement est la plus adoptée dans l'explication de la vue simple avec les deux yeux.

§ 762. *Appréciation des distances. Angle visuel.* — La vision nous permet d'apprécier jusqu'à un certain point la distance des objets placés devant nous, mais cette propriété n'est point inhérente au phénomène de la vision. Les aveugles-nés, auxquelles on a procuré le bienfait de la vue par les moyens dont nous avons parlé, n'ont pu apprécier les distances qu'à la suite de nombreuses expériences et par des comparaisons successives. L'appréciation des distances à l'aide de la vue est un fruit d'éducation. Nous nous servons pour cela de ce qu'on appelle angle visuel.

§ 763. *Angle visuel.* — On entend par angle visuel l'angle formé par les rayons lumineux des extrémités de l'objet considéré au centre optique du cristallin. Tel est dans la figure 57 l'angle A c B formé par les rayons incidents A c et B c partis des extrémités de l'objet A B et passant par le centre optique.

Cet angle dont les variations nous aident à apprécier la distance des objets et leurs dimensions, se distingue de l'angle optique par deux caractères : 1° L'angle visuel a son sommet au centre optique et sa base sur l'objet lui-même, base comprise entre ces deux extrémités, tandis que l'angle optique a son sommet sur le point de l'objet considéré et sa base entre les deux yeux. 2° L'ouverture de l'angle visuel se trouve en avant, celui de l'angle optique au contraire est situé en arrière.

Usages de l'angle visuel. — 1° Quand plusieurs objets

sont placés à la même distance nous jugeons de leurs grandeurs respectives par l'ouverture de l'angle visuel, les plus grands étant compris sous l'angle le plus grand.

2° Quand des objets dont la grandeur nous est connue, comme celle d'une personne, d'un arbre, d'une maison, sont placés à différentes distances, nous apprécions ces distances par la diminution de l'ouverture de l'angle visuel. Mais toutes ces notions ne s'acquièrent que par l'exercice. D'autres circonstances viennent influer sur l'appréciation des distances : un air pur nous montrant les objets plus éclairés nous les fait supposer plus rapprochés ; il est nécessaire que le jugement intervienne pour leur conserver leur véritable distance.

§ 764. *Relief des corps.* — On entend par *relief* (de l'italien *relievo*, qui vient lui-même du latin *relevare* relever), l'ensemble des parties saillantes et creuses d'un objet. Les deux yeux, à cause de la distance qui les sépare ne voient pas exactement de la même manière les objets à trois dimensions qui présentent une certaine épaisseur. Il est facile de s'en convaincre par l'expérience suivante : plaçons sur une table un livre relié, d'une certaine épaisseur, le dos tourné en face de nous et les deux côtés un peu écartés. En regardant ce livre ainsi placé avec nos deux yeux, nous verrons simultanément le dos et les deux côtés du livre. Si nous le regardons avec l'œil droit en fermant le gauche nous verrons le dos et le côté droit mais le côté gauche demeurera invisible pour nous. C'est le contraire qui arrive en ne regardant qu'avec l'œil gauche. Il résulte de cette expérience et de plusieurs autres du même genre, que les images d'un même objet, regardé avec les deux yeux, sont différentes dans chaque œil. C'est précisément à l'impression simultanée de ces deux sensations distinctes et à leur superposition dans le cerveau que nous devons la vue du relief des corps. Mais la sensation du relief des corps s'affaiblit d'autant plus que les objets sont plus éloignés. Ainsi la lune aperçue à l'œil nu ressemble à un disque, mais si nous rapprochons cet astre à l'aide d'un ìlescope nous y distinguerons les montagnes et les vallées.

Il est facile de constater qu'en regardant un menu objet uccessivement avec un seul œil, l'œil droit apercevra des étails qui ont échappé à l'œil gauche et réciproquement.

§ 765. *Stéréoscope.* — Le stéréoscope (du grec στερεός olide et σκοπεῖν regarder), est un petit appareil d'optique, lestiné à donner la sensation complète du relief des corps et de la perspective, à l'aide de deux images planes d'un nême objet prises de deux points différents et placées à côté l'une de l'autre, à la distance des deux yeux.

Cet appareil dont l'invention est due à Weatstone a été modifié par Brewster et MM. Soleil et Duboscq. Nous donnerons quelques détails sur cet appareil et sur sa théorie.

Moyen d'obtenir les images. — Les images employées dans les stéréoscopes, telles que des paysages, des monuments ou différentes scènes sont généralement des photographies.

Ces photographies s'obtiennent à l'aide d'un appareil particulier renfermant deux objectifs. Les axes de ces deux objectifs sont disposés suivant les directions même que prendraient nos deux yeux, pour considérer l'objet dans la position où il se trouve. Ces deux images semblables à celles qui se seraient produites sur la rétine elle-même, ne sont pas identiques d'après ce que nous avons dit. Mais grâce à la disposition du stéréoscope les deux images convenablement placées viennent se superposer et donnent le relief des corps.

§ 766. — *Composition du stéréoscope.* — La pièce importante du stéréoscope consiste en deux moitiés d'une même lentille. Cette lentille a été ainsi divisée pour que les deux parties jouissent toutes deux des mêmes propriétés. Ces deux moitiés de lentille sont placées les pointes en regard, les bases à l'extérieur sur un même plan horizontal et enfermées dans de petits cylindres analogues à ceux d'une lunette. Ces deux cylindres sont fixés à une petite caisse en forme de pyramide tronquée. Les deux images sont placées l'une à côté de l'autre à une distance égale à celle des yeux. On les applique contre une glace de verre dépoli et on les éclaire à l'aide d'un petit miroir mobile placé au-dessus de la caisse.

§ 767. *Théorie du stéréoscope* (voir figure 58). Soit A et B les deux images d'un même objet prises dans deux positions différentes, telles qu'elles reproduisent l'image qui se forme dans chaque œil. Soit A I et B I' deux rayons incidents, et parallèles destinés à représenter tous les autres, tombant sur les deux moitiés de lentille. On sait d'après la théorie des lentilles que ces rayons sont déviés vers les deux bases et prennent la direction I, O et I' O'. Ces rayons ainsi réfractés et prolongés se rencontrent en C. Les deux images A et B après leur formation sur la rétine de chaque œil seront reportées en A' B' où elles se superposeront.

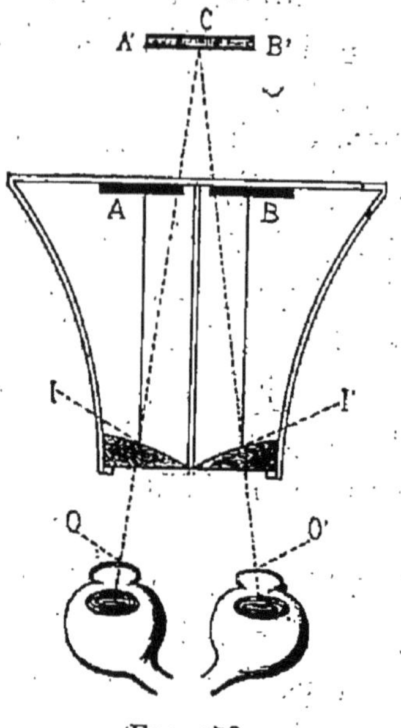

FIG. 58

* A et B, images O et O' les deux yeux A I et B I' rayons incidents parallèles I O et I' O' rayons réfractés O C O' C C. rayons réfractés prolongés se rencontrant en C A' B' les deux images superposées.

FIN

TABLE DES MATIÈRES

PAR ORDRE ALPHABÉTIQUE

A

B

C

D

E

H

I

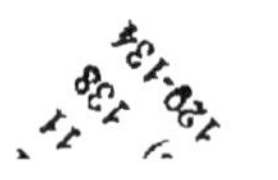

P

R

TABLE DES MATIÈRES

DISTRIBUÉE PAR ORDRE

FONCTION DE NUTRITION

PRENANT : I, DIGESTION. — II, ABSORPTION. — III, CIRCULATION. IV, RESPIRATION. — V, SECRÉTIONS. — VI, EXCRÉTIONS. — VII, ;SIMILATION.

FONCTIONS DE RELATION

A. Organes passifs ou os.

B. Organes actifs ou muscles.

ORGANE DU TOUCHER

ANNEXES DE LA PEAU

SENS DU GOUT

SENS DE L'ODORAT

SENS DE L'OUÏE

SENS DE LA VUE

FIN DE LA TABLE DES MATIÈRES

LYON. — IMP. PITRAT AINÉ, RUE GENTIL, 4.

OUVRAGES DU MÊME AUTEUR

HISTOIRE DES COLÉOPTÈRES DE FRANCE. 22 vol. in-8.

— **Opuscules entomologiques.** 14 vol. in-8.

(Chaque volume se vend séparément.)

SPECIES DES COLÉOPTÈRES TRIMÈRES SÉCURIPALPES. 1 vol. en deux parties. Grand in-8.

MONOGRAPHIE DES COCCINELLIDES. 1 vol. in-8.

HISTOIRE NATURELLE DES PUNAISES DE FRANCE. 3 vol. in-8.

CLASSIFICATION DES TROCHILIDÉS. 1 vol. in-8.

LETTRES A JULIE SUR L'ENTOMOLOGIE. 2 vol. in-8, avec fig. color[illegible]

LETTRES A JULIE SUR L'ORNITHOLOGIE. 1 v. grand in-8 avec fig. colo[illegible]

HISTOIRE NATURELLE DES COLIBRIS OU OISEAUX-MOUCHES. 1 vol. in-[illegible] avec 120 planches coloriées.

SOUS PRESSE

ZOOLOGIE.

GÉOLOGIE.

BOTANIQUE.

LYON. — IMP. PITRAT AINÉ, RUE GENTIL, 4.

www.ingramcontent.com/pod-product-compliance
Ingram Content Group UK Ltd.
Pitfield, Milton Keynes, MK11 3LW, UK
UKHW020256230726
13925UKWH00001B/88